基坑工程施工工艺技术手册

主　编　苏艳军　张广超

副主编　戴武奎　吉兆腾　朱宏栋

陈　晨　李会鹏

东北大学出版社

·沈阳·

图书在版编目（CIP）数据

基坑工程施工工艺技术手册 / 苏艳军，张广超主编 .

沈阳 : 东北大学出版社，2024.7. --ISBN 978-7-5517-

3600-8

Ⅰ . TU46-62

中国国家版本馆 CIP 数据核字第 2024UN6059 号

出 版 者 : 东北大学出版社
　　　　　　地址 : 沈阳市和平区文化路三号巷 11 号
　　　　　　邮编 : 110819
　　　　　　电话 : 024-83683655（总编室）
　　　　　　　　　 024-83687331（营销部）
　　　　　　网址 : http://press.neu.edu.cn
印 刷 者 : 辽宁一诺广告印务有限公司
发 行 者 : 东北大学出版社
幅面尺寸 : 185 mm × 260 mm
印　　张 : 26
字　　数 : 601 千字
出版时间 : 2024 年 7 月第 1 版
印刷时间 : 2024 年 7 月第 1 次印刷
责任编辑 : 潘佳宁
责任校对 : 杨　坤
封面设计 : 潘正一

ISBN 978-7-5517-3600-8　　　　　　　　　　定　价 : 98.00 元

《基坑工程施工工艺技术手册》
编写委员会

主　编	苏艳军　张广超
副主编	戴武奎　吉兆腾　朱宏栋　陈　晨　李会鹏
主　审	张丙吉　马建华　顾　亮　汪智慧
编　委	（排名以姓氏拼音为序，不分先后）

蔡益平	陈　晨	陈立敏	陈世明	陈绪亮	陈智生
程琴辉	程　扬	崔　洋	代志源	戴武奎	丁立岩
董建勋	顾　磊	郭　昊	郭　然	韩志强	黄春阳
黄剑兵	黄俊栋	吉兆腾	解广成	解明侠	蓝海强
郎　猛	李会鹏	李　俊	李俊杰	李松昊	李昕钰
李　幸	李忠昊	梁恒贵	梁玉麟	林雯彧	蔺宏旭
刘天宇	刘铁鑫	刘文涛	马增龙	孟乾峰	屈林永
邵文泽	邵信东	宋文龙	苏艳军	孙光武	孙　昊
孙　宇	孙振华	唐明明	田林博文	王　帅	王晓辉
王　勇	王　园	卫凌云	魏东博	温宇平	郗志良
熊　雄	徐芳超	徐江涵	徐星明	杨建军	杨　臻
姚桂嘉	于　飞	张本壮	张春明	张广超	张学明
张　友	赵富章	周　灿	朱光宇	朱宏栋	

前　言

随着城市建设的迅速发展，基坑工程在工程建设中的作用越来越重要。基坑工程的实施涉及多个专业领域的知识和技术，包括土力学、结构力学、材料力学、施工工艺和安全管理等多个方面。近年来，基坑工程的规模和难度不断加大，对施工工艺和技术的要求也越来越高。基坑工程的施工过程需要严格科学的管理和操控，施工人员需要对各种工艺技术有深入的了解和熟练的应用。而基坑工程施工技术由于其复杂性和多变性，需要从业人员进行更多的研究和探索。为了满足广大工程行业从业人员和相关专业人士的需求，编写了这本《基坑工程施工工艺技术手册》，旨在为广大从业者提供一份全面、系统的基坑工程施工工艺技术指南。

本手册的编写是在深入研究和广泛调研的基础上，汇集了行业内从业多年的专业人士的集体智慧和专业经验。针对灌注桩施工、咬合桩施工、预制桩施工、钢管桩施工、钢板桩施工、SMW 工法桩施工、地下连续墙施工、锚杆施工、内支撑施工、喷射混凝土施工、降水施工、止水帷幕施工及土体加固施工等多个领域的工艺特点、工艺流程和工艺控制要点、工艺重难点等，进行详细的介绍。这些施工工艺在基坑工程中扮演着重要的角色，它们的准确实施和控制直接关系到工程的质量和安全。

针对每一种工艺，本手册均提供了详细的介绍，包括工艺特点、设备类型、施工前准备、工艺流程、质量与安全要点识别与控制以及重难点分析和常见问题处理等内容。通过对每一环节的细致分析和深入讨论，读者可以建立起全面的基坑工程施工工艺知识体系，更好地理解施工过程中可能出现的问题和挑战，并采取相应的解决方案。

编写本手册的团队是一支由多名工程专家、学者和从业人员组成的专业队伍。团队成员综合考虑了工程实践中的各种情况和需求，同时借鉴了国内外同行的经验，将理论知识与实际操作相结合。编者亲身参与并通过广泛的行业调研，从不同角度、不同层面、不同地区、不同施工管理对象、不同建造阶段对基坑工程施工进行了细致分析。在编写过程中，期望能够将自己的经验和技能充分分享给读者，帮助读者在实践中更好地应用相关知识。

然而，需要注意的是，基坑工程施工涉及众多因素，如地质条件、施工环境、工程规模等，每个工程都有其独特性和挑战性。因此，建议读者在实践中运用本手册的经验指导和技术知识时，要结合具体情况进行综合判断和决策。同时，从业人员应不断地学习和积累实践经验，通过合理的调整和创新，确保施工过程的顺利进行和安全质量的科学控制。

虽然本手册力求做到全面、系统，但由于篇幅和时间的限制，书中难免会存在一些不足之处。真诚地希望广大读者在使用本手册的过程中，能够提出宝贵的意见和建议，以便我们不断完善和改进。同时，也欢迎广大读者在实际工作中遇到问题时，积极与我们联系，我们将竭诚为您提供帮助和支持。

编者

2024 年 3 月

目 录

1 概述

1.1 基坑工程的发展

基坑工程在早期一直是作为一种地下工程施工措施而存在，它是施工单位为了便于地下工程敞开开挖施工而采用的临时性的工程措施。随着基坑的开挖越来越深、面积越来越大，基坑工程的设计和施工越来越复杂，所需要的理论和技术水平也越来越高，远远超出了作为施工辅助措施的范畴，施工单位没有足够的技术力量来解决复杂的基坑稳定、变形和环境保护问题，研究和设计单位的介入解决了基坑工程的理论研究和设计计算问题，由此逐步形成了一门独立的土木工程学科分支，即基坑工程。

传统的基坑工程一般包含支护结构和地下水控制两部分内容。基坑工程目前常用的支护结构形式主要有：放坡开挖、土钉墙支护结构、水泥土墙重力式支护结构、悬臂墙式支护结构、双排桩支护结构、内撑墙式支护结构、锚拉墙式支护结构等。墙式支护结构又可分为钢筋混凝土排桩式支护结构、咬合桩墙支护结构、钢筋混凝土地下连续墙支护结构、型钢水泥土墙支护结构、钢板墙式支护结构等。为了适应工程建设的需要，各种创新形式的支护结构及支护方式应运而生，如：TRD连续墙、倾斜桩、逆作法、一墙多用等。我国幅员广阔，各地工程地质条件和水文地质条件差异性很大。土体的性状受含水量影响很大，地下水控制往往成为基坑工程成败的关键。基坑工程地下水控制通常包含降水及止水两种方式。降水一般包含明排水、轻型井点降水、管井降水等方式；止水一般包含高压注浆止水、搅拌桩墙止水、咬合桩墙止水、地下连续墙止水等方式。在特殊情况下，基坑工程的地下水控制还要采取降水与止水相结合的方式。近年来，我国基坑工程界对地下水控制重要性的认识有了较大提高，地下水控制技术在理论分析、设计、施工机械能力和工艺水平等方面都有了长足发展。上述基坑支护技术、工艺和地下水控制技术、工艺的丰富发展，大大促进了基坑工程的发展。

在城市化和地下空间工程发展过程中，大量的基坑工程集中在城市中心区域，周围往往存在建筑物、地下管线、既有地铁隧道等，环境条件复杂，使得这些基坑工程不仅要保证基坑围护结构自身的安全，而且要严格控制由基坑开挖引起的周围土体变形，以保证周围建（构）筑物的安全和正常使用。随着对位移要求越来越严格，基坑工程的控制原则正在从传统的稳定控制向变形控制方向发展，人们对信息化施工的认识也随之不断提高。信息化施工首先要做好基坑监测工作，目前基坑监测技术已从原来的人工现场监测，发展为现在的自动化远程监测。在基坑施工过程中，根据监测结果，及时正确评判出当前基坑的安全状况，然后根据分析结果，采取相应的工程措施，指导继续施工。信息化施工可以及时排除隐患，减少工程失效概率，确保工程安全、顺利地开展实施。

近年来，随着我国社会经济的快速发展，基坑工程的开挖深度和规模不断增大，特别是在工程地质条件、水文地质条件、周围环境条件复杂地区，基坑工程的难度大大增加。基坑工程水平在我国虽然有了较大的提高，但也有不少失败的案例，轻则造成邻近建筑物开裂、倾斜，道路沉陷、开裂，地下管线错位，重则造成邻近建筑物倒塌和人员伤亡，不但耽误工期，而且对人民生命和财产安全造成极大危害，社会影响极坏。因此，总结经验教训、提高理论水平、丰富实践经验，对于基坑工程的从业者提出了更高的要求。

1.2 基坑工程的特点

为满足建筑物地下结构施工，由地面向下开挖形成了地下空间，基坑工程是指这个地下空间所需挡土结构及地下水控制、环境保护等措施的总称。从功能上讲，基坑工程必须满足如下要求：为地下工程的施工提供足够的施工空间；为地下工程的施工创造无水的施工环境；在地下工程施工期间，应确保基坑自身安全和周边环境的安全。基坑工程通常存在如下特点。

（1）临时性。基坑工程通常使用期较短，从地下土方开挖，基坑支护结构发挥作用，到下部主体结构完工，土方回填，基坑支护结构失去作用，一般不会超过两年。也有特殊的基坑工程采用逆作法多墙合一，基坑工程与主体工程合并考虑，设计及施工需特殊考虑。因此，基坑工程的资金投入、方案制订要充分考虑其临时性特点。

（2）高风险性。在主观认识上，基坑工程作为临时性工程措施，相对于永久性结构而言，在强度、变形、耐久性等方面的要求稍低一些，安全储备一般要求小一些。另外，个别建设方对基坑工程认识上存在偏差，片面地追求工程低造价，往往也为基坑工程的安全埋下隐患。在客观条件上，由于工程地质条件及水文地质条件的复杂多变性与不确定性，使设计施工人员很难全面评估基坑工程所处的地下环境情况。这些因素造成了基坑工程具有较大的风险性。

（3）区域性。场地的工程地质条件和水文地质条件对基坑工程性状具有极大影响。在不同类别土性地层中的基坑工程性状差别很大，同一类别土性在不同地区的基坑工程性状也有较大差异。地下水，特别是承压水对基坑工程性状影响很大，不同地区的地下水性状差异也很大。因此，不同地区的基坑工程设计、施工经验做法差异较大，一定要因地制宜，重视基坑工程的区域性特点。

（4）时空效应性。基坑工程的空间大小和平面形状对支护结构体系的工作性状具有较大影响。在其他条件相同的情况下，面积大，风险大；形状变化大，风险大；面积相同时，正方形比圆形风险大；基坑周边凸角处比凹角处风险大。基坑土方的开挖顺序对基坑支护结构体系的工作性状也有较大影响。这些经验表明，基坑工程的空间效应很强。另外，土体具有蠕变性，随着土体蠕变的发展，土体的变形增大，抗剪强度降低，加之基坑周边的地下水位、环境荷载、温度应力等也都是随时间变化的，这些都说明基坑工程具有时间效应。因此，在基坑工程的设计及施工中，要重视和利用基坑工程的时空效应。

（5）环境效应性。基坑土方开挖后，基坑支护体系的变形和地下水位变化必将引起基坑周围地层中地下水位的变化和应力场的改变，导致周围地层中土体的变形，对邻近基坑的建筑物、地下构筑物和地下管线等产生影响，影响严重的将危及其安全和正常使用。另外，基坑工程施工产生的噪声、粉尘、废弃的泥浆、渣土等也会对周围环境产生影响，因此，必须考虑基坑工程的环境效应性，尽量减少对周围环境的影响。

（6）综合性。基坑工程的从业者不仅需要岩土工程方面的知识，也需要结构工程、材料工程、环境工程等方面的综合知识。同时，基坑工程中设计和施工是密不可分的，设计计算的工况必须和施工实际的工况一致才能确保设计的可靠性。设计计算理论的不完善和施工中的不确定因素会增加基坑工程失效的风险，所以，需要基坑工程设计施工人员具有综合的理论知识和实践经验。基坑工程的从业人员需要具备及综合运用以下各方面知识和经验：岩土工程知识和经验、建筑结构和力学知识、工艺施工经验、工程所在地的施工经验等。

基坑工程事故往往与设计、施工和管理人员对上述基坑工程特点缺乏认识、未能采取有效措施有关。因此，基坑工程从业者要不断加深对基坑工程特点的认识，增强风险防范意识。

1.3 基坑工程常用施工工艺分类

基坑工程施工一般包括两部分内容：支护结构施工和地下水控制施工。基坑工程常用施工工艺按工艺特点及功能作用又可划分为桩墙施工工艺、撑锚施工工艺、地下水控制施工工艺、土体加固施工工艺、坡面防护施工工艺、其他施工工艺等类别，每种工艺类别通常包含的具体施工工艺，见表1.3.1。

表 1.3.1　基坑工程常用施工工艺分类表

类别	常用施工工艺
桩墙施工	旋挖成孔灌注桩施工、冲击成孔灌注桩施工、长螺旋成孔灌注桩施工、回转成孔灌注桩施工、混凝土预制桩施工、钢板桩施工、钢管桩施工、SMW工法桩施工、咬合桩施工、地下连续墙施工等
撑锚施工	钢筋混凝土支撑施工、钢支撑施工、锚杆施工等
地下水控制施工	集水明排施工、管井电动降水施工、管井气动降水施工、轻型井点降水施工、排水沟（管）及沉淀池施工、水泥土搅拌桩（单轴、双轴、三轴）止水帷幕施工、高压旋喷桩（单重管、双重管、三重管）止水帷幕施工、TRD水泥土连续墙施工、CSM双轮搅水泥土墙施工等
土体加固施工	水泥土搅拌桩加固施工、旋喷桩加固施工、注浆加固施工等
坡面防护施工	坡面喷射混凝土（干喷）施工、坡面喷射混凝土（湿喷）施工、桩间喷射混凝土施工等
其他施工	冠梁施工、钢腰梁施工、钢筋混凝土腰梁施工、泄水孔施工、植筋施工等

1.4 基坑工程施工的重点注意事项

（1）做好环境保护。当基坑工程处于建（构）筑物和管线密集的中心城区时，为了保护这些已建建（构）筑物的正常使用和管线的安全运营，需要严格控制基坑工程施工产生的位移及对周边环境的影响，变形控制和环境保护往往成为基坑工程成败的关键。大量的基坑工程施工实践发现，采用合理的施工组织，控制基坑内土体开挖的空间位置、开挖土体的分块大小以及开挖次序、支撑或锚杆安装的时间等，可以有效控制基坑变形的大小，减小对周边环境的不利影响。

（2）增强风险管理意识。基坑工程事故的诱发因素有很多，如工程地质勘察失真、设计失误或漏项、施工质量不达标、人员决策或操作失误、自然灾害等，总体上可以分为施工前留下的隐患和施工中产生的隐患。从工程事故统计的角度来看，大多数事故都有一个共同的特点，即事故往往是由小的安全隐患引发的，一个事故可能是从众多事故隐患中的一个或多个发展起来的，任何一个微小的漏洞或者安全隐患都有可能引发严重的事故。根据对基坑工程安全风险特性的深入研究，逐步形成如下安全风险管理思路：施工前，对各个阶段进行详细的风险评估，对评估的风险进行处置（消除、降低、转移、自留），尽量规避施工前各个阶段可能产生的风险；其次，在施工中，对施工前保留的风险和施工中新产生的风险进行动态风险评估和跟踪，采用一系列的安全管理措施，将事故隐患消灭在萌芽状态，将事故发生的概率降到最低。建立起主动控制和被动控制相结合的协调统一的多重防御体系，将施工前的风险管理和施工中的动态风险评估和安全管控结合起来，形成一套完整的基坑工程安全管理体系。

（3）坚持信息化施工。基坑工程在设计、施工、监测等各个环节都要坚持信息化施工原则。岩土工程具有对自然条件的依赖性，自然条件又存在很大的不确知性，导致岩土工程存在设计条件信息的模糊性和不完全性、设计计算参数的不确定性以及测试方法的多样性等特点。岩土工程的设计及施工方案的合理性，在很大程度上依赖这些输入条件信息的准确性。这些岩土工程的特性造成岩土工程施工不同于结构工程施工，需要坚持"边观察、边施工、边反馈、边调整"的信息化施工原则。

（4）加强基坑监测。做好监测工作是坚持信息化施工的前提，是保证安全生产的重要基础工作。要重视发展基坑工程监测新仪器、新技术，实行全过程自动化监测控制是未来的发展方向。不同基坑工程以及同一基坑工程的不同部位不应规定统一的监测预警值，监测预警值应由设计单位根据实际的保护要求及具体的设计计算情况提出，并应根据实际情况动态控制。基坑监测工作除因施工需要由施工单位进行监测外，还要实行第三方监测制度，由业主委托第三方单位负责基坑工程的监测工作，以确保监测数据的准确性和权威性。

（5）强化施工过程管控。施工管理是一项复杂的系统工程，施工过程中的合理组织和管控，对于实现工程安全、质量、成本、进度等目标以及控制工程风险具有决定性的影响。施工管理包含进度控制、质量控制、成本控制、安全文明施工管理、合约管理、信息管理、对内对外协调等多方面内容，各部分工作是相互影响相互协调的，不能顾此失彼，也不能"眉毛胡子一把抓"，要根据不同的阶段目标，分清主次，统筹协调推进各项工作。在管理流程上，施工管理遵循PDCA（策划、实施、检查、改进）循环。工前策划要确定进度、质量、安全、成本等各项目标，制订人、材、机等资源投入计划，编制各项技术方案，这里目标计划及技术方案的合理性和可操作性是非常关键的。工程实施阶段，对于工前策划内容的充分交底是非常重要的，也是确保工程目标不偏离的重要措施。工程检查过程中，对于检查项目要区分主控项目和一般项目，主控项目必须确保全部满足标准要求。同时检查工作也要分层次进行，不同层次检查之间要互相校对和监督，确保检查工作的非形式化和权威性。工程改进阶段，对于检查中发现的问题要及时进行反馈整改，另外定期召开阶段总结会，进行阶段分析总结和改进，这些都是确保工程目标实现的重要手段，也是控制工程风险的有效方法。

（6）重视地下水控制。对基坑工程事故原因的分析表明，未能有效控制地下水是基坑工程事故的主要原因之一。基坑工程渗水漏水处理不好，往往会酿成重大工程事故。基坑工程实施过程中，应根据不同的地质条件和周边环境的保护要求，采用降水或止水方案。在降水施工过程中，要加强对周边环境的监测，尽量减小降水施工对周边环境的影响。在止水帷幕施工过程中，止水帷幕施工工艺的选用及施工质量的管控，对止水效果影响很大。由于地下水的影响是渐变的，在基坑施工过程中，往往容易被忽视，一旦造成严重后果，治理起来花费的经济成本和时间成本也是相对很高的。所以，基坑工程实施过程中，要特别重视对地下水的控制。

2 支护桩施工

2.1 概述

排桩支护体系是沿基坑侧壁连续布置的支护桩与冠梁组成的挡土结构，常用的支护桩包括灌注桩、预制桩及钢板桩等。根据不同类型基坑支护工程的施工要求，支护桩施工应选择相应的钻孔设备、钻进方法和施工工艺。本章着重介绍基坑工程支护桩施工中常用的成孔方法及施工工艺，包括这些方法的基本原理、工艺特点、使用的主要设备和工具等，对于灌注桩施工，还包括钢筋笼制作、运输、安装以及混凝土灌注施工等内容。

2.1.1 常用支护桩种类与特点

根据成桩工艺，支护桩桩型主要包括：钻孔灌注桩（包括旋挖成孔工艺、冲击成孔工艺、回转成孔工艺及长螺旋成孔工艺）、预制混凝土桩、钢板桩、钢管桩、SMW 工法（型钢水泥土搅拌桩）等。这些单个桩体可在平面布置上采取不同的排列形式形成挡土结构。

2.1.2 常用支护桩地层适用条件

常用支护桩型与适用地层条件的对比分析见表 2.1.1。

表 2.1.1 常用支护桩型与适用地层条件对比

	桩型	旋挖成孔灌注桩	长螺旋钻孔灌注桩	正循环回转灌注桩	冲击成孔灌注桩	预制桩	钢管桩	钢板桩	SMW工法桩
地层条件	一般黏性土及填土	++	++	++	+	++	+	++	++
	有旧基础、碎石及块石等地下障碍物的回填土	++	+	+	++	−	+	−	−
	淤泥和淤泥质土	++	+	++	+	++	++	++	++
	粉土	++	++	++	+	++	++	++	++
	砂土	++	+	++	++	+	++	+	++
	碎石土（卵石层）、含碎石的黏性土	++	+	+	++	+	+	+	+
	中间有硬夹层（砂砾石夹层）	++	+	++	++	+	+	+	+
	硬黏性土、全风化岩石	++	++	++	++	+	+	−	−

表 2.1.1（续）

桩型		旋挖成孔灌注桩	长螺旋钻孔灌注桩	正循环回转灌注桩	冲击成孔灌注桩	预制桩	钢管桩	钢板桩	SMW工法桩
地层条件	密实砂土	++	+	+	++	+	+	−	+
	软质岩石（强风化岩石或饱和单轴抗压强度小于15MPa的中风化岩石）	++	+	++	++	+	+	−	−
	硬质岩石（饱和单轴抗压强度大于15MPa的中风化岩石及微风化岩石）	++	−	+	++	−	+	−	−
地下水位	以上	++	++	++	++	++	++	++	++
	以下	++	+	++	+	++	++	++	++
地质条件要求		基本能适合各种地层	基本能适应各种非岩石地层	基本能适合各种地层	基本能适合各种地层	基本能适应各种非岩石地层	基本能适应各种非岩石地层	适用于原状土层、部分砂土、素填土	主要适用软土地层、部分黏土、粉土地层

注：①表中符号 ++ 表示较合适；+ 表示可能采用；− 表示不宜采用；

②本表借鉴了《建筑桩基技术规范》（JGJ94—2008）附录A、《桩基手册》表5-3-2中相关内容，并结合了辽宁区域、华北区域、福建、广东等地区施工经验编制；

③由于各地区工程地质条件具有差异性以及施工技术的不断发展，桩型选择需根据具体项目的地层适用性、地区经验及施工新工艺等综合考虑。

2.1.3　常用几种支护桩施工工艺的优缺点

常用的几种桩型，包括灌注桩、预制桩、钢管桩、钢板桩及SMW工法桩主要的优点和缺点对比见表2.1.2。

表 2.1.2　几种常用桩型的优缺点对比

桩型	优点	缺点
灌注桩	①桩径、桩长基本不受限制； ②适应地层广； ③施工灵活方便，对场地要求较低； ④单桩力学性质较高，可适用于悬臂桩或其他组合支护体系； ⑤在钻孔过程中，能够进一步核查地质情况，可根据地层构造和设计要求，选定适当的桩长和桩径； ⑥施工工艺成熟，可以根据不同的施工条件和不同地层选择最优的施工工艺； ⑦可采取咬合排桩或结合桩间旋喷等工艺，形成止水帷幕	①现场作业较多，包括成孔、钢筋笼制作、吊运及混凝土灌注等工序，工艺较为复杂； ②施工成本较高，混凝土龄期相对较长； ③泥浆护壁成孔产生泥浆造成环境污染，冲击、干成孔及气动旋挖成孔等会产生噪声污染

表 2.1.2（续）

桩型	优点	缺点
预制桩	①材质均匀密实，强度大； ②非连接桩时，能确保成品桩质量； ③使用时不受常水位深浅限制； ④相对于灌注桩，工期较短、成本较低、无龄期问题	①主要用于工程桩，基坑支护中的应用正在推广； ②接头施工技术要求相对较高； ③地层硬度大或有障碍物时成桩难度较大； ④不适用于地层条件差及变形控制要求高的基坑工程
钢管桩、钢板桩	①运搬、操作较容易，与混凝土桩比较，对场地条件要求低； ②施工机械较为简单，需要的作业面较小，施工工艺较简单； ③成本较低，钢板桩可回收，施工速度快，无污染，无龄期要求； ④钢板桩兼有止水作用	①不同工艺有不同的适用地层，硬质地层需要进行预成孔或辅助成孔，尤其钢板桩只适用于土层和软弱地层； ②钢管桩、钢板桩刚度较小，不利于基坑变形控制； ③单桩抗弯度不高，正常情况下需要与锚索、内支撑形成组合支护体系
SMW工法桩	①构造简单，具备支护和止水性能，不需额外施工截水帷幕； ②施工工期短，造价较低，型钢可回收； ③噪声小，比较适合城市中的深基坑工程	①水泥土强度养护时间较长，影响工期； ②地层适应性有限； ③三轴搅拌桩设备体积较大，设备重心较高，对施工场地要求较高

2.1.4 支护桩施工工艺的选用原则

2.1.4.1 混凝土灌注桩

排桩式支护结构中混凝土灌注桩应用最多，可用于各种深度的基坑工程，配合锚索、内支撑体系后适用范围更为广泛。桩的排列有间隔式、双排式和连续式，桩顶设置混凝土冠梁或锚桩、拉杆，施工方便、安全度好、造价适中。适用于基坑深度大、不允许放坡、邻近有建（构）筑物的基坑工程。

其中机械成孔成桩方式最为普遍，包括机械旋挖、冲击、循环钻成孔在国内各地区均有应用；长螺旋压灌桩在砂土层、软弱土地层等地区应用也较为广泛。

2.1.4.2 钢管桩

排桩式支护结构中钢管桩也是应用较多的一种，更多的是与锚索等组合应用。桩的排列主要为间隔式，适用于开挖深度较浅的岩石或土质基坑。在工程应用中可以根据不同的地层适用性及地区经验选择不同的沉桩方式，其中静压、锤击、振动潜孔锤预成孔等施工工艺均有广泛应用。

2.1.4.3 钢板桩

钢板桩是排桩式支护结构中大力推广的一种支护形式，特别在小型基坑（槽）中使用更为灵活方便。其多用于坑深5~10m的基坑工程，多数情况下结合钢支撑体系使用，桩互相咬合形成一定的防水止水体系。同样适于狭长基坑、整体或局部需直立开挖、邻近有建（构）筑物的基坑（槽）支护。在国内各地区的工民建、水工、市政等领域均有较为广泛的应用。

2.1.4.4 预制桩

预制桩一直广泛应用于基础工程中，由于其工艺特点符合国家倡导的绿色基坑原则，目前预制桩已经越来越多地出现在支护工程中，并且随着技术的发展，许多兼具基础和支护功能的桩型或专门用于支护工程中的桩型也在不断出现，如 PRC 管桩、SC 桩等。因此对于基坑支护工程，预制桩是一种更值得推广的绿色经济施工工艺。

2.1.4.5 SMW 工法桩

SMW 工法桩最常用的施工设备是三轴搅拌桩机，在其适用的条件下可以做到支护、止水效果、经济及施工进度的整体平衡，在基坑支护工程中有广阔的应用前景。

2.1.5 支护桩与止水帷幕的结合

当基坑降水对周边建（构）筑物、地下管线、道路等造成危害或其他不利影响时，需要采用止水帷幕控制地下水，排桩经常需要与止水帷幕组合，共同组成基坑的围护体系。常用的方法为在排桩桩间设置止水桩（如旋喷桩等），形成排桩加止水桩的基坑围护体系，该围护体系的优点在于工艺简单、成本低、平面布置灵活，缺点是相对于单独设置的止水帷幕，防渗止水效果和整体性较差。因此，当基坑止水效果要求较高时，可在排桩外侧另行设置止水帷幕（各类止水帷幕详见本书第 8 章相关内容）。另外，支护桩可与素混凝土桩相互咬合，形成咬合桩墙式兼顾挡土与止水功能的基坑围护体系（本章 2.10 ～ 2.12 节重点介绍了钻孔咬合桩的三种施工工艺流程）。

本章节中另外两种兼具支护和止水功能的支护桩为 SMW 工法桩和钢板桩，SMW 工法桩是一种插入型钢的水泥土墙；钢板桩是一种板桩相互咬合的薄壁钢板墙，它们均具备挡土兼顾止水的效果。

2.2 灌注桩旋挖干成孔施工

2.2.1 工艺介绍

2.2.1.1 工艺简介

（1）旋挖干成孔施工是指旋挖钻机在钻进过程中，除设置孔口护筒外，不需要其他护壁措施，直接钻进成孔的施工工艺。

（2）旋挖钻机的钻进原理是：依靠压力将钻具压入岩土体中，在强大的动力头输出扭矩作用下，使岩土体发生剪切破碎。旋挖钻机在施工过程中，通过动力头的旋转驱动钻杆，带动钻具旋转，在加压荷载与旋转扭矩的作用下，钻具与岩土体的接触面之间就会产生剪切力，实现剪切钻进。

2.2.1.2 适用地质条件

适用于黏性土、碎石土及风化岩等孔壁稳定性较好、无需护壁措施的地层。

2.2.1.3 工艺特点

与其他旋挖灌注桩施工工艺相比，旋挖干成孔施工工艺流程简单，施工效率高，不产生泥浆，对周围环境污染小，是旋挖施工中最简单的施工工艺。同时旋挖干成孔施工不需要其他辅助材料和设备，成本较低。与冲击成孔和回转钻机施工工艺相比，可根据不同地层配备不同类型的钻具，适应能力较强，且高度自动化。但是由于干成孔失去了水和泥浆的润滑软化、降温及缓冲，某些地层钻进阻力提升，特别是对密实的干土、粗砂层尤为明显，会出现倒渣困难、加剧钻齿损耗及钻杆振动的情况。

2.2.2 设备选型

2.2.2.1 旋挖钻机

应根据设计图中的桩径、桩长以及岩土工程勘察报告中的地层情况选择合适的旋挖钻机。常用钻机选型可按表 2.2.1 选用。

表 2.2.1 常用旋挖钻机的选用

输出扭矩 /kN·m	最大钻孔直径 /m	最大钻孔深度 /m	总重量 /t	工作高度 /m	工作宽度 /m
150~160	1.5	57~58	53.5	19~20	4.2~4.3
220~230	1.9	75~76	64.5	21~22	4.2~4.3
300~310	2.5	89~90	93	24~25	4.2~4.3
360~370	2.5	94~95	100	25~26	4.2~4.3
400~410	2.5	99~100	110	25~26	4.4~4.5
420~430	2.8	105~110	120	28~29	5.3~5.4
460~470	3	105~110	138	28~29	5.5~5.6

注：以上数据参考中国中车设备，为设备未进行改装情况下的基本数据。

2.2.2.2 钻杆与钻具

钻杆应具有较高的强度和刚度，足以抵抗钻孔时的钻进力，从而保证钻孔垂直度等要求；质量尽可能轻，以提高钻机功效，降低使用成本。

钻机钻杆按钻进加压方式可分为摩阻式、机锁式、多锁式及组合式。摩阻式钻杆在软土层钻进效率高，机锁式钻杆提高了动力头施于钻杆并传到钻具的下压力，适于钻进硬岩层，对操作的要求也较高。在旋挖钻机成孔施工时，要根据具体地层土质情况选用不同的钻杆，以充分发挥不同类型钻杆的各自优势，采用相应的施工工艺，配合选用相应的钻具，提高旋挖钻进的施工效率，确保钻进成孔的顺利进行。各类型钻杆的技术特性参数如表 2.2.2 所示。

表 2.2.2 各类钻杆技术特性参数

	钻杆类型			
	摩阻式	机锁式	多锁式	组合式
钻杆特点	每节钻杆由无缝钢管和焊在其表面的内外驱动键条组成，在外驱动键条中间无加压锁台，向下的推进力由键条之间的摩擦力传递	每节钻杆由无缝钢管和焊在其表面的内外驱动键条组成，在外驱动键条中间有 2~4 个加压锁台，当钻杆的内驱动键条转动到外驱动键条的加压锁台时。向下的推进力直接传递至钻具上	每节钻杆由无缝钢管和焊在其表面上的内外驱动键条组成，内外驱动键条均带有齿条式的连续台阶，当钻杆的内驱动键条转动到外驱动键条咬合时，使向下推进力直接传递至钻具上	由摩阻式和机锁式钻杆组成，一般采用 5 节钻杆。外边 3 节钻杆是机锁式，里边 2 节是摩阻式
适用地层	普通地层，如：地表覆盖层、淤泥、黏土、淤泥质粉质黏土、砂土、粉土、中小粒径卵砾石层	较硬地层，如：大粒径卵砾石层，胶结性较好的卵砾石层，永冻土，强、中风化基岩	普通地层，更适用于硬土层	适用于桩孔上部 30m 以内较硬地层而下部地层较软的情况

钻机钻具的种类很多，旋挖钻机常用钻具可按表 2.2.3 所列选用。

表 2.2.3 旋挖钻机常用钻具的选用

钻具名称	适用地层	特点	外观
土层双底捞砂钻头	淤泥、细砂、粉土、粉质黏土、黏土，部分类土质软岩，如全、强风化以及中风化的泥岩等	业内使用最为广泛的钻头	
嵌岩双底捞砂钻头	适用于卵、碎石层，中等风化的类土质软岩，如中风化泥质砂岩，泥质砾岩等。风化程度较高的较硬岩，如全、强风化花岗岩等	钻进硬岩时，常需配合筒钻及螺旋钻头使用	
土层单底捞砂钻头	淤泥、细砂、粉土、粉质黏土、黏土，部分类土质软岩，如全、强风化以及中风化的泥岩等	此钻头与双底捞砂钻斗功能类似，优势在于其有侧进土口，而且不需反钻关斗门，对于土层的钻进效率更高。劣势在于其重量较轻，对于部分硬质土层时，特别是配合摩擦杆使用时，可能出现打滑不进尺的现象，严重影响钻进效率	

表 2.2.3（续）

钻具名称	适用地层	特点	外观
双层筒钻头	适用于粒径为200~500mm的卵、漂石层钻进	双层筒钻采用一种全新的钻进思想——"挤"。即将大小不一的碎、卵石在筒内挤密后带出孔外。设计时，根据成桩孔径设计外筒直径，根据卵石的平均粒径设计内筒直径，内筒比外筒高。此钻具已在国内得到广泛应用，钻进效率及钻齿损耗方面，明显优于其他钻具	
嵌岩螺旋钻头	适用于孔内漂石、孤石硬质岩层的破碎等	对于部分胶泥地层，中等密实程度的卵石土，在选用土层双底捞砂斗无法钻进时，可尝试使用螺旋钻头进行钻进	
筒钻钻头	适用于有明显分层的中风化岩（取芯率高），以及硬质岩层的环切	在密实度较高的土层，或是部分软岩地层，由于选择摩擦式钻杆造成打滑时，可尝试使用筒钻处理	
土螺旋钻头	含水层以上的黏土、砂土、塑性冻土等经扰动后所取样的结构不易松散且刻取强度较低的地层	优势在于，钻头高度最大可达4m，单次进尺量大，而且能有效地避免其他钻头在此类工程中卸渣困难的问题。	
双底单开门钻头	适应地层较广，用于淤泥、土层、粒径较小的卵石等	一般为直径≤1.2m的钻具。对比双底双开门钻具，具有更大的单侧进土口，更有助于部分地层的钻进，如粒径200mm以下的卵石地层钻进。但由于单开门为非对称结构，对设计或生产有较高的要求，否则极易出现偏孔现象。对于桩径不大于1.2m的卵石地层钻进，推荐使用此钻头	
清底钻头	由单底捞砂斗拆除钻齿改造而成	用于旋挖钻机成孔后使用，尤其是对于干式成孔清底效果最为明显	

2.2.2.3 钻齿

钻具常用钻齿可按表 2.2.4 所列选用。

表 2.2.4 旋挖钻机常用钻齿的选用

钻齿名称	适用条件	外观
斗齿	适宜土层钻进,齿刃锋利,切削速度快,不能用于卵石、岩层等硬地层	
宝峨齿	相对斗齿更加粗壮,不易掰断,用于大直径土斗,适宜中小颗粒卵石、软岩	
截齿	入岩钻齿,耐磨合金点给岩石提供更大的加压力,适宜岩石破碎	
牙轮齿	入岩钻齿,耐磨合金点给岩石提供更大的加压力,适宜岩石破碎	

2.2.3 施工前准备

2.2.3.1 人员配备

(1)旋挖操作手:负责旋挖钻机操作,钻进时对特殊地层进行及时反馈,配合项目部对成孔过程中的点位与垂直度的把控。每班一般配备 1 名旋挖操作手,且必须持旋挖钻机操作证上岗。

(2)旋挖辅助工:协助旋挖机手更换钻头,协助旋挖操作手控制钻进过程中的孔深、点位、垂直度等其他辅助工作。每班一般配备 2 名旋挖辅助工。

(3)辅助设备操作手:操作辅助设备配合旋挖钻机施工。操作手数量根据辅助设备数量配备,一般每台设备每班配备 1 名操作手,操作手必须持相关操作证上岗工作。

2.2.3.2 辅助设备

(1)挖掘机:通常选择 22 吨级别及以上挖掘机,配合旋挖钻机施工,进行旋挖站位钻进前的场地平整;对桩芯土进行归堆、平整。

(2)铲车:通常选用 5 吨级别铲车,配合旋挖钻机施工;进行钻头、旋挖配件倒运;桩芯土倒运。

2.2.3.3　场地条件

（1）应充分了解进场线路及施工现场周边建筑（构筑物）状况，桩孔外侧1m范围内应无影响施工的障碍物，净空距离应符合相关安全规范要求，避免施工过程中影响邻近建筑（构筑物）安全。确定桩芯土堆放场地及混凝土罐车的运输路线。

（2）单根桩施工场地面积一般应达到15m×20m，以满足单台旋挖钻机的施工作业要求。

（3）地面平整度和场地承载力应满足旋挖钻机正常使用和安全作业的场地要求。在没有明确要求的情况下，场地平整度应满足桅杆倾斜小于2°，场地地面（地基）承载力大于120kPa的要求，当场地承载力不满足要求时，应采取换填压实、垫钢板等有效保证措施。

（4）应掌握施工场地范围内的地下管线埋设情况，特别是桩位上及附近的地下管线应及时沟通建设单位协调相关管线产权单位进行迁改或采取保护措施，具体保护措施应满足相关规范要求。正式施工前，应采用物探或槽探法对桩位附近的管线进行再次探测。

2.2.3.4　安全技术准备

（1）方案编制：项目技术负责人根据图纸要求、相关规范及现场实际情况编制安全技术方案。

（2）方案交底：按照方案内容，项目技术负责人对管理人员及作业人员进行安全技术交底。

（3）其他安全技术准备：项目生产负责人编制材料、机械设备、工具、用具及各技术工种劳力进场计划。

安全负责人对进场工人进行三级安全教育等。

2.2.4　工艺流程及要点

2.2.4.1　工艺流程

灌注桩旋挖干成孔施工工艺流程如图2.2.1所示。

2.2.4.2　工艺要点

（1）平整场地：施工前应对场地进行整平、夯实；铺垫好进出施工区域的道路。同时合理布置施工机械、输送管路和电力线路位置，确保施工场地的"三通一平"。

（2）桩位放线：根据设计图纸和建设单位提供的高程控制基准点，采用测量仪器测放出桩位中心位置，并设置桩位十字交叉控制点，以便校准桩位中心。

（3）钻机就位、开孔：钻机行至桩位处把钻杆中心对准桩位，复核钻机底盘水平，然后调整钻机底盘水平度，待钻机底盘水平度调整完成后重新用钻杆对准桩位中心锁死钻机定位装置，在钻机对位用线绳拉十字交叉点进行钻头对中。

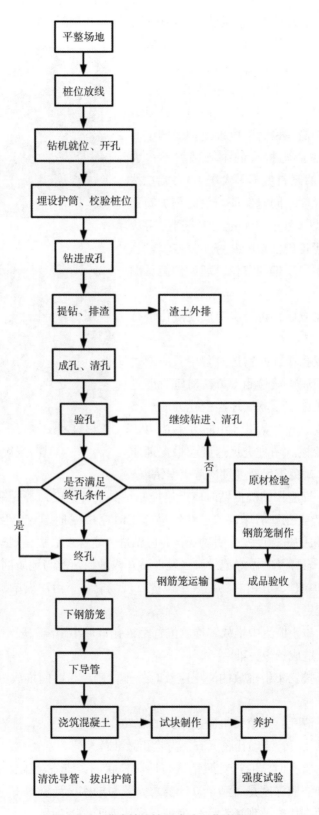

图 2.2.1 灌注桩旋挖干成孔工艺流程

对中完成后钻进开孔至预定位置。钻机就位和开孔见图 2.2.2。

（4）埋设护筒、校验桩位：为了准确固定桩位，同时防止孔口塌陷，开孔后应埋设孔口护筒。护筒的内径一般大于钻头直径 100mm。钢护筒埋设深度至填土层底且应满足设计及有关规范要求。护筒埋设时，应确定护筒的中心位置；护筒的中心与桩位的中心偏差不得大于 50mm，护筒的倾斜度不得大于 1%。旋挖按压护筒至预定深度，同时保证埋设的钢护筒顶部高出地面一般不少于 300m。护筒到位后应对护筒周围进行均匀回填，并夯实，夯填过程中要保证护筒不发生偏斜移位。埋设护筒见图 2.2.3。

图 2.2.2　钻机就位、开孔

护筒埋设完成后，再一次对放线点位进行校验。

（5）钻进成孔：旋挖钻进过程中，应通过铅锤、倾角仪或超声波检测等方法对垂直度进行校核，特别是施工至软硬地层变化处应严格控制施工垂直度。开孔钻进 5~10m 左右应再一次对桩位进行校核。钻进进尺速度应根据地质情况进行控制，避免进尺速度过快造成埋钻事故。

图 2.2.3　埋设护筒

（6）提钻、排渣：钻机提钻时应严格控制钻具上升速度，若提钻速度过快，钻斗外壁易碰撞孔壁造成孔壁坍塌现象。在钻进施工时应根据地层变化及时填写《钻孔记录表》，当旋挖钻机钻进速度发生明显变化时应钻进一定深度后提钻观察桩芯土（岩）的变化情况，并留好岩样及时做好记录。当发现钻孔内地层情况与地质剖面图和设计不符时，应及时报告监理单位，并由驻场勘察单位进行现场确认，由建设单位沟通设计单位确认是否进行设计变更。

提钻取出的渣土应集中堆放，堆放位置距桩孔口最小距离一般不小于 6m，并及时覆盖防尘网，防止造成扬尘污染。

（7）渣土外排：集中堆放的渣土应及时外排，避免长时间堆放占用施工场地和污染环境。

（8）成孔、清孔：旋挖钻机通过钻具的旋转、削土、提钻、排渣，反复循环直至达到设计深度。成孔后，清理孔底沉渣，为验孔做准备。

（9）验孔：验孔时，通过对照钻渣与地质柱状图，查看施工记录中钻孔地层情况，验证地质情况和嵌固深度是否满足设计要求。若与勘察设计资料不符，则及时通知监理工程师、现场勘查代表及现场设计代表进行确认处理。若满足设计要求，利用测绳、孔规（或孔径仪）检查孔深、孔径、垂直度和沉渣厚度，沉渣厚度应满足相关规范要求。

图 2.2.4 验孔

超过规范要求时，应进行第二次清孔，直至沉渣厚度符合要求为止。验孔见图 2.2.4。

（10）终孔：验收合格后即可终孔。留存好验收合格的相关资料，并及时进行下钢筋笼灌注等后续施工工序。

（11）下钢筋笼等流程：下放钢筋笼、导管及混凝土灌注等具体工艺流程见本书 2.12、2.13 和 2.14 小节内容。

2.2.5 工艺质量要点识别与控制

旋挖干成孔施工工艺质量要点识别与控制见表 2.2.5。

表 2.2.5 旋挖干成孔施工工艺质量要点识别与控制

控制项目	识别要点	控制标准	控制措施
主控项目	桩位	50mm	①开工前，应对测量仪器 (GPS、全站仪等) 进行校定，施工过程中应定期维护； ②基准控制点接收后应校核，施工过程中定期对基准控制点进行校准并进行妥善保护； ③测放桩位时，应设置明显标识注明桩号，并做十字引点保护点位； ④孔口护筒放置完成后，对桩位进行第一次校核，钻进成孔 5~10m 后对桩位进行第二次校核
	桩底标高	±100mm	①桩位放线时，应准确记录桩位开孔标高； ②施工过程中，当钻进深度接近设计深度时，应提醒钻机操作手控制好进尺速度，减少每次进尺深度，增加孔深测量次数，不得超挖； ③定期检查测绳，保证长度准确、刻度清晰
	孔底沉渣	≤ 200mm	①成孔后必须进行孔底沉渣清理，清渣合格后应尽快完成下笼和混凝土浇筑； ②清渣合格后，若未能及时下笼灌注，应在下笼灌注前再次进行沉渣清理； ③清渣时应选择专用钻具（平底钻等）清理，保证清渣效果，同时避免清渣进尺造成超挖
一般项目	桩径	−20mm	①每根桩施工前应对钻机钻具直径进行测定； ②施工过程中，注意观察孔壁及渣土情况，若发现有塌孔的情况，及时采取护壁措施； ③钻进过程中应控制下钻和提钻速度，避免人为原因造成孔壁破坏而导致桩径偏差过大
	垂直度	0.5%	①施工前，应对施工区域进行场地平整； ②桩机就位后，通过钻机操作平台检查钻机平整度和钻杆垂直度； ③施工过程中，每进尺 5~10m 应通过专门检测仪器进行垂直度检测； ④对垂直度要求严格或地层复杂易偏孔的桩，在施工过程中可以适当增加垂直度检测次数

钢筋笼制作安放、混凝土灌注质量要点识别与控制见本书 2.12 至 2.14 小节内容。

2.2.6 工艺安全风险辨识与控制

旋挖干成孔施工工艺安全风险辨识与控制见表2.2.6。

表2.2.6 旋挖干成孔施工工艺安全风险辨识与控制

事故类型	辨识要点	控制措施
车辆伤害	旋挖成孔施工作业空间狭窄、地面坡度与起伏较大、场地地表土松软	施工场地要求平整，施工工作面坡度不得大于2°，场地地基承载力特征值宜大于120kPa
	旋挖连续作业桩位选择，钻机与钻机站位关系	当桩间净距小于2.5m时，应采取间隔旋挖方式成孔，桩机同时施工最小施工净间距不得小于6.0m
	旋挖钻机装卸、安拆与调试、检修、移位、装卸钻具钻杆、成孔施工等施工危险性大的作业无专人指挥	旋挖钻机装卸、安拆与调试、检修、移位、收臂放塔、装卸钻具钻杆及套筒、成孔施工、钢筋笼吊装、混凝土灌注等施工危险性大的作业必须设置专人指挥
	成孔后或因故停转	应将钻头下降至接触地面，将各部件予以制动，操纵杆放在空挡位置后，关闭电源，锁好开关锁
触电	高压线路附近施工	①根据电压大小不同，电力线路下及一定范围内需设立保护区；②施工前应征得电力相关部门的同意，并采取相应保护措施后方可施工
坍塌	孔口护筒埋设	孔口护筒四周应用黏性土封填并捣实，确保不漏水，避免由于漏水造成孔口坍塌而危及钻机安全
坠落	成孔后对孔口的保护措施	成孔后应及时进行后续施工，如未能及时灌注应在桩孔位置加盖盖板，并设置警戒护栏
其他伤害	提钻排渣，渣土堆放	弃渣应及时运走，禁止堆存过高
	桩位处地下管线及障碍资料不明	由建设单位提供相关资料，若由施工单位进行管线及障碍物开挖时，在开挖前必须做好开挖方案及应急处理方案，否则不得施工
	恶劣天气施工作业	①遇到雷电、大雨、大雾、大雪和六级以上大风等恶劣天气时，应停止一切作业；②当风力超过七级或有台风、风暴预警时，应将旋挖设备桅杆放倒

2.2.7 工艺重难点及常见问题处理

旋挖干成孔施工工艺重难点及常见问题处理见表2.2.7。

表 2.2.7　旋挖干成孔施工工艺重难点及常见问题处理

工艺重难点	常见问题	原因分析	预防措施和处理方法
桩位控制	桩位偏差	桩位测放不准	①桩位测放完成后，在开孔前和钻进过程中进行复测和检查，确保桩位准确无误。②成孔过程中发现桩位偏差，一般进行混凝土回填，混凝土上强度后重新钻孔
桩径控制	缩径	钻头焊补不及时，越钻越小，致使下部缩径	经常检查钻头尺寸，发现磨损及时焊补
	孔壁塌陷	未进行跳桩施工（相邻桩位成孔未灌注）	连续施工时，应跳隔1~2根桩施工
		地层土体松散或孔内出现地下水，孔壁土体失稳	施工前应调查清楚地下水情况，如遇未知地下水导致塌孔，及时采取泥浆、钢护筒等护壁措施
	孔壁塌陷	下放钢筋笼时碰坏孔壁	①垂直、缓慢、小心地下放钢筋笼；②若发生塌孔，及时吊出钢筋笼，进行清孔后，再下放钢筋笼
	穿孔	未进行跳桩施工（相邻桩位桩身混凝土未达到）	①已完成浇筑混凝土的桩与邻桩间距应大于4倍桩径，或间隔施工时间大于36h；②发生穿孔时，应采取穿孔桩交叉平衡灌注等措施
垂直度控制	钻孔偏斜	旋挖钻机就位安装不稳或钻杆弯曲	桩机部件要妥善保养、组装，开钻前要校正钻杆垂直度和水平度
		地面软弱或软硬不均匀	施工前应先将场地夯实平整，必要时可选择地基换填等方式
		不同地层交界层面较陡（如偏岩、土层中有大孤石、岩层中有溶洞等）	①降低钻进速率，同时每钻进一定深度就提钻观察成孔情况，及时纠偏；②若钻孔轻微倾斜宜慢速提升、下降，反复扫孔矫正，直至桩孔符合要求；③若桩孔倾斜较严重，应向孔中填入石子和黏土（或回填低标号混凝土）至偏孔处0.5m以上，在消除导致斜孔的因素后方可重新钻进
沉渣控制	沉渣过多	孔内土层位置土体掉落	①下杆和提钻过程中速度不要太快，避免碰撞孔壁；②反复清孔直到沉渣满足要求，清孔后尽快灌注混凝土；③对于沉渣要求严格的情况，可以采用泥浆正循环清渣、泵吸反循环清渣、气举反循环清渣和清底钻清渣

表 2.2.7（续）

工艺重难点	常见问题	原因分析	预防措施和处理方法
环境污染控制	扬尘污染	现场为土质场地或堆放桩芯土等，大风天气易形成扬尘	①每天定时对场地进行水车洒水；②桩芯土集中堆放，并及时外排，集中堆放时应铺设防尘滤网
		旋挖钻机提钻抖杆排渣过程中易形成扬尘	①施工过程中向桩孔内少量注水，降低扬尘；②根据钻机数量及位置，合理布设雾炮机，点对点配合旋挖钻机抖杆排渣工作，降低扬尘
	噪声污染	抖杆排渣时，钻具震动声音较大	①根据地层条件和施工现场条件，采取合理的施工工艺和方案；②设置取土器，降低抖杆频率

钢筋笼制作及安放、混凝土灌注工艺重难点及常见问题处理见本书 2.12、2.13 及 2.14 小节内容。

2.3 灌注桩旋挖泥浆护壁成孔施工

2.3.1 工艺介绍

2.3.1.1 工艺简介

（1）泥浆护壁钻孔灌注桩是通过桩机在泥浆护壁条件下慢速钻进，将钻渣利用泥浆带出，并保护孔壁不致坍塌，成孔后再使用水下混凝土浇筑的方法将泥浆置换出来而成的桩。

（2）由于泥浆的密度比水大，泥浆所产生的液柱压力可平衡地下水压力，并对孔壁有一定的侧压力，成为孔壁的一种液态支撑。同时，在泥浆压力下，泥浆中的胶质颗粒渗入孔壁表层中，形成一层泥皮，阻止地下水向孔内流动，从而保护孔壁，防止塌孔。

2.3.1.2 适用地质条件

泥浆护壁灌注桩适用于黏性土、粉土、填土、淤泥土、砂土及风化岩层，以及不易钻进的含有部分卵石、碎石、夹层多、风化不均及软硬变化较大的岩层。

2.3.1.3 工艺特点

（1）泥浆质量要求标准高。为确保护壁效果，需严格控制制备泥浆的原材料及泥浆相对密度、稠度、含沙率等指标，该施工工艺需制备泥浆护壁，对于泥浆制作质量要求较高。

（2）施工工艺多且复杂。泥浆护壁钻孔灌注桩的施工工艺主要包括泥浆护壁、成孔及清孔、钢筋笼制作及安装、混凝土拌制及灌注等工序。由于大部分工序均在水下进行，无法直接进行观察，各工序复杂、连续紧凑且持续时间较长。

（3）泥浆池占地较大。因泥浆护壁钻孔灌注桩需要现场制作泥浆配合成孔，现场需挖泥浆池或设置存放泥浆的箱子，故须占地较大。

2.3.2 设备选型

旋挖钻机机型的合理选择应考虑下述因素：根据施工场地岩土的物理力学性能、设计图纸中桩身长度、桩孔直径、桩数、旋挖钻机的购进成本、施工成本及维修成本，以及设备工作占地尺寸、桩心到工地围墙的最小可施工距离等，选择合适的旋挖钻机。具体旋挖钻机、钻杆及钻具选型可参见本章2.2.2节中设备选型相关内容。并根据桩体深度及泥浆池运距选用合适的泥浆泵型号，见表2.3.1。

表 2.3.1 泥浆泵型号表

型号	转速 n /r·min^{-1}	流量 Q /m^3·h^{-1}	扬程 H /m	效率	电机功率 /kW	立式泵全长 /mm	机泵重量 /kg
NL50-8 NL50A-8	1450	20~30	8~9	42%	1.5	1310	63
NL50-12 NL50A-12	1450	25~38	12~14	41%	3	1310	80
NL76-9 NL76A-9	1450	50~70	9~10	42%	3	1350	90
NL65-16 NL65A-16	1450	50~60	15~18	42%	5.5	1430	152
NL80-12 NL80A-12	1450	80~120	11~13	56%	7.5	1430	145
NL100-12 NL100A-16	1450	80~100	15~17	61%	15	1510	270
NL150-12 NL150A-12	1450	100~150	11~13	66%	18.5	1690	350
NL150-16 NL150A-16	1450	120~180	15~20	68%	22	1690	370

2.3.3 施工前准备

2.3.3.1 人员配备

（1）旋挖操作手：负责旋挖钻机操作，钻进时对特殊地层进行及时反馈，配合项目部对成孔过程中的点位与垂直度的把控。每台设备配备1名旋挖操作手，且旋挖钻机操手必须持作证上岗。

（2）旋挖辅助工：协助旋挖机手更换钻头，协助旋挖机手控制钻进过程中的孔深、点位、垂直度等其他辅助工作。每台设备配备 1 名旋挖辅助工。

2.3.3.2 辅助设备

（1）挖掘机：通常选择 20 型及以上挖掘机，配合旋挖钻机施工，进行旋挖站位钻进前的场地平整；对桩芯土进行归堆，平整。

（2）铲车：通常选用 50 型铲车，配合旋挖钻机施工；进行钻头、旋挖配件倒运；桩芯土倒运。

2.3.3.3 场地条件

（1）应充分了解进场线路及施工现场周边建筑（构筑物）状况，桩孔内外侧范围内应无影响施工的障碍物，净空距离应符合相关安全规范要求，避免施工过程中影响邻近建筑（构筑物）安全。确定桩芯土堆放场地及混凝土罐车的运输路线。

（2）单根桩施工场地大小一般应达到 15m×20m，以满足单台旋挖钻机的施工作业要求。

（3）地面平整度和场地承载力应满足旋挖钻机正常使用和安全作业的场地要求。在没有明确要求的情况下，应满足桅杆倾斜小于 2°，场地地面（地基）承载力大于 120kPa 的要求，当场地承载力不满足要求时，应采取换填压实垫钢板等有效保证措施。

（4）应掌握施工场地范围内的地下管线埋设情况，特别是桩位上及附近的地下管线应及时沟通协调相关管线产权单位进行迁改或采取保护措施，具体保护措施应满足相关规范要求。正式施工前，应采用物探或槽探法对桩位附近的管线进行再次探测。

（5）根据现场实际情况，选取优质泥浆。并根据桩基施工顺序，设置泥浆池安放位置。如需施工现场开挖泥浆池，开挖时边坡按要求放坡，开挖土方不得高于泥浆池四周。泥浆池开挖后立即进行安全防护，并配备照明设施。

2.3.3.4 安全技术准备

（1）方案编制：项目技术负责人根据图纸要求、相关规范及现场实际情况编制安全技术方案。

（2）方案交底：按照方案内容，项目技术负责人对管理人员及作业人员进行安全技术交底。

（3）其他安全技术准备：项目生产负责人编制材料、机械设备、工具、用具及各技术工种劳力进场计划。安全负责人对进场工人进行三级安全教育等。

2.3.4 工艺流程及要点

2.3.4.1 工艺流程

泥浆护壁钻孔灌注桩施工工艺流程如图 2.3.1 所示。

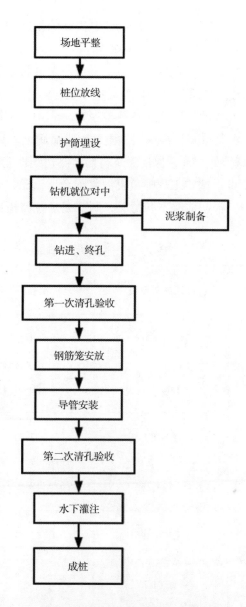

图 2.3.1 泥浆护壁钻孔灌注桩施工工艺流程图

2.3.4.2 工艺要点

（1）场地平整：施工前应对场地进行整平、夯实，铺垫好施工区域道路，确保施工场地的"三通一平"。

（2）桩位放线：根据桩位平面布置图和测量控制网，用测量仪器进行桩位放线，埋设定位放线并加以保护。施工放点后，桩点外引出十字交叉控制点，以便钻孔及下钢筋笼时，校准桩位中心，对控制点应选在稳固处加以保护以免破坏。

（3）护筒埋设：护筒定位时，先以桩位中心为圆心，根据护筒半径在土上定出护筒位置，按照护筒施工顺序施工；护筒埋放就位后，将护筒外侧用黏土回填压实，以防止护筒四周出现漏水现象，护筒顶端应高出地面 300~400mm。护筒直径选用比桩径大

100~200mm，并根据土质、地下水位情况确定护筒的长度和埋深。护筒埋置后要求筒口水平，再次利用十字线测量护筒位置是否正确。

（4）钻机就位对中：移动旋挖钻机使钻头中心对准桩位，控制其与桩位偏差，并调整钻杆垂直度，确保成孔的垂直度。就位后应平稳，防止钻进过程中产生位移或沉陷。

（5）泥浆制备：泥浆的作用是保持孔壁稳定，利用其黏度和相对密度大的特点。采用泥浆搅拌机制浆。泥浆造浆材料选用优质黏土或膨润土，必要时再掺入适量 CMC 羧基纤维素或 Na_2CO_3 纯碱等外加剂，保证泥浆自始至终达到性能稳定、离析极少、护壁效果好和成孔质量高的要求。试验工程师负责泥浆配合比试验，对全部桩基的泥浆进行合理配备。在钻进过程中，根据地层不同情况，调节泥浆各项指标。泥浆控制指标如表 2.3.2 所示。

表 2.3.2　泥浆控制指标表

土的名称	泥浆相对密度	黏度	含砂率
粉质黏土	1.05~1.10	18~25	<6%
粉、细、中砂层	1.08~1.1	20~25	4%~8%
粗砂砾石层	1.1~1.2	17~18	4%~8%
流砂层	1.1~1.25	18~27	≤ 4%
卵石、漂石层	1.15~1.2	18~28	≤ 4%
承压水流含水层	1.3~1.7	>25	<4%
坍塌掉块岩层	1.15~1.3	25~30	<6%

（6）钻进、终孔：为保证成孔质量，施工时必须严格掌握如下操作要点。

①钻孔前，应认真阅读地勘报告，绘制各桩位地质剖面图。根据地勘报告合理选用钻具。并针对不同地层拟定钻进参数，控制钻进速度及调节的泥浆指标。

钻进参数按表 2.3.3 所列选用。

②开孔时，应保证钻杆垂直，位置准确，低速钻进，并及时进行泥浆补给，保持孔内泥浆面稳定。当钻头穿过护筒 1000mm 以下，方可按照拟定的钻进参数钻进。穿过软硬层交界处时，为防止钻杆倾斜，应缓慢进尺。

表2.3.3　钻进参数表

地质条件	钻头选用	钻杆选用	转速 /r·min^{-1}	进尺效率 /m·h^{-1}	提钻速度 /m·min^{-1}
一般黏性土	土层捞砂钻斗、截齿捞砂钻斗、单头双螺直螺旋钻头	摩擦杆	20~40	≤ 40	≤ 50
杂填土、软土、粉土、砂土、松散卵砾石层	土层捞砂钻斗、截齿捞砂钻斗、双头双螺直螺旋钻头、截齿筒钻		10~30	≤ 25	≤ 40
硬黏土	土层单底捞砂钻斗、土层双底捞砂钻斗、体开式钻斗		10~25	≤ 20	≤ 50
松散砂层	土层双底捞砂钻斗、截齿双底捞砂钻斗	摩擦杆	10~20	≤ 15	≤ 25
胶结的卵砾石和强风化岩	截齿双头双螺锥螺旋钻头、截齿捞砂钻斗、截齿筒钻	机锁杆	9~20	≤ 12	≤ 36
中风化岩	截齿双底捞砂钻斗、截齿筒钻、牙轮筒钻、截齿双头单螺锥螺旋钻头		9~15	≤ 5	≤ 36
松散回填土	创新型截齿筒钻、截齿双底捞砂斗、截齿单头双螺锥螺旋钻头	机锁杆	10~20	≤ 10	≤ 36
大孤石（漂石）	嵌岩双头单螺锥螺旋钻头、截齿筒钻	机锁杆	9~15	≤ 8	≤ 30
大直径密实卵石	截齿双底（单开门/双开门）捞砂钻斗、截齿筒钻、截齿双头单螺锥螺旋钻头、双层筒钻或多层筒钻	机锁杆	9~15	≤ 10	≤ 30
岩溶地层	创新型截齿筒钻、岩溶专用截齿双底捞砂钻斗	机锁杆	6~12	≤ 6	≤ 20
微风化岩	截齿筒钻、牙轮筒钻、嵌岩单头单螺锥螺旋钻头	机锁杆	6~8	≤ 3	≤ 36
未风化岩	牙轮筒钻	机锁杆	5~7	≤ 2	≤ 36

③钻孔作业应连续进行。钻孔作业过程中应经常对孔位进行检查，同时应在孔中注入泥浆或原土造浆进行护壁，并使桩孔内的泥浆面高出地下水位1~1.5m。若自然造浆无法达到上述指标，可以向孔内投入黄泥、黏土、膨润土、水泥、聚丙烯酰胺絮凝剂（参

量为孔内泥浆质量的 0.003%)、羧甲基纤维素钠（钾），以提高泥浆性能。发现偏差过大时应及时校正，对泥浆指标进行检测并根据地层变化及时调整，做好钻孔记录。

④钻孔作业过程中遇到塌孔、缩径等异常情况时，应及时会同相关技术人员研究处理。

⑤当孔净距离小于 3 倍桩直径时，应采取跳隔法施工，防止钻孔扰动已灌注的混凝土，间隔时间不小于 36h。

⑥当钻孔深度达到设计要求时，应会同相关技术人员对孔深、孔径、孔位及持力层等进行检查确认，签署终孔验收记录后方可进行下一道工序。

（7）一次清孔：成孔验收合格后，测试泥浆指标，发现超标应及时调整。在保证泥浆指标合格的前提下，采用空转钻斗掏除钻渣法清孔。首次清孔不受环境影响，清孔比较彻底，是控制沉渣质量的关键。不能因为施工中有两次清孔工作而忽视或放弃首次清孔工作。也不能加深钻进替代清孔工作。清孔结束，会同相关技术人员测量孔深，作为钢筋笼长度和沉渣厚度测算的依据。

（8）钢筋笼安装制作：钢筋笼制作安装是混凝土灌注桩施工的关键工作，为保证其质量，施工时必须严格掌握如下操作要点。

①制作钢筋笼所需的钢筋规格应符合设计图纸要求，钢筋进场应提供相关质量证明材料并见证取样复验合格后使用。

②主筋下料应根据钢筋笼的长度，在保证接头部位相互错开满足规范要求的前提下，尽量减少接头数量，宜用整根钢筋。

③钢筋笼较长时，宜分段制作，便于运输和吊放。分段长度按照孔深、起吊高度及接头位置合理选定。结合钢筋笼箍筋加密区和箍筋非加密区，按照钢筋笼主筋同一截面内的接头数量不多于主筋总数的 50%。

④接头质量应全数进行外观验收合格，并按规范要求的数量和频率取样试验，试验合格方可进入下一道工序。焊接接头焊工应持证上岗。

⑤钢筋笼制作偏差、保护层厚度垫块设置等应满足规范和设计要求。主筋间距 ±10mm，箍筋间距 ±20mm，直径 ±10mm，长度 ±100mm。

⑥钢筋笼吊放入孔时应轻放、慢放，入孔不得强行左右旋转，严禁高起猛落、碰撞和强压下放。若遇障碍应停止下放，查明原因并进行处理，确保钢筋笼自由进孔。钢筋笼安装到位后应采取措施固定，并复核钢筋笼顶标高。

（9）导管安装（见后续 2.14 节）。

（10）二次清孔：旋挖钻机成孔二次清孔一般采用气举反循环方法。气举反循环清孔是利用空压机的压缩空气，通过安装在导管内的风管送至桩孔内，高压空气与泥浆混合，在导管内形成一种密度小于泥浆的浆气混合物，因其密度小而上升，在导管内混合器底端形成负压，桩孔底部的泥浆在负压作用下上升，并在气压动量作用下不断补浆，上升至混合器的泥浆与气体形成气浆混合物继续上升形成流动，因导管的内段面积远小于外壁与桩壁间的环状面积，便形成流速、流量极大的反循环，携带沉渣从导管内翻出排至导管以外（见图 2.3.2）。气举法设备主要为 12m³ 空压机、气举导管（管内设置风管）、泥浆循环处理系统等。其清孔原理为：采用导管侧壁上安装的风管，将压缩空气从供气管路送入孔内气水混合室(在清孔过程中，空气压力应控制在 0.6~0.8MPa，防止空气压力过大，形成安全隐患，压力过小又不能将孔底的沉渣置换出来，达不到清底效果)，使钻

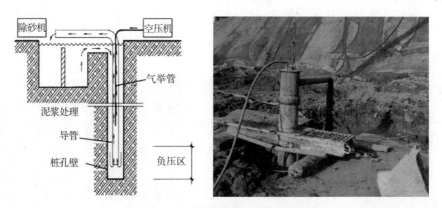

图 2.3.2　泥浆护壁钻孔二次清孔图

杆内的冲洗液呈充气状态，在内外管环隙和内管形成液柱压差。高速气流与充气气泡群从管内上升，产生动能，动能与压差产生气举反循环，排出沉渣。清孔时保持孔内水头，控制输入泥浆密度。泥浆密度应逐渐减小，防止急速降低泥浆密度造成泥浆护壁失稳导致塌孔。清孔一定时间后，检测孔底 500mm 内泥浆指标，相对密度、含砂率、黏度、孔底沉渣厚度等不高于规范要求(端承桩，不大于 50mm，摩擦桩，不大于 100mm)，即为清孔合格。清孔完毕后 30min 内应灌注混凝土，若超过 30min 需复测沉渣厚度，高于规范要求则需要再次清孔，直至清孔指标合格，方可进入下一道灌注混凝土工序。

(11) 水下灌注混凝土：二次清孔合格后应及时、连续灌注混凝土。具体按如下操作。

①混凝土采用水下导管顶托法灌注。在灌注混凝土前将隔水栓放入导管内泥浆面上。

②初始灌注混凝土的数量应能满足导管初始埋置深度(0.8~1.2m)的要求，采用下式计算。

③水下混凝土配合比设计应确保其良好流动性，混凝土坍落度控制在 18~22cm。

④混凝土灌注应一次性连续完成，浇筑过程中，保持孔内水头，并经常测量孔内混凝土面的位置，同时与浇筑混凝土的方量进行校核，及时调整导管埋深，导管埋深控制在 2~6m。

⑤混凝土灌注速度不宜过快，防止因灌注混凝土产生的向上冲击力使钢筋笼上浮，混凝土灌注到一定高度后，混凝土对钢筋笼形成一定压力后方可慢慢提升导管。提升导管前，将导管置于孔中间，防止导管接头连接突出部位与钢筋笼接触，钢筋笼随导管一起被拔起。

⑥控制最后一次混凝土的灌注量，确保混凝土灌注面应高于设计桩顶标高 0.5~1.0m，保证剔除浮浆后桩头混凝土强度满足要求。

$$V \geqslant \gamma \left[\frac{\pi D^2}{4}(H_1+H_2) + \frac{\pi d^2}{4}h_1 \right]$$

式中：V 为初始灌注混凝土数量，m^3；γ 为充盈系数(取 1.1~1.3)；D 为桩孔直径，m；

H_1 为桩孔底至导管底端间距；H_2 为导管初次埋置深度，m；d 为导管内径，m；h_1 为桩孔内混凝土达到埋置深度 H_2 时，导管内混凝土柱平衡导管外（或泥浆）压力所需的高度，m，即 $h_1=H_w\gamma_w/\gamma_c$（H_w 为井孔内泥浆的深度；γ_w 为井孔内水或泥浆的重度；γ_c 为混凝土重度）。

2.3.5 工艺质量要点识别与控制

旋挖泥浆护壁成孔施工工艺质量要点识别与控制见表 2.3.4。

表 2.3.4 旋挖泥浆护壁成孔施工工艺质量要点识别与控制

控制项目	识别要点	控制标准	控制措施
主控项目	桩位	50mm	开工前，应对测量仪器（GPS、全站仪等）进行校定，施工过程中应定期维护；基准控制点接收后应校核，施工过程中定期对基准控制点进行校准并进行妥善保护；测放桩位时，应设置明显标识并注明桩号，做十字引点保护点位；孔口护筒放置完成后，对桩位进行第一次校核；钻进成孔 5~10m 后对桩位进行第二次校核
	桩底标高	±100mm	桩位放线时，应准确记录桩位开孔标高；施工过程中，当钻进深度接近设计深度时，应提醒钻机操作手控制好进尺速度，减少每次进尺深度，增加孔深测量次数，切不可超挖；定期检查测绳，保证长度准确、刻度清晰
	孔底沉渣	≤50mm（端承桩） ≤100mm（摩擦桩）	成孔后必须进行孔底沉渣清理，清渣合格后应尽快完成下笼和混凝土浇筑；清渣合格后，若未能及时下笼灌注，应在下笼灌注前再次进行沉渣清理；清渣时应选择专用钻具（平底钻等）清理，保证清渣效果，同时避免清渣进尺造成超挖
一般项目	桩径	−20mm	每根桩施工前应对钻机钻具直径进行测定；施工过程中，注意观察孔壁及渣土情况，若发现有塌孔的情况，及时采取护壁措施；钻进过程中应控制下钻和提钻速度，避免人为原因造成孔壁破坏而导致桩径偏差过大
	垂直度	按设计要求	施工前，应对施工区域进行场地平整；桩机就位后，通过钻机操作平台检查钻机平整度和钻杆垂直度；施工过程中，每进尺 5~10m，应通过专门检测仪器进行垂直度检测；对垂直度要求严格或地层复杂易偏孔的桩，在施工过程中可以适当增加垂直度检测次数
	泥浆黏度	根据设计要求，并结合实际施工地质条件为准	在施工配置泥浆前对泥浆指标进行测定，钻进过程中根据实际施工地层进行泥浆各指标调整，以满足施工护壁效果
	泥浆相对密度		
	泥浆含砂率		

钢筋笼制作及安放、混凝土灌注质量要点识别与控制见本书 2.2.13 及 2.2.15 小节内容。

2.3.6　工艺安全风险辨识与控制

灌注桩旋挖泥浆护壁成孔施工工艺安全风险辨识与控制见表 2.2.6。

2.3.7　工艺重难点及常见问题处理

旋挖泥浆护壁成孔施工工艺重难点及常见问题的处理方法见表 2.3.5。

表 2.3.5　旋挖泥浆护壁成孔施工工艺重难点及常见问题处理

常见问题	主要原因	处理方法
孔壁坍塌	土质松散，护壁泥浆密度太小	根据施工时钻机机手反馈情况，加大泥浆密度
	护筒内泥浆面高度不够	观察孔内浆液面位置，保持护筒内泥浆高度，以稳定孔壁
	下放钢筋笼时碰坏孔壁	下放钢筋笼时对准桩中心垂直、缓缓小心地下放钢筋笼
孔体偏斜	钻机安装不水平、不稳固或钻杆弯曲	施工前将场地夯实平整，调平钻机后，用铁板等支稳、并均匀着地；调换弯曲的钻杆
	土层夹有大弧石	调至慢挡，提起钻头上下反复扫钻几次，纠正偏斜
钻机跳动厉害，回转阻力大	孔内有粒径较大的卵石	采用笼式钻头、掏渣筒来捞取大卵石、块石、砖石；如遇坚硬岩石层采用筒钻低速钻进
	孔位地层为坚硬岩层	

水下混凝土浇筑出现的常见问题、主要原因以及处理方法见表 2.3.6。

表 2.3.6　水下混凝土浇筑常见问题、主要原因以及处理方法

常见问题	主要原因	处理方法
导管进水	导管本身存有漏洞或连接处漏水	在施工前对所使用的导管进行气密性试验，如发现导管漏气、漏水及时替换导管，并在导管连接处加设密封圈，并拧紧丝扣
	初灌量不足，未能埋住导管	灌注混凝土前，对下方导管进行量测，计算出混凝土初灌量，如已灌入的混凝土未达到初灌量，需清除已灌入混凝土，重新灌注
	导管提升太多，甚至拔脱	混凝土灌注时应在每次提升导管时，量测混凝土面高度，以满足导管埋入混凝土中 2~6m，如遇混凝土导管超拔，需同设计单位协商处理

表 2.3.6（续）

常见问题	主要原因	处理方法
堵管	混凝土塌落度小，流动性差，离析严重	严禁质量不好的混凝土灌入；振动、提升导管
	灌注时中断，管内混凝土初凝	在混凝土中掺加缓凝剂，以提高混凝土初凝时间
	导管漏水未发现	上下提动导管或震动，使导管疏通
导管提升不动	块石等卡在导管与钢筋笼之间	震动导管，并适当往下运动
	塌孔造成钢筋笼变形，钢筋笼卡主导管	震动导管，加大提升力；若无效，则重新施工此桩
	导管挂住钢筋笼	反向转动导管并上下活动
钢筋笼上浮	孔内混凝土面接近钢筋笼底部时，混凝土上升太快	减慢灌注速度，并在混凝土进入钢筋笼 1~2m 后再拆卸导管
	未进行二次清孔，或清孔严重不合格，孔底有大量黏性泥团抱住钢筋笼	浇灌前规范清孔，验收合格后再浇灌
	导管在混凝土中埋置太深	导管埋置深度保持在 2~6m
	混凝土流动性过小	增加混凝土流动性，坍落度以 160~220 为宜
	导管挂住钢筋笼	反向转动导管并上下活动
断桩	灌注混凝土时，导管提升过多，露出混凝土面	随时控制混凝土面的标高和导管的埋深
	灌注时，混凝土直接从孔口倒入，产生混凝土离析，出现夹泥、疏松、孔洞等	灌注混凝土要从导管内灌入
	由于停电、待料或机器损坏等原因的灌注中断而造成的冷茬、夹渣等	灌入过程连续、快速，准备灌注的混凝土要足量，并有用电备案

2.4　灌注桩旋挖钢套管护壁成孔施工

2.4.1　工艺介绍

2.4.1.1　工艺简介

灌注桩旋挖钢套管护壁成孔施工就是在旋挖钻机成孔的基础上，依靠旋挖钻机自带驱动器下放钢套管护壁至不塌孔的稳定岩土层一定深度，保证侧壁的稳定，边下套管边出土，最终施工至设计孔深；在灌注混凝土时，随灌随拔套管，保证钢套管管底始终处于混凝土液面以下一定深度；混凝土灌注完成后，将剩余套管拔出而成桩的工法。

2.4.1.2 适用地质条件

本工艺适用于淤泥及淤泥质土层、松散回填层、松散砂土等稳定性差的各类地层。适用桩直径 600~1500mm，钢套管植入深度取决于地层条件、旋挖钻机扭矩动力参数及钢套管直径，一般植入深度不大于 25m。

2.4.1.3 工艺特点

（1）相较于同样采用钢套管护壁成孔的搓管机成孔及全回转钻机成孔方式，采用旋挖钢套管护壁成孔方式的成本更低，施工速度快，节约造价，经济效益好。

（2）相较于泥浆护壁，采用钢套管的护壁效果极佳，能有效地防止孔内流砂、涌泥，成孔垂直度精度高、桩型标准，并可清楚判定所穿越地层的土质情况及桩底持力层情况，易于控制施工质量。

（3）在套管内灌注混凝土，使得桩身扩颈或缩颈现象大大减少，从而减少了混凝土浪费，桩身质量得到有效控制。

（4）遇到含有块石、孤石地层时，旋挖沉管的深度和效率可能显著降低。

（5）钢护筒可以重复利用，节能环保。

（6）施工机械体积大，同时需要吊车、铲车等辅助设备配合施工，对施工场地作业空间要求较高。

（7）旋挖沉管存在一定的挤土效应，邻近地下管线施工时，应评估对地下管线的不利影响，避免对其造成不必要的损伤。

2.4.2 设备选型

（1）旋挖钻机：参见 2.2.2 小节内容。

（2）钻杆与钻具：参见 2.2.2 小节内容。

（3）钻齿：参见 2.2.2 小节内容。

（4）钢制全套管设备应用：旋挖钻机钢套管的应用，见表 2.4.1。

表 2.4.1 旋挖钻机钢套管的应用

	特点	外观
钢套管	钢套管壁厚宜为 6~20mm。 钢套管单节长度可分为 2m、3m、5m。 钢套管可分为底节、中节，其中底节底部设置加宽加厚的底靴，在套管下压过程中起到切削土体的作用；中节之间及中节与底节相连处采用定位凹槽及止口的设计，保证套管之间的稳固连接。钢套管随旋挖驱动器旋转下压。 钢套管的高强度支撑可防止塌孔；钢套管垂直精度高	

表 2.4.1（续）

特点	外观
驱动套管	驱动套管上部通过销轴与连接盘连接，下部与套管连接。套管驱动器直径需与套管直径相符。 驱动器下部有定位凹槽及止口，便于与套管对接。套管驱动器的作用是将扭矩和压力传递给钢套管	

2.4.3　施工前准备

（1）人员配备：参见 2.2.3 小节内容。

（2）辅助设备：参见 2.2.3 小节内容。

（3）场地条件：参见 2.2.3 小节内容。

（4）安全技术准备：参见 2.2.3 小节内容。

2.4.4　工艺流程及要点

2.4.4.1　灌注桩旋挖钢套管护壁成孔

灌注桩旋挖钢套管护壁成孔的施工工艺流程如图 2.4.1 所示。

2.4.4.2　工艺要点

（1）平整场地：参见 2.2.4 小节内容。

（2）桩位放线：参见 2.2.4 小节内容。

（3）钻机就位、开孔：参见 2.2.4 小节内容。

（4）沉管取土：钻机就位后，将底节套管安装在旋挖动力头外侧钳口中，用一组互成 90° 角的垂直度桶和靠尺找好桩钢套管垂直度后（见图 2.4.2），转动并下压套管。套管的内径应大于钻头直径 100mm。在底节套管压入过程中及压入后，进行桩位校验。

如垂直度偏差不大或套管入土不深（5m 以内）则可利用旋挖钻机自行纠偏。第一节套管全部压入土中后（地面以上要留 1.2~1.5m，以便于接管），检测垂直度（见图 2.4.3 和图 2.4.4），过程中可采用倾角仪进行桩垂直度检测。如不合格则进行纠偏调整，合格则安装第二节套管继续下压取土，取土及下放套管依次循环进行，直至不塌孔的稳定岩土层一定深度。

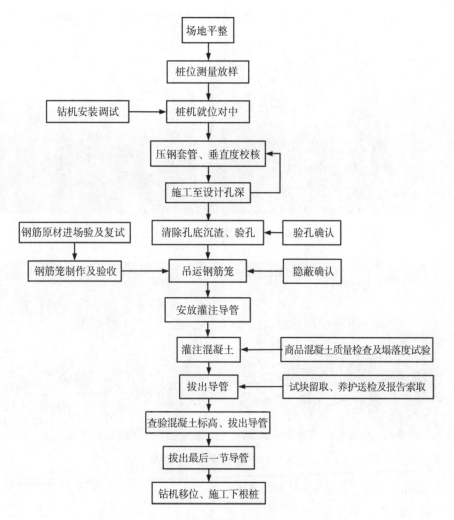

图 2.4.1　灌注桩旋挖钢套管护壁成孔施工工艺流程

在套管完成后，继续施工至设计要求孔深，施工至设计孔深后可采用超声波垂直度检测仪进行垂直度检测（见图 2.4.3 和图 2.4.4）。

图 2.4.2　校验桩位

图 2.4.3　垂直度检测（一）

图 2.4.4　垂直度检测（二）

（5）提钻、排渣：参见 2.2.4 小节内容。

（6）渣土外排：参见 2.2.4 小节内容。

（7）成孔、清孔：参见 2.2.4 小节内容。

（8）验孔：参见 2.2.4 小节内容。

（9）终孔：参见 2.2.4 小节内容。

（10）拔管成桩：一边浇筑混凝土一边拔导管和钢套管，应注意始终保持套管底低于混凝土面一般 2~6m，上拔到最后一节套管时须测量混凝土面标高是否满足设计要求。控制混凝土浇筑的时间，避免出现"堵管"现象，导致外套管拔出困难。

2.4.5　工艺质量要点识别与控制

灌注桩旋挖钢套管护壁成孔施工工艺质量要点识别与控制见 2.2 小节的内容；钢筋笼制作与安放、混凝土灌注质量要点识别与控制见 2.13、2.14 小节的内容。

2.4.6　工艺安全风险辨识与控制

灌注桩旋挖钢套管护壁成孔施工工艺安全风险辨识与控制参见表 2.4.2。

表 2.4.2 灌注桩旋挖钢套管护壁成孔施工工艺安全风险辨识与控制

事故类型	辨识要点	控制措施
车辆伤害	旋挖成孔施工作业空间狭窄、地面坡度与起伏较大、场地地表土松软	施工场地要求平整，施工工作面坡度不得大于2°，场地地基承载力特征值宜大于120kPa
	旋挖连续作业桩位选择，钻机与钻机站位关系	当桩间净距小于2.5m时，应采取间隔旋挖方式成孔，桩机同时施工最小施工净间距不得小于6.0m
	旋挖钻机装卸、安拆与调试、检修、移位、装卸钻具钻杆、成孔施工等施工危险性大的作业无专人指挥	旋挖钻机装卸、安装与调试、检修、移位、收臂放塔、装卸钻具钻杆及套筒、成孔施工、钢筋笼吊装、混凝土灌注等施工危险性大的作业必须设置专人指挥
	成孔后或因故停钻	应将钻头下降至接触地面，将各部件予以制动，操纵杆放在空挡位置后，关闭电源，锁好开关锁
触电	高压线路附近施工	根据电压的大小不同，电力线路下及一定范围内需设立保护区。施工前应征得电力相关部门的同意，并采取相应保护措施后
高处坠落	成孔后对孔口的保护措施	成孔后应进行后续施工，如未能及时灌注应在桩孔位置加盖盖板，并设置警戒护栏
物体打击	旋挖取土放土抖杆导致的土石飞溅	旋挖作业半径范围内应禁止无关人员进入，应设置警戒带或警戒护栏
其他伤害	提钻排渣，渣土堆放	弃渣应及时运走，禁止堆存过高
	桩位处地下管线及障碍资料不明	由建设单位提供相关资料，若由施工单位进行管线及障碍物开挖时，在开挖前必须做好开挖方案及应急处理方案，否则不得施工
	恶劣天气施工作业	遇到雷电、大雨、大雾、大雪和六级以上大风等恶劣天气时，应停止一切作业。当风力超过七级或台风、风暴预警时，应将旋挖设备桅杆放倒

2.4.7 工艺重难点及常见问题处理

灌注桩旋挖钢套管护壁成孔施工工艺重难点及常见问题处理见表2.4.3。

表 2.4.3　灌注桩旋挖钢套管护壁成孔施工工艺重难点及常见问题处理

工艺重难点	常见问题	原因分析	预防措施和处理方法
旋挖钢套管成孔	套管脱落	钢套管反钻过程中连接处锁块、螺栓掉落；全套管跟进过程中超前钻过多	降低水位至钢套管顶面以下0.5m左右，用套管短节去捞已掉落的套管或采用吊车固定连接销将其吊出；采用套管打捞器；在土层及含有溶洞的地层，禁止超前钻
	钻头脱落	钻杆与钻头连接销滑落	采用优质钢材制造连接销，连接销锁紧螺母外加弹簧扣，防止松落，经常监测连接销发现受损及时更换；施工前钻头上面需要焊打捞环，掉落后用打捞钩捞起
	套管不足	旋挖成孔以后，混凝土供应不及时	每台旋挖设备配备2~3倍桩长的钢套管
垂直度控制	钻孔偏斜	旋挖钻机就位安装不稳或钻杆弯曲	桩机部件要妥善保养、组装，开钻前要校正钻杆垂直度和水平度，钻杆位置偏差不大于20cm
		地面软弱或软硬不均匀	施工前应先将场地夯实平整
		不同地层交界层面较陡（如偏岩、土层中有大孤石、岩层中有溶洞等）	降低钻进速率，同时每钻进一定深度就提钻观察成孔情况，及时纠偏。若钻孔轻微倾斜宜慢速提升、下降，反复扫孔矫正，直至桩孔符合要求。若桩孔倾斜较严重，应向孔中填入石子和黏土（或回填低标号混凝土）至偏孔处0.5m以上，消除导致斜孔的因素后重新钻进
	套管偏岩	不同地层交界层面较陡（如偏岩、土层中有大孤石、岩层中有溶洞等）	利用钻机动力头进行纠偏：如果偏差不大于或套管入土不深（5m以下），可直接利用钻机的动力头调整垂直度，即可达到纠偏的目的

表 2.4.3（续）

工艺重难点	常见问题	原因分析	预防措施和处理方法
桩身质量控制	断桩	沉渣清理不到位； 混凝土和易性差； 导管提升速度过快 沉渣清理不到位； 混凝土和易性差； 导管提升速度过快	成孔后，必须认真清孔，清孔时间应根据孔内沉渣情况而定，成孔后要及时灌注混凝土，避免孔底沉渣超过规范规定。灌注混凝土前认真进行孔径测量，准确算出全孔及首封混凝土灌注量，漏斗要清洗干净，不能有泥土等残渣。保证混凝土和导管内液体分离，顺利排浆，浇筑过程中，应随时控制混凝土面的标高和导管的埋深，提升导管要准确可靠。灌注前应检查混凝土具有良好的和易性和流动性，坍落度应满足灌注要求。确保导管的密封性。导管的拆卸长度应根据导管内外混凝土的上升高度而定，切勿起拔过多。 断桩处理方案： ①灌注过程中发现断桩后，应提出钢筋笼，重新钻孔，清孔后下钢筋笼，再重新灌注混凝土。 ②如果因严重堵管造成断桩，且已灌混凝土还未初凝时，在提出并清理导管后可使用测锤测量出已灌混凝土顶面位置，并准确计算漏斗和导管容积，将导管下沉到已灌混凝土顶面以上大约 10cm 处，加球胆。继续灌注时观察漏斗内混凝土顶面的位置，当漏斗内混凝土下落填满导管的瞬间（此时漏斗内混凝土顶面位置可以根据漏斗和导管容积事先计算确定）将导管压入已灌混凝土顶面以下，即完成湿接桩。 ③若断桩位置处于距地表 5m 以内，且地质条件良好时，可开挖至断桩位置，将泥浆或掺杂泥浆的混凝土清除，露出良好的混凝土并凿毛，将钢筋上的泥浆清除干净后，支模浇筑混凝土。拆模后及时回填并夯实。 ④若断桩位置处于地表 5m 以下、10m 以内时，或虽距地表 5m 以内但地质条件不良时，可将比桩径略大的混凝土管或钢管一节节接起来，直到沉到断桩位置以下 0.5m 处，清除泥浆及掺杂泥浆的混凝土，露出良好的混凝土面并对其凿毛，清除钢筋上泥浆，然后以混凝土管或钢管为模板浇筑混凝土。 ⑤若因坍孔、导管无法拔出等造成断桩而无法处理时，可由设计单位结合质量事故报告提出补桩方案，在原桩两侧进行补桩。混凝土浇筑之前需判断混凝土和易性是否满足要求，并保证混凝土浇筑过程中的连续性
	钢筋笼扭曲	混凝土和易性较差，粗细骨料分离； 钢筋笼尺寸过大，或者钢筋笼安放过程中未处于中间位置	混凝土浇筑之前需判断混凝土和易性是否满足要求，并保证混凝土浇筑过程的连续性； 严格控制钢筋笼制作及安放质量

钢筋笼制作及安放、混凝土灌注工艺重难点及常见问题处理见本书 2.13 及 2.14 节的内容。

2.5 灌注桩旋挖气动成孔施工

2.5.1 工艺介绍

2.5.1.1 工艺简介

（1）在较硬～坚硬岩层中普通旋挖钻机钻进成孔存在进尺速度慢、钻齿消耗大等问题。通过气动冲击器与普通旋挖钻机的结合，可以提高旋挖钻机在岩层中的成孔速度，提高施工效率，并减轻钻具和钻头磨损，缩短施工周期，降低成孔成本；气动冲击器与普通旋挖组合形成的旋挖气动成孔工艺是解决硬岩钻进难题的有效方法之一，具有广泛的应用前景。

（2）旋挖气动成孔施工是指旋挖钻机在钻进过程中，利用空压机提供的高风压驱动冲击器，进而通过改装的旋挖筒钻钻头采用冲击＋回转的方式钻进地层。

（3）旋挖气动成孔的钻进原理是：通过旋挖动力头带动钻杆向钻头提供扭转力，通过给进机构带动钻杆向钻头提供下压力，通过空压机提供的高风压驱动冲击器向钻头提供冲击力，在下压力、扭转力和冲击力的共同作用下，实现旋挖钻机的快速碎岩钻进。

2.5.1.2 适用地质条件

适用于较硬～坚硬的岩层，解决了较硬～坚硬的岩层中成孔效率低、成本高的问题。

2.5.1.3 工艺特点

与其他旋挖成孔工艺相比，旋挖气动成孔施工在各类风化岩层成孔速度快，施工效率高，有效解决了旋挖钻机在钻进较坚硬岩层时遇到的进尺速度慢、钻齿消耗大等问题，旋挖气动成孔施工工艺与其他工艺适用性对比见表 2.5.1。

表 2.5.1　旋挖气动成孔施工工艺与其他工艺适用性对比

钻进方法	钻具组成	钻进特点	适用地层	优缺点
旋挖气动成孔工艺	气动冲击器、环状集束潜孔锤或改进的双壁筒状旋挖钻头	将气动冲击碎岩钻进与旋挖回转钻进结合，利用冲击钻进解决硬质岩石碎岩问题，同时发挥了常规旋挖工艺排渣和清底的优势	较软岩～较硬岩层	优点：钻进效率高，能保持稳定的钻速，孔底干净，所用的钻压和扭矩比回转钻进小；可同时发挥气动冲击碎岩效率高和回转钻进在钻孔垂直度和沉渣控制方面的优势。 缺点：为基于现有旋挖钻机与气动冲击工艺组合形成的改进工艺，钻具和设备的耐久性、使用效率需要进一步验证；噪声大，易产生扬尘；对于坚硬岩石的碎岩效果有待试验

表2.5.1（续）

钻进方法	钻具组成	钻进特点	适用地层	优缺点
普通旋挖回转成孔工艺	常规旋挖钻头，不同地层配备不同类型的钻具（详见2.2.2小节相关内容）	依靠钻压将钻具压入岩土体中，通过动力头的旋转驱动钻杆带动钻具回转切削土体	土层、软岩～软质岩石	优点：施工工艺流程较为成熟；可采取干成孔、泥浆护壁及全套管等施工工艺，适应能力较强。缺点：对于较硬岩层～坚硬岩层的钻进效率较低（具体见本章其他旋挖成孔小节）
大直径潜孔锤钻进	冲击钻头（单体式潜孔锤、集束式潜孔锤）	采用气动潜孔锤冲击碎岩钻进	较软岩～坚硬岩层	优点：钻进效率高，施工工艺较为完善，目前成品设备不多，多为基于现有成品的改装设备，所用的钻压和扭矩比回转钻进小，对旋挖设备要求较低，可适用于硬质岩地层。缺点：采用高压空气排渣所需空压机功率较大、成本高；环状集束潜孔锤取出岩芯的方式时对钻进效率影响较大；市区内施工扬尘和施工噪声较难控制，环境效益差

由于旋挖气动施工需要额外配备空压机，可能会导致施工成本提高，故该工艺更适合在较硬岩～坚硬岩层应用，因此旋挖气动成孔工艺主要采用的是一种组合施工工艺，即常规旋挖钻机先施工至硬质岩石层，清孔之后换用气动旋挖继续施工至设计标高，或可以通过改进的气动钻挖实现一机多用，可采用气动旋挖配备常规钻头在硬质岩以上地层正常钻进，换装气动成孔冲击器和专用钻头并连接空压机之后在岩层中继续进行气动成孔钻进，实现一台旋挖钻机常规成孔与气动成孔按需切换的施工模式。因此，通过旋挖气动成孔工艺与常规旋挖工艺进行组合施工，可以有效解决不同地层条件下高效成孔的问题，实现成本效益的最大化。

旋挖气动成孔的桩径及桩长与旋挖设备型号、空压机功率、地质条件等因素有关，正式施工前可在有代表性的区域进行试桩工作确定具体施工参数。通过目前旋挖气动成孔钻机改装试验和大连地区施工经验，旋挖气动成孔钻机可用于桩径0.8~1.5m、最大桩长40m范围内硬质岩区域支护桩成孔施工。

2.5.2 设备选型

2.5.2.1 旋挖钻机

受限于空压机性能并综合考虑空压机设备费用、柴油消耗等施工成本问题，建议根据设计图中的桩径、桩身以及岩土工程勘察报告中的岩层描述情况综合考虑成孔工艺。

旋挖气动成孔钻进主要是靠冲击器产生的冲击能量使岩石产生破碎。因此，钻进时轴压小、转速低、扭矩小，基于普通旋挖钻机进行气动改装即可满足要求，气动旋挖工艺优先选用旋挖钻机中的小型机或中型机（旋挖钻机输出扭矩不宜超过410kN·m，常用输出扭矩 300~370kN·m 型旋挖钻机改装即可）。具体气动旋挖钻机选型可参见 2.2.2 小节中设备选型相关内容。

2.5.2.2 钻杆与钻具

钻机钻杆按钻进加压方式可分为摩阻式、机锁式、多锁式及组合式。当采用气动旋挖钻进工艺时，常用的为机锁式的钻杆，并通过改进使钻杆具备中心走气功能，同时需要对机锁式连接位置涂上一定数量的黄油并做好密封措施，以最大限度地减少压缩空气在钻杆连接部位的泄漏。

气动旋挖钻机钻具多为基于现有成品的改装钻具，常用钻头可按表 2.5.2 选用。

表 2.5.2　气动旋挖钻机常用钻头

钻具名称	特点	外观
气动冲击器配合改进的双壁筒状旋挖钻头	施工孔径通常为 800~1500mm，钻孔深度可达 40~50m。采用冲击加回转的方式破碎岩层，孔底碎渣经由钻头上部集料斗带出孔底，孔口扬尘量小，且对空压机的要求不高	
环形组合冲击钻头	施工孔径通常为 800~1200mm，钻孔深度正常不超过 20m。采用冲击的方式破碎岩层，孔底碎渣需要结合常规旋挖钻机进行清理，孔口扬尘量较大，且对空压机的要求高	

2.5.2.3 空压机选用

对于旋挖气动成孔工艺配套使用的空压机，可根据岩石坚硬程度、桩径、钻孔深度、地下水埋深等因素，结合以往施工经验选择风量合适的空压机，也可以依次配备小型、中型及大型空压机通过试钻效果进行选型；若单台空压机无法达到额定供风量，也可以将多台空压机并联使用。有条件时可优先配用中型、大型空压机，可进一步提高冲击器的冲击能量，提高钻进效率，钻进效果更佳。气动旋挖常用空压机可按表 2.5.3 选用。

表 2.5.3　气动旋挖常用空压机

空压机名称	参数型号	外观
小型空压机	工作压力：0.5~1.0MPa 排气量：1~15m³/min 额定功率：30~150kW	
中型空压机	工作压力：1.0~2.0MPa 排气量：15~25m³/min 额定功率：150~300kW	
大型空压机	工作压力：2.0~3.5MPa 排气量：25~50m³/min 额定功率：300~450kW	

2.5.3　施工前准备

2.5.3.1　人员配备

（1）气动旋挖操作手：负责气动旋挖钻机操作，配合项目部管理人员控制成孔点位及桩孔垂直度，钻进时及时向项目部反映地层情况。每班一般配备 1 名旋挖操作手。

（2）气动旋挖辅助工：配合项目部测量员进行点位放样及引点测放，并保护好放完的点位；协助气动旋挖机手更换钻具；协助气动旋挖机手安装拆卸集料斗；协助旋挖机手控制钻进过程中的孔深、点位、垂直度；协助空压机操作工保护空压机输气管线。每班一般配备 2 名旋挖辅助工。

（3）空压机操作工：负责空压机操作，为气动旋挖提供高压空气，驱动孔底冲击器或潜孔锤钻头。每班一般配备 1 名空压机操作工。

（4）挖掘机操作手：配合气动旋挖施工，进行旋挖站位钻进前的场地平整；对桩芯土进行归堆、平整。每班一般配备 1 名挖掘机操作手。

（5）铲车操作手：配合气动旋挖施工；进行钻头、旋挖配件倒运；桩芯土倒运。每班一般配备 1 名铲车操作手。

2.5.3.2　辅助设备

（1）空压机：通常选用大中型空压机为气动旋挖提供高压空气。

（2）挖掘机：通常选择 22 吨级别及以上挖掘机，配合旋挖钻机施工，进行旋挖站位钻进前的场地平整；对桩芯土进行归堆、平整。

（3）铲车：通常选用5吨级别铲车，配合旋挖钻机施工；进行钻头、旋挖配件倒运；桩芯土倒运。

2.5.3.3 场地条件

（1）气动旋挖应在常规旋挖回转钻进成孔至硬质岩层后，进入施工场地进行后续钻进；也可以通过气动旋挖常规钻头与气动成孔专用钻头之间的切换，实现一机多用。

（2）进场前应充分了解施工场地周边的建筑物情况，桩孔外侧2m范围内应无影响施工的障碍物，净空距离应符合相关安全规范要求，避免施工过程中影响邻近建筑（构筑物）安全。

（3）单根桩施工场地大小一般应达到15m×30m才能满足单台气动旋挖及空压机的施工作业要求。

（4）地面平整度和场地承载力应满足气动旋挖及空压机正常使用和安全作业的场地要求。在没有明确要求的情况下，应满足桅杆倾斜小于2°，场地地面（地基）承载力大于120kPa的要求；当场地承载力不满足要求时，应采取换填或压实等有效保证措施。

（5）应明确施工场地范围内的地下管线埋设情况，沟通建设单位协调相关管线产权单位进行迁改或采取保护措施。正式施工前，采用物探或槽探法对管线位置进行再次确认。

2.5.3.4 安全技术准备

（1）方案编制：项目技术负责人根据图纸要求、相关规范及现场实际情况编制安全技术方案。

（2）方案交底：按照方案内容，项目技术负责人对管理人员及作业人员进行安全技术交底。

（3）其他安全技术准备：项目生产负责人编制材料、机械设备、工具、用具及各技术工种劳力进场计划。安全负责人对进场工人进行三级安全教育等。

2.5.4 工艺流程及要点

2.5.4.1 工艺流程

气动旋挖成孔施工工艺流程如图2.5.1所示。

2.5.4.2 工艺要点

以气动冲击与旋挖回转钻进组合钻进工艺为例，具体工艺控制要点如下。

（1）孔口护筒埋设：孔口护筒可用10~20mm厚度钢板制作，其内径应大于钻头直径100mm。孔口护筒埋设应准确、稳定，护筒中心与桩位中心的偏差不得大于50mm。孔口护筒顶端高出地面高度不宜小于300mm。在黏性土中埋设深度不宜小于1.0m，砂土中不宜小于1.5m。孔口护筒就位后，应在四周采用黏土填实，防止护筒偏斜移位。

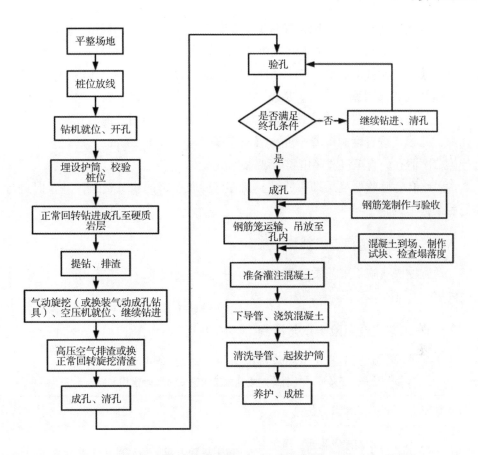

图 2.5.1 气动旋挖成孔施工工艺流程

（2）岩面以上成孔施工：采用普通旋挖钻机（或气动旋挖采用普通钻头）首先施工至硬质岩石或进尺缓慢（进尺小于 0.5m/h）的地层，为了确保施工的连续性，更换清孔钻头将产生的岩屑及时清理干净，以确保两种工艺的旋挖钻机都可以顺利地就位施工。同时力争使半成孔桩的底面平整，以确保下一步在桩孔内用气动成孔施工时有一个平整的工作面。

（3）气动旋挖就位：气动旋挖行至桩位（或换装气动成孔专用钻头），把钻杆中心对准桩位，复核钻机底盘水平，然后调整钻机底盘水平度，待完成后重新用钻杆对准桩位中心锁死钻机定位装置，在钻机对位用线绳拉十字交叉点进行钻头对中。对中完成后钻进开孔至预定位置。

（4）空压机的连接：空压机采用高压胶管与气动旋挖的分动笼头进行连接，并确保连接部位的密封，避免因风量的泄漏造成风压降低而影响冲击器的正常工作。

（5）气动旋挖钻进成孔：气动旋挖钻进过程中，应随时通过铅锤对垂直度进行校核。成孔过程中空压机风量应及时进行调节，风压过大会导致孔口岩粉扬尘较大，污染周边环境；风压过小则无法有效将岩渣吹至集料斗，造成埋钻卡钻事故，影响旋挖施工效率。

（6）渣土外排：集中堆放的渣土应及时外排，避免长时间堆放占用施工场地和污染环境。

（7）成孔、清孔：气动旋挖通过钻具的旋转、冲击碎岩、提钻、排渣，反复循环直至达到设计深度。成孔后，清理孔底沉渣，为验孔做准备。

（8）验孔：验孔时，通过对照钻渣与地质柱状图，查看施工记录中钻孔地层情况，验证地质情况和嵌固深度是否满足设计要求。若与勘察设计资料不符，及时通知监理工程师及现场设计代表进行确认处理。若满足设计要求，利用测绳、孔规（或孔径仪）检查孔深、孔径、垂直度和沉渣厚度，沉渣厚度要求不大于 200mm。超过规范要求时，应进行第二次清孔，直至沉渣厚度符合要求为止。

（9）终孔：验收合格后即可终孔。留存好验收合格的相关资料，并及时进行下笼灌注等后续施工工序。

2.5.5　工艺质量要点识别与控制

气动旋挖成孔施工工艺质量要点识别与控制与旋挖干成孔工艺相同，详见 2.2.1 小节相关内容。

2.5.6　工艺安全风险辨识与控制

气动旋挖成孔施工工艺安全风险辨识与控制见表 2.5.4。

表 2.5.4　　气动旋挖成孔施工工艺安全风险辨识与控制

事故类型	辨识要点	控制措施
车辆伤害	气动旋挖成孔施工作业空间狭窄、地面坡度较大、场地地表土松软	施工场地要求平整，施工工作面坡度不得大于 2°，场地地基承载力特征值宜大于 120kPa
	旋挖连续作业桩位选择，钻机与钻机站位关系	当桩间净间距小于 2.5m 时，应采取间隔旋挖方式成孔，桩机同时施工最小施工净间距不得小于 6.0m
	成孔后或因故停转	应将钻头下降至接触地面，对各部件予以制动，操纵杆放在空挡位置后，关闭电源，锁好开关锁
机械伤害	空压机供气调节	空压机风压应及时调节，风压过大会导致孔口岩粉扬尘较大，污染周边环境；风压过小则无法有效将岩渣吹至集料斗，造成埋钻卡钻事故，影响旋挖施工效率
	每班开钻前的日常检查和保养	每班开钻前，操作人员应对发动机、传动机构、作业装置、制动部分、液压系统、各种仪表、警示灯及钢丝绳等进行检查和保养
	气动旋挖装卸、安拆与调试、检修、移位、装卸钻具钻杆、成孔施工等施工危险性大的作业无专人指挥	旋挖钻机装卸、安拆与调试、检修、移位、收臂放塔、装卸钻具钻杆及套筒、成孔施工、钢筋笼吊装、混凝土灌注等施工危险性大的作业必须设置专人指挥

表 2.5.4（续）

事故类型	辨识要点	控制措施
坍塌	孔口护筒埋设	孔口护筒四周应用黏性土封填并捣实，确保不漏水，避免由于漏水造成孔口坍塌而危及钻机安全
高处坠落	成孔后对孔口的保护措施	成孔后应及时进行后续施工，如未能及时灌注应及时在桩孔位置加盖盖板
其他伤害	桩位处地下管线及障碍资料不明	收集详细、准确的地质和地下管线资料；按照施工安全技术措施要求，做好防护或迁改
	气动旋挖提钻、排渣	气动旋挖提钻过程应注意集料斗提引器的控制，避免集料斗提引过快导致的孔内岩渣外泄
	渣土堆放及外排	弃渣应及时运走，禁止堆存过高

2.5.7 工艺重难点及常见问题处理

气动旋挖成孔施工工艺重难点及常见问题处理见表 2.5.5。

表 2.5.5 气动旋挖成孔施工工艺重难点及常见问题处理

工艺重难点	常见问题	原因分析	预防措施和处理方法
垂直度控制	钻孔偏斜	旋挖钻机就位安装不稳或钻杆弯曲	桩机部件要妥善保养、组装，开钻前要校正钻杆垂直度和水平度，钻杆位置偏差不大于20cm
		地面软弱或软硬不均匀	施工前应先将场地夯实平整
		不同地层交界层面较陡（如偏岩、土层中有大孤石、岩层中有溶洞等）	降低钻进速率，同时每钻进一定深度就提钻观察成孔情况，及时纠偏。若钻孔轻微倾斜，宜慢速提升、下降，反复扫孔矫正，直至桩孔符合要求。若桩孔倾斜较严重，应向孔中填入石子和黏土（或回填低标号混凝土）至偏孔处0.5m以上，消除导致斜孔的因素后重新钻进

表 2.5.5（续）

工艺重难点	常见问题	原因分析	预防措施和处理方法
施工转速控制	卡钻及钻具磨损	气动旋挖转速控制不当影响岩石破碎速度及磨损钻具	气动冲击施工过程中，应严格控制钻杆转速，以冲击碎岩为主时转速不应过快，避免因转速过高影响破碎岩石的速度，同时会加快合金柱齿的磨损速度。钻进过程中，应经常提钻后高速转动钻杆修磨孔壁，避免憋钻、卡钻的事故发生
环境管理	扬尘污染	现场为土质场地或堆放桩芯土等，大风天气易形成扬尘	每天定时对场地进行水车洒水；桩芯土集中堆放，并及时外排。集中堆放时应铺设防尘滤网
		旋挖钻机提钻抖杆排渣过程中易形成扬尘	根据钻机数量及位置，合理布设雾炮机，点对点配合旋挖钻机抖杆排渣工作，降低扬尘
		空压机风压过大，孔口易形成大面积扬尘	施工过程中及时控制空压机风压，必要时采取相关的喷淋降尘措施，减少孔口扬尘污染
环境管理	噪声污染	冲击器工作驱动钻头破碎岩石过程中噪声较大；抖杆排渣时，钻具震动声音较大	根据地层条件和施工现场条件，采取合理的施工工艺和方案； 尽量避免在市区内使用大功率冲击器施工，居民区附近尽量避免夜间施工； 必要时施工场地设置相应的隔音设施； 排渣时降低抖杆频率

其他关于桩径控制等内容详见本书 2.2.1 小节。

2.6 灌注桩冲击成孔施工

2.6.1 工艺介绍

2.6.1.1 工艺简介

灌注桩冲击成孔工艺指采用专用钻机（或卷扬机）悬吊冲击钻头（又称冲锤）上下往复冲击地层，并在桩孔内置入泥浆，将岩土层冲击为碎渣，部分碎渣和泥浆挤入孔壁，大部分碎渣采用淘渣筒掏出或泥浆泵循环排出，进而形成桩孔的施工工艺。

2.6.1.2 适用地质条件

适用于各类土层及岩层，成孔直径通常为 600~2500mm，成孔深度一般不大于 100m。

2.6.1.3 工艺特点

（1）工艺优点：施工设备构造简单，适用范围广，操作方便，孔壁稳定，塌孔少，设备简单灵活，受施工场地限制小。

（2）工艺缺点：施工时存在一定的噪声和振动影响，成孔效率较低，用水量大，泥浆排放量大，耗电量大，易污染环境等。

2.6.2 设备选型

2.6.2.1 冲击钻机

国内外常用的冲击钻机可分为钻杆冲击式和钢丝绳冲击式两种，后者应用广泛。钢丝绳冲击钻机又大致分为两类：一类是专门用于冲击钻进的钢丝绳冲击钻机，一般均组装在汽车或拖车上，钻机安装、就位和转移均较方便；另一类是由带有离合器的双筒或单筒卷扬机组成的简易冲击钻机。钢丝绳冲击钻机钻孔直径大，可根据桩径来修改钻头的大小，常用的锤重一般重 3~10t，根据桩径、桩长来确定使用的锤重。根据不同的使用方式还分为手拉锤冲击钻（见图 2.6.1）与自动控制手拉锤冲击钻（见图 2.6.2）。

图 2.6.1　冲击钻类型 1（手拉锤冲击钻）　　图 2.6.2　冲击钻类型 2（自动控制手拉锤冲击钻）

2.6.2.2 主要配套机具

主要配套机具包括：冲击钻头（冲锤）、钢护筒、掏（抽）渣筒、泥浆泵、钢吊绳等，常用冲击钻头可按表 2.6.1 选用。

表 2.6.1　常用冲击钻头

钻头类型	钻孔直径 /m	适用地层	外观
实心钻头	0.8~1.5	碎石层、岩层	
空心钻头	0.6~1.5	土层	

2.6.3　施工前准备

2.6.3.1　人员配备

（1）冲击钻操作手：负责冲击钻钻机操作，钻进时对特殊地层进行及时反馈，配合技术人员对成孔过程中的点位与垂直度的把控，同时还需要配备辅助操作手的工人 1 名。

（2）挖掘机操作手：配合冲击钻钻机施工，进行冲击钻站位钻进前的场地平整、护筒埋设、泥浆坑开挖、泥浆坑清淤等。

（3）铲车操作手：配合冲击钻机施工，进行钻头、冲击钻配件倒运，泥浆倒运。

2.6.3.2　辅助设备

①挖掘机；②铲车。

2.6.3.3　场地条件

（1）须充分了解进场线路、施工现场周边建筑（构筑物）及周边环境状况，桩边外侧 1m 范围内无影响施工的障碍物，净空距离应符合相关安全规范要求，避免施工过程中影响邻近建筑（构筑物）安全。

（2）单根桩施工场地面积至少达到 6m×10m 才能满足单台冲击钻钻机的施工作业要求。

（3）地面平整度和场地承载力应满足冲击钻钻机正常使用和安全作业的场地要求。在没有明确要求的情况下，须满足净高大于 6m，场地地面坚实满足施工要求，施工过程中不得下陷，当场地承载力不满足要求时，必须采取有效保证措施，例如：换填后夯实等。

（4）须掌握施工场地范围内的地下管线埋设情况，特别是桩位上及附近的地下管线须及时沟通建设单位协调相关管线产权单位进行迁改或采取保护措施，具体保护措施须满足相关规范要求。正式施工前，须采用物探或槽探法对管线位置进行再次确认。

（5）施工临时供水、供电、运输道路及小型临时设施已经铺设或修筑，泥浆池及废浆处理池等已设置。

（6）桩基测量控制桩、水准基点桩已经设置并经复核。

（7）根据现场实际情况，采用优质泥浆。根据桩基的分布位置设置多个制浆池、储浆池及沉淀池，并用循环槽连接。出浆循环槽槽底纵坡不大于 1.0%，使沉淀池流速不大于 10cm/s 以便于钻渣沉淀。周围做好防护措施。

2.6.3.4　安全技术准备

（1）方案编制：项目技术负责人根据图纸要求、相关规范及现场实际情况编制安全技术方案。

（2）方案交底：按照方案内容，项目技术负责人对管理人员及作业人员进行安全技术交底。

（3）其他安全技术准备：项目生产负责人编制材料、机械设备、工具、用具及各技术工种劳力进场计划。安全负责人对进场工人进行三级安全教育等。

2.6.4　工艺流程及要点

2.6.4.1　工艺流程

灌注桩冲击钻成孔施工工艺流程如图 2.6.3 所示。

2.6.4.2　工艺要点

（1）平整场地。施工前应对场地进行整平，同时合理布置施工机械，确保施工场地的"三通一平"。

（2）桩位放线。根据桩设计图纸和建设单位提供的原始基准点、基准线和标高等测量控制点，采用测量仪器测放出桩位中心位置，并设置桩位十字交叉控制点，以便校准桩位中心。对控制点应选在稳固处加以保护以免破坏，测放桩点位偏差控制在误差允许范围以内。

（3）护筒埋设。护筒下放前，根据设计图纸要求，护筒内径需比桩径大 200mm 左右，并根据土质及地下水位情况确定护筒所需长度和埋深（见图 2.6.4）。护筒定位时，以桩中心为圆心，圈出护筒位置后下放护筒，护筒顶端应高出地面 300~400mm；护筒埋放就位后，外侧用黏土回填压实，以防止护筒四周出现漏水现象；护筒埋置后要求筒口水平，同时再次利用十字线校准护筒位置。

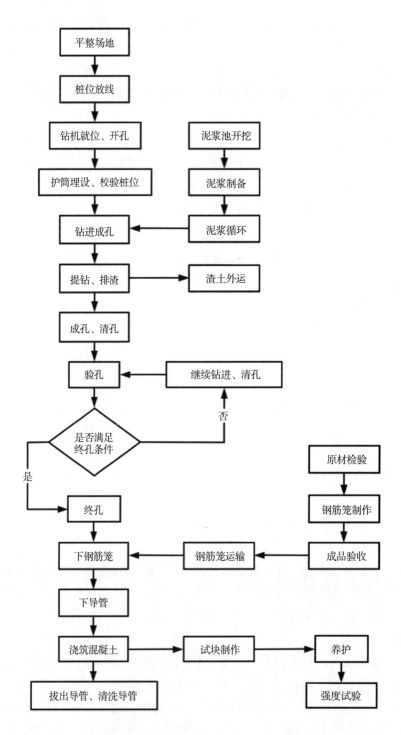

图 2.6.3 灌注桩冲击钻成孔施工工艺流程

图 2.6.4 护筒埋设

（4）泥浆制备。开挖泥浆池，选择并备足良好的造浆黏土或膨润土，造浆量为 2 倍的桩混凝土体积，泥浆相对密度可根据钻进不同地层及时进行调整，必要时再掺入适量 CMC 羧基纤维素或 Na_2CO_3 纯碱等外加剂，保证泥浆始终达到性能稳定、离析极少、护壁效果好和成孔质量高的要求。常规的参数如下：泥浆相对密度：1.20~1.40；黏度：22~30；含砂率：≤ 4%；胶体率：≥ 95%；pH 值：8~11；失水率：≤ 20mL（计量仪器部分可见图 2.6.5 及图 2.6.6）。

在现场设置泥浆池、沉淀池等泥浆循环净化系统。泥浆池、沉淀池的池面高程应比护筒低 0.5~1m，以利于泥浆回流畅顺，位置布局要合理，不得妨碍场内的施工设备行走。沉淀池的容量应为每桩孔排渣量的 1.5~2 倍。试验工程师负责泥浆配合比试验，对全部桩基的泥浆进行合理配备。

图 2.6.5 泥浆黏度计

图 2.6.6 泥浆密度计

施工中钻渣随泥浆排出进入沉淀池，将石渣捞出或使石渣沉淀后进行处理，处理后的泥浆流入泥浆池净化后返回孔内，形成连续循环。钻孔弃渣（废泥浆）需放置到指定地点，不得任意堆砌在施工场地内或向水塘、河流排放，以避免污染环境。

泥浆池应采用可受力牢固构件进行防护（例如 φ42mm 以上钢管），四周用防护网围护（见图 2.6.7）。根据实际施工需要设置出入口，泥浆池四周应悬挂警示警戒标志。

图 2.6.7　用防护网围护泥浆池

（5）钻机就位。护筒埋设结束后将冲击钻机就位，冲击钻机需摆放平稳，钻机底座用枕木固定支垫（见图 2.6.8），钻机摆放就位后对机具及机座稳固性等进行全面检查，用水平尺检查钻机摆放是否水平，吊线检查钻机锤绳是否垂直。冲击钻应对准桩中心，开始低锤（小冲程）密击，锤高 0.4~0.6m，并及时向孔内投放黏土泥浆护壁，使孔壁挤压密实，直至孔深达护筒下 3~4m 后，才加快速度，加大冲程，将锤提高至 1.5~2.0m 以上，转入正常连续冲击，在造孔时要及时将孔内残渣排出孔外。施工过程中应至少校核一次桩位，必要时放置钢筋笼后校核钢筋笼位置。在桩径 $d<1000mm$ 时，桩位允许偏差为 $d/6$ 且不大于 $100mm$，当桩径 $d \geq 1000mm$ 时，桩径允许偏差为 $100mm+0.01H$（H 为地面标高与桩顶设计标高的距离）。

图 2.6.8　冲击钻施工

（6）钻进成孔。

①开钻。开钻时先在孔内灌注泥浆，泥浆参数根据土层情况而定。如孔中有水，可直接投入黏土，用冲击锤以小冲程 0.75~1.50m 边冲击边投入造浆，待钻进深度超过钻头高度加冲程后，方可根据地层情况开始冲击。在开孔阶段 4~5m，为使钻渣挤入孔壁，减少掏渣次数，正常钻进后应及时掏渣，确保有效冲击孔底。在钻进过程中，应注意地层变化，对不同的土层，采用不同的钻进速度，同时每 4~5m 均需使用垂直度检测仪进行

检测，保证桩体满足垂直度要求。

②冲程根据地层情况分别规定。

a. 在通过坚硬密实卵石层或基岩漂石之类的地层时，一般采用高冲程3~4m；在通过松散砂、砾类土或卵石夹土层中时，采用中冲程2~3m，冲程过大，对孔底振动大，易引起塌孔；在易坍塌或流砂地段用小冲程1~2m。

b. 在通过漂石或岩层时，如表面不平整，应先投入黏土、小片石、卵石，将表面垫平，再用钻头进行冲击钻进，防止发生斜孔、塌孔事故；如岩层强度不均，易发生偏孔，亦可采用上述方法回填重钻；必要时投入水泥护壁或加长护筒埋深。

c. 在砂及卵石类土等松散层钻进时，可按1:1比例投入黏土和小片石（粒径不宜大于15cm），以小冲程1~2m反复冲击，使泥膏、片石挤入孔壁。必要时须重复回填反复冲击2~3次。若遇有流砂现象，宜加大黏土用量减少片石比例，力求孔壁坚实。

d. 当通过含砂低液限黏土等黏质土层时，因土层本身可造浆，应降低输入的泥浆稠度，并采用0.5m的小冲程，防止卡钻、埋钻。

e. 要注意均匀地松放钢丝绳的长度。一般在松软土层每次可松绳5~8cm，在密实坚硬土层每次可松绳3~5cm，应注意防止松绳过少，形成"打空锤"，使钻机、钻架及钢丝绳受到过大的意外荷载，遭受损坏；松绳过多，则会减少冲程，降低钻进速度，严重时会使钢丝绳纠缠发生事故。

③注意事项。

a. 为正确提升钻头的冲程，应在钢丝绳上做好长度标志。

b. 每钻进1m掏渣时，均要检查并保存土层渣样，记录土层变化情况，遇地质情况与设计发生差异及时报请设计单位及相关参建单位，研究处理措施后继续施工。

c. 钻孔作业应连续进行，因故停钻时，必须将钻头提离孔底5m以上以防止塌孔埋钻。在取渣后或因其他原因停钻后再次开钻，应由低冲程逐渐加大到正常冲程以免卡钻。

d. 整个钻进过程中，应始终保持孔内水位高出地下水位（或施工水位）至少0.5m，并低于护筒顶面0.3m以防溢出。

（7）清孔。

①第一次清孔（下钢筋笼之前）。钻孔至设计深度后，测试泥浆指标是否在控制范围内（通常要求泥浆相对密度范围为1.15~1.25），发现超标应及时调整。在保证泥浆指标合格的前提下进行清孔。清孔结束，会同相关技术人员测量实际孔深，作为钢筋笼制作参数的依据。

使用冲击钻钻孔时，除用抽渣筒清孔外，也可采用换浆法清孔，直至孔内沉渣及泥浆满足要求。

②第二次清孔（灌注之前）。由于安放钢筋笼及导管时间较长，孔底产生新的沉渣，待安放钢筋笼及导管就序后，采用换浆法二次清孔，以达到置换沉渣的目的。施工中勤摆动导管，改变导管在孔底的位置，保证沉渣置换彻底。清孔完成立即进行水下混凝土灌注。

（8）成孔检查。钻孔灌注桩在成孔过程中及终孔后以及灌注混凝土前，均需对钻孔进行阶段性的成孔质量检查。

孔体检测。

a. 孔径及垂直度检测。采用井径探测仪及超声波垂直度检测仪，根据设计要求进行检测，合格后进行下部工序。

b. 孔深和孔底沉渣检测。孔深和孔底沉渣采用标准锤检测。测锤一般采用锥形锤，锤底直径 130~150mm，高 200~220mm，质量 4~6kg。测绳必须经检校过的钢尺进行校核。

（9）下钢筋笼等流程。下放钢筋笼、导管及混凝土灌注等的具体工艺流程见本书 2.13、2.14 和 2.15 节的内容。

2.6.5　工艺质量要点识别与控制

冲击钻成孔施工工艺质量要点识别与控制见表 2.6.2。

表 2.6.2　冲击钻成孔施工工艺质量要点识别与控制

控制项目	识别要点	控制标准	控制措施
主控项目	桩位	50mm	开工前，应对测量仪器（GPS、全站仪等）进行标定，施工过程中应定期维护；基准控制点接收后应校核，施工过程中定期对基准控制点进行校准并进行妥善保护；测放桩位时，应设置明显标识注明桩号，并做十字引点保护点位；孔口护筒放置完成后，对桩位进行第一次校核；钻进成孔 5~10m 后对桩位进行第二次校核
	桩底标高	±100mm	桩位放线时，应准确记录桩位开孔标高；施工过程中，当钻进深度接近设计深度时，应提醒钻机操作手控制好进尺速度，减少每次进尺深度，增加孔深测量次数，切不可超钻；定期检查测绳，保证长度准确、刻度清晰
	孔底沉渣	≤ 200mm	施工至设计深度后利用泥浆泵泥浆循环原理淘渣。利用地面的泥浆槽将沉渣返至泥浆池中，淘渣过程中使用测锤多次进行孔底沉渣探测，当感觉测锤在孔底无明显阻力，且锤底接触孔底有明显反弹迹象时，可判断为孔底沉渣满足灌注要求
一般项目	桩径	−20mm	每根桩施工前应对钻头直径进行测定；施工过程中，注意观察孔壁及泥浆高度情况，若发现有塌孔，及时采取护壁措施；钻进过程中应控制下钻和提钻高度，避免人为原因造成孔壁破坏而导致桩径偏差过大
	垂直度	0.5%	施工前，应对施工区域进行场地平整；施工过程中，每进尺 5~10m 应通过专门检测仪器进行垂直度检测；对垂直度要求严格或地层复杂易偏孔的桩，在施工过程中可以适当增加垂直度检测次数

2.6.6　工艺安全风险辨识与控制

冲击钻成孔施工工艺安全风险辨识与控制见表 2.6.3。

表 2.6.3　冲击钻成孔施工工艺安全风险辨识与控制

事故类型	辨识要点	控制措施
车辆伤害	冲击钻成孔施工作业空间狭窄、地面坡度与起伏较大、场地地表土松软	施工场地要求平整，施工工作面坡度不得大于2°，场地地基承载力符合要求不得下陷
	冲击钻连续作业桩位选择，钻机与钻机站位关系	当桩间净距小于2.5m时，应采取间隔方式成孔，桩机同时施工最小施工净间距不得小于6.0m
	冲击钻钻机装卸、安拆与调试、检修、移位、装卸钻具、成孔施工等施工危险性大的作业无专人指挥	冲击钻钻机装卸、安拆与调试、检修、移位、收臂放塔、装卸钻具及套筒、成孔施工、钢筋笼吊装、混凝土灌注等施工危险性大的作业必须设置专人指挥
高处坠落	泥浆池临时防护	泥浆池防护前，应先对泥浆池四周整平，然后进行安全防护的设置，同时弃土、泥渣等应及时外运，保持施工现场整洁。安全防护形式可采用钢管搭设防护栏或安全护栏防护等方式。泥浆池防护应封闭、无空缺，如作业需要可临时拆除，作业完成后应及时进行封闭，同时应按要求设置必要安全警示牌，如"泥浆池危险，请勿靠近"等。在施工过程中，应注意对防护栏杆进行保护，在使用过程中，如出现护栏损坏等情况，应及时修复或更换
机械伤害	每班开钻前的日常检查和保养	每班施工前，操作人员应对发动机、传动机构、作业装置、制动部分、卷扬系统、警示灯及钢丝绳等进行检查和保养
坍塌	孔口护筒埋设	孔口护筒四周应用黏性土封填并捣实，确保不漏水，避免由于漏水造成孔口坍塌而危及钻机安全
其他伤害	桩位处地下管线及障碍资料不明	收集详细、准确的地质和地下管线资料；按照施工安全技术措施要求，做好防护或迁改

2.6.7　工艺重难点及常见问题处理

冲击钻成孔施工工艺重难点及常见问题处理见表 2.6.4。

表 2.6.4　冲击钻成孔施工工艺重难点及常见问题处理

工艺重难点	常见问题	原因分析	预防措施和处理方法
桩位控制	桩位偏差	桩位测放不准	桩位测放完成后，在开孔前和钻进过程中进行复测和检查，确保桩位准确无误。若测量员在校验坐标时发现桩位出现偏差，应及时通知施工班组回填重新测放点位
桩径控制	缩径	钻头焊补不及时，越钻越小，致使下部缩径	经常检查钻头尺寸，发现磨损及时焊补
	孔壁塌陷	未进行跳桩施工（相邻桩位成孔未灌注）	连续施工时，应跳隔 1~2 根桩施工
		孔内出现地下水，孔壁土体失稳	施工作业前应调查清楚地下水情况，如遇未知地下水导致塌孔，可先试验增加造浆黏土或膨润土的加入量，加强护壁质量，重新成孔，若重新成孔过程中仍塌孔，应考虑改换其他钻孔工艺
	串孔	未进行跳桩施工（相邻桩位桩身混凝土未达到）	新桩尽可能在邻桩成桩 36h 后开钻
垂直度控制	钻孔偏斜	冲击钻钻机就位安装不稳	桩机部件要妥善保养、组装，开钻前要校正水平度，钻头位置偏差不大于 20cm
		地面软弱或软硬不均匀	检查及调整钻机底座，使钻机保持水平
		不同地层交界层面较陡（如偏岩、土层中有大孤石及地下旧基础等障碍、岩层中有溶洞等）	降低钻进速率，同时每钻进一定深度就提钻观察成孔情况，及时纠偏。若钻孔轻微倾斜，宜慢速提升、下降，反复扫孔矫正，直至桩孔符合要求。若桩孔倾斜较严重，应向孔中填入石子和黏土（或回填低标号混凝土）至偏孔处 0.5m 以上，消除导致斜孔的因素后再重新钻进
沉渣控制	沉渣过多	孔内土层位置土体掉落	下钻和提钻过程中速度不要太快，避免碰撞孔壁。反复清孔直到沉渣满足要求，清孔后尽快灌注混凝土

表 2.6.4（续）

工艺重难点	常见问题	原因分析	预防措施和处理方法
环境管理	污水、泥浆处理	冲击成孔产生大量泥浆、污水	施工现场修建沉淀池，先将污水排入沉淀池，除去悬浮物、油类物质并进行中和处理。 在钻孔灌注的过程中采用筛网，对泥浆中的小碎石、砂等固体颗粒物进行分离，泥浆排到一沉池、二沉池至三沉池，充分沉淀。施工过程中，利用挖掘机及时清理一沉池、二沉池、三沉池，清理出来的沉渣运至蒸发池中，等到自然脱水固化后，运至储料场或弃渣场。 对于废弃的泥浆水，在泥浆水中加入絮凝剂，由于泥浆水是一种水中含有一定量的微细泥颗粒的悬浮液体，高分子絮凝剂是一类水溶性的高聚物，将其与泥浆水混合时，由于絮凝剂具有架桥、网捕、吸附和电性中和等功能，可以破坏泥浆水的稳定性，使泥颗粒从水中迅速凝聚、沉降，从而达到泥水分离效果。 泥浆渣混合物的处理：①沉淀池中清理出来的沉渣，运至蒸发池中，让其自然脱水固化；②脱水后的钻渣或运到储料场，或回填取土坑；③自然脱水固化后所形成的干泥就地回填废弃的泥浆池。沉淀泥浆渣运至蒸发池中，清水循环利用
	噪声污染	冲击施工时钻具震动声音较大	调整提钻高度，将噪声控制在合理的范围内

2.7 灌注桩长螺旋施工

2.7.1 工艺介绍

2.7.1.1 工艺简介

灌注桩长螺旋施工是采用大扭矩动力头带动的长螺旋中空钻杆快速干钻，土体随螺旋钻杆上返至地表，钻杆到达桩底指定深度时，桩孔内土体即被钻杆置换干净，直接成孔的施工工艺。

长螺旋钻孔桩灌注完毕后，可采用如下方式下插钢筋笼：将预先制成的钢筋笼内穿振捣管，管顶连接振捣器，利用吊车将钢筋笼吊运至已经灌注完毕的桩孔上方，在钢筋笼自重及振捣器的双重作用下，将钢筋笼下插至设计深度。

2.7.1.2 适用地质条件

适用于各类素填土、黏性土、砂土，对于碎石类土、强风化岩层宜采用 180kW 以上的大功率长螺旋钻机，中风化岩层及含大块石的地层不宜采用。

2.7.1.3 工艺特点

成孔速度快，成孔、成桩一次完成，下插钢筋笼可交叉进行，工序少，成桩便捷。长螺旋钻孔灌注桩依靠螺旋钻具切削土层成孔，不用泥浆或套筒护壁，避免了大量泥浆处理和运输的工作，从根本上减少了对施工现场和周边环境的污染。

受限于长螺旋钻机的功率与钻杆的刚度，在硬质的岩土体中往往难以钻进，在风化岩中应慎重选择本工艺。长螺旋钻机的桩架较高，钻杆较长，成桩垂直度稍低。

2.7.2 设备选型

2.7.2.1 长螺旋钻机

应根据设计图中的桩径、桩身以及岩土工程勘察报告中的地层情况选择合适的长螺旋钻机。常用长螺旋钻机可按表 2.7.1 选用。

表 2.7.1　常用长螺旋钻机

设备类型	输出扭矩 /kN·m	钻孔直径 /m	最大钻孔深度 /m	最大设备高度 /m	整体重量 /t
小型机	<100	0.4~0.6	约 20	15~22	约 40
中型机	100~200	0.6~0.8	约 25	25~37	约 60
大型机	>200	1~1.2	约 30	27~32	>70

2.7.2.2 钻杆与钻具

长螺旋钻孔灌注工艺的钻具采用专用的长螺旋钻具，其常规直径为 ϕ400mm、ϕ500mm、ϕ600mm、ϕ800mm，每节定尺长度为 4m 或 5m，常规连接方式有"法兰栓接"（见图 2.7.1）和"六方插接"（见图 2.7.2）。钻杆选用时应与设计灌注桩直径一致。长螺旋钻杆与普通钻杆有明显不同，螺旋钻杆中心为中空无缝钢管，钢管外缘与螺旋叶片焊接。

图 2.7.1　长螺旋钻杆（法兰栓接）　　图 2.7.2　长螺旋钻杆（六方插接）

螺旋钻杆中心管应满足泵送混凝土的功能。中心管内径尺寸应保证中心管中的混凝土能自由下落冲开底部的活瓣，同时保证自落后的混凝土将中心管内的空气排到顶部泄出。混凝土输送软管内径一般为 125mm，因此中心管直径需大于 125mm，一般为

156mm。

中心管的底部（即钻头处）有混凝土出口，出口处有两片可开闭的活瓣（见图2.7.3）。钻具开始钻削土体之前，应将活瓣闭合，以防止土、砂或水进入中心管内，泵输送混凝土时活瓣可打开。

2.7.2.3　混凝土输送泵

混凝土输送泵一般指拖式混凝土泵，是通过管道压力输送混凝土的施工设备。

根据输送泵的出口压力等级，可分为低压泵（≤5MPa）、中压泵（6~10MPa）和高压泵（>10MPa）；

根据输送泵每小时最大输送量，型号可分为20~100m^3，且大多数混凝土输送泵都可以实现两挡变排量或无级变量。应根据工程的实际需要，根据输送距离和高度，选择出口压力，根据搅拌供料的能力，选择输出方量的范围。

图 2.7.3　长螺旋钻头

2.7.2.4　钢筋笼下插振动装置

长螺旋钻孔灌注桩下插钢筋笼时采用的振捣装置主要由振动锤（见图2.7.4）及振动管组成。

振动锤结构主要由吸振器、振动器及电气装置三大部分组成（见图2.7.5），现分述如下。

（1）吸振器。吸振架固定在振动器上部，其两侧各装有两根竖轴，每根竖轴上下套入压缩弹簧成为一组，竖轴上部固定横梁。由于两组弹簧的减振作用，使振动器所产生的较大振幅传递到吸振器时将大为减弱。

（2）振动器。振动器主要由电机、箱体、偏心块、主动轴、从动轴、齿轮等件组成。动力是由电动机通过三角皮带传给箱体内由一对圆柱齿轮相互啮合的主、从动轴，轴上装有偏心块。

（3）电气装置。一般与桩架电气部分结合在一起，也可单独配置。

图 2.7.4　弹簧振动锤

图 2.7.5　振动装置

2.7.3 施工前准备

2.7.3.1 人员配备

（1）钻机操作手：负责长螺旋钻机操作，钻进时对特殊地层进行及时反馈，配合项目部对成孔过程中的点位与垂直度进行把控。每班一般配备1名操作手，且必须持钻机操作证上岗。

（2）长螺旋辅助工：协助钢筋笼穿管操作，协助长螺旋机手控制钻进过程中的孔深、点位、垂直度等其他辅助工作。每班一般配备2名长螺旋辅助工。

2.7.3.2 辅助设备

（1）挖掘机：通常选择22吨级别及以上挖掘机，配合长螺旋钻机施工，进行长螺旋站位钻进前的场地平整；对桩返土进行清理、归堆。

（2）混凝土输送泵：混凝土泵型采用高强柔性输送管与钻杆中心孔连接。混凝土输送泵管布置宜减少弯道，混凝土泵与钻机的距离不宜超过60m。桩身混凝土的泵送压灌应连续进行，当钻机移位时，混凝土泵料斗内的混凝土应连续搅拌，泵送混凝土时，料斗内混凝土的高度不得低于400mm。混凝土输送泵管宜保持水平。当气温高于30℃时，宜在输送泵管上覆盖隔热材料，洒水降温。

2.7.3.3 场地条件

（1）长螺旋钻机机架及钻杆的高度较大，应查明钻机行走范围净空内是否有建筑物遮蔽、输配电线杆等影响钻机施工的不利因素。

应重点查明桩位区域的地下管线埋置及障碍情况。在施工前通常可取得建筑场地的地下管线分布图册，但从工程实践来看，有相当一部分地下管线并未包含在地下管线图中，施工时破坏既有管线的情况时有发生。在施工前应在桩位区域开挖探沟进行详细的管线排查，重点查明煤气、给排水、输配电、光缆等重要管线的位置、埋深、走向的情况。

施工现场有时会存有废弃的结构基础、工程桩、锚索等障碍物，障碍物会延缓施工进度，严重时会损坏螺旋钻杆。在长螺旋钻孔灌注桩施工前应对桩位附近的障碍物进行集中清除破拆。

施工前期应查明现场供电情况。长螺旋钻孔灌注桩工艺配套的用电设备较多，一个完整的长螺旋施工班组应配套钻机、地泵、振捣器、钢筋加工场地等用电设施，用电量需求较大，应根据班组用电量合理选择现场供电变压器。

（2）施工场地的整平应为长螺旋钻机提供足够平整的工作面，满足钻机行走及工作的需求。

长螺旋钻机是桅杆式高耸结构，安装螺旋钻杆后重心较高，场地应平整，无明显纵坡，以防止钻机重心不稳出现倾覆事故。目前国内常用长螺旋钻机的工作展开长度为10~14m，在钻机成孔及灌注的过程中，需要与挖土机、起重机等大型机械协同进行桩返土清理及钢筋笼内穿振捣作业，现场应具备15~20m的横向空间以满足各种机械的穿插作业需求。

长螺旋钻机钻杆中心距离前端障碍物应满足 1.5m 净距，以满足钻机前端支腿展开距离及振捣器工作宽度的要求。基坑支护工程中，常存在桩顶放坡情况，如设计坡底与桩顶之间未预留足够的作业宽度，在施工时应考虑先行开挖出足够的作业宽度，后期另行修坡。

2.7.3.4 安全技术准备

（1）方案编制：项目技术负责人根据图纸要求、相关规范及现场实际情况编制安全技术方案。

（2）方案交底：按照方案内容，项目技术负责人对管理人员及作业人员进行安全技术交底。

（3）其他安全技术准备：项目生产负责人编制材料、机械设备、工具、用具及各技术工种劳力进场计划。安全负责人对进场工人进行三级安全教育等。

2.7.4 工艺流程及要点

2.7.4.1 工艺流程

长螺旋施工工艺流程如图 2.7.6 所示。

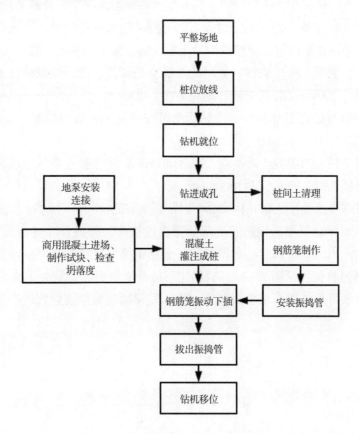

图 2.7.6 长螺旋钻孔灌注桩工艺流程

2.7.4.2 工艺要点

（1）平整场地：施工前应对场地进行整平、夯实；铺垫好进出施工区域的道路。

（2）桩位放线：根据桩设计图纸和建设单位提供的坐标、高程控制基准点，采用测量仪器测放出桩位中心位置，并设置桩位十字交叉控制点，以便校准桩位中心，对控制点应选在稳固处加以保护以免破坏。

（3）钻机就位：钻孔机就位时应进行设备校正，保持钻机平稳、调整钻塔垂直，使钻进时不发生倾斜或移动。钻机定位后，应进行复检，钻头与桩位点偏差不得大于20mm。

钻杆的连接应牢固，应使钻杆垂直对准桩位中心，确保垂直度容许偏差不大于1%。每根桩施工前现场工程技术人员进行桩位对中及垂直度检查。为准确控制钻孔深度，应在钻架上作出控制标尺，以便在施工中进行观测、记录。

（4）连续钻进：钻孔开始时，关闭钻头出浆口阀门，向下移动钻杆至钻头触地时，启动电机钻进。钻杆钻进时宜先慢后快，同时检查钻孔的偏差并及时纠正。

钻进速度根据地层情况按成桩工艺试验确定的参数进行控制。如无试桩资料，一般可将钻进速度控制在1~1.5m/min。

（5）地面桩芯土清理：长螺旋钻孔灌注桩施工时，螺旋钻杆会将大部分桩孔内土体上返至地面，在钻孔过程中应使用挖土机并配备熟练的操作手，及时清理桩孔内返土。

长螺旋钻孔灌注桩下插钢筋笼时会有部分混凝土从桩孔内溢出，桩孔周边应预留一定量的堆土，采用挖土机将堆土修成简易土坝，防止混凝土漫延扩散。

（6）提钻、混凝土灌注成桩：进场的混凝土必须符合设计及规范要求，混凝土塌落度应控制在180~200mm，并具有较好的和易性、流动性。

混凝土应边泵送边提升钻杆。提钻速率可按试桩工艺参数控制，如缺少试桩资料，提钻速率可控制在1~1.5m/min。

泵送时保持料斗内混凝土的高度不低于400mm，防止吸进空气造成堵管，并保证钻头始终埋在混凝土面以下不小于1000mm。

灌注标高应超过设计标高0.3~0.5m，以待后期破除。

（7）钢筋笼振动下插：钢筋笼底部预先制成锥形，振捣管穿过钢筋笼支撑在锥口，振动器产生的压力通过振捣管传递至锥口，利用钢筋笼受拉性能好的特点，用下拉的方式使钢筋笼迅速就位（见图2.7.7）。钢筋笼下插前应将振动钢管在地面水平穿入钢筋笼内，并与振捣器可靠连接形成振捣装置，钢筋笼顶部与振动装置宜进行固定连接（见图2.7.8）。

图 2.7.7　钢筋笼收束做法　　　　　　图 2.7.8　钢筋笼振捣下插

2.7.5　工艺质量要点识别与控制

长螺旋钻孔灌注桩施工工艺质量要点识别与控制见表 2.7.2。

表 2.7.2　长螺旋钻孔灌注桩施工工艺质量要点识别与控制

控制项目	识别要点	控制标准	控制措施
主控项目	桩位	±50mm	开工前，应对测量仪器（GPS、全站仪等）进行校定，施工过程中应定期维护；基准控制点接收后应校核，施工过程中定期对基准控制点进行校准并进行妥善保护；测放桩位时，应设置明显标识注明桩号，并做十字引点保护点位
	桩底标高	±100mm	桩位放线时，应准确记录桩位开孔标高；施工过程中，当钻进深度接近设计深度时，应提醒钻机操作手控制好钻进速度
一般项目	桩径	−20mm	每根桩施工前应对钻机钻具直径进行测定
	垂直度	0.5%	施工前，应对施工区域进行场地平整；桩机就位后，检查钻机平整度和钻杆垂直度；施工过程中，每钻进 5~10m，应通过专门检测仪器进行垂直度检测；对垂直度要求严格或地层复杂易偏孔的桩，在施工过程中可以适当增加垂直度检测次数

2.7.6　工艺安全风险辨识与控制

长螺旋钻孔灌注桩施工工艺安全风险辨识与控制见表 2.7.3。

表 2.7.3　长螺旋钻孔灌注桩施工工艺安全风险辨识与控制

事故类型	辨识要点	控制措施
触电	高压线路附近施工	根据电压大小不同，电力线路下及一定范围内需设立保护区。施工前应征得电力相关部门的同意，并采取相应保护措施后方可施工
机械伤害	施工作业空间狭窄、地面坡度与起伏较大、场地地表土松软	施工场地要求平整，施工工作面坡度不得大于 2°，场地地基承载力特征值宜大于 120kPa
	钻机装卸、安拆与调试、检修、移位、装卸钻具钻杆、成孔施工等施工危险性大的作业无专人指挥	钻机装卸、安拆与调试、检修、移位、收臂放塔、装卸钻具钻杆、成孔施工、钢筋笼吊装、混凝土灌注等施工危险性大的作业必须设置专人指挥，施工最小施工净间距不得小于 6.0m
	每班开钻前的日常检查和保养	每班开钻前，操作人员应对发动机、传动机构、作业装置、制动部分、液压系统、各种仪表、警示灯及钢丝绳等进行检查和保养
其他伤害	桩位处地下管线及障碍资料不明	收集详细、准确的地质和地下管线资料；按照施工安全技术措施要求，做好防护或迁改
	恶劣天气施工作业	遇到雷电、大雨、大雾、大雪和六级以上大风等恶劣天气时，应停止一切作业。当风力超过七级或有台风、风暴预警时，应将旋挖设备桅杆放倒
	渣土堆放及外排	弃渣应及时运走，禁止堆存过高

2.7.7　工艺重难点及常见问题处理

长螺旋钻孔灌注桩施工工艺重难点及常见问题处理见表 2.7.4。

表 2.7.4　长螺旋钻孔灌注桩施工工艺重难点及常见问题处理

工艺重难点	常见问题	原因分析	预防措施和处理方法
混凝土灌注	缩径	凝土塌落度过小、操作时提钻速度过快	保持混凝土灌注的连续性，可以采取加大混凝土泵量、配备储料罐等措施。严格控制提速，确保中心钻杆内有 0.1m³ 以上的混凝土。如灌注过程中因意外原因造成灌注停滞时间大于混凝土的初凝时间，则应重新成孔灌桩
	孔壁塌陷	提钻速度过快	在地下水丰富的厚砂层施工时，成孔时应尽量降低钻机转速，钻进及提钻速度要减慢，由正常的速度 1~1.5m/min 控制在不大于 1m/min 的范围内。及时泵送混凝土，不能间断过长，如间断过长，需及时把钻具提拔出地面，待正常时，再重新成孔施工
		孔内出现地下水，孔壁土体失稳	
	穿孔	未进行跳桩施工	已完成浇筑混凝土的桩与邻桩间距应大于 4 倍桩径，或间隔施工时间应大于 36h；当发生串孔时，应采取穿孔桩交叉平衡灌注等措施

表 2.7.4（续）

工艺重难点	常见问题	原因分析	预防措施和处理方法
钢筋笼下插	钢筋笼难以插入	混凝土塌落度不满足要求、振捣器功率不足	混凝土进场后，严格按照施工程序进行塌落度试验，保证超流态混凝土塌落度为 180~220mm； 钢筋笼下插前，振捣器功率的选择应满足实际施工需求； 如现场钢筋笼下插标高未达到设计深度，加大振动功率仍无法继续插入时，应拔除钢筋笼，调节混凝土塌落度，重新成孔下笼，保证钢筋笼标高满足设计需求

2.8　灌注桩正循环施工

2.8.1　工艺介绍

2.8.1.1　工艺简介

灌注桩正循环钻机施工是用在泥浆护壁条件下，慢速钻进，通过泥浆排渣成孔、灌注混凝土成桩的施工工艺。正循环钻机分为潜水式和非潜水式两种。

潜水式电动回转钻机工作原理为电机位于钻头上部，直接带动钻头回转切削破碎岩土，泥浆由泥浆泵通过泥浆管输入孔内，经潜水钻机钻头旁的出浆口射出至孔底，带动被切削下来的钻渣，沿钻杆与孔壁之间的环状空间上升至孔口，再由孔口溢进沉淀池，后返回泥浆池中，往复循环再供使用。

非潜水式电动回转钻机的工作原理为电机位于钻杆上部，通过旋转钻杆带动钻头回转切削破碎土体，泥浆由泥浆泵输进钻杆内腔后，经钻头的出浆口射出，带动钻渣上升到孔口溢出，通过泥浆沟槽流入沉淀池，在沉淀池中净化后再次循环使用。

2.8.1.2　适用地质条件

潜水式回转钻机成孔工艺适用于素填土、黏性土、粉土、砂土、全风化岩层等地层；非潜水式回转钻机成孔工艺适用于填土、黏性土、粉土、砂土、碎石土及全风化、强风化岩层和中风化软岩等地层。

2.8.1.3　工艺特点

潜水式电动回转钻机的优点为钻机小，重量轻；设备简单；设备故障较少，操作简单；噪声低，振动小；工程费用较低；缺点为泥浆上返速度慢；排渣能力差；对于较深桩垂直度难以保证；机械化程度低；污染环境。

非潜水式电动回转钻机施工方便，成本低，施工速度快，成桩质量高。其垂直度较易控制、钻孔扩孔率低，操作人员少，电缆无需与钻头进入水下，操作更加安全。但成桩效率比潜水钻机低。

2.8.2　设备选型

应根据设计图中的桩径、桩身以及岩土工程勘察报告中的地层情况选择合适的机型。常用钻机选型可按表 2.8.1 所列选用。常见设备如图 2.8.1 和图 2.8.2 所示。

表 2.8.1　常见机型参数

设备类型	设备型号	钻孔直径 /cm	钻孔深度 /m	钻机尺寸（长 × 宽 × 高） /m	总功率 /kW	钻机质量 /t
潜水式电动回转钻机	KQ-90	550~1000	70	7 × 2.2 × 4.5	28	10
	KQ-1000	550~1000	70	8 × 2.2 × 4.5	28	10
	KQ-1250	550~1250	70	8 × 2.2 × 9.8	28	10.5
	KQ-1500	800~1500	70	8 × 2.2 × 4.5	30	13
非潜水式电动回转钻机	KP3500	3500	130	5.9 × 4.8 × 9	120	47
	ZSD150	600~1500	140	3.5 × 4.0 × 6.4	90	14
	ZSD200	1200~2000	140	4.5 × 4.6 × 6.4	150	16
	ZSD250	1200~2500	140	4.6 × 4.6 × 6.4	145	18
	KPG3000A	1500~6000	130	7.6 × 4.45 × 13.892	238	55
	GF-300	3000	120	8.765 × 5.5 × 12.552	90	42

图 2.8.1　KQ 系列潜水钻机

图 2.8.2　KP3500 型回转钻机

2.8.3　施工前准备

2.8.3.1　人员配备

（1）钻孔机：1名钻机操作手，3名辅助工。钻机操作手：负责钻机操作，钻进时对特殊地层进行及时反馈。辅助工：配合项目部对成孔过程中的点位与垂直度的把控。

（2）灌注架：1名钻机操作手，3名钻机辅助工。钻机操作手：负责钻机操作。辅助工：钢筋笼、导管下放及混凝土灌注。

（3）挖掘机操作手：进行钻机站位钻进前的场地整平；泥浆池、泥浆沟挖埋，钢板路铺设及其他施工配合。每班一般配备1名挖掘机操作手。

2.8.3.2　辅助设备

挖掘机：通常选择200型及以上挖掘机，进行施工前场地整平、夯实；铺设好进出施工区域道路。确保施工场地的"三通一平"。

2.8.3.3　场地条件

（1）认真熟悉现场的工程地质和水文地质资料，场区内地下障碍物和邻近区域的地下管线（管道、电缆）、地下构筑物、周边环境等调查资料。

（2）对桩位翻槽并对桩位附近的障碍物进行清除破拆，保障桩心到单侧障碍物的最小距离为1.4m。

（3）清除钻机行走范围净空内遮蔽建筑物、输配电线杆等。

2.8.3.4　安全技术准备

（1）结合场区内的具体情况，编制施工组织设计或施工方案。

（2）项目生产负责人编制材料、机械设备、工具、用具及各技术工种劳动力进场计划。

（3）对现场施工人员进行图纸和施工方案交底，专业工种应进行短期专业技术培训。

（4）安全负责人对进场工人进行三级安全教育。

（5）组织现场所有管理人员和施工人员学习有关安全、文明施工规程，增强职工安全、文明施工和环保意识。

2.8.4　工艺流程及要点

2.8.4.1　工艺流程

正循环钻机施工工艺流程如图2.8.3所示。

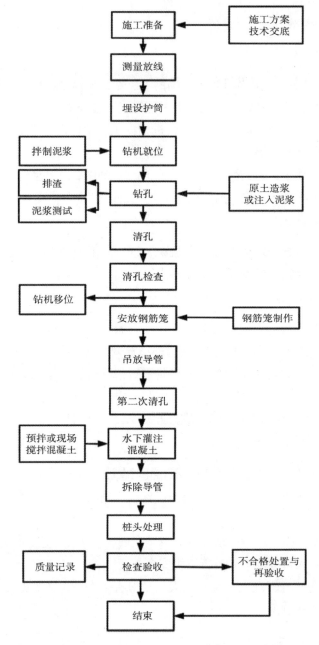

图 2.8.3　正循环钻机施工工艺流程

2.8.4.2　工艺要点

（1）施工准备。参见 2.8.3 小节内容。

（2）测量放线。根据桩设计图纸和建设单位提供的高程控制基准点，可采用 GPS 或全站仪等仪器测放出桩位中心位置，并设置桩位十字交叉控制点，以便校准桩位中心。对控制点应选在稳固处加以保护，以免破坏。

（3）埋设护筒。

①护筒埋设应准确、稳定，护筒中心与桩位中心的偏差不得大于 50mm。

②护筒内径比桩直径宜大 100mm，并视地面情况而定，护筒壁厚一般为 4~8mm 钢板，经卷制焊接而成。上部宜开设 1~2 个溢水孔。

③护筒埋设深度：在黏性土中宜小于 1.0m；砂土中不宜小于 1.5m。护筒下端外侧应采用黏土填实；其高度应满足孔内泥浆面高度的要求。

④受水位涨落影响或水下施工的钻孔灌注桩，护筒应加高加深，必要时应打入不透水层。

⑤吊拔护筒钢丝绳应对称。

⑥护筒埋设完成后，再一次对放线点位进行校验。

（4）钻机就位。

①钻机就位时，必须保持钻机平稳、不倾斜和不产生位移，并采取一定的固定措施。为控制钻孔深度，应对每桩位地面测设标高，以便施工控制和记录。

②钻机就位时，应采取措施保证钻具中心和护筒中心重合，其偏差不应大于 20mm。钻机就位后应平整稳固，保证在钻进过程中不产生位移和摇晃，否则应及时处理。

（5）钻进成孔。

①钻孔前，应根据工程地质资料和设计资料，使用适当的钻机种类、型号，并配备适用的钻头，调配合适的泥浆。

②桩孔施工应尽量一次不间断完成，不得无故中途停钻。施工中各岗位操作人员必须认真履行岗位职责，做好交接班记录。

③开钻时，在护筒下一定范围内应慢速钻进，待导向部位或钻头全部进入土层后，方可加速钻进。

④在钻孔、排渣或因故障停钻时，应始终保持孔内具有规定的水位、泥浆相对密度和黏度。

⑤对于土层倾斜角度较大，孔深大于 50m 的桩，在钻头、钻杆上应增加导向装置，保证成孔垂直度。

⑥在淤泥、砂性土中钻进时宜适当增加泥浆的相对密度；在密实的黏土中钻进时可采用清水钻进。

（6）泥浆制作。

①护壁泥浆一般由水、黏土（或膨润土）和添加剂按一定比例配制而成，可通过机械在泥浆池、钻孔中搅拌均匀。

②泥浆的配制应根据钻孔的工程地质情况、孔位、钻机性能、循环方式等确定，调制好的泥浆应满足表 2.8.2 的要求。

表 2.8.2　泥浆性能指标

项目	性能指标		检验方法
相对密度	1.10~1.15		取少量泥浆于容器内，将泥浆密度计放置容器中，待其静止后读取刻度
黏度	黏性土	18~20s	将泥浆装满马氏漏斗，泥浆从漏斗口流出的时间与其黏度成反比，即黏度越大流出的时间越长
	砂土	25~30s	
含砂率	<6%		把调制好的泥浆 50mL 倒进含砂率计，然后再倒 450mL 清水，将仪器口塞紧，摇动 1min，使泥浆与水混合均匀，再将仪器竖直静置 3min，仪器下端沉淀物的体积（由仪器上刻度读出）乘 2 就是含砂率（%）
胶体率	>95%		用 150mL 量筒取配制好的泥浆倒入 100mL 具塞量筒至 100mL 刻度，加塞静置 24h。读泥浆沉降刻度，即胶体率
失水量 /mL·30min^{-1}	<30		将失水量仪的泥浆杯中装满泥浆，然后在杯口放好垫圈、滤纸、金属滤网，将杯盖拧紧密封后，通过打气筒施加 0.7MPa 的压力（压力要稳定），然后测定 30min 内从杯盖滤孔流入量筒的水量（mL）和滤纸上的泥皮厚度（mm）
泥皮厚度	1~3mm/30min		
静切力 /Pa	1min；20~30mg/cm^2 10min；50~100mg/cm^2		安装合适的试筒，压紧试筒，取适量的土样，用规定的工具装入试体，大致刮平试样表面。 按下降按键，大滑套带动振动板和夯板下降，当夯板接触到松散的土样时，大滑套会继续下降，下降到大滑套下端面，距振动板突缘 15~25mm 时按停止按键，大滑套停止下降。 设定控制器上的定时器，设定时间为 6min，按下振动开关，开始振动，定时器显示振动时间，到 6min 后振动板自动停止。 按下上升按键，套带动振动板、夯板上升，上升到限位块上端面变速箱下面 15~25mm，按停止按键，大滑板停止上升。 按照试验规程加第二次土样，重复以上操作步骤 2 次。 卸下试验筒，用一平直钢尺，置于试筒直径位置，按规程量测数据再称重
酸碱度（pH）	7~9		撕下一套试纸，用胶头滴管滴上溶液，或者取少量溶液直接用试纸沾湿液体，半秒变色后与包装上的比色卡作对比读取数值

（7）清孔。第一次清孔：一般采用换浆法，在终孔时停止钻具回转，将钻头提离孔底 100~200mm，维持冲洗液的循环，并向孔内注入含砂量小于 4%（相对密度 1.05~1.15）的新泥浆或清水，令钻头在原位空转 10~30min，直至达到清孔要求。第二次清孔：在钢筋笼和下料导管放入孔内后，开始进行第二次清孔。通常利用混凝土导管向孔内压入相对密度 1.15 左右的泥浆，把孔底在下钢筋笼和导管的过程中再次沉淀的钻渣

置换出来。

2.8.5 工艺质量要点辨识与控制

正循环钻机施工工艺质量要点辨识与控制见表 2.8.3。

表 2.8.3 正循环钻机施工工艺质量要点辨识与控制

顺序		检查项目单位	允许偏差或允许值		检查方法
			单位	数值	
主控项目	1	桩位	mm	50	基坑开挖前量护筒，开挖后量桩中心
	2	孔深	mm	+300	只深不浅，用重锤测，或测钻杆、套管长度
	3	桩身质量检验	按建筑基桩检测技术规范		单桩竖向抗拔静载试验、钻芯法、低应变法
	4	混凝土强度	设计要求		同标准条件下试件报告或钻芯取样检验
一般项目	1	垂直度	0.5%		测套管或钻杆，或用超声波探测
	2	桩径	mm	± 50	井径仪或超声波探测
	3	泥浆密度	1.15~1.20		用密度计测量，清孔后在距孔底 50cm 处取样
	4	泥浆面高（高于地下水位）	m	0.5~1.0	目测
	5	沉渣厚度	mm	200	先轻轻下放，测得深度作为沉渣顶面深度。再抖动下放，测得深度作为孔底深度。二者之差为沉渣厚度。 下放测针，测得深度作为孔底深度；下放测饼，测得深度作为沉渣顶面深度。两个数据之差为沉渣厚度
	6	混凝土塌落度	mm	200 ± 20	用一个上口 100mm、下口 200mm、高 300mm 喇叭状的坍落度桶，灌入混凝土分 3 次填装，每次填装后用捣锤沿桶壁均匀由外向内击 25 下，捣实后抹平。 然后拔起桶，混凝土因自重产生塌落现象，用桶高（300mm）减去塌落后混凝土最高点的高度
	7	钢筋笼安装深度	mm	± 100	用钢尺量
	8	混凝土充盈系数	>1		检查每根桩的实际灌注量
	9	桩顶标高	mm	+30、−50	水准仪，需扣除桩顶浮浆层及劣质桩体

2.8.6 工艺安全风险辨识与控制

正循环钻机施工工艺安全风险辨识与控制见表 2.8.4。

表 2.8.4　正循环钻机施工工艺安全风险辨识与控制

事故类型	辨识要点	控制措施
车辆伤害	正循环钻机装卸、安拆与调试、检修、移位、装卸钻具钻杆、成孔施工等施工危险性大的作业无专人指挥	正循环钻机装卸、安拆与调试、检修、移位、收臂放塔、装卸钻具钻杆及套筒、成孔施工、钢筋笼吊装、混凝土灌注等施工危险性大的作业必须设置专人指挥
	每班开钻前的日常检查和保养	每班开钻前，操作人员应对卷扬机、传动机构、作业装置、制动部分、各种仪表、警示灯及钢丝绳等进行检查和保养
坍塌	孔口护筒埋设	孔口护筒四周应用黏性土封填并捣实，确保不漏水，避免由于漏水造成孔口坍塌而危及钻机安全
高处坠落	成孔后对孔口的保护措施	成孔后应及时进行后续施工，如未能及时灌注应及时在桩孔位置加盖盖板
	泥浆池防护	泥浆坑周围采用围栏做硬防护
触电	用电安全	电缆线离地架设，严禁将电缆线与水带及泥浆带缠绕在一起
其他伤害	桩位处地下管线及障碍资料不明	收集详细、准确的地质和地下管线资料；按照施工安全技术措施要求，做好防护或迁改
	恶劣天气施工作业	遇到雷电、大雨、大雾、大雪和六级以上大风等恶劣天气时，应停止一切作业。当风力超过七级或有台风、风暴预警时，应将钻机桅杆放倒

2.8.7　工艺重难点及常见问题处理

正循环钻机施工工艺重难点及常见问题处理见表 2.8.5。

表 2.8.5　正循环钻机施工工艺重难点及常见问题处理

工艺重难点	常见问题	原因分析	预防措施和处理方法
桩位控制	桩位偏差	桩位测放不准，钻机移位时触碰点位	桩位测放完成后，在开孔前和钻进过程中进行复测和检查，确保桩位准确无误
桩径控制	缩径	钻头焊补不及时，越钻越小，致使下部缩径	经常检查钻头尺寸，发现磨损及时焊补
	孔壁塌陷	泥浆搅拌不符合要求，无法形成泥浆护壁、孔内水位低于地下水位等	①孔内水位必须高于地下水位 2m 以上；②将护筒的底部贯入黏土中约 0.5m 以上；③按照不同的地层，采用不同的泥浆相对密度和黏度；④根据地质条件控制成孔速度；⑤下放钢筋笼时避免碰撞孔壁；⑥施工中尽量减少施工作业振动的影响

表 2.8.5（续）

工艺重难点	常见问题	原因分析	预防措施和处理方法
桩径控制	穿孔	未进行跳桩施工（相邻桩位桩身混凝土未达到）	新桩尽可能在邻桩成桩 36h 后开钻
垂直度控制	钻孔偏斜	正循环钻机就位安装不稳或钻杆弯曲	桩机部件要妥善保养、组装，开钻前要校正钻杆垂直度和水平度，钻杆位置偏差不大于 20 cm
		地面软弱或软硬不均匀	施工前应先将场地夯实平整
沉渣控制	沉渣过多	孔内土层位置土体掉落	下杆和提钻过程中速度不要太快，避免碰撞孔壁。反复清孔直到沉渣满足要求，清孔后尽快灌注混凝土
桩身完整性	断桩	浇筑过程中间隔时间过长	混凝土必须连续浇筑
桩顶混凝土超灌	超灌过高	灌注最后阶段未量测混凝土面	混凝土浇到接近桩顶时，随时测量顶部标高

2.9 咬合桩旋挖成孔施工

2.9.1 工艺介绍

2.9.1.1 工艺简介

咬合桩是桩与桩之间相互咬合排列成墙的一种基坑围护结构。采用钢套管沉管强行切割一部分（咬合宽度）两边已完成的超缓凝混凝土素桩（第一序 A 桩），并沉管取土至设计深度，下放钢筋笼后，边灌注混凝土边上拔钢套管并成桩（第二序 B 桩），完成 A、B 桩的相互咬合，A 桩、B 桩分别间跳施工，相互咬合形成咬合桩墙（见图 2.9.1 和图 2.9.2），既可作为基坑围护结构抵抗土压力，又可作为基坑止水帷幕抵抗地下水渗流。当第二序 B 桩也采用素混凝土桩时，可被作为单独的咬合桩止水帷幕使用。

目前，咬合桩常用的沉管方式主要有三种：旋挖钻机沉管、搓管钻机沉管和全回转钻机沉管。

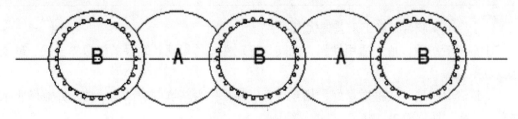

图 2.9.1 咬合桩平面示意图

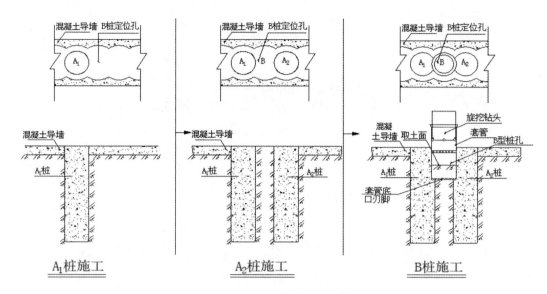

图2.9.2 咬合桩施工工艺原理图（荤素咬合）

2.9.1.2 适用地质条件

采用不同的沉管方式，钢套管基本可以沉入填土、黏性土、砂土、碎石土以及全风化、强风化岩层等各类地层，故各类地层对咬合桩的使用基本没有限制。

2.9.1.3 工艺特点

（1）咬合桩成孔采用工艺主要为：旋挖钻机沉管、搓管机沉管、全回转钻机沉管。各工艺优劣及特点对比见表2.9.1。

表2.9.1 咬合桩工艺成孔方式对比

成孔工艺名称	旋挖钻机沉管	搓管机沉管	全回转钻机沉管
成本	低	较低	高
垂直度控制	一般	较深	深
成桩效率	快	较快	较慢
成桩质量	较好	好	好
施工工艺流程	较简单	较复杂	复杂
适用地层	各类地层	各类地层	各类地层

（2）全套管咬合桩施工工艺的优点：

①钢套管护壁，地层适用性强，尤其是稳定性差易塌孔、缩径的松散填土层、砂土层、软土层；

②钢套管护壁，成桩质量好，相互咬合成墙，作为基坑围护结构，挡土并兼做止水帷幕，止水、防渗效果良好；

③相对于地下连续墙成本更低，施工效率更高。

（3）采用钢制全套筒旋挖钻机进行咬合桩施工的缺点：

①施工设备体积较大，对施工作业场地要求较高，需要另行设置设备施工工作平台（导墙）；

②与一般的灌注桩相比，施工工艺相对复杂；

③作为止水帷幕，对桩身质量及垂直度要求很高，施工管控要求高；

④素桩（第一序A桩）采用超缓凝混凝土，对混凝土的稳定性及缓凝时间有严格要求，增大混凝土供应难度。

2.9.2　设备选型

2.9.2.1　旋挖钻机

参见本书2.2.2小节内容。

2.9.2.2　钻杆与钻具

参见本书2.2.2小节内容。

2.9.2.3　钻齿

参见本书2.2.2小节内容。

2.9.2.4　钢套管

钢套管采用钢板一次卷制而成，厚度不应小于16mm。

2.9.3　施工前准备

2.9.3.1　人员配备

参见本书2.2.2小节内容。

2.9.3.2　辅助设备

参见本书2.2.2小节内容。

2.9.3.3　场地条件

参见本书2.2.2小节内容。

2.9.3.4　安全技术准备

参见本书2.2.2小节内容。

2.9.3.5　A桩（素桩）混凝土超缓凝时间的确定

（1）应要求商品混凝土供应厂家在施工前，根据设计图纸及现场需要，做好混凝土的初凝和终凝实验，施工中混凝土的初凝及终凝时间偏差不应过大。

（2）A桩混凝土缓凝时间根据单桩成桩时间确定，A桩混凝土的缓凝时间 $T=3t+Q$，其中，T 为A桩混凝土缓凝时间（初凝时间）；t 为单桩成桩所需时间（通过试验确定或参考类似工程经验，1.2m直径12m桩长素桩单桩成桩时间为1~1.5h）；Q 为综合预留时间（考虑后续荤桩及连续性施工，综合预留时间建议按55h考虑）。为了保证桩基流水性施工，素桩混凝土初凝时间一般不小于 60h。在灌注 A 桩混凝土时需留置超缓凝试样，同条件养护，以判断混凝土初凝时间。

2.9.3.6 钢套管准备

一台下管设备不应该准备 4 根 A 桩加 1 根 B 桩对应的钢套管量。即便考虑连续施工，如果 A、B 桩直径相同，则钢套管可以通用，一台下管设备准备 2 个端头切割管，1.5 根 B 桩下管长度对应的钢管量即可，最多 2 倍 B 桩下管长度的钢管量；如果 A、B 桩直径不同，则 A、B 桩应分别采用两套下管设备施工，每套设备 2 个端头切割管加 1.5 根下管长度的钢套管即可，最多 2 倍下管长度的钢管量。

2.9.4 工艺流程及要点

2.9.4.1 工艺流程

旋挖成孔咬合桩施工工艺流程如图 2.9.3 所示。

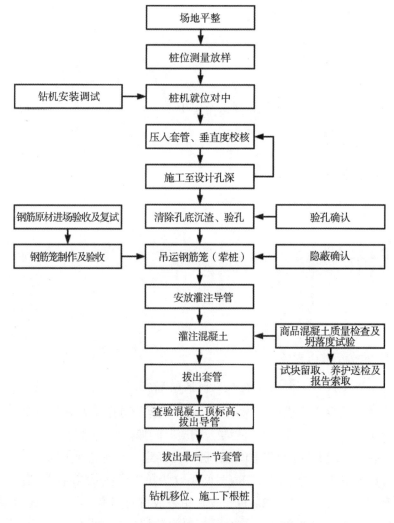

图 2.9.3 旋挖成孔咬合桩施工工艺流程

2.9.4.2 施工顺序

Ⅰ序A桩（超缓凝混凝土素桩）和Ⅱ序B桩（钢筋混凝土桩）间跳施工，先施工A1、A2桩，然后施工B1桩，再施工A3桩，然后再施工B2桩，以此类推，完成咬合桩墙。当B桩也采用素混凝土桩时，施工顺序不变，形成素混凝土咬合桩墙的止水帷幕。咬合桩旋挖成孔施工顺序流程见图2.9.4。

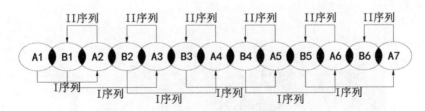

图2.9.4 咬合桩旋挖成孔施工顺序流程

2.9.4.3 工艺要点

（1）平整场地。施工前应对场地进行整平、夯实；铺垫好进出施工区域的道路。同时合理布置施工机械、输送管路和电力线路位置，确保施工场地的"三通一平"。

（2）导墙施工（见图2.9.5和图2.9.6）。

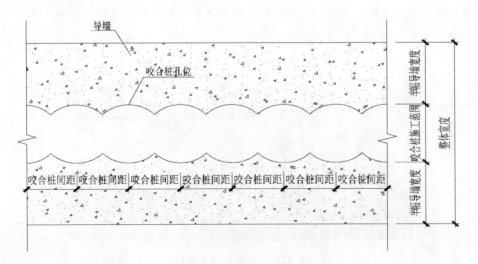

图2.9.5 咬合桩导墙平面布置示意图

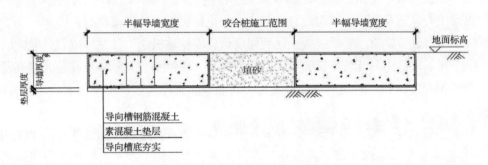

图2.9.6 咬合桩导墙剖面布置示意图

①导墙沟槽开挖：场地平整后，根据桩位放线已确定的桩位，确定无误后，结合导墙宽度和厚度，可进行导墙沟槽开挖，开挖结束后平整夯实槽底。

②导墙钢筋绑扎：根据放样桩位及设计图纸、相关规范的要求，绑扎导墙钢筋，验收合格后方可安装导墙模板。

③导墙模板施工：导墙模板采用桩位钢模、侧模木模的方式进行施工，模板需安装牢固，模板预留孔位需与桩位保证一致（见图 2.9.7）。

图 2.9.7　导墙钢模支设及钢筋绑扎

④导墙混凝土浇筑：混凝土浇筑时两边对称交替进行，严防走模。如发生走模迹象，应立即停止混凝土的浇筑，重新加固模板，并纠正到设计位置后，方可继续进行浇筑。混凝土振捣应均匀（见图 2.9.8）。

图 2.9.8　导墙混凝土浇筑

（3）桩位放线。根据桩设计图纸和建设单位提供的高程控制基准点，可采用 GPS 测放出桩位中心位置及高程。桩位设置控制点，桩位控制按设计规范执行。

（4）下管设备就位。导墙混凝土达到强度后，旋挖钻机就位，钻杆中心对准桩位。

（5）压入底部第一节切削钢套管。钻机就位后，将第一节套管插入孔位并检查调整，使套管周围与定位孔之间的空隙保持均匀。在底节套管压入过程中及压入后，进行桩位校验。

（6）下管取土。第一节套管全部压入土中后（地面以上要留 1.2~1.5m，以便于接管），检测垂直度，过程中可采用倾角仪进行桩垂直度检测。如不合格则进行纠偏调整，合格则安装第二节套管继续下压取土，取土及下放套管依次循环进行，直至不塌孔的稳定岩土层一定深度。

在套管完成后，继续施工至设计要求孔深，施工至设计孔深后可采用超声波垂直度检测仪进行垂直度检测（见图 2.9.9）。

图 2.9.9　校对垂直度

在钻进施工时应根据地层变化及时填写《钻孔记录表》，当旋挖钻机钻进速度发生明显变化时应钻进一定深度后提钻观察桩芯土（岩）的变化情况，并留好岩样及时做好记录。当发现钻孔内地层情况与地质剖面图和设计不符时，应及时报请监理现场确认，由设计单位确认是否进行设计变更。提钻取出的渣土应集中堆放，堆放位置距桩孔口最小距离不应小于 6m，并及时覆盖防尘网，防止造成扬尘污染。

（7）渣土外排。集中堆放的渣土应及时外排，避免长时间堆放占用施工场地和污染环境。

（8）成孔、清孔及验孔。旋挖钻机通过钻具的旋转、削土、提钻、排渣，反复循环直至达到设计深度。成孔后，旋挖采用清底钻头进行孔底沉渣清理，沉渣厚度应满足相应规范设计要求。

验孔时，通过对照提出岩样与地质柱状图，查看施工记录中钻孔地层情况，验证地质情况和嵌固深度是否满足设计要求。若与勘察设计资料不符，及时通知监理工程师及现场设计代表进行确认处理。若满足设计要求，检查孔深（利用测绳）、孔径（利用孔规或孔径仪）和沉渣厚度（利用测绳或沉渣厚度检测仪）。

（9）灌注混凝土并上拔钢套管。A 桩采用超缓凝式混凝土、一般条件下初凝时间 60h 左右，终凝时间 80h 左右，具体根据现场成孔时间及设计要求控制。

（10）拔管成桩。混凝土灌注与拔管同时进行，上拔到最后一节套管时须测量混凝土面标高是否满足设计要求。

下钢筋笼、导管及混凝土灌注等具体工艺流程内容见本书2.13和2.14节的内容。

2.9.5　工艺质量要点识别与控制

导槽施工工艺质量要点识别与控制见表2.9.2。

表2.9.2　导槽施工工艺质量要点识别与控制

控制项目	控制要点		控制标准	控制措施
钢筋制作及安装	纵向钢筋	间距	±10mm	钢筋进场后要妥善存放，防雨、防潮，避免钢筋表面锈蚀、有油污等；钢筋进场时要对钢筋材质进行取样检验，检验合格后方可使用。 验收时，钢筋绑扎等尺寸采用钢尺进行检查，尺寸应符合表内控制标准要求。 验收完毕后，应禁止人员随意踩踏钢筋骨架
		排距	±5mm	
		保护层厚度	±5mm	
	箍筋内净尺寸		±5mm	
	钢筋搭接长度		±10mm	
模板工程	导墙底标高		±20mm	导墙底标高控制：在导墙范围土方开挖过程中，由测量人员对导墙底标高进行复核确认。 模板预留咬合桩桩位控制：在孔位钢模安装完成后，测量人员采用GPS进行桩位复核。 模板预留咬合桩直径控制：采用钢尺进行复核。 相邻模板高低差控制：以控制混凝土液面为准，测量人员给出导墙顶标高，并采用显著标记控制在两侧木模板上。若存在模板低于混凝土液面的情况则进行模板加高
	模板预留咬合桩桩位		±2mm	
	模板预留咬合桩直径		±2mm	
	相邻模板表面高低差		±2mm	
	表面平整度		±5mm	
	支模板		模板表面无杂物	
混凝土浇筑	混凝土质量要求		按设计要求	施工前应对管理人员及施工人员班组进行充分的技术交底；根据设计要求，采购符合设计要求的商品混凝土；按要求对商品混凝土进行留样；在施工过程中，若发现混凝土的质量问题，及时与混凝土厂家进行沟通，保证混凝土质量，同时调查该阶段的其他部位浇筑的混凝土是否存在问题
	导墙顶标高		±20mm	测量人员给出导墙顶标高，并采用显著标记控制在两侧木模板上；浇筑混凝土过程中要至少进行1次复测
	混凝土浇筑，振捣		按操作规程进行控制	插入式振捣器的移动间距不宜大于振捣器作用半径的1.5倍；插入下层混凝土内的深度宜为50~100mm，与侧模应保持50~100mm；混凝土灌注应连续进行；浇筑混凝土过程中，应设专人检查模板、钢筋等稳固情况，发现松动、变形、移位时应及时处理；振捣时不得触动钢筋网及预埋件；混凝土振捣密实，不得有蜂窝、孔洞、漏筋、缝隙、夹渣等缺陷
混凝土养护	养护质量		≥7d	导墙等施工应在浇筑后12h内平铺塑料薄膜，并定期浇水进行养护；冬季施工时应在混凝土浇筑后平整草垫、棉被等进行保温养护

旋挖钻机施工咬合桩工艺质量要点识别与控制见表 2.9.3。

表 2.9.3 旋挖钻机施工咬合桩工艺质量要点识别与控制

控制项目	控制要点	控制标准	控制措施
咬合桩成孔	A桩混凝土涌入B桩	避免管涌发生	A 序桩混凝土的坍落度不宜过大，不宜超过 18cm，以便于降低混凝土的流动性；B 桩施工时，下管深度大于管内取土深度不小于 2.5m。 B 桩成孔过程中应注意观察相邻两侧 A 桩混凝土顶面，如发现 A 桩混凝土下陷应立即停止 B 桩开挖，并一边将套管尽量下压，一边向 B 序混凝土桩内填土或注水，直到完全制止住"管涌"为止。B 桩施工时 A 桩成桩时间宜控制在 30~50h
	垂直度	依据设计图纸要求	施工前应尽量保证施工场地平整； 垂直度控制方法： ①护筒下压及钻进过程控制：采用靠尺及吊锤对护筒及钻杆进行垂直度检查，且垂直度检查应为两个互相成 90° 方向；钻进过程中还可采用倾角仪进行垂直度检测，测量周期为每 5~10m 进行一次，过程进行纠偏。 ②成孔后的垂直度确认：采用超声波检测仪进行桩孔垂直度检查，若不满足则进行修孔作业
	孔底标高	依据设计图纸要求	在套管到位后，测量人员进行套管顶标高采集，确定施工孔深，在成孔验收时，采用测绳进行孔深测量，以确定孔底标高满足设计要求
	孔底沉渣	依据设计图纸要求	待孔深达到设计要求后，采用清底钻头进行清孔作业，沉渣厚度采用测绳或沉渣厚度检测仪进行确认

钢筋笼制作及安放、混凝土灌注质量要点识别与控制详见本书 2.13 及 2.14 节的内容。

2.9.6 工艺安全风险辨识与控制

旋挖钻机施工咬合桩工艺安全风险辨识与控制见表 2.9.4。

表 2.9.4 旋挖钻机施工咬合桩工艺安全风险辨识与控制

事故类型	辨识要点	控制措施
车辆伤害	旋挖成孔施工作业空间狭窄、地面坡度与起伏较大、场地地表土松软	施工场地要求平整，施工工作面坡度不得大于 2°，场地地基承载力特征值宜大于 120kPa
	旋挖连续作业桩位选择，钻机与钻机站位关系	当桩间净距小于 2.5m 时，应采取间隔旋挖方式成孔，桩机同时施工最小施工净间距不得小于 6.0m
	旋挖钻机装卸、安拆与调试、检修、移位、装卸钻具钻杆、成孔施工等施工危险性大的作业无专人指挥	旋挖钻机装卸、安拆与调试、检修、移位、收臂放塔、装卸钻具钻杆及套筒、成孔施工、钢筋笼吊装、混凝土灌注等施工危险性大的作业必须设置专人指挥
	成孔后或因故停钻	应将钻头下降至接触地面，将各部件予以制动，操纵杆放在空挡位置后，关闭电源，锁好开关锁

表 2.9.4（续）

事故类型	辨识要点	控制措施
触电	高压线路附近施工	根据电压的大小不同，电力线路下及一定范围内需设立保护区。施工前应征得电力相关部门的同意，并采取相应保护措施
高处坠落	成孔后对孔口的保护措施	成孔后应进行后续施工，如未能及时灌注应在桩孔位置加盖盖板，并设置警戒护栏
物体打击	旋挖取土放土抖杆导致的土石飞溅	旋挖作业半径范围内应禁止无关人员进入，应设置警戒带或警戒护栏
其他伤害	提钻排渣，渣土堆放	弃渣应及时运走，禁止堆存过高
	桩位处地下管线及障碍资料不明	由建设单位提供相关资料，若由施工单位进行管线及障碍物开挖时，在开挖前必须做好开挖方案及应急处理方案，否则不得施工
	恶劣天气施工作业	遇到雷电、大雨、大雾、大雪和六级以上大风等恶劣天气时，应停止一切作业。当风力超过七级或台风、风暴预警时，应将旋挖设备桅杆放倒

2.9.7　工艺重难点及常见问题处理

旋挖钻机施工咬合桩工艺重难点及常见问题处理见表 2.9.5。

表 2.9.5　旋挖钻机施工咬合桩工艺重难点及常见问题处理

工艺重难点	常见问题	原因分析	预防措施和处理方法
垂直度控制	套管倾斜	①首节端部切削套管吊装入位后，在垂直度不满足要求的情况下，即进行沉管作业，造成套管倾斜；②管底遇到孤石、块石或岩面倾斜等地层软硬不均的情况，造成沉管过程中套管倾斜	预防措施：套管下压阶段、取土阶段采取吊锤、靠尺、倾角仪及超声波检测仪进行及时检查，及时纠偏。处理方法：先利用钻机动力头进行纠偏：如果偏差不大于或套管入土不深（5m 以下），可直接利用钻机的动力头调整垂直度。若无法利用钻机动力头纠偏，则采取如下措施：A 桩纠偏：向套管内填砂或黏土，一边填土一边拔起套管，直至将套管提升到上一次检查合格的地方，然后调直套管，检查其垂直度合格后再重新下压；B 桩纠偏：向套管内回灌 A 桩混凝土，拔起套管，直至将套管提升到上一次检查合格的地方，然后调直套管，检查其垂直度合格后再重新下压

表 2.9.5（续）

工艺重难点	常见问题	原因分析	预防措施和处理方法
桩混凝土质量控制	A 桩超缓凝混凝土涌入 B 桩桩孔	B 桩套管下压过程中，取土过深导致未凝土 A 桩混凝土进入	A 序桩混凝土的坍落度不宜过大，不宜超过 18cm，以便于降低混凝土的流动性；B 桩施工时，下管深度大于管内取土深度不小于 2.5m。B 桩成孔过程中应注意观察相邻两侧 A 桩混凝土顶面，如发现 A 桩混凝土下陷，应立即停止 B 桩开挖，并一边将套管尽量下压，一边向 B 序混凝土桩内填土或注水，直到完全制止住"管涌"为止。B 桩施工时 A 桩成桩时间宜控制在 30~50h
	超缓凝混凝土缓凝时间不稳定	商品混凝土厂商提供的超缓凝混凝土出现质量问题	与商品混凝土厂商紧密配合，优化、调整超缓凝混凝土配方，通过试验测试，产品质量稳定后再投入使用

旋挖钻机施工咬合桩质量问题补救措施见表 2.9.6。

表 2.9.6　旋挖钻机施工咬合桩质量问题补救措施

质量问题	问题原因	预防措施和补救措施
咬合桩移位	因塑性混凝土的质量不稳定出现早凝现象或机械设备故障等	B 桩成孔施工时，其一侧 A1 桩的混凝土已经凝固，使套管钻机不能按正常要求切割咬合 A1、A2 桩。在这种情况下，宜向 A2 桩方向平移 B 桩桩位，使套管钻机单侧切割 A2 桩施工 B 桩，并在 A1 桩和 B 桩外侧另增加一根旋喷桩作为防水处理
硬咬合	B1 桩成孔施工时，其两侧 A1、A2 桩的混凝土均已凝固	严格控制混凝土中缓凝剂的掺量，合理安排施工，确保 A 序桩混凝土初凝时间不少于 60h。砂桩处理：在即将要初凝的 Ⅱ 序列桩位处施工一根沙桩，保证基坑止水效果。背桩补强处理：放弃 B1 桩的施工，调整桩序继续后面咬合桩的施工，以后在 B1 桩外侧增加 3 根咬合桩及 2 根旋喷桩作为补强、防水处理。在基坑开挖过程中将 A1 和 A2 桩之间的夹土清除喷上混凝土即可
套管拔出过程中造成钢筋笼旋拧受损	套管位置过低、造成旋挖钻头连接器触碰钢筋笼，造成钢筋笼旋拧受损。灌注混凝土离析，引发套管拔出过程中钢筋笼旋拧受损	严格控制护筒出地面高度及灌注混凝土质量；出现钢筋笼旋拧受损后，应掏孔重新施工

钢筋笼制作及安放、混凝土灌注工艺重难点及常见问题处理见本书 2.13 及 2.14 节内容。

2.10　咬合桩搓管成孔施工

2.10.1　工艺介绍

2.10.1.1　工艺简介

咬合桩搓管成孔利用摇动装置的摇动或回转装置的回转使钢套管与土层间的摩阻力大大减小，边摇动，边压入钢套管，同时利用冲抓斗挖掘取土，直至套管下到桩端持力层为止。搓管机按配套设备不同可分为两类：全套管冲抓设备和全套管旋挖设备（见图2.10.1和图2.10.2）。

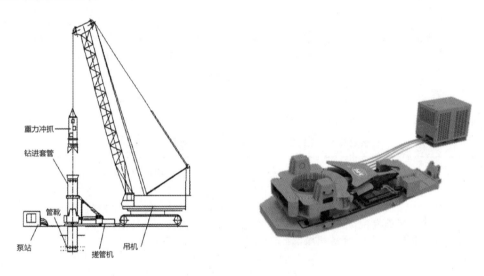

图 2.10.1　全套管冲抓设备

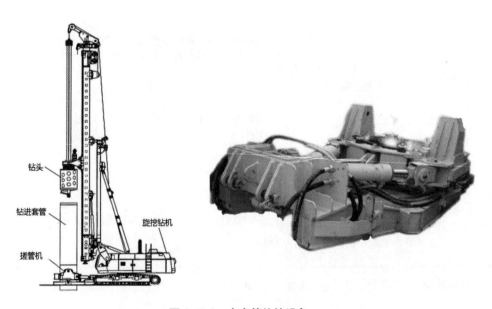

图 2.10.2　全套管旋挖设备

2.10.1.2 适用地质条件

适用地层可分为四大类：软土、黏性土、砂性土、碎石类土。对于其他强度较高、整体性较好、裂隙发育不完全的地层施工效率大幅度降低。

2.10.1.3 工艺特点

（1）钻进能力大、效率高：采用恒功率变量双泵分别驱动搓管油缸和压拔油缸，功率损失小，系统效率高。套管的搓动和压拔同时工作且互不干扰，提高了处理拔管事故的能力。

（2）搓管换向技术先进可靠：可采用无触点电磁开关、行程开关、液压换向等多种方式控制实现搓管油缸自动换向，换向准确可靠。

（3）桩孔垂直精度高：采用扶正连杆机构、液压系统同步和背压回路，提高了钻进稳定性和起始套管钻进精度，桩孔垂直精度可提高到 0.5‰~1‰。

（4）一机多径适用范围广：系列搓管机更换不同规格卡瓦可施工 $\phi 600 \sim \phi 2000$mm 任意口径的桩孔。

2.10.1.4 搓管工艺、全回转工艺、旋挖下护筒工艺优缺点对比分析

搓管成孔施工工艺，成孔垂直度控制较好，施工成本较高，护筒下放的深度较深，施工进度较快。

全回转成孔施工工艺，成孔垂直度控制最好，施工成本最高，护筒下放的深度最深，施工进度较快，适用地层广，适用于桩径大、成桩质量要求高的工程。

旋挖下护筒工艺性价比较高，适用于直径小、成桩精度要求低的工程，该工艺施工成本较低，护筒下放深度较浅，施工进度较快。

三种施工工艺都有套管隔离，在靠近已有建筑物处亦可施工，无需泥浆护壁，可有效防止环境污染。

2.10.2 设备选型

应根据设计图中的桩径、桩身以及岩土工程勘察报告中的地层情况选择合适的搓管机。常用搓管机选型可按表 2.10.1 所列选用。

表 2.10.1 常用搓管机

设备类型	搓管扭矩 /kN·m	搓管直径 /m	行程 /m	起拔力 /kN	夹管力 /kN	长×宽×高 /mm	质量 /t
CGJ1200/S	1200	0.6~1.2	450	1560	1500	4200×2100×1700	13
CGJ1500/S	1900	0.8~1.5	450	1880	1800	4280×2500×1750	18
CGJ1800/S	2560	1~1.8	450	2280	2250	5200×2900×1750	21
CGJ2000/S	2860	1.2~2	450	2280	2250	4865×3100×1750	22

2.10.3　施工前准备

2.10.3.1　地面要求

（1）施工现场运输道路要硬化平整，以免在设备运输中存在塌陷翻车隐患。

（2）设备工作区域地面要硬化平整。桩孔圆点位置确认后，移动搓管机及配套设备。搓管桩机底盘孔的中心安放于桩基圆点上，搓管机的钳口纵向要与吊车或旋挖钻机纵向中心为垂直纵向轴线，以该设备的左右为横向轴线。要求纵向轴线基本垂直于水平面，倾斜角度小于 ±3°；横向轴线基本水平，倾斜度小于 ±2°。

（3）雨季施工，施工机组现场必须有排水沟渠，不得有地面积水。

2.10.3.2　设备要求

（1）本设备施工现场安装时，应根据场地情况合理安排泵站和搓管机的位置，一般要求两者直线距离不大于 10m；地面要求符合"施工安装要求"。

（2）泵站摆放位置处，要求通风良好，防雨防汛，防火良好，泵站 2m 范围内不得摆放各种杂物。

（3）连接泵站和搓管机的油管和电缆，应该顺畅，不得交叉缠绕；严禁车辆等碾压；不得上压各种物料。

（4）现场安装的各液压油口接头，安装前仔细检查各表面有无损伤，擦拭干净后，方可安装。拆卸的接头，必须仔细擦拭干净后包扎好，防止污染。

2.10.3.3　施工前试机

在搓管机摆放就位后，接通、连接好油管及电源线路，不得有漏电的安全隐患。

（1）泵站检查内容：液压油油位高度，最低位；发动机的柴油油位、水箱水位、蓄电池电压；液压系统、发动机冷却系统、燃油系统各连接点无泄漏、渗漏现象；外接油管连接是否正确；泵站内外无影响安全、散热的任何杂物。

（2）搓管机检查内容：外接油管、电缆连接是否正确、是否可靠到位，搓管桩机底板耳端和吊车（旋挖机）连接牢固可靠，机上各连接油管和元件的安装螺丝有无损伤、是否牢固可靠，各润滑点黄油嘴有无损坏并加注足量黄油，以上检查无误后，启动发动机，怠速运转 3min，分别对搓管机的提升、搓管、调节、定位和夹紧功能进行几个往复动作操作，检查并确认动作无误（禁止钳口未升起前进行搓管作业）。

2.10.3.4　安全技术准备

（1）方案编制：项目技术负责人根据图纸要求、相关规范及现场实际情况编制安全技术方案。

（2）方案交底：按照方案内容，项目技术负责人对管理人员及作业人员进行安全技术交底。

（3）其他安全技术准备：项目生产负责人编制材料、机械设备、工具、用具及各技术工种劳力进场计划。安全负责人对进场工人进行三级安全教育等。

2.10.4　工艺流程及要点

2.10.4.1　工艺流程

咬合桩搓管成孔施工工艺流程如图2.10.3所示。

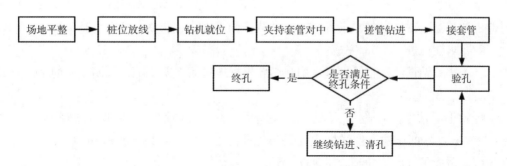

图2.10.3　咬合桩搓管成孔施工工艺流程

2.10.4.2　工艺要点

（1）平整场地：施工前应对场地进行整平、夯实，铺垫好进出施工区域的道路。同时合理布置施工机械、输送管路和电力线路位置，确保施工场地的"三通一平"。

（2）桩位放线：根据桩设计图纸和建设单位提供的高程控制基准点，采用测量仪器测放出桩位中心位置，并设置桩位十字交叉控制点，以便校准桩位中心。对控制点应选在稳固处加以保护以免破坏，测放桩点位偏差满足设计要求。

（3）钻机就位：设备落地基础地面要平行于纵向轴线。吊装就位前，需将孔位做好定位标记，并画好机组就位的中心线，按线吊装放置设备，确保搓管桩机底盘孔中心与定位标记同心、准确（见图2.10.4）。

图2.10.4　咬合桩搓管施工对位

（4）夹持套管对中。吊装首节带切削靴的套管时，需将搓管桩机钳口平行提升（举升缸同步提升）到较高位置约400mm，同时调整调节缸。钳口圆要同心于底盘圆或与定位标记同心。钳口打开，吊车将首节套管垂直置于搓管桩机钳口内，缩紧夹紧缸，将套管夹紧。然后，操作举升缸左右升降，使首节套管垂直精度达到施工技术标准后再进行下压搓管动作。第一个行程结束后，再进行下一个行程动作（松开钳口、提升钳口、同时伸出调节缸、钳口夹紧，举升缸左右调节，调节缸前后调整套管的垂直度）。调节垂直度一般要求在压进1~1.5m完成。

（5）搓管钻进：搓管钻进过程中，必须根据地层的地质情况，采用不同的钻进方式。一般有以下3种。

①软土层钻进：套管进入地层1m左右后，开始孔内取土，在钻进过程中，套管内始终有1m左右的土层，这样做主要是防止孔内土太软，在地下水的作用下，软土涌入套筒内，造成不进尺，如流沙层等软土层。

②一般土层钻进：套管进入地层200mm左右后，开始孔内取土，在钻进过程中，套管内始终有200mm左右土层。这样做能够充分照顾套管进尺速度并减少取土阻力。

③硬地层钻进：套管进入地层后，孔内取土深度大于套管深度400mm后开始孔内取土，在钻进过程中套管内始终有400mm左右的空间。在地下遇到孤石和废混凝土件等障碍物时，要采用重锤等工具冲击砸烂障碍物，此时，必须要保留这样一个空间。其目的是充分保障套管切削刀具的安全和进尺，同时也减少取土阻力。

（6）接套管：套管钻进时，当首节套管钻进到钳口部位上剩余1.2m左右时，应进行接套管作业。接套管时，先将第一节吊环解下，再将第二节套管吊运至钳口上方，第二节套管长度依据地层、进尺、场地大小等具体现场情况确定，一般以6m为宜。将套管待接的两个接头清理干净，不得有杂物存留，螺扣部分涂抹黄油，检查密封圈到位无损坏，将接头对中插入，将螺栓依次对角上紧，不得有松动现象，否则会损坏螺栓丝扣。去掉吊装索具，清理现场工具和其他物件，继续进行钻进。

（7）验孔：验孔时，通过对照钻渣与地质柱状图，查看施工记录中钻孔地层情况，验证地质情况和嵌固深度是否满足设计要求。若与勘察设计资料不符，及时通知监理工程师及现场设计代表进行确认处理。若满足设计要求，利用测绳、孔规（或孔径仪）检查孔深、孔径、垂直度和沉渣厚度。

（8）终孔：验收合格后即可终孔。留存好验收合格的相关资料，并及时进行下笼灌注等后续施工工序。

2.10.5 工艺质量要点识别与控制

咬合桩搓管成孔施工工艺质量要点识别与控制见表2.10.2。

表 2.10.2　咬合桩搓管成孔施工工艺质量要点识别与控制

控制项目	识别要点	控制标准	控制措施
主控项目	桩位	50mm	开工前，应对测量仪器（GPS、全站仪等）进行标定，施工过程中应定期维护；基准控制点接收后应校核，施工过程中定期对基准控制点进行校准并进行妥善保护；测放桩位时，应设置明显标识注明桩号，并做十字引点保护点位；设备落地基础地面要平行，要垂直于纵向轴线。吊装就位前，需将孔位做好定位标记，并画好机组就位的中心线，按线吊装放置设备，确保搓管桩机底盘孔中心与定位标记同心、准确
主控项目	垂直度	0.3%	施工前，应对施工区域进行场地平整；设备就位后，通过操作平台检查设备平整度和垂直度；套管进场前对其进行校直，确保咬合桩施工垂直度。 施工过程中，在地面选择两个相互垂直的方向采用线锤监测地面以上部分的套管的垂直度，发现偏差随时纠正。这项检测在每根桩的成孔过程中应自始至终坚持，不能中断；每节套管压完后安装下一节套管之前，都要停下来进行孔内垂直度检查（采用线锤孔内检查），不合格时需进行纠偏，直至合格才能进行下一节套管施工
主控项目	嵌岩深度	素桩（800、1000、1200mm）：全风化4m、强风化2.5m 荤桩（800、1000、1200mm）：强风化4m	钻进时，如见岩须上报项目部并做记录，土建责任工程师前往现场核实索取岩样，认定见岩标高，并由责任人签字、确认；荤桩桩长除满足立面图及剖面图所示最小桩长外，需同时满足嵌入强风化不小于4m；素桩桩长满足嵌入全风化不小于4m，强风化岩不小于2.5m（具体嵌入深度及地层依据设计图纸）
一般项目	桩径	+20mm	每根桩施工前应对钻机钻具直径进行测定；施工过程中，注意观察孔壁及渣土情况，若发现有塌孔，及时采取护壁措施；钻进过程中应控制下钻和提钻速度，避免人为原因造成孔壁破坏而导致桩径偏差过大
一般项目	孔底沉渣	≤ 200mm	成孔后必须进行孔底沉渣清理，清渣合格后应尽快完成下笼和混凝土浇筑；清渣合格后，若未能及时下笼灌注，应在下笼灌注前再次进行沉渣清理；清渣时应选择专用钻具（平底钻等）清理，保证清渣效果，同时避免清渣进尺造成超挖

2.10.6　工艺安全风险辨识与控制

咬合桩搓管成孔施工工艺安全风险辨识与控制见表 2.10.3。

表 2.10.3　咬合桩搓管成孔施工工艺安全风险辨识与控制

事故类型	辨识要点	控制措施
车辆伤害	机械装卸、安拆与调试、检修、移位、装卸钻具钻杆、成孔施工等施工危险性大的作业无专人指挥	钻机装卸、安拆与调试、检修、移位、收臂放塔、装卸钻具钻杆及套筒、成孔施工、钢筋笼吊装、混凝土灌注等施工危险性大的作业必须设置专人指挥
	每班施工前的日常检查和保养	每班施工前，操作人员应对发动机、传动机构、作业装置、制动部分、液压系统、各种仪表、警示灯及钢丝绳等进行检查和保养
坍塌	提钻排渣，渣土堆放	弃渣应时运走，禁止堆存过高
物体打击	冲抓取土过程中桩芯土吊落	搓管机操作平台与搓管机距离较近，搓管机操作平台顶部需要搭设防护棚
其他伤害	桩位处地下管线及障碍资料不明	收集详细、准确的地质和地下管线资料；按照施工安全技术措施要求，做好防护或迁改

2.10.7　工艺重难点及常见问题处理

咬合桩搓管成孔施工工艺重难点及常见问题处理见表 2.10.4。

表 2.10.4　咬合桩搓管成孔施工工艺重难点及常见问题处理

工艺重难点	常见问题	原因分析	预防措施和处理方法
桩位控制	桩位偏差	桩位测放不准	设置混凝土或钢筋混凝土导槽，导槽上定位孔的直径宜比桩径大 20mm。钻机就位后，将第一节套管插入定位孔并检查调整，使套管周围与定位孔之间的空隙保持均匀。施工过程中多次复合，及时纠偏
垂直度控制	成孔偏斜	机械设备、人为因素及地质条件造成的垂直度偏差	施工前，对套管进行校直，确保咬合桩施工垂直度。施工中，在地面采用线锤监测地面以上部分的套管的垂直度，发现偏差随时纠正。每节套管进行孔内垂直度检查，不合格时需进行纠偏

表 2.10.4（续）

工艺重难点	常见问题	原因分析	预防措施和处理方法
管涌	桩间管涌	由于地层原因造成的管涌现象	素桩混凝土的坍落度应尽量小一些。旋挖设备套管底口应始终保持超前于管内开挖面一定距离，不应小于2.5m。无法超前时，可向套管内注入一定量的水，使其保持一定的反压力来平衡素桩混凝土的压力，阻止"管涌"的发生。荤桩成孔过程中应注意观察相邻两侧素桩混凝土顶面，如发现素桩混凝土下陷，应立即停止荤桩开挖，并一边将套管尽量下压，一边向荤桩内填土或注水，直到完全制止住"管涌"为止
遇地下障碍物	遇障碍无法成孔	场区桩位地层存在孤石或混凝土构筑物	对于局部孤石可先用冲击钻打碎，然后再用冲抓钻掏出。对于体积较大（小于孔径2/3）的、且堆积厚度较大的填石层（或岩层），可采用先"二次成孔"技术处理，先在桩位采用特殊工具（凿岩）施工钻过填石（或岩）层，再在孔内回填石粉渣，然后第二次采用钻孔咬合桩施工
分段施工接头的处理	分段接头咬合较差	场地受限及工序要求造成咬合桩分段进行	接头处理采用砂桩，施工段的端头成孔后用砂灌满，待施工到此接头时挖出砂灌上混凝土即可。开挖后易出现渗水现象，在基坑开挖前所施工的砂桩接缝外侧增加一根旋喷桩作为防水处理

2.11　咬合桩全回转成孔施工

2.11.1　工艺介绍

2.11.1.1　工艺简介

全套管全回转钻机是集全液压动力和传动、机电液联合控制于一体可以驱动套管做360°回转的钻机，压入套管和挖掘可以同时进行，具有新型、高效、环保的特点，近年来在城市地铁、深基坑围护、废桩（地下障碍）的清理、高铁、道桥、水库水坝加固等项目中得到广泛的应用。

2.11.1.2　适用地质条件

全回转钻机适用于深厚回填地层、岩溶地层、地下水丰富的砂层、卵砾石地层以及沿海地区软基或硬岩地区、填石填海地层、沿海滩涂等特殊地层。全回转钻机有强大的扭矩、压入力，完成硬岩层中的施工任务。

2.11.1.3 工艺特点

全回转钻机施工时，利用全回转钻机的回转装置，使钢套管与土层间的摩阻力大大减少，边回转边压入，同时利用冲抓斗、冲击锤挖掘取土或旋挖钻机取土，直至套管下至桩底或持力层为止。由于钻机具有强大的扭矩、压入力，可有效对岩层进行切削，且套管本身具有护壁作用，无需回填块石、另下保护护筒或使用泥浆护壁，即可完成成桩作业（见图 2.11.1）。全回转钻机施工具有以下特点：

①无噪声、无扰动，安全性能高；

②不使用泥浆，作业面干净，绿色环保，可避免泥浆进入混凝土，成桩质量高；

③施工时可以很直观地判别地层特性；

④钻进速度快，钻进深度大，最深可达到 120m；根据选用套管直径不同，成孔桩径可达到 0.8~3.0m；

⑤成孔垂直度便于控制，垂直精度可以达到 0.2%；

⑥不易产生塌孔现象，成孔质量高；

⑦成孔直径标准，充盈系数小，与其他成孔方法相比可节约混凝土用量；

⑧全回转钻机有强大的扭矩、压入力，可完成硬岩层中的施工任务，可钻进单轴饱和抗压强度 150~200MPa 的岩石。

图 2.11.1　全回转钻机

2.11.2　设备选型

常用全回转钻机选型可按表 2.11.1 所列选用。

（1）当工作净空较低时，可选用 JAD150 型号下管成孔一体机，配备低空模式使用。

（2）当成孔直径较大（2m 以上）时，可选用 JAR320H 型号，其扭矩、套管下压力、套管起拔力均为最优。

表 2.11.1　常用全回转钻机

设备名称	扭矩 /kN·m	钻孔直径 /m	压拔行程 /mm	套管下压力 /kN	起拔力 /kN	长 × 宽 × 高 /mm	设备质量（工作状态）/t
JAD150（下管成孔一体机）	560/980/1900	0.8~1.5	400	360	2580	13000 × 3200 × 4485（低空模式）13000 × 3200 × 134500（常规模式）	68
JAR200H	1020/1750/2950	1.0~2.0	750	600+ 自重 220	3760	4600 × 3000 × 3900	38
JAR320H	3034/5368/9080	2.0~3.0	500	1100+ 自重 500	7237	5000 × 4000 × 2970	75
JAR260H	1766/3127/5292	1.2~2.6	750	830+ 自重 350	4560	5300 × 3900 × 4020	53
JAR210H	1029/1822/3080	1.0~2.1	750	600+ 自重 260	3760	4800 × 3285 × 4060	45
JSP170H	549/970/1880	0.8~1.7	500	360+ 自重 180	2690	4100 × 2600 × 2300	27

2.11.3　施工前准备

2.11.3.1　人员配备

（1）全回转设备操作手：负责全回转设备操作，进行下压、拔起护筒，设备移位等。每班一般配备 1 名全回转设备操作手。

（2）全回转设备辅助工：配合全回转设备操作手工作。每班一般配备 2 名全回转设备辅助工。

（3）冲击抓斗设备操作工：进行冲击抓斗操作，进行取土工作。每班一般配备 1 名冲击抓斗设备操作工，必须持有履带吊操作证上岗。

（4）旋挖钻机操作手：负责旋挖钻机操作，进行嵌岩施工。钻进时对特殊地层进行及时反馈，配合项目部对成孔过程中的点位与垂直度的把控。每班一般配备 1 名旋挖钻机操作手，且必须持旋挖钻机操作证上岗。

（5）旋挖辅助工：协助旋挖钻机操作手更换钻头；协助旋挖机手控制钻进过程中的孔深、点位、垂直度。每班一般配备 2 名旋挖辅助工。

（6）挖掘机操作手：配合冲抓斗及旋挖钻机施工，进行旋挖站位钻进前的场地平整；对桩芯土进行归堆，平整。每班一般配备1名挖掘机操作手，且必须持挖掘机操作证上岗。

（7）铲车操作手：配合冲抓斗及旋挖钻机施工；进行钻头、旋挖配件倒运；桩芯土倒运。每班一般配备1名铲车操作手，且必须持铲车操作证上岗。

2.11.3.2 辅助设备

（1）挖掘机：通常选用型号200及以上的挖掘机，配合冲击抓斗及旋挖钻机施工，进行钻进前的场地平整；对桩芯土进行归堆、平整。

（2）铲车：通常选用型号50及以上的铲车，配合冲击抓斗及旋挖钻机施工；进行钻头、旋挖配件倒运；桩芯土倒运。

2.11.3.3 场地条件

（1）应充分了解进场线路及施工现场周边建筑（构筑物）状况，桩边外侧3m范围内应无影响施工的障碍物，净空距离应符合相关安全规范要求，避免施工过程中影响邻近建筑（构筑物）安全。

（2）单根桩施工场地面积至少达到15m×20m才能满足单台全回转钻机的施工作业要求。

（3）地面平整度和场地承载力应满足全回转钻机及旋挖钻机正常使用和安全作业的场地要求。在没有明确要求的情况下，应满足桅杆倾斜小于2°、场地地面（地基）承载力大于120kPa的要求，当场地承载力不满足要求时，应采取换填等有效保证措施。

（4）应掌握施工场地范围内的地下管线埋设情况，特别是桩位上及附近的地下管线应及时沟通建设单位，协调相关管线产权单位进行迁改或采取保护措施，具体保护措施应满足相关规范要求。正式施工前，应采用物探或槽探法对管线位置进行再次确认。

2.11.3.4 安全技术准备

（1）方案编制：项目技术负责人根据图纸要求、相关规范及现场实际情况编制安全技术方案。

（2）方案交底：按照方案内容，项目技术负责人对管理人员及作业人员进行安全技术交底。

（3）其他安全技术准备：项目生产负责人编制材料、机械设备、工具、用具及各技术工种劳力进场计划。安全负责人对进场工人进行三级安全教育等。

2.11.3.5 钢套管埋设

（1）钢套管可用10~20mm厚度钢板制作，其内径至少应大于钻头直径100mm。

（2）钢套管埋设应准确、稳定，护筒中心与桩位中心的偏差不得大于50mm。

（3）钢套管顶端高出地面高度不宜小于300mm。

2.11.4　工艺流程及要点

2.11.4.1　工艺流程

全回转钻机成孔施工工艺流程如图2.11.2所示。

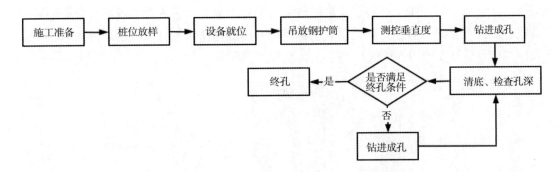

图2.11.2　全回转钻机成孔施工工艺流程

2.11.4.2　工艺要点

（1）导墙施工。导墙的作用：导墙作为全回转钻机的地基支撑，能够保证钻机的水平度从而保证桩基的垂直度，且能够分散上部设备的荷载，防止塌孔，同时也能使得全回转钻机施工就位更加方便快捷。在全回转钻孔施工过程中，导墙承担了全回转钻机的全部重量（27~75t不等），导墙施工前，应将地基夯实，并根据设计图纸，与相关单位沟通，适当调整导墙的配筋、厚度，以满足施工需要。

导墙施工工艺大部分同冠梁施工，详见10.2节，其中模板施工有所不同。

①模板施工。内模采用自制整体钢模，导墙预留定位孔模板直径比桩径放大20mm，模板纵向加固靠角钢支撑，支撑间距不大于1m，确保加固牢靠严防跑模，并保证轴线和净空的准确性，混凝土浇筑前必须先检查模板的垂直度、中线以及净距是否符合要求，经"三检"合格且报监理工程师检查通过后方可进行下道工序。

②拆除模板。当导墙混凝土达到设计强度后，将导墙两侧模板拆除，重新定位放样排桩中心位置，将点位在导墙顶面上标注，作为全回转钻机快速就位施工参考点。导墙养护期间，严禁重型设备在附近作业或停滞。

（2）钻机就位、开孔。待导墙具有足够强度后，首先将基板吊至桩位并对中，随后起吊全回转钻机，起吊移动至基板定位槽中，实现钻机对中。钻机配置的液压动力站放置在导墙外平整地基上。

（3）埋设护筒、校验桩位。将第一节套管起吊至桩位，并开始运转全回转钻机实现套管下放工序。其中，第一节套管的施工效果是影响桩基垂直度的主要因素，因此在第一节套管下放时，要不断从 X 及 Y 两个轴线方向，利用测锤配合经纬仪（全站仪）检测套管垂直度，如出现轻微偏斜现象，可通过调整全回转钻机支腿油缸来确保套管垂直（此时必须用经纬仪或全站仪进行检测）；当偏斜现象过于严重时，需将套管起拔至上步套管垂直处，进行回填后重新下放，第一节套管下放到底后，续接第二节套管，按以上方法继续进行下放，直至下放至设计深度（见图2.11.3）。

（4）钻进成孔。取土工序一直伴随套管下放工序进行。施工土层时采用冲击抓斗取土，护筒下放至岩石面，保证不塌孔即可（见图2.11.4）。施工荤桩时，护筒需要超前钻头至少2.5m（在保证护筒下放的前提下这个距离越大越好），再利用冲抓斗在套管内部进行取土，取土过程中全回转设备也同时带动套管下放。套管入岩后根据岩石特性采用旋挖钻机进行钻进，直至达到设计孔底标高。利用旋挖钻机进行沉渣清理，孔深、沉渣厚度均满足质量要求后方可进行下一步施工。

图2.11.3　全回转设备护筒下放及垂直度校核　　　图2.11.4　全回转设备钻进取土

（5）渣土外排。集中堆放的渣土应及时外排，避免长时间堆放占用施工场地和污染环境。

（6）成孔、清孔。旋挖钻机通过钻具的旋转、削土、提钻、排渣，反复循环直至达到设计深度。成孔后，清理孔底沉渣，为验孔做准备。

（7）验孔。验孔时，通过对照钻渣与地质柱状图，查看施工记录中钻孔地层情况，验证地质情况和嵌固深度是否满足设计要求。若与勘察设计资料不符，及时通知监理工程师及现场设计代表进行确认处理。若满足设计要求，利用测绳、孔规（或孔径仪）检查孔深、孔径、垂直度和沉渣厚度，沉渣厚度要求不大于100mm。超过规范要求时，应进行第二次清孔，直至沉渣厚度符合要求为止。

（8）终孔。验收合格后即可终孔，留存好验收合格的相关资料，并及时进行下笼灌注等后续施工工序。

2.11.5　工艺质量要点识别与控制

全回转钻机成孔施工工艺质量要点识别与控制见表2.11.2。

表 2.11.2　全回转钻机成孔施工工艺质量要点识别与控制

控制项目	识别要点	控制标准	控制措施
主控项目	桩位	50mm	开工前，应对测量仪器（GPS、全站仪等）进行标定，施工过程中应定期维护；基准控制点接收后应校核，施工过程中定期对基准控制点进行校准并进行妥善保护；测放桩位时，应设置明显标识注明桩号，并做十字引点保护点位；孔口护筒放置完成后，对桩位进行第一次校核；钻进成孔 5~10m 后对桩位进行第二次校核
	桩底标高	+100mm	桩位放线时，应准确记录桩位开孔标高；施工过程中，当钻进深度接近设计深度时，应提醒钻机操作手控制好进尺速度，减少每次进尺深度，增加孔深测量次数，切不可超挖；定期检查测绳，保证长度准确、刻度清晰
	垂直度	0.3%	施工前，应对施工区域进行场地平整；设备就位后，通过操作平台检查设备平整度和垂直度；施工过程中，每进尺 5~10m 应通过专门检测仪器进行垂直度检测；对垂直度要求严格或地层复杂易偏孔的桩，在施工过程中可以适当增加垂直度检测次数
一般项目	桩径	+20mm	每根桩施工前应对钻机钻具直径进行测定；施工过程中，注意观察孔壁及渣土情况，若发现有塌孔的情况，及时采取护壁措施；钻进过程中应控制下钻和提钻速度，避免人为原因造成孔壁破坏而导致桩径偏差过大
	孔底沉渣	≤ 100mm	成孔后必须进行孔底沉渣清理，清渣合格后应尽快完成下笼和混凝土浇筑；清渣合格后，若未能及时下笼灌注，应在下笼灌注前再次进行沉渣清理；清渣时应选择专用钻具（平底钻等）清理，保证清渣效果，同时避免清渣进尺造成超挖

2.11.6　工艺安全风险辨识与控制

全回转钻机成孔施工工艺安全风险辨识与控制见表 2.11.3。

表 2.11.3　全回转钻机成孔施工工艺安全风险辨识与控制

事故类型	辨识要点	控制措施
起重伤害	全回转设备的吊装风险	全回转设备重量大，大直径全回转设备的重量接近 100t，施工之前需要编制专项的吊装方案
车辆伤害	全回转设备、冲击抓斗、旋挖钻机装卸、安拆与调试、检修、移位、装卸钻具钻杆、成孔施工等施工危险性大的作业无专人指挥	全回转设备、冲击抓斗、旋挖钻机装卸、安拆与调试、检修、移位、收臂放塔、装卸钻具钻杆及套筒、成孔施工、钢筋笼吊装、混凝土灌注等施工危险性大的作业必须设置专人指挥
机械伤害	冲击抓斗及旋挖钻机施工过程中旋转半径内有人停留	在冲击抓斗及旋挖钻机施工过程中，应在旋转半径内设置警戒区域，防止人员进入后发生机械伤人事故

2.11.7　工艺重难点及常见问题处理

全回转钻机成孔施工工艺重难点及常见问题处理见表 2.11.4。

表 2.11.4　全回转钻机成孔施工工艺重难点及常见问题处理

工艺重难点	常见问题	原因分析	预防措施和处理方法
桩位控制	桩位偏差	全回转钻机重量大，作业平台易造成移位	需保证作业平台制作质量
垂直度控制	钻孔偏斜、咬合度较差	全回转设备、旋挖钻机就位安装不稳或旋挖钻机钻杆弯曲	桩机部件要妥善保养、组装，开钻前要校正钻杆垂直度和水平度，钻杆位置偏差不大于 20cm
		地面软弱或质地不均匀	施工前应先将场地夯实平整
		不同地层交界层面较陡（如偏岩、土层中有大孤石、岩层中有溶洞等）	降低钻进速率，同时每钻进一定深度提钻观察成孔情况，及时纠偏。若钻孔轻微倾斜宜慢速提升、下降，反复扫孔矫正，直至桩孔符合要求。若桩孔倾斜较严重，应向孔中填入石子和黏土（或回填低标号混凝土）至偏孔处 0.5m 以上，消除导致斜孔的因素后重新钻进

2.12　灌注桩钢筋笼制作施工

2.12.1　工艺简介

钢筋笼加工制作是指按照规范管理的标准化要求，从钢筋原材下料到成品钢筋笼存放，分工负责，流水作业，由专业施工人员，采用专业机具设备完成的整个钢筋笼加工制作过程。

2.12.2　设备选型

钢筋笼加工制作常用工具设备可按表 2.12.1 所列选用。

表 2.12.1　钢筋笼加工制作工具选用

设备仪器名称	用途	外观	常见设备输入功率
钢筋切断机	适用于剪断建筑工程上各种类型钢筋。亦可切断扁钢、方钢和角钢		3~7.5kW，3kW（常见）

表 2.12.1（续）

设备仪器名称	用途	外观	常见设备输入功率
钢筋弯曲机	适用于建筑工程上的各种普通碳素钢、螺纹钢等的弯曲加工		1.5~4kW，3kW（常见）
电焊机、二氧化碳保护焊接机	利用正负两极在瞬间短路时产生的高压电弧来熔化焊料，以达到钢材连接的目的		电焊机：10~50kW，15kW（常见）二氧化碳保护焊接机：9.5~28kW，9.5kW（常见）
钢筋调直机	适用于盘螺、盘圆调直并能清除钢筋表面锈皮		3~7.5kW，3kW（常见）
直螺纹滚丝机	用于建筑工程带肋钢筋滚扎直螺纹丝头，以达到钢筋连接的目的，可加工直径 16~40mm 的 HRB335 和 HRB400 级带肋钢筋		4~7.5kW，4kW（常见）
数控钢筋笼成型机	用于钢筋笼主骨架加工、螺旋箍筋缠绕成型		11~20kW，13kW（常见）
扭矩扳手	用于紧固连接的套筒，检测实际施加扭矩是否与设定扭矩相符		
通规止规	检测直螺纹套筒、丝头的旋合性和连接强度，判断螺纹中径质量		

2.12.3　施工前准备

2.12.3.1　人员配备

（1）班组长：负责与项目部沟通传达项目指令，组织钢筋笼加工制作以及现场一切需配合事宜。

（2）电工：负责现场电力线路规划，电力线路接驳。

（3）焊工：负责钢筋笼焊接加工制作。

（4）钢筋工：负责钢筋下料。

（5）力工：负责钢筋材料倒运以及扎丝绑扎作业。

2.12.3.2　场地条件

选取、平整钢筋笼加工场地，并对原材料区、加工区、成品存放区进行划分。场地的规划需充分考虑电力接驳线路，原材进场车辆及钢筋笼转运车辆的通行路线，成品钢筋笼存放位置，应保证现场施工流水作业、场地通畅；

2.12.3.3　安全技术准备

（1）方案编制：项目技术负责人根据图纸要求、相关规范及现场实际情况编制安全技术方案

（2）方案交底：按照方案内容，项目技术负责人对管理人员及作业人员进行安全技术交底。研读设计图纸，依据图纸及交底内容选择钢筋笼加工方式、加工设备及工具来制作加工钢筋笼胎具。

（3）其他安全技术准备：项目生产负责人编制材料、机械设备、工具、用具及各项技术工种劳动力进场计划。安全负责人对现场工人进行三级安全教育。

2.12.4　工艺流程及要点

2.12.4.1　工艺流程

钢筋笼制作的施工流程如图 2.12.1 所示。

2.12.4.2　工艺要点

（1）钢筋原材进场验收。

①钢筋在进场时，需随车提供钢筋产品质量证明书和试验报告单，核对对应信息。

②进场时应全数检查其外观、标志及数量。钢筋应平直、无损伤，表面不得有裂纹、油污、颗粒状或片状老锈。

③钢筋的表面标志应符合下列规定：钢筋表面应轧上牌号标志、生产企业序号和公称直径毫米数字，以及经注册的厂名或商标。钢筋牌号以阿拉伯数字或阿拉伯数字加英文字母表示，HRB400、HRB500 分别以 4、5 表示，HRB400E、HRB500E 分别以 4E、5E 表示。厂名以汉语拼音字头表示，公称直径毫米数以阿拉伯数字表示。

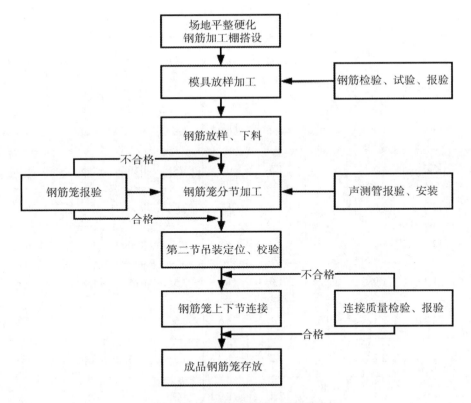

图 2.12.1　钢筋笼制作工艺流程图

　　④钢筋直径的测量应采用游标卡尺，测量时采用"一槽一肋"的测量方法，即游标卡尺一测放置于肋上另一测放置于凹槽内，量取同一根被测钢筋的三个截面，计算其平均值作为钢筋验收直径。注意量取直径时应避免选取钢筋端头位置，直径测量依据见表 2.12.2。

　　⑤钢筋在运输或转运过程中，应避免锈蚀、污染或被压弯；存放时，应按不同品种、规格，分批分别堆置整齐，并设立标识牌。存放场地应有防水、排水设施，钢筋不得直接置于地面，应垫高或堆置在定型钢筋堆放架上，顶部应采用合适的材料予以苫盖，防止水浸和雨淋。

表 2.12.2　钢筋直径测量允许误差表　　　　　　　　　　　　　　单位：mm

公称直径	内径 d		横肋高 h		纵肋高 h_1（不大于）	横肋顶宽 b	纵肋顶宽 a	间距 l		横肋末端最大间隙（公称周长的10%弦长）
	公称尺寸	工程尺寸	允许偏差				公称尺寸	允许偏差	
6	5.8	0.6	+0.3 −0.2	0.6	0.4	1.0	3.7	± 0.5	1.8
8	7.7	0.8	+0.4 −0.2	0.8	0.5	1.5	5.0		2.5
10	9.6	1.0	+0.4 −0.3	1.0	0.6	1.5	6.5	± 0.5	3.1
12	11.5	1.2	± 0.4	1.2	0.7	1.5	7.9		3.7

表 2.12.2（续）

公称直径	内径 d		横肋高 h		纵肋高 h_1（不大于）	横肋顶宽 b	纵肋顶宽 a	间距 l		横肋末端最大间隙（公称周长的10%弦长）
	公称尺寸	工程尺寸	允许偏差				公称尺寸	允许偏差	
14	13.4	1.4		1.4	0.8	1.8	9.0		4.3
16	15.4	1.5		1.5	0.9	1.8	10.0	± 0.5	5.0
18	17.3	1.6	+0.5 −0.4	1.6	1.0	2.0	10.0		5.6
20	19.3	1.7	± 0.5	1.7	1.2	2.0	10.0		6.2
22	21.3	1.9		1.9	1.3	2.5	10.5	± 0.8	6.8
25	24.2	2.1	± 0.6	2.1	1.5	2.5	12.5		7.7
28	27.2	2.2		2.2	1.7	3.0	12.5	± 1.0	8.6
32	31.0	2.4	+0.8 −0.7	2.4	1.9	3.0	14.0		9.9

注：纵肋斜角 θ 为 0°~30°。尺寸 a、b 为参考数据。

⑥产品质量证明书应签章合法，其上应备注工程名称、进场时间、使用部位、进场钢筋炉批号及对应重量。如果为复印件，必须加盖销售单位公章，并且注明原件存放地。质量证明文件应妥善保管，留存归档（见图 2.12.2）。

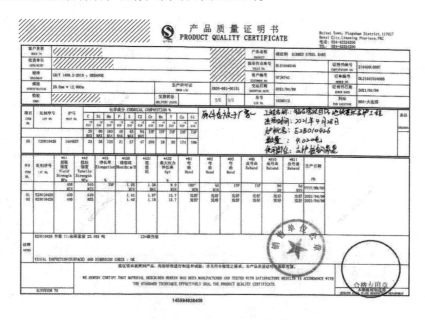

图 2.12.2 产品质量证明书

（2）直螺纹套筒验收。

①供货时需供应商提交产品质量证明文件及检验报告。

②直螺纹套筒表面应刻印清晰、持久性标志、厂家代号、可追溯原材料性能的生产批号。厂家代号可以是字符或图案。生产批号代号可以是数字或数字与字符组合。套筒表面的标志可单排也可双排排列。当双排排列时，名称代号、特性代号、主参数代号应列为一排。直螺纹、用于连接 HRB500、直径 25mm 的钢连接套筒、厂家代号为 ****、生产批号为 1234 表示为：EZ525****1234。

③直螺纹套筒的外表面可为加工表面或无缝钢管、圆钢的自然表面，应无肉眼可见裂纹或其他缺陷，套筒表面允许有锈斑或浮锈，不应有锈皮。套筒外圆及内孔应有倒角。

④套筒外观、尺寸及螺纹的检验项目，量具、检具，检验方法应符合表 2.12.3 套筒外观、尺寸及螺纹检验方法的规定。套筒长度应为钢筋直径的 2 倍，套筒尺寸及精度要求见表 2.12.4。

⑤套筒应防止锈蚀和玷污，分类存放，禁止露天保存。

表 2.12.3　套筒外观、尺寸及螺纹检验方法

套筒类型	检查项目	量具、检具名称	检验方法
直螺纹套筒	外观		目测
	外形尺寸（外径、长度）	游标卡尺或专用量具	选择不少于 2 个方向进行测量
	螺纹中径	通端螺纹塞规	应与套筒工作内螺纹旋合通过，见图 2.12.3
		止端螺纹塞规	允许与套筒工作内螺纹两端的螺纹部分旋合，旋合量用不超过 3 个螺距，见图 2.12.4
	螺纹小径	光面卡尺或游标卡尺	选择不少于 2 个方向进行测量

表 2.12.4　圆柱形直螺纹套筒的尺寸允许偏差

外径（D）允许偏差		螺纹公差	长度（L）允许偏差
加工表面	非加工表面	应符合 GB/T 197—2018 中 6H 的规定	± 1.0
± 0.50	20<D<30，± 0.5；30<D<50，± 0.6；D>50，±80		

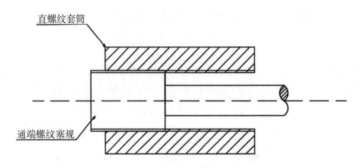

图 2.12.3 直螺纹套筒螺纹中径通端检验示意图

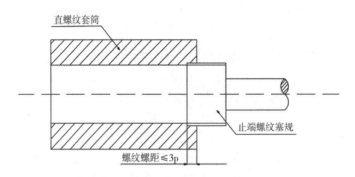

图 2.12.4 直螺纹套筒螺纹中径止端检验示意图

（3）焊条、焊丝。

①由经销商或分包单位提供质量证明文件。

②进场焊材应符合图纸或规范要求规格。

③包装完整，每件焊接材料产品的最小包装至少应包括标准号、产品型号及牌号、制造商名及商标、规格及净质量、批号及生产日期、适于操作的电流和极性、健康和安全警告。

④焊条药皮应均匀、紧密地包裹在焊芯周围，以保证焊接时融化均匀。药皮表面应光滑平整，无裂纹和其他影响焊接操作的表面缺陷。焊条夹持端长度应至少 15mm，焊条引弧端允许涂引弧剂。焊条夹持端上或靠近焊条夹持端的药皮表面上应标记焊条型号或 / 和牌号，标记在正产干的焊接操作前后都应清晰可辨。

⑤以盘状的焊丝应在盘或卷上进行牢固标记，以保证可追溯到制造商或供应商的产品信息。

⑥焊丝表面应光滑无毛刺、划痕、锈蚀、氧化皮等缺陷，不应有杂质。焊丝缠绕不应有打结、波浪、折弯及其他影响连续送丝的缺陷。

⑦常见的钢筋电弧焊所采用焊条、焊丝见表 2.12.5。

表 2.12.5　钢筋电弧焊所采用焊条、焊丝推荐表

钢筋牌号	电弧焊接头形式	
	帮条焊　搭接焊	钢筋与钢板搭接焊 预埋件 T 形角焊
HPB300	E4303 ER50-X	E4303 ER50-X
HRB400 HRBF400	E5003 F5516 E5515 ER50-X	E5003 E5516 E5515 ER50-X

（4）材料进场送检。

①钢筋原材送检。

a. 现场见证取样。可按同牌号、同炉号、同规格尺寸的钢筋进行组批，每 60t 为一批，不足 60t 按一批计。超过 60t 的部分，每增加 40t（或不足 40t 的余数），增加一个拉伸试验试样和一个弯曲试验试样。检验合格后方可使用。

b. 对于进场钢筋，同一厂家、同一牌号、同一规格的钢筋，连续三批均一次检验合格其检验批容量可扩大一倍。

c. 钢筋原材取样长度为 500mm，5 根为一组并且其中应至少有一根试件含有完整的钢筋标识标志。取样段应避开钢筋端头位置，取样应使用角磨机切割，严禁使用气焊，切割后的端头应打磨光滑。取样完成后使用扎丝固定，送至实验室。

②钢筋连接件送检。

a. 现场见证取样。钢筋焊接件及机械连接件每种规格钢筋的接头数量不少于 3 个，试件长度 550mm。具体取样规格应按当地实验室要求准备。

b. 同施工条件、同一批材料、同等级、同规格的钢筋焊接接头应以 300 个为一个检验批，不足 300 个的应作为一个检验批验收。同施工条件、同一批材料、同等级、同规格的机械连接接头应以 500 个为一个检验批，不足 500 个的应作为一个检验批验收。

（5）钢筋笼加工制作。

①原材下料。

a. 依据图纸钢筋笼设计参数要求，制作钢筋下料单，充分利用短料，按下料单截取钢筋以节约钢筋原材。

b. 加劲圈等配件在收件验收完成后可提前加工，以备使用。加工完成的配件应分类摆放，集中存放。

c. 对于废弃的、无法使用的边角料应集中堆放，等待工程结束后统一处理。

②钢筋笼焊接。

a. 正式焊接前应进行试焊，调整电流大小，避免正式施工时出现电流过大焊接咬肉、发黑等影响质量及外观的问题。

b. 焊接主筋时应确保钢筋笼底端的主筋齐平，应使用挡板来限制端头钢筋位置（见图 2.12.5）。

图 2.12.5　焊工焊接钢筋笼

c. 焊工连接主筋及加劲圈时应同步进行。提前在主筋位置标识出加劲圈焊接位置，使用尺寸相同的弯卡来确保主筋间距的一致。

d. 分段制作钢筋笼时应注意，接口处钢筋应在同一截面保证齐平，并且相邻主筋应错开 35d 距离。并且在上半截钢筋笼缠绕螺旋箍筋时，应预留出连接段的箍筋长度。

e. 对于有测斜管安装要求的，在钢筋笼制作完成后，可绑扎测斜管。测斜管一般采用塑料管，常用直径 50~75mm。长度一般自钢筋笼底向钢筋笼顶方向 300mm 算起，并且高于钢筋笼笼顶 200mm。安装前应保证两侧端头及接口处封堵严密，保证不漏浆。绑扎使用多股扎丝或者 14 号退火线绑扎，保证测斜管方向竖直。采用钢管作为声测管的，要注意焊接时避免过度焊接造成管体破坏（见图 2.12.6）。

图 2.12.6　加劲圈码放

③直螺纹套筒连接。连接时应保证连接的钢筋与套筒在同一轴线上。使用力矩扳手拧紧时应听到连续的"咔哒"声方可停止加力（见图 2.12.7 和图 2.12.8）。

图 2.12.7　钢筋车丝

图 2.12.8　直螺纹套筒连接钢筋下料

2.12.5　工艺质量要点识别与控制

钢筋笼施工质量控制要点、标准与控制措施见表 2.12.6。

表 2.12.6　钢筋笼施工质量控制要点、标准及控制措施

控制项目	控制要点	控制标准	控制措施
钢筋笼制作与安放	主筋间距	± 10mm	①钢筋进场后要妥善存放，防雨、防潮，避免钢筋表面锈蚀、有油污等。②施工过程中按设计要求应对主筋数量、间距、箍筋数量、间距等进行检查。③焊接过程中采用焊条的强度等级应满足要求；焊接时保证焊缝长度，焊缝饱满，不咬肉，保证焊接后钢筋同心同轴。④钢筋加工避免气焊等热加工处理；施工过程中应进行记录，并由责任人签字、确认
	主筋长度	± 10mm	
	加劲箍筋间距	± 20mm	
	钢筋笼直径	± 10mm	
	螺旋箍筋	± 20mm	
	钢筋焊接长度	± 10mm	
	钢筋焊缝长度	单面焊 $10d$，双面焊 $5d$	
	钢筋焊缝厚度	不应小于主筋直径的 30%	

表 2.12.6（续）

控制项目	控制要点	控制标准	控制措施
	钢筋焊缝厚度	不应小于主筋直径的80%	⑤套筒标志符合现行行业标准《钢筋机械连接用套筒》JG/T163的有关规定，进场套筒适用的钢筋强度等级与工程用钢筋强度等级一致。接头按验收批进行现场检验。同一验收批条件为：同钢筋生产厂、同强度等级、同规格、同类型、同型式接头以500个为一个验收批。不足此数时也按一批考虑。 ⑥钢筋端部应采用带锯、砂轮锯或带圆弧形刀片的专用钢筋切断机切平。钢筋丝头应采用专用直螺纹量规检验，通规应能顺利旋入并达到要求的拧入长度，止规旋入不得超过3p，各规格的自检数量不应少于10%，检验合格率不应小于95%。钢筋丝头的加工长度应为正偏差，保证丝头在套筒内可相互顶紧。 ⑦安装接头时可用管钳扳手拧紧，钢筋丝头应在套筒中央位置相互顶紧，标准型、正反丝型、异径型接头安装后的单侧外露螺纹不宜超过2p；对无法对顶的其他直螺纹接头，应附加锁紧螺母、顶紧凸台等措施紧固。 ⑧吊运钢筋笼过程中3点以上起吊，严格控制变形；放置时应对准孔位，校正标高、垂直度等避免碰撞孔壁和自由下落；保证钢筋笼保护层厚度，在钢筋笼上制作"耳朵"等限位装置；控制钢筋笼标高，钢筋笼上焊接吊筋或者将钢筋笼焊在护筒上（如有护筒）；安放钢筋笼后，必须及时浇筑混凝土；施工过程中应进行记录，并由责任人签字、确认
	接头面积百分率	不大于主筋直径的50%	
	直螺纹钢筋丝头加工	丝头端面平整无毛刺丝目切削时严格控制切削头钻进长度	
	直螺纹钢筋丝头安装	丝头应在套筒中央位置相互顶紧	
	钢筋笼主筋保护层厚度	±20mm	
	成品堆放	不宜超过三层	

2.12.6 工艺安全风险辨识与控制

钢筋笼施工工艺安全风险辨识与控制见表 2.12.7。

表 2.12.7 钢筋笼施工工艺安全风险辨识与控制

事故类型	辨识要点	控制措施
触电	未采用 TN-S 接零保护系统	施工用电必须采用 TN-S 接零保护系统
	未达到三级配电两级保护	施工用电必须采用三级配电两级保护
	在使用同一供电系统时，一部分设备作保护接零，另一部分设备作保护接地	在同一供电系统中，所有设备统一采用保护接零或保护接地

表 2.12.7（续）

事故类型	辨识要点	控制措施
	保护接地、保护接零混乱	机械必须做到"一机一闸一漏电"
	保护零线装设开关或熔断器，零线有拧缠式接头	严禁在保护零线装设开关或熔断器
	保护零线未单独敷设，并作它用	保护零线应单独敷设
	使用保护零线作负荷线	严禁使用保护零线作负荷线
	保护零线未按规定在配电线路做重复接地	保护零线重复接地应不少于 3 处
	电力变压器的工作接地电阻大于 4Ω	电力变压器或发电机的工作接地电阻值不得大于 4Ω
	重复接地装置的接地电阻值大于 10Ω	重复接地装置的接地电阻值不得大于 10Ω
	移动配电箱电缆任意拖拉	由专业电工按要求及现场的实际情况进行整改
	漏电保护装置未经国家技术监督部门检验	使用检验合格的保护装置
	漏电保护器装置参数不匹配	按配电的要求分级选用参数匹配的漏电保护器
	开关箱无漏电保护器或漏电保护器失灵	开关箱必须设置漏电保护器且漏电保护器灵敏有效
	固定式设备未使用专用开关箱，未执行"一机、一闸、一漏、一箱"的规定	机械必须做到"一机一闸一漏一箱"
	用铝导体、螺纹钢做接地体或垂直接地体	应用镀锌钢材做接地体
	闸具、熔断器参数与设备容量不匹配，安装不符合要求	根据设备容量选用参数符合要求的熔断器
	配电箱的箱门内无系统图和开关电器未标明用途，未设专人负责	配电箱内应有线路走向图及用途标识，并有专人负责
	电箱安装位置不当，周围杂物多，没有明显的安全标志	清理周围杂物，设置明显的安全标志
	电箱内的电器和导线有带电明露部分，相线使用端子板连接	电箱内的导线严禁有明露部分，相线严禁使用端子板连接
	电箱未设总分路隔离开关、引出配电箱的回路未用单独的分路开关控制	根据容量增加总开关，并在回路设置单独开关
	电箱内多路配电无标记，引出线混乱	增加配电标记，整改引出线

表 2.12.7（续）

事故类型	辨识要点	控制措施
	电箱无门、无锁、无防雨措施	使用标准配电箱，配电箱必须上锁、有防雨措施
	电箱内有杂物，不整齐、不清洁	配电箱内禁止有杂物
	配电线路的电线老化，破皮未包扎	配电线路的禁止使用老化、破皮未包扎电线
	电缆过路无保护措施	线路过道必须有保护措施（如穿管）
	架空线路不符合要求	应满足《施工现场临时用电安全技术规范》最小安全距离要求
	电缆架设或埋地不符合要求	应做好防破损漏电的保护措施
	电缆绝缘破坏或不绝缘	更换电缆
	接触带电导体或接触与带电体（含电源线）连通的金属物体	严禁接触带电导体或与带电体（含电源线）连通的金属物体
	电工不按规定程序送电	电源应由专业电工操作，按有关规定程序送电
	在潮湿场所不使用安全电压	在潮湿场所必须使用安全电压（36V/24V/12V）
	照明线路混乱和接头处未用绝缘胶布包扎	整理照明线路，接头处用绝缘胶布包扎
	照明专用回路无漏电保护	增加照明专用回路漏电保护器
	灯具金属外壳未作接零保护	灯具高度低于 3.0m 金属外壳必须作接零保护
	室内灯具安装高度低于 2.5m，未使用安全电压供电	室内灯具高度低于 2.5m 必须使用安全电压供电
	手持照明灯未使用 36V 及以下安全电源供电	手持照明灯必须使用 36V 及以下安全电压供电
	在高压架空输电线下方或上方作业无保护措施	按《施工现场临时用电安全技术规范》要求，必须有保护措施，并且达到安全距离 4/6/8/10/15
	电线杆埋设不规范	埋设深度为线杆长度的 1/10 加 0.6m
	电工不按规定佩戴劳动防护用品或劳动防护用品不符合要求	电工作业时必须佩带质检合格的劳动防护用品
其他伤害	钢筋材料搬运过程造成扭伤	进行安全教育，保证行走道路平整
	触碰焊接位置在成烫伤	佩戴作业手套
	恶劣天气施工作业	遇到雷电、大雨、大雾、大雪和六级以上大风等恶劣天气时，应停止一切作业。

2.12.7 工艺重难点及常见问题处理

钢筋笼加工制作施工工艺重难点及常见问题处理见表 2.12.8。

表 2.12.8 钢筋笼加工制作施工工艺重难点及常见问题处理

工艺重难点	常见问题	原因分析	预防措施和处理方法
钢筋笼加工制作	主筋长短不一	钢筋笼端头未进行对齐固定	制作专用的钢筋笼端头对齐固定装置，确保结构简单、操作简单、省时省力； 施工前依据图纸等技术资料，确定主筋下料长度。现场实行模具化作业，设定固定尺寸模具。下料设定一名组长，由其负责下料工序
		主筋下料长度存在偏差	
	主筋不同轴	固定主筋位置的胎具尺寸不一或因长时间使用致使胎具变形导致主筋间距不同，使主筋不同轴	采用直径较大的钢筋制作固定主筋的胎具，同时需要兼顾使用时操作简单、省时省力。 在焊接主筋前，在主筋塌腰处设置一道胎具，可有效防止主筋塌腰。主筋焊接连接处必须进行打拐处理，且打拐角度满足图纸及规范要求，同时在焊接连接主筋时确保两主筋应同轴
		直径小的主筋两相邻固定点间钢筋由于自重，在焊接固定时向下弯曲	采用直径较大的钢筋制作固定主筋的胎具，同时需要兼顾使用时操作简单、省时省力。 在焊接主筋前，在主筋塌腰处设置一道胎具，可有效防止主筋塌腰。 主筋焊接连接处必须进行打拐处理，且打拐角度满足图纸及规范要求，同时在焊接连接主筋时确保两主筋应同轴
		采用焊接链接时，主筋连接处未进行打拐处理或打拐处钢筋弯曲角度不满足设计要求	
钢筋笼加工制作	钢筋笼直径不符合设计要求	加劲圈胎具尺寸偏差或胎具因长时间使用变形	采用受力不易变形的材料制作胎具，且依据图纸设计参数确定胎具尺寸； 因图纸设计加劲圈钢筋直径过小无法保证钢筋笼质量应及时与相关单位沟通，调整加劲圈钢筋规格
		图纸设计加劲圈钢筋强度不足以承受钢筋笼自重导致变形	
	钢筋焊接质量通病	电焊机电流过大导致焊接时出现咬肉、焊口周边发黑	施工进场前对焊工进行安全技术交底，且每月应至少对相关人员进行一次交底； 要求分包应提供合格焊接机具，对不符合要求的，存在安全质量隐患的机具应退场，且应使用相应规格的焊条； 焊工持证上岗； 可采用二保焊； 焊渣安排专人负责，及时清理
		分包焊工并非专业焊工	
		焊机等设备老化	
		焊条不符合要求	
		工人质量意识不清	
钢筋笼转运吊装	螺旋箍筋松懈、焊点开焊	绑扎不牢固、漏绑，焊接质量差	严控焊接质量及绑扎质量，设专人负责检查，过程中把控；对工人进行详细交底，且每月至少进行一次交底； 尽量避免长距离转运
		转运距离过远	
	吊点焊点破坏	未焊接吊耳	焊接吊耳，在吊点处焊接加强筋

2.13 灌注桩钢筋笼运输及安装施工

2.13.1 工艺介绍

钢筋笼运输及安装施工是从钢筋笼加工成型吊离成品存放区后，按照吊装的施工操作规程、安全生产旁站制度、运输及安装规范管理的标准化要求，由专业施工人员指挥专业机械设备来完成的。

2.13.2 设备选型

2.13.2.1 吊车

①根据已制作完成的钢筋笼长度、重量、工作空间等条件，选择合适的汽车吊或履带吊，常用吊车可按表 2.13.1 选型。

表 2.13.1 常用吊车 　　　　　　　　　　　　　　　　　　　　　　　　　　m

参数车类	吊车类型	车长	车宽	车高	支腿宽	主臂长
25 吨	汽车吊	11.99	2.74	3.65	5.60	32
50 吨	汽车吊	13.05	2.75	3.80	6.00	35
75 吨	汽车吊	12.20	3.35	3.65	7.50	32
120 吨	汽车吊、履带吊	17.00	3.00	4.00	8.50	50
150 吨	履带吊	17.00	3.00	4.00	8.50	50
200 吨	履带吊	17.00	3.00	4.00	8.50	50
300 吨	履带吊	19.405	3.00	3.99	10.00	52

②对于一般的基坑工程，钢筋笼吊装通常选用 25 吨级吊车即可，其工作参数详见表 2.13.2。

表 2.13.2 25 吨吊车参数表

工作幅度 /m	基本臂 10.4m		中长臂 17.6m		中长臂 24.8m		全长臂 32m	
	起重量 /kg	起升高度 /m	起重量 /kg	起升高度 /m	起重量 /kg	起升高度 /m	起重量 /kg	起升高度 /m
3.0	25000	10.5	14100	18.1				
3.5	25000	10.25	14100	17.89				
4.0	24000	9.97	14100	17.82	8100	25.28		

表 2.13.2（续）

工作幅度 /m	基本臂 10.4m		中长臂 17.6m		中长臂 24.8m		全长臂 32m	
	起重量 /kg	起升高度 /m	起重量 /kg	起升高度 /m	起重量 /kg	起升高度 /m	起重量 /kg	起升高度 /m
4.5	21500	9.64	14100	17.65	8100	25.16		
5.0	18700	9.28	13500	17.47	8000	25.03		
5.5	17000	8.86	13200	17.26	8000	24.89	6000	32.32
6.0	14500	8.39	13000	17.04	8000	24.74	6000	32.2
7.0	11400	7.22	11500	16.54	7210	24.41	5600	31.95
8.0	9100	5.54	9450	15.95	6860	24.02	5300	31.66
9.0			7750	15.27	6500	23.59	4500	31.33
10.0			6310	14.48	6000	23.1	4000	30.97
12.0			4600	12.49	4500	21.94	3500	30.13
14.0			3500	9.6	3560	20.51	3200	29.12
16.0					2800	18.74	2800	27.93
18.0					2300	16.52	2200	26.52
20.0					1800	13.61	1700	24.95

2.13.3 施工前准备

2.13.3.1 吊装前准备

①明确吊装工作内容；

②熟悉吊装工作环境；

③确定吊装设备和吊装工作人员（吊车司机、信号工、司索工等），明确分工及职责，做好技术及安全交底工作；

④确定吊车占位、钢筋笼吊装点及吊装程序。

2.13.3.2 吊装前安全检查

①各安全防护装置及各指示仪表齐全完好，应对起吊设备进行安全检查，各连接件应无松动。

②吊车司机、司索工、信号工应有操作证及上岗证，钢筋笼吊装需要由信号工指挥，动作应配合协调，无关人员严禁进入钢筋笼吊装影响区域内。

③履带吊带载行走时，荷载不得超过允许荷载的 70%，行走道路应坚实平整，重物应在起重机正前方向，重物离地面不得大于 500mm，并应拴好拉绳，缓慢行驶。严禁长

距离带载行驶；在风力达到六级及以上大风或大雨、大雾等恶劣天气时，应停止起吊作业。

2.13.3.3 安全技术准备

①方案编制。项目技术负责人根据图纸要求、相关规范及现场实际情况编制安全技术方案。

②方案交底。按照方案内容，项目技术负责人对管理人员及作业人员进行安全技术交底。

③其他安全技术准备。项目生产负责人编制材料、机械设备、工具、用具及各技术工种劳力进场计划。安全负责人对进场工人进行三级安全教育等。。

2.13.4 工艺流程及要点

2.13.4.1 工艺流程

灌注桩钢筋笼运输及安装施工工艺流程如图 2.13.1 所示。

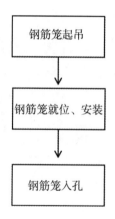

图 2.13.1　灌注桩钢筋笼运输及安装工艺流程

2.13.4.2 工艺要点

（1）钢筋笼起吊。起吊作业中，吊机所有动作由信号工统一安排和指挥。在信号工的指挥下，主、副吊机同时缓缓起吊，在钢筋笼平吊起身离地面 0.3~0.5m 时，将钢筋笼悬空 2~3min，以检验钢筋笼焊接质量。同时，由安全员、司索工再次检查吊环、吊点处与卸扣、钢丝绳的连接是否完好，钢筋笼的是否存在变形超限的问题。经检验无误后，由信号工统一指挥主、副吊机将钢筋笼缓缓提升吊起，在吊起过程中，副吊机不需过大提升扒杆，只需将钢筋笼尾部控制在离地面 1~2m 的距离即可；主吊机应缓缓提升扒杆，直至钢筋笼由水平状态转换为竖直状态。

①钢筋笼吊点布置。由于钢筋笼长度大，刚性极差，起吊过程中极易变形散架，发生安全事故，根据以往施工经验，采取以下吊点布置及技术措施，钢筋笼设置 3 个及以上吊点如图 2.13.2 所示。

图 2.13.2　钢筋笼翻转起吊

②吊装方法。钢筋笼采用汽车吊或履带吊进行吊装（汽车吊与履带吊流程一致），吊装方法如下。

a.起吊钢筋笼时，先用大钩和小钩双钩，将钢筋笼水平吊离地面 500mm 左右，停机检查吊点的可靠性及钢筋笼的平衡情况，确认正常后开始缓慢升大、小钩，升到一定高度后，大钩继续升的同时缓慢放小钩，将钢筋笼凌空吊至钢筋笼竖直后，吊车回转移动至孔口，缓缓放入孔中，每放到加劲箍位置时，取下筋内支撑。下放到大钩点位置时停机，取下大钩点处吊环卡扣以及钢丝绳。当钢筋笼下放至设计标高位置后，定位并将钢筋笼固定在枕木上。取下小钩卡扣及钢丝绳。

b.垂直起吊过程中，钢筋笼不可垂直立于地面，防止其在自重作用下散架。

c.检查钢筋笼保护层厚度是否满足图纸及规范要求、钢筋笼保护层的连接是否牢靠，以防不符合要求影响桩的耐久性。

③注意事项。

a.钢筋笼应在桩孔质量检查合格，并且钢筋笼验收合格后，方可开始吊放。

b.钢筋笼采用整笼吊装，应对钢筋笼设置钢筋保护层定位装置，起吊钢筋笼时应首先检查吊点的牢固程度。

c.搬运钢筋笼过程中应平起平放，防止钢筋笼变形。

d.钢筋笼入孔吊放时，所有吊点进行检查防止脱落，下入时要对准孔中心、扶正、保持垂直，然后徐徐放入，钢筋笼垂直度不大于 1%。

e.吊放过程中，应避免钢筋笼碰撞孔壁，如碰撞孔壁不能顺利放入时，不得强行下放，必须将钢筋笼上提至少 1m，并转动一定角度，然后再将钢筋笼徐徐下放至设计吊放标高时，用吊筋将钢筋固定。吊筋长度计算：吊筋长度 = 护筒顶标高 − 桩底标高 − 桩长 + 搭接长度。

f.下钢筋笼时采用定位卡，以防止钢筋笼脱落或在浇筑时钢筋笼上浮，钢筋笼入孔后应检查钢筋笼顶标高满足设计要求后进行定位，然后进行下道工序施工。

g.如遇雨天，钢筋在装卸、制作、搬运过程中易出现笼身夹泥现象，入孔前应清除干净。

（2）钢筋笼就位、安装。钢筋笼起吊垂直后，移除副吊和副扁担，由主吊移动钢筋笼至相应孔段，主吊移动速度应保持匀速并应不大于 0.5m/s，主吊应与孔段保持 3m 以上安全距离对正后缓缓将钢筋笼放入孔中，待放到副吊钢丝绳吊点处时，停止下放，将两根扁担并排担在钢筋笼搁置扁担处，确保担实不下滑后，由司索工将副吊钢丝绳拆除后主吊缓缓抬起，抽出扁担后继续下放钢筋笼，下放至主吊下端钢丝绳时，停止下放，将两根扁担并排担在钢筋笼搁置扁担处，确保担实不下滑后，由司索工将吊钩挂在备用吊环钢丝绳上，继续下放钢筋笼直至到设计标高。

（3）钢筋笼入孔。钢筋笼入孔工序如下。

①待钢筋笼被吊至孔段上方时，协助人员（需 2~4 名）扶正钢筋笼，然后由现场技术人员对钢筋笼下放进行准确定位，并告知协助人员控制线。指挥负责人指挥主吊机缓缓将钢筋笼下放入孔，待钢筋笼下至副吊吊点时，主吊机暂停下放，外协人员迅速解下锁定在吊点处的钢丝绳。

②当钢筋笼下放至主吊点附近时，暂停下放，由现场安全员、技术员辨认吊点周边的分布筋与主筋的交叉点是否 100% 满焊。若不是，则进行补焊，合格后协助人员迅速将两根 2m 长扁担插入该分布筋下方（分布筋采用 U 型圆钢加强，导墙两侧扁担下方分别垫 5cm 方木）。吊机缓缓将钢筋笼搁置在导墙上，待钢筋笼平衡后，方可松开钢丝绳。协助人员将吊点处钢丝绳解下，并通过卸扣将其与备用钢丝绳连接，随后提升钢丝绳，再次将钢筋笼提升至指定高度，协助人员迅速移开扁担。指挥负责人再次指挥吊车缓缓下放至设计标高。

③当钢筋笼下放至倒换吊环位置处时，出协助人员将两根 2.2m 长扁担插入倒换吊环中，并将钢筋笼搁置在导墙上。待钢筋笼平衡后，指挥负责人指挥吊机松开钢丝绳，协助人员迅速解开主吊环处钢丝绳，并通过卸扣与倒换钢丝绳连接。连接完成后，履带吊重新吊起钢筋笼并下放至设计标高。最终，将两根孔钢插入副吊环，以控制钢筋笼标高。钢筋笼吊点转换入孔如图 2.13.3 所示。

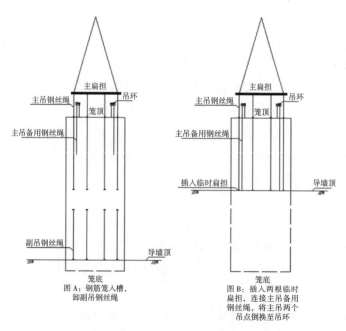

图A：钢筋笼入槽，卸副吊钢丝绳

图B：插入两根临时扁担，连接主吊备用钢丝绳，将主吊两个吊点倒换至吊环

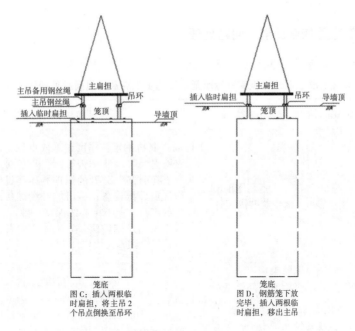

图 2.13.3 钢筋笼吊点转换入孔图

2.13.5 工艺安全风险辨识与控制

灌注桩钢筋笼运输及安装施工工艺安全要点辨识与控制见表 2.13.3。

表 2.13.3 灌注桩钢筋笼运输及安装施工工艺安全风险辨识与控制

事故类型	辨识要点	控制措施
吊车倾覆	使用吊车的支撑地面未经处理，松软不平，支腿不牢固	支撑应位于坚实地面处，应加垫块，支腿应牢固
起重伤害	履带吊、汽车吊超负荷起重，超重机械制动失灵，点捆绑不符合要求，固定不牢，多绳扣捆绑受力不均，起重设施使用的钢绳安全系数不够或有破损或有锈蚀，使用的绳卡扣质量不符合要求或选择不当或未卡紧	吊前应估算重量，禁止超负荷起重，操作前应确保制动系统有效，吊点绑扎应牢固合理，定期检查吊索吊具并予更换
触电	高压线下安装钢筋笼	外电做好防护，设备与高压线保持安全距离
高处坠落	操作面孔洞无防护	灌注桩孔口按规范要求进行防护
机械伤害 物体打击 机械伤害 起重伤害 其他伤害	"十不吊"原则	①6级以上强风不吊 ②埋在地下物件情况不明不吊 ③光线阴暗看不清吊物不吊 ④超负荷不吊 ⑤斜吊不吊 ⑥吊物边缘锋利无防护措施不吊 ⑦指挥信号不明不吊 ⑧散装物装的太满或捆扎不牢不吊 ⑨安全装置失灵不吊 ⑩吊物上站人或有浮动物品不吊

2.13.6 工艺重难点及常见问题处理

灌注桩钢筋笼运输及安装施工工艺重难点及常见问题处理见表 2.13.4。

表 2.13.4　灌注桩钢筋笼运输及安装施工工艺重难点及常见问题处理

工艺重难点	常见问题	原因分析	预防措施和处理方法
钢筋笼起吊	钢筋笼变形	当钢筋笼较长时，未增设临时固定杆	钢筋笼尽可能选用一次整体入孔，若钢筋笼较长无法一次整体入孔时，也尽量少分段，以降低入孔时间。分段的钢筋笼还要设临时固定杆，并备足焊接设备，尽可能减少焊接时间。两钢筋笼对接时，上下中心线保持一致。若能整体入孔时，应在钢筋笼内侧设定临时固定杆整体入孔，入孔后再拆卸临时固定杆
		吊点部位不对	吊点部位应选好，钢筋笼较短时可采用三个吊点，较长时可选用四个吊点
钢筋笼运输与下放	钢筋笼保护层厚度不足	垫块掉落；"凸"字定位钢筋变形	钢筋笼加工制作过程中垫块绑扎、焊接质量必须满足规范要求；运输中保证钢筋笼不产生较大变形；钢筋笼下放应居中放置

2.14　混凝土灌注施工

2.14.1　工艺介绍

2.14.1.1　工艺简介

导管灌注：将混凝土通过竖立的管子，依靠混凝土的自重进行灌注的方法，使混凝土从管底端缓慢流出，向四周扩大分布，不易被周围的水流所扰动，从而保证质量。

溜槽灌注：当沟槽较深，或工作面与混凝土有较大的高差时，采用溜槽（木制或铁制、半圆形、半四边形）由高处使混凝土滑下，这个过程不至于混凝土体因重力的作用产生离析现象。

泵送法：泵送法又称泵送混凝土，是用混凝土泵或泵车沿输送管运输和浇筑混凝土拌和物，是一种有效的混凝土拌和物运输方式，速度快、劳动力少。

2.14.1.2　适用条件

导管灌注：适用于灌注围堰、沉箱基础、沉井基础、地下连续墙、桩基础等水下或地下工程。

溜槽灌注：常见于水利工程、桥梁工程，工民建使用的溜槽较短。也主要应用于小型露天矿，在大、中型露天矿，溜槽常与溜井串接联合应用，可设于采场范围以内，亦可设于其外。

泵送法：大体积混凝土，如大型基础、满堂基础、机场跑道等；连续性强和浇筑效率高的混凝土，如高层建筑、塔形构筑物、整体性强的结构等。

2.14.1.3　工艺特点

导管灌注：混凝土拌和物是在一定的落差压力作用下，通过密封连接的导管进入到初期灌注的混凝土下面，顶托着初期灌注的混凝土及其上面的泥浆逐步上升，形成连续密实的混凝土桩身。导管法施工技术要求非常严格，为使水下混凝土灌注桩施工质量得以保证，必须要从施工设备、混凝土配制、灌注等几方面加以控制，以提高施工质量。

溜槽浇筑：溜槽浇筑混凝土属于非泵送范畴，可以大大调低混凝土坍落度，减少单位用水量，避免混凝土干缩现象；采用溜槽浇筑混凝土，更有利于夏季施工大体积混凝土散热，降低入模温度及水化热。溜槽浇筑混凝土能避免常规施工泵管堵塞现象发生，工效更高，可保证大体量混凝土连续浇筑。

泵送法：泵的输送效率高，可以将混凝土送到较远的地方、高处甚至难以到达的角落，可以较大地提升工作效率；施工精度较高，泵装置本身可以实现流量、压力、速度等各项参数准确的控制和调节；可以大幅度节省人力物力。

2.14.2　设备选型

2.14.2.1　导管

导管的外观如图 2.14.1 所示，壁厚不小于 3mm，内径宜为 200~300mm；导管长度一般为 2m，最下端一节导管长应不短于 4m；为了配备适合的导管长度，应备有不同长度的短导管。每节导管应平直，其长度偏差不能超过 0.5%；导管连接部位内径偏差不大于 2mm，内壁应光滑平整；将单节导管连接为导管柱时，其轴线偏差不得超过 ±20mm；导管加工完后，应对其尺寸规格、接头构造及加工质量进行认真核查，并应做连接、过球及充水加压试验，一般应保证在 0.5~0.7MPa 压力下不漏水，保证密封性能可靠。

图 2.14.1　导管示意图

导管采用法兰盘连接或丝扣连接，宜优先选用丝扣连接。

用 4~5mm 的橡胶垫圈或橡胶 O 形密封圈密封，严防漏水。

用丝扣连接时，应注意在使用、运输、堆放过程中不得碰撞螺纹，或压坏管扣。

采用法兰盘连接时，法兰盘外径宜比导管外径大100mm左右，法兰盘厚宜为12~16mm，在其周围对称设置的连接螺栓孔不宜少于6个，连接螺栓直径不宜小于12mm。法兰盘与导管焊接时法兰盘面应于导管轴线垂直，在法兰盘与导管连接处宜对称设置与螺栓孔数量相等的加强筋，以加强连接强度和防止挂笼。

2.14.2.2　储料斗

导管顶部应设置储料斗如图2.14.2所示，储料斗壁厚度不宜小于3.5mm。漏斗设置的高度，应方便操作。与导管连接处应有封水塞等封闭措施，可采用预制混凝土塞、木塞或充气球胆等。

图2.14.2　储料斗

容积应满足首批混凝土需要量 V：

$$V \geqslant \gamma \left[\frac{\pi D^2}{4}(H_1 + H_2) + \frac{\pi d^2}{4} h_1 \right]$$

式中：V——灌注首批混凝土所需数量（m^3）；

γ——充盈系数（$\geqslant 1.0$）；

D——桩孔直径（m）；

d——导管内径（m）；

H_1——桩孔底至导管底端间距（m）；

H_2——导管初次埋置深度（m）；

h_1——孔内混凝土达到埋置深度时，导管内混凝土柱平衡导管外（或泥浆）压力所需要高度（m）。

2.14.2.3　井口架

井口架如图2.14.3所示：用于导管组装、拆卸时在井口架设、固定导管，防止导管掉入桩孔中。

井口架由架体、固定钢板、架口等组成。架口直径应大于导管直径10~20mm。在导管下放前，将井口架置于井口，架口中心对准井口中心，并打开架口，将导管放入架口内。在吊管需要组装、拆卸时，将架口关闭，导管凸出边缘即可卡在井口架上，此时即可进行导管组装、拆卸工作。

图 2.14.3　井口架

2.14.2.4　导管卡

导管卡用于吊管起吊时，将钢丝绳穿过导管卡两侧的圆孔中，半圆形卡扣卡在导管凸出边缘处，将钢丝绳系在吊车挂钩上，即可完成导管起吊、安装等工作，如图 2.14.4 所示。

2.14.3　施工前准备

2.14.3.1　人员配备

图 2.14.4　导管卡

（1）灌注工：每班一般安排不少于 2 名灌注工。其工作主要为进行导管倒运、安装、拆卸，指挥吊车对导管进行提升、下放，进行混凝土灌注。

（2）吊车操作工：每班一般安排 1 名吊车操作工，且必须持吊车操作证上岗。其工作主要为操作吊车进行导管安装、下放、提升、拆卸等辅助灌注的工作。

（3）铲车操作工：每班一般安排 1 名铲车操作工，且必须持铲车操作证上岗。其工作主为进行漏斗、导管的水平运输。

（4）挖掘机操作工：每班一般安排 1 名挖掘机操作工，且必须持挖掘机操作证上岗。其工作主要为灌注前场地平整。

2.14.3.2　辅助设备

（1）吊车：灌注通常选用 25t 汽车吊，其工作主要有导管安装、下放、提升、拆卸工作。

（2）铲车：通常选用载重量为 50t 铲车，其工作主要有漏斗、导管的水平运输。

（3）挖掘机：通常选用载重量为 300 型号挖掘机，其工作主要有灌注前场地平整。

2.14.3.3　场地条件

（1）现场满足"三通一平"场地条件，并将待灌桩附近场地平整。

（2）吊车支设空间一般大于 10m×8m，并观察运送混凝土的罐车行走路线是否有陷入风险，如有，需对场地增加垫层或换填。

2.14.3.4 安全技术准备

（1）方案编制：项目技术负责人根据图纸要求、相关规范及现场实际情况编制安全技术方案。

（2）方案交底：按照方案内容，项目技术负责人对管理人员及作业人员进行安全技术交底。

（3）其他安全技术准备：项目生产负责人编制材料、机械设备、工具、用具及各技术工种劳力进场计划。安全负责人对进场工人进行三级安全教育等。

2.14.4 工艺流程及要点

2.14.4.1 工艺流程

灌注桩混凝土导管灌注施工工艺流程如图 2.14.5 所示。

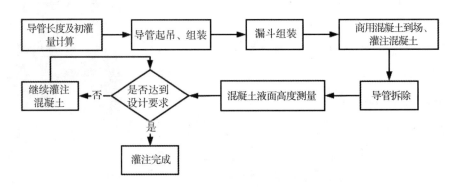

图 2.14.5 灌注桩混凝土灌注施工工艺流程

2.14.4.2 工艺要点

（1）导管及漏斗安装。导管分段连接时，应将橡胶圈或橡皮垫安置周正、严密，确保密封良好。橡胶圈磨损超过 0.2mm 时，应及时更换。导管在桩孔中位置应保持居中，防止导管跑管、撞坏钢筋笼或损坏导管；法兰中有夹泥或夹砂石的情况下要用清水冲洗干净后，再进行连接。导管安放前应测量孔深和导管的总长度，导管底部至孔底的距离宜为 300~500mm。

漏斗的容积要满足首批混凝土初灌量，初灌量必须确保导管的底部被埋在混凝土中超过 800mm。

（2）混凝土质量控制。

①混凝土拌和物要求搅拌均匀，在运输、灌注、密实、成型等整个过程中能保持良好的和易性与一定的流动性，不出现离析、泌水及其他不合适的现象，并保持合适的凝结速度和水化热等。

②粗骨料一般应优先选用卵砾石，并宜用粒径 5~40mm 连续集配的石料。钢筋混凝土导管灌注时，其最大粒径不得大于钢筋最小净距的 1/3，且不大于 5cm。

③首批混凝土出料时应作坍落度测定，并检查混凝土配比。

④冬季施工（室外日平均气温连续 5 天低于 5℃）拌制混凝土时，骨料中不得带有冰、雪及冻团，拌和时间应比规定的时间延长 50%。灌注的混凝土温度以 10~20℃为宜。

⑤高温施工时（当室外气温稳定高于 30℃时），混凝土应加入适量的缓凝剂或缓凝减水剂，以调整混凝土的凝结时间。灌注前的混凝土温度以不超过 35℃为宜。灌注时间一般不宜超过 3h，若灌注时间较长，在使用缓凝剂的同时还可以在保持水灰比不变的条件下，增大水及水泥的加量。灌注结束后，应及时进行养护，保持桩头有一定的湿度。

（3）混凝土灌注注意事项。第二次清孔完毕，检查合格后应立即进行混凝土灌注，其时间间隔不宜大于 30min。首批混凝土灌注后，混凝土应连续灌注，严禁中途停止。在灌注过程中，应经常测探井孔内混凝土面的位置，及时调整导管埋深，灌注过程中导管埋深宜控制在 2~6m。严禁导管提出混凝土面，应有专人测量导管埋深及管内外混凝土面的高差，填写混凝土灌注记录。在灌注过程中，应时刻注意观测井孔内泥浆返出情况，倾听导管内混凝土下落声音，如有异常必须采取相应的处理措施。在灌注过程中宜使导管在一定范围内上下窜动，不可左右摇摆，防止因导管刮碰钢筋笼，在提升导管时带出笼子。为保证桩顶质量，混凝土液面标高应高于设计桩顶标高 0.8~1.0m。灌注结束前，测量混凝土液面是否满足设计超灌高度要求。

在全护筒旋挖灌注桩灌注过程中，如孔深较深时未分段灌注，护筒内混凝土重量较大会导致护筒难以拔出。此时就需要分节拔出护筒。具体步骤是：先拆除漏斗，然后用旋挖钻机钻杆吊起导管（保证导管埋入混凝土液面内 2~6m 前提下），将护筒分节拔出后，再将导管架重新置于井口上，钻杆缓缓下降直至导管凸出边缘卡在架口上，摘下钢丝绳，重新安装漏斗后继续灌注。

2.14.5 工艺质量要点识别与控制

灌注桩混凝土灌注施工工艺质量要点识别与控制见表 2.14.1。

表 2.14.1 混凝土灌注施工工艺质量要点识别与控制

控制项目	识别要点	控制标准	控制措施
主控项目	导管	按操作规程要求进行控制	导管壁厚 ≥ 3mm，直径宜为 200~300mm，底管长度不得小于 4m，分节长度根据工艺要求确定。 水下混凝土灌注时，导管底部至孔底的距离宜 300~500mm。导管使用前应试拼装、试压，试水压可取为 0.5~0.7MPa；每次混凝土灌注后应对导管内、外进行清洗。 灌注过程中，严禁将导管提出混凝土面，控制提拔导管速度，做好水下混凝土灌注记录；施工过程中导管只许上下升降，不得左右移动。 应有足够的混凝土储备量，导管一次埋入混凝土灌注面下不应少于 800mm；导管埋入混凝土深度宜为 2~6m；灌注混凝土必须连续施工，每根桩的灌注时间应按初盘混凝土的初凝时间控制，做好混凝土灌注记录，并由责任人签字、确认

表 2.14.1（续）

控制项目	识别要点	控制标准	控制措施
主控项目	孔底沉渣	支护桩 ≤ 200mm	成孔后必须进行孔底沉渣清理，清渣合格后应尽快完成下笼和混凝土浇筑； 清渣合格后，若未能及时下笼灌注，应在下笼灌注前再次进行沉渣清理； 清渣时应选择专用钻具（平底钻等）清理，保证清渣效果，同时避免清渣进尺造成超挖
	混凝土质量要求	根据设计要求进行控制	现场灌注混凝土前，应按要求留好试样送实验室进行检测，检验混凝土质量是否满足设计要求，若发现存在一定的质量问题，及时与混凝土站进行沟通。 调查该阶段的其他成孔混凝土是否存在问题；现场留好首次混凝土报告，做好存档记录。 水下灌注：配合比根据实验确定；粗骨料粒径宜小于40mm；3h内灌注完成；适度掺入外加剂（对混凝土质量要求：水下不分离、自密实性、低泌水性）
一般项目	混凝土超灌标高	水下灌注 0.8~1.0m	灌注混凝土时记录好钢筋笼长、孔深等数据，根据具体施工情况合理测算充盈系数，保证超灌标高满足要求，避免混凝土浪费或桩混凝土标高不足； 施工过程应经常测量混凝土液面高度，在灌注完成前确认混凝土液面满足超灌高度后，方可停止灌注
	养护	≥ 7d	记录混凝土灌注初始及结束时间；施工过程中要对成桩进行保护，避免周边有较大震动、冲击等作用对桩身质量产生较大影响

2.14.6 工艺安全风险辨识与控制

灌注桩混凝土灌注施工工艺安全风险辨识与控制见表 2.14.2。

表 2.14.2 灌注桩混凝土灌注施工工艺安全风险辨识与控制

事故类型	辨识要点	控制措施
吊车倾覆	使用吊车的支撑地面未经处理，松软不平，支腿不牢固	支撑应位于坚实地面处，应加垫块，支腿应牢固
起重伤害	吊装安全巡检	吊装施工前对吊索、吊具进行检查及验收； 吊装作业过程中，严格控制作业半径内无其他设备作业； 起重吊装作业必须设置警戒区域，严禁人员进入
高处坠落	混凝土浇筑完毕后，孔口无防护	混凝土浇筑完毕后，应及时在桩孔位置回填土方或加盖盖板

2.14.7 工艺重难点及常见问题处理

灌注桩混凝土灌注施工工艺重难点及常见问题处理见表 2.14.3。

表 2.14.3 灌注桩混凝土灌注施工工艺重难点及常见问题处理

工艺重难点	常见问题	原因分析	预防措施和处理方法
钢筋笼	钢筋笼上浮	导管偏移刮碰钢筋笼；全护筒钻机起拔套管时刮碰钢筋笼；混凝土浇筑速度过快，将笼子顶起	在灌注导管不可左右摇晃，防止刮碰钢筋笼；全护筒钻机起拔套管时要垂直起拔，避免左右摇晃导致刮碰钢筋笼导致钢筋笼上浮；浇筑混凝土应连续、匀速
	钢筋笼下沉	全护筒钻机起拔护筒时旋转，护筒壁刮碰钢筋笼，导致钢筋笼变为麻花状后下降；混凝土早凝，护筒连携混凝土带动钢筋笼旋转导致下沉	全护筒钻机起拔护筒时应尽量不旋转，确实起拔有困难，则在顺逆方向交替旋转护筒后再垂直拔出
桩身质量夹渣或断桩	桩身混凝土强度低或离析	施工现场混凝土配合比控制不严、搅拌时间不够和水泥质量差	严格把好进场混凝土的质量关，观察混凝土的和易性，测量好坍落度
	夹渣或断桩	初灌混凝土量不够，造成初灌后埋管深度太小或导管底部没有深入混凝土内；混凝土灌注过程拔管长度控制不准，导管拔出混凝土面；混凝土初凝和终凝时间太短，或灌注时间太长，使混凝土上部结块，造成桩身混凝土夹渣	计算好初灌量，使用适配的漏斗，保证导管在初灌混凝土灌入后埋深≥800mm；混凝土灌注过程中必须有专人测量和计算混凝土液面与导管之间的关系，保证导管埋深始终在 2~6m；监督商品混凝土厂家的混凝土质量与配合比，缩短灌注时间，补灌混凝土及时
熟悉地层情况	混凝土离析、塌孔、夹渣	地质条件中是否有承压水、局部岩层裂隙水、极软弱的土层、泡水易软化的土层等	桩基施工前，应对施工场地的勘察报告进行分析

2.15 预制桩静压施工

2.15.1 工艺介绍

2.15.1.1 工艺简介

预制桩静压施工是静力压桩机以压桩机自重及桩架上的配重作为反力，克服压桩过程中的桩侧土的摩阻力和端阻力，将预制桩压入土中的一种压桩工艺。当预制桩在竖向静压力作用下沉入土中时，桩周土体发生急速而激烈的挤压，土中孔隙水压力急剧上升，土的有效应力及抗剪强度大大降低，从而使桩身快速下沉。

2.15.1.2 适用条件

适用于地下室周边相对空旷，但对振动、噪声有较高要求的城市基坑工程。

适用于素填土、淤泥（淤泥质土）、黏性土、粉土、砂土、全风化岩层等中软地层。

2.15.1.3 工艺特点

预制桩具有成本低、施工效率高、节能、环保、低碳等突出优点，但作为基坑工程支护桩，也存在水平刚度及抗力偏低、地层适应性稍差等弱点，目前在基坑工程中应用还不算广泛，但因优点突出，随着生产型号的改进，基坑设计水平的不断更新，施工设备及工艺的进步，其应用前景必将越来越好。

预制桩锤击施工与静压对比见表 2.15.1。

表 2.15.1　预制桩锤击施工与静压施工特点对比

分类	优点	缺点
锤击施工	①预制桩锤击施工除锤头外自身重量基本保持不变，自重在百吨以内，对场地的适应性更强。 ②锤击施工不需要其他辅助材料和设备，成本较低。 ③锤击比静压有更大的穿透力，更容易穿透相对坚硬的硬土层，达到理想的深度	有油烟、噪声、振动等污染，故在城市内使用受限，且锤击质量不易把控，易出现斜桩、断桩、爆桩风险
静压施工	①对桩无破坏、施工无噪声、无振动、无冲击力、无污染，可以 24h 连续施工，缩短建设工期。 ②由于送桩器与工程桩桩头的接触面吻合较好，送桩器在送桩过程中不会左右晃动和上下跳动，因而可以送桩较深，基础开挖后的截桩量少	①自重大，对施工场地的要求较高，在新填土、淤泥土及积水浸泡过的场地施工易陷机； ②设备尺寸较大，施工工作面要求高； ③过大的压桩力（夹持力）易将预制桩桩身夹破夹碎，使预制桩出现纵向裂缝

2.15.1.4 预制桩类型

预制桩包括预制管桩、预制方桩、预制板桩等，用作基坑支护最为常用的预制桩为预制管桩。本章介绍的主要是预制管桩静压施工。

2.15.2 设备选型

2.15.2.1 静力压桩机分类

静力压桩机按压桩施工方式可分为顶压式、抱压式、前压式等三种。

（1）顶压式压桩机。顶压式压桩机也称中压式压桩机，是最早的基本机型，现在较少使用。

（2）抱压式压桩机。抱压式压桩机也称箍压式压桩机，较常见。其为新发展的机型，行走机构为新型的液压步履式，以电动液压油泵为动力，常用型号中，静压力最大一般可达 6000kN，压桩施工可不受压柱高度的限制，尽量采用长桩，减少预制桩节数，提高了工效。但因不能自行插桩就位，施工中需配置辅助吊机。由于受桩架底盘尺寸的限制，于邻近建筑物附近处压桩施工时，需保证 3m 以上的施工距离。

（3）前压式压桩机。最新的压桩机型，其行走机构有步履式和履带式。压桩施工中，履带式压桩机均可自行插桩就位，尚可作 360° 旋转。由于前压式压桩机的压桩高度较高，通常施工中的最大桩长可达 20m；但由于其偏心受力，静压力最大一般为 1500kN。另外，由于不受桩架底盘的限制，可在邻近建筑物处进行压桩施工。

2.15.2.2 静力压桩机设备选型

静力压桩机械设备宜采用液压式压桩机。桩机型号应根据地质条件、桩型以及桩径在表 2.15.2 中选用，并应符合下列规定：

①压桩机最大压桩力应小于压桩机的机架重量和配重之和的 0.8 倍，不得在浮机状态下施工；

②采用顶压式压桩机时，桩帽或送桩器与桩之间应加设弹性衬垫；

③采用抱压式压桩机时，夹持机构中夹具应避开桩身两侧合缝的位置；

④压桩机的选择还应综合考虑夹持机构应适应桩截面形状，且桩身混凝土不发生夹裂现象，并应满足现场施工作业条件要求。

表 2.15.2 常用静力压桩机

压桩机型号（自重）/t	参考设备大小（工作长×工作宽×运输高）/mm	最大压桩力/kN	适用的管桩规格（直径）/mm	适用的预制方桩边长/mm	单桩极限承载力/kN	桩端持力层	桩端持力层标贯击数	穿透中密、密实砂层厚度/m
100	7195×4000×3560	1000		200~350	300~1000	稍密~中密砂层、硬塑~坚硬黏土层	10~20	约1.5
160~180	8140×4600×3750	1600~1800	300~400	250~400	1000~2000	中密~密实砂层、硬塑~坚硬黏土层	20~25	约1.5
240~280	11800×6200×3100	2400~2800	300~500	300~450	1700~3000	密实砂层、坚硬黏土层、全风化岩层	20~35	1.5~2.5
300~360	13260×6530×3200	3000~3600	400~500	350~500	2100~3800	密实砂层、坚硬黏土层、全风化岩层	30~40	2~3
400~460	13400×7310×3200	4000~4600	400~550	400~500	2800~4600	密实砂层、坚硬黏土层、全风化岩层、强风化岩层	30~50	2~4

表 2.15.2（续）

压桩机型号（自重）/t	参考设备大小（工作长 × 工作宽 × 运输高）/mm	最大压桩力/kN	适用的管桩规格（直径）/mm	适用的预制方桩边长/mm	单桩极限承载力/kN	桩端持力层	桩端持力层标贯击数	穿透中密、密实砂层厚度/m
500~600	13500 × 7860 × 3242	5000~6000	500~600	450~500	3500~5500	密实砂层、坚硬黏土层、全风化岩层、强风化岩层	30~55	3~5
800~1000	15510 × 9060 × 3300	8000~10000	500~800	500	4000~6000	密实砂层、坚硬黏土层、卵石层、全风化岩层、强风化岩层	35~60	4~6

2.15.2.3 压桩机资料

①压桩机型号、机架重量（不含配重）、整机的额定压桩力等；

②压桩机的外形尺寸及拖运尺寸；

③压桩机的最小边桩距及压边桩机构的额定压桩力；

④长、短船型靴履的接地压力；

⑤夹持机构的形式；

⑥液压油缸的数量、直径，率定后的压力表读数与压桩力的对应关系；

⑦吊桩机构的性能及吊桩能力。

液压静力压桩机的外形如图 2.15.1 所示。

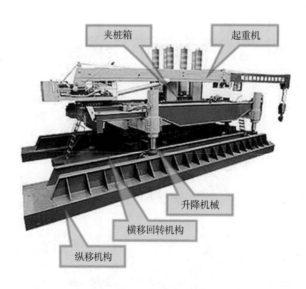

图 2.15.1 液压静力压桩机

2.15.3 施工前准备

2.15.3.1 人员配备

（1）机长：负责预制桩施工现场协调、过程管理工作。每班一般配备1名机长。

（2）压桩操作工人：负责静压设备操作及原始数据记录。每班一般配备2名压桩操作工人。

（3）指挥员：负责预制桩吊运及桩体垂直度调整指挥。每班一般配备1名指挥员。

（4）电焊工：负责预制桩焊接。每班一般配备2名电焊工。

（5）测量人员：负责桩身垂直度和桩顶标高控制。每班一般配备1名测量员。

（6）电工：负责施工现场用电设备安装，用电线路的安全检查及维修。一般配备1名电工。

（7）机械维修工：负责现场所有设备维修保养。一般配备1名机械维修工。

2.15.3.2 辅助设备

（1）运输车：配合预制桩进场运输。

（2）吊车：配合吊运预制桩。

2.15.3.3 场地条件

（1）应充分了解进场线路及施工现场周边建筑（构筑物）状况，净空距离应符合相关安全规范要求，避免施工过程中影响邻近建筑（构筑物）安全。

（2）静压桩机正常施工时场地施工作业面宽度不小于12m，桩心到作业面边缘宽度不小于6m；若采用边桩器施工，作业面宽度不小于4.8m，桩心到作业面边缘宽度不小于2.4m。

（3）地面平整度和场地承载力应满足静压机正常使用和安全作业的场地要求。桩机移动路线上，地面坡度应满足施工要求，场地地面（地基）承载力应满足选取的静力桩机使用要求，当场地承载力不满足要求时，应采取换填等有效保证措施。

（4）应查明施工场地范围内的地下管线埋设情况，特别是桩位及附近的地下管线。应及时沟通建设单位协调相关管线产权单位进行迁改或采取保护措施，具体保护措施应满足相关规范要求。正式施工前，应采用物探或槽探法对管线位置进行再次确认。

2.15.3.4 安全技术准备

（1）项目技术负责人组织质量员、施工员、技术人员等熟悉、审查图纸且做好记录，并根据图纸要求、相关规范及现场实际情况编制安全技术方案。

（2）项目技术负责人对管理人员及作业人员进行技术安全交底，项目生产负责人编制材料、机械设备、工具、用具及各技术工种劳力进场计划。安全负责人对进场工人进行三级安全教育等。

（3）由测量队引进坐标、水准点并设置控制点，做好保护。

2.15.4 工艺流程及要点

2.15.4.1 工艺流程

静力压桩的施工工艺流程如图2.15.2所示。

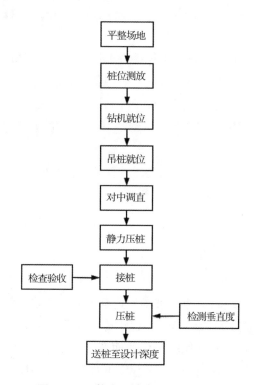

图2.15.2 静力压桩施工工艺流程

2.15.4.2 工艺要点

（1）平整场地：施工前应对场地进行整平；铺垫好进出施工区域的道路。若局部地基土松软不能满足压桩机正常施工的需要，应对场地进行压实处理、换填等有效保证措施。同时合理布置施工机械、水力线路和电力线路位置，确保施工场地的"三通一平"。

（2）桩位测放及复核：预制桩按施工图断面分区段施工，场地平整后由测量班组进行控制放样。可使用仪器精确放样出支护桩轴线拐角点（插入钢钎）作为控制点，现场技术员根据布置图及控制点进行布桩，并在桩位处四周撒白灰或绑红色布条等，使桩位地面标识明显。放样后重新将支护桩轴线，与设计图纸进行对比复核。

（3）桩机就位：静压桩机应按设计好的行走路线，利用桩机行走装置移动行走就位，行走过程中要保持机架底盘平稳，桩机就位后将行走油门关闭，然后将机架底盘调到水平固定。桩机就位后，用水平尺校正平台，确保机座水平，并检查桩机的桩孔中心对正桩位标志。调平桩机水平，使夹桩器、桩顶与桩尖三点在同一直线上。

（4）吊桩就位：采用静压桩机自带的吊机取桩，预制桩应就近堆放，便于吊桩。距桩端1m左右用双钢丝绳扣绑紧预制桩，双绳扣用钢丝绳通过横担上的滑轮与吊钩连接，保证预制桩吊起后处于平稳的直立状态。将预制桩缓缓送入桩机夹持器并抱紧预制桩。利用桩机上附属起重钩吊桩就位，吊点设置在距桩上端 0.3L（L 为桩长）。启动纵向和横向行走油缸，将预制桩对准桩位（见图 2.15.3）。

（5）对中调直：验收合格后进行植桩。植桩的要点是将桩尖对准桩位中心，其偏差不大于 10mm。用经纬仪从相互垂直的两个方向检查桩身垂直度，满足要求后使桩身入土。开动压机油缸将桩压入土中 1m 左右后停止压桩。从桩的两个正交侧面用两台经纬仪校正桩身垂直度，将桩身垂直度控制在 1% 之内，第一节桩是否垂直是保证桩身质量的关键。压桩速度控制在 0.03m/s 左右。

图 2.15.3 吊桩就位

（6）静力压桩：通过夹持油缸将桩夹紧，然后使压桩油缸伸程，将压力施加到桩上，压入力由压力表反映。在压桩过程中要认真记录桩入土深度和压力表读数的关系。当压力表读数突然上升或下降时，要停机对照地质资料进行分析，看是否遇到障碍物或产生断桩情况等。施压过程中，注意观察桩身情况，确保轴心受力，若有偏心，及时较正，压桩连续间歇时间不得超过 1h。在压桩、接桩过程中，必须对桩身垂直度和端面的平整度进行严格控制，保证首节桩垂直度偏差不大于 1%，压桩机调至水平。严禁桩机在施工过程中移位，每根桩应连续压到底。接桩、送桩过程中不得无故停歇，尽量缩短休歇的时间。

压桩过程中若出现压桩力突变，桩身位移、倾斜、桩周涌水、地表严重隆起或桩身破坏应立即停压，查明原因，进行必要的处理后方可继续施工。

（7）接桩：焊接接桩为基坑施工时最常见的接桩方式。第一节桩压入地面后，上端距地面 1m 时应停止压桩，起吊第二节桩准备接桩。桩对接前，上下端板表面应采用铁刷子清刷干净，坡口处应刷至露出金属光泽，上下节桩之间的间隙，应用铁板填实焊牢。第二节桩经人工微调与第一节桩保持顺直，错位偏差不大于 2mm。宜先在坡口圆周上对称点焊 4~6 点，待上、下节桩固定后再分层焊接，焊接宜对称进行。焊接层数不得少于 2 层，内层焊必须清理干净后方可施焊外层，焊缝应连续、饱满。焊接接头要在自然冷却后才可继续压桩，冷却时间不宜少于 6min，严禁浇水冷却或焊好后立即压桩。接桩侧面处防腐：涂冷底子油两遍，沥青胶泥两遍。

预制桩的连接还可采用机械连接，其间隙应采用沥青填料填满。采用机械螺纹接头接桩时，卸下上、下节桩两端的保护装置后，应清理接头残留物；采用专用接头锥度对中，对准上下节桩后，旋紧连接；采用专用链条式扳手旋紧，锁紧后两端板尚应有 1~2mm 的间隙。采用机械啮合接头接桩时，连接处的桩端端头板必须先清理干净，把满涂沥青涂料的连接销用扳手逐根旋入管桩带孔端板的螺栓孔内，并用钢模型板检测调整连接销的方位；剔除下边已就位管桩带槽端板连接槽内填塞的泡塑保护块，在连接槽内注入不少于 0.5 倍槽深的沥青涂料，并沿带槽端板外周边抹上宽度 20mm、厚度 3mm 的沥青涂料，当地基土、地下水具有中等以上腐蚀性时，带槽端板板面应满涂沥青涂料，厚度不应小于 2mm。

将上节管桩吊起，使连接销与带槽端板上的各个连接口对准，随即将连接销插入连接槽内；加压使上、下桩节的桩端端头板接触，接桩完成。

预制桩施工应避免在桩尖接近密实砂土、碎石、卵石等硬土层时进行接桩。

（8）压桩：同上述静力压桩步骤。

（9）送桩至设计深度：送桩采用专制钢质送桩器配合施工。送桩时采用标高控制，严格控制送桩深度，保证桩底标高符合设计要求。压桩全过程现场应有完整的记录，内容包括桩号、实际送桩标高与设计桩顶标高正负差值、压桩过程的异常情况等。

2.15.5 工艺质量要点识别与控制

预制桩静压施工工艺质量要点识别与控制见表 2.15.3。

表 2.15.3 预制桩静压施工工艺质量要点识别与控制

控制项目	识别要点	允许值或允许偏差	控制措施
主控项目	桩身完整性	设计要求	压桩过程中若出现桩身位移、倾斜、桩身断裂应立即停压，查明原因，进行必要的处理后方可继续施工，保证桩身完整性
	压桩桩长	设计要求	沉桩达不到设计要求，应查明原因，必要时采取引孔、增加桩尖等措施
	桩位偏差	≤ 50mm	①提高预制桩的定位精度，施放点位时设置引桩，避免桩位发生较大偏差，对后序施工带来不便； ②桩位测放完成后，在压桩前和压桩过程中进行复测和检查，确保桩位准确无误
	垂直度	≤ 1%	①施工前，应对施工区域进行场地平整；桩机就位后，用水平尺校正平台，确保机座水平，并检查桩机的桩孔中心对正桩位标志。 ②调平桩机水平，使夹桩器、桩顶与桩尖三点在一直线上；施工过程中应通过专门检测仪器进行垂直度检测。 ③对垂直度要求严格或地层复杂易偏的桩，在施工过程中可以适当增加垂直度检测次数

表 2.15.3（续）

控制项目	识别要点	允许值或允许偏差	控制措施
一般项目	桩成品质量	表面平整，颜色均匀，掉角深度小于 10mm，蜂窝面积小于总面积的 0.5%	①材料进场后，应检查产品合格证； ②注意看看端板有没有空鼓、端板的厚度是否满足要求； ③可采用淋水检查预制桩桩身是否有裂缝
	桩顶标高	±50mm	①预制桩压到桩顶设计标高附近后； ②用水准仪测量；在接近设计标高时，应增加测量频率
	控制配桩精度	设计要求	第一根桩按勘察报告（直接在勘察钻孔紧邻位置打桩）配桩，操作手应提前了解该位置的地质情况，注意感受不同地层下设备的反馈；第二根则根据第一根桩的经验手感进行调整。 对于配桩精度的把握，设备操作手起关键作用（必要时应进行试打桩）

2.15.6　工艺安全风险辨识与控制

预制桩静压施工工艺安全风险辨识与控制见表 2.15.4。

表 2.15.4　预制桩静压施工工艺安全风险辨识与控制

事故类型	风险辨识	控制措施
车辆伤害	施工作业空间狭窄、地面坡度与起伏较大、场地地表土松软	①施工场地要求平整，施工地面坡度应满足施工要求； ②对场地进行碾压处理、换填等
高处坠落	吊装作业操作不当	施工前对班组进行安全生产宣讲及起重吊装规范操作培训
触电	起重吊装邻近高压电线	确保现场有足够的施工起重安全距离
	焊接中存在用电安全问题	①施工前对班组进行电气作业安全培训； ②使用安全电压，电气设备设置安全保护装置等
其他伤害	桩位处地下管线及障碍资料不明	①收集详细、准确的地质和地下管线资料； ②按照施工安全技术措施要求，做好防护或迁改
	桩身存在质量问题	进入施工现场的预制桩不仅要检查其产品合格证、产品说明书和相应的质量检查报告是否符合设计要求或相关规定，还应对桩身进行外观质量检查
	施工作业顺序安排不当	①根据桩的密集程度，打桩顺序分为：从两侧向中间打设，由中间向两侧打设，分段打设等； ②按桩的设计标高先深后浅的顺序施打：桩的规格，埋深，长度不同时，宜按先大后小，先深后浅，先长后短的顺序施打； ③当桩头高出地面时，桩机宜往后退打，反之可往前顶打

2.15.7 工艺重难点及常见问题处理

预制桩静压施工工艺重难点及常见问题处理见表 2.15.5。

表 2.15.5 预制桩静压施工工艺重难点及常见问题处理

工艺重难点	常见问题	原因分析	预防措施及处理方法
桩位控制	桩位偏差	桩位测放不准	①提高预制桩的定位精度，施放点位时设置引桩，避免桩位发生较大偏差，对后序施工带来不便； ②桩位测放完成后，在压桩前和压桩过程中进行复测和检查，确保桩位准确无误，事后可进行补桩或报设计单位复核； ③如偏差较大可进行补桩或报设计单位复核
垂直度控制	桩身偏斜	地面软弱或软硬不均匀	施工前应先将场地夯实平整，对地基土进行碾压处理、换填等有效保证措施
		静压桩机就位安装不平	桩机就位后，用水平尺校正平台，确保机座水平，并检查桩机的桩孔中心对正桩位标志。调平桩机水平，使夹桩器、桩顶与桩尖三点在一直线上
		地面下有障碍物	压桩施工前将地面下块石等障碍物彻底清理干净
		桩的挤偏、隆起	采取跳桩顺序施工并调整压桩速度；桩边先引小的消散孔或采用长螺旋引孔工艺
压桩深度控制	压桩深度达不到设计标高	桩尖碰到了局部的较厚夹层或其他硬层	施工前应将桩位下面地下障碍物，如旧墙基、条石、大块混凝土等清理干净，必要时用钎探检查，也可采取引孔、增加桩尖等措施施工
		中断压桩的时间过长	①事前做好应急处理方案；施工前检查机械设备、电力线路供应等； ②设备故障致使压桩突然中断时，应及时维修设备；接桩时应快速准确，避免中断压桩时间拖长
成品保护	预制桩破坏	挖土和运土机械设备碰撞、行驶破坏	①开挖时应注意保护测量控制定位桩、轴线桩、水准基桩，防止被挖土和运土机械设备碰撞、行驶破坏。 ②开挖注意保护预制桩桩头及桩身，保证桩身完整性，必要时可进行补桩处理

2.16 预制桩锤击施工

2.16.1 工艺介绍

2.16.1.1 工艺简介

预制桩锤击施工是指在预制桩沉桩过程中，利用各种桩锤（包括落锤、蒸汽锤、柴油锤、液压锤和振动锤等）的反复跳动冲击力和桩体的自重，克服桩身的侧壁摩阻力和桩端土层的阻力，将桩体沉到设计标高的一种施工方法。

2.16.1.2　适用地质条件

适用于黏性土、砂土、粉土、残积土、全风化岩、土状强风化岩等地层。

2.16.1.3　工艺特点

锤击桩施工工艺特点可参考 2.15.1 节的内容，预制桩锤击施工与静压施工特点对比见表 2.15.1。

2.16.2　设备选型

2.16.2.1　桩锤的选用

桩锤有落锤、汽锤、柴油锤、振动锤等，其使用条件和适用范围可参考表 2.16.1。

表 2.16.1　桩锤适用范围参考表

桩锤种类	工作原理	优缺点	适用范围
落锤	用人力或卷扬机拉起桩锤，然后自由下落，利用锤重夯击桩顶使桩入土	①构造简单，使用方便；②冲击力大，能随意调整落距；③锤击速度慢（6~20 次/min），效率较低	适用于打细长尺寸的混凝土桩，除一般土层外，在黏土、含有砾石的土层中均可使用
单动汽锤	利用蒸汽或压缩空气的压力将锤头上举，然后自由下落冲击桩顶	①结构简单，落距小；②对设备和桩头不易损坏；③打桩速度及冲击力较双动汽锤小，效率较慢	适于打各种桩
双动汽锤	利用蒸汽或压缩空气的压力将锤头上举及下冲，增加夯击能量	①冲击次数多，冲击力大；②工作效率高；③设备笨重，移动较困难	适于打各种桩，并可用于打斜桩，使用压缩空气时，可用于水下打桩，可用于拔桩，吊锤打桩
柴油锤	利用燃油爆炸，推动活塞，引起锤头跳动夯击桩顶	①附有桩架、动力等设备，不需要外部能源；②机架轻，移动便利，打桩快，燃料消耗少；③桩架高度低，遇硬土或软土不宜使用	最适于打钢板桩、木桩，在软弱地基施工时，施工桩长受限
振动锤	利用偏心轮引起激振，通过桩帽传到桩上	①沉桩速度快，适用性强；②施工操作简易安全，能打各种桩，并能帮助卷扬机拔桩；③不适于打斜桩	在常规地基下，适于打长度在 15m 以内的打入式灌注桩。适于粉质黏土、松散砂土、黄土和软土，不宜用于岩石、砾石和坚硬的黏性土地基
射水沉桩	利用水压力冲刷桩尖处土层，再配以锤击沉桩	①可用于坚硬土层，打桩效率高，桩不易损坏；②施工时所需的辅助配套设备较多，施工便利性差；③不宜用于邻近建筑物或地层存在深厚黏性土的情况，且不能用于打斜桩	常用锤击法联合使用适于打大截面混凝土空心管桩。可用于多种土层，而以砂土、砂砾土或其他坚硬的土层最适宜。不能用于粗卵石、极坚硬的黏土层或厚度超过 0.5m 的泥炭层

2.16.2.2 常用桩锤的技术性能

（1）柴油锤。柴油锤又分导杆式和筒式两类，其中以筒式柴油锤使用较多，它是一种气缸固定活塞上下往复运动冲击的柴油锤，其特点是柴油在喷射时不雾化，只有被活塞冲击才雾化，其结构合理，有较大的锤击能力，工作效率高，还能打斜桩。

桩锤目前多采用柴油锤，锤重可根据工程地质条件，桩的类型、结构、密集程度以及现场施工条件参照表2.16.2选用。

表 2.16.2　锤重选择表

锤型		柴油锤 /t					
锤的动力性能	冲击部分重 /t	2.0	2.5	3.5	4.5	6.0	7.2
	总重 /t	4.5	6.5	7.2	9.6	15.0	18.0
	冲击力 /kN	2000	2000~2500	2500~400	4000~5000	5000~7000	7000~10000
	常用冲程 /m	1.8~2.3	1.8~2.3	1.8~2.3	1.8~2.3	1.8~2.3	1.8~2.3
适用的桩规格	预制方桩、预应力管桩的边长或直径 /cm	25~35	35~40	40~45	45~50	50~55	55~60
持力层	黏性土粉土 一般进入深度 /m	1~2	1.5~2.5	2~3	2.5~3.5	3~4	3~5
	黏性土粉土 静力触探比贯入阻力 p_s 平均值 /MPa	3	4	5	>5	>5	>5
	砂土 一般进入深度 /m	0.5~1	0.5~1.5	1~2	1.5~2.5	2~3	2.5~3.5
	砂土 标准贯入击数 N（未修正）	15~25	20~30	30~40	40~45	45~50	50
锤的常用控制贯入度（10击）/cm			2~3		3~5	4~8	

注：本表仅供柴油锤的选用。

（2）汽锤。汽锤是以饱和蒸汽为动力，使锤体上下运动冲击桩头进行沉桩。具有结构简单，动力大，工作可靠，能打各种桩等特点，但需配备锅炉，移动较麻烦，目前已很少应用。

汽锤有单动、双动两类，双动汽锤的技术性能如表2.16.3所示。

表 2.16.3 双动蒸汽锤的技术性能

性能指标	型号					
	CCCM–703	C–35	C–32	CCCM–742A	BP–28	C–231
总锤重 /kg	2968	3767	4095	4450	6550	4450
冲击部分重量 /kg	680	614	655	1130	1450	1130
冲程 /mm	406	450	525	508	500	508
冲击能 /N·m	9060	10830	15880	18170	25000	18000
冲击次数 / 次·min^{-1}	123	135	125	105	120	105
需压缩空气 /m^3·min^{-1}	12.74	12.75	17	17	30	17
锤的外形尺寸（高）/mm	2491	2375	2390	2689	3190	2765
锤的外形尺寸（长）/mm	560	650	632	660	650	660
锤的外形尺寸（宽）/mm	710	710	800	810	1003	810

（3）振动锤。振动锤有三种型式，即刚性振动锤、柔性振动锤和振动冲击锤，其中以刚性振动锤应用最多，效果最好。其常用技术性能如表 2.16.4 所示。振动锤具有沉桩、拔桩两种作用，在桩基施工中应用较多，多与桩架配套使用，亦可不用桩架，起重机吊起即可工作，沉桩不伤桩头，无有害气体。

表 2.16.4 电动振动锤的技术性能

型号	电机功率 / kW	偏心力矩 /N·m	偏心轴转速 /r·min^{-1}	激振力 /kN	空载振幅 /mm	容许拔桩力大小 /kN	桩锤全高 /mm	桩锤振动重力 / kN	导向中心距 /mm
DZ15	15	50~166	600~1500	67~125	<3	0.60	≤ 1600	≤ 22.00	330
DZ30	30	100~375	500~1500	104~251	<3	0.80	≤ 2000	≤ 30.00	330
DZ40	40	133~500	500~1500	139~335	<4	1.00	≤ 2300	≤ 36.00	330
DZ60	60	200~750	500~1500	209~503	<4	1.60	≤ 2700	≤ 50.00	330
D290	90	500~2400	400~1100	429~6975	<5	2.40	≤ 3400	≤ 70.00	330
DZ120	120	700~2800	400~1100	501~828	<8	3.00	≤ 3800	≤ 90.00	600
DZ150	150	1000~3600	400~1100	644~947	<8	3.00	≤ 4200	≤ 110.00	600
DZF40Y	40	0~3180		14.5~25.6	<13.5	1.00	≤ 3100	≤ 34.00	

2.16.2.3　桩架选用

桩架为打桩的专用起重和导向设备，其作用主要是：起吊桩锤和桩或插桩，给桩导向，控制和调整沉桩位置及倾斜度，以及行走和回转方式移动桩位。按行走方式的不同，桩架可分为轨道式、步履式、悬挂式等（见图 2.16.1~ 图 2.16.3）。

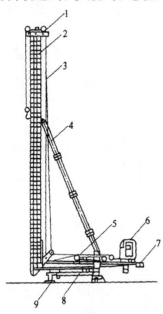 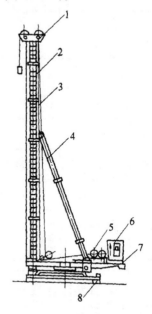

图 2.16.1　轨道式打桩架

1—顶部滑轮组；2—立柱；
3—锤和桩起吊用钢丝绳；4—斜撑；
5—吊锤和桩用卷扬机；6—操作室；
7—配重；8—底盘；9—轨道

图 2.16.2　步履式打桩架

1—顶部滑轮组；2—立柱；
3—锤和桩起吊用钢丝绳；4—斜撑；
5—吊锤和桩用卷扬机；6—操作室；
7—配重；8—步履式底盘

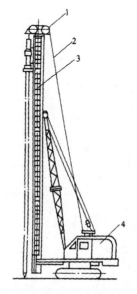

图 2.16.3　悬挂式履带打桩架

1—顶部滑轮组；2—锤和桩起吊用钢丝绳；3—立柱；4—履带式起重机

桩架的选用主要根据以下几个因素确定：①所选定的桩锤的形式、质量和尺寸；②桩的材料、材质、截面形式与尺寸、桩长和桩的连接方式；③桩的种类、桩数、桩的布置方式；④作业空间、打入位置；⑤打桩的连续程度与工期要求。

2.16.3　施工前准备

2.16.3.1　现场准备

（1）平整场地，清理地面及地下障碍物。沉桩施工前，必须对整个作业区进行场地清理，平整后的场地其地面坡度不宜大于1/100，地基承载力应满足设备行走的需要，施工点与建筑物距离宜大于1.5倍桩深。

（2）高程控制点引测。

①根据桩设计图纸和建设单位提供的高程控制基准点，采用测量工具测放出桩位中心位置，并设置桩位十字交叉控制点，以便校准桩位中心。同时做好平面和高程控制网的相关资料，经有关部门认可后作为竣工、交工的技术资料。

②用醒目的方法标志出桩的位置，方便施工。

2.16.3.2　各种资源准备

（1）施工机具的准备。组织施工机械设备进场，并组织人员进行检查、组装和维护保养，使设备处于良好的工作状态，以保证施工正常进行。

打桩机械：桩机配有1套附属设备（支架、导向杆、起吊设备、动力设备、移动装置等），1个柴油锤。

桩机组装的要求：应严格按照出厂使用说明书规定程序进行，组装的场地应平坦坚实，当地基承载力达不到规定的强度时，应在机架钢轨枕木下铺设钢板。打桩机的内燃机应指定专业人员进行工作调试，主机的行走、回转、起重、液压制动系统以及各种安全防护装置（含各种指示仪表）须进行详细检查。

其他机具。

①电焊机：用于桩尖焊接。

②经纬仪（J6或J2）或全站仪：用于桩位放样及观测桩身垂直度。

③水准仪（DS3）或RTK：用于现场场地标高引测及控制桩顶标高。

④汽吊车（15t及以上）：用于桩机拆、装及施工中的卸桩、运桩、吊桩等。

⑤气割设备：用于切割角钢等材料。

⑥替打部分：桩帽、送桩器。

其中，桩帽应有足够的强度，刚度和耐打性；宜做成圆筒型，并设有导向脚与桩架导轨相连，保证与柴油锤的中心线重合；应设有桩垫层和锤垫层两部分。

其中，送桩器的设计要求如下：

a. 送桩器宜做成圆筒形，并有足够的强度，刚度和耐打性。

b. 送桩器长度宜为送桩深度的1.5倍。

c. 送桩器应与预制桩匹配，一般采用套筒式送桩器，套筒深度宜取250~350mm，内径应比预制桩外径大 20~30mm。

　　d. 送桩器上下两端面应平整，且与送桩器中心轴线垂直。

　　e. 送桩器下端面应开孔，使预制桩内腔与外界连通，桩帽、送桩器内应设置缓冲垫，缓冲垫应在桩帽内先盘好三层钢丝绳，并加垫厚 10cm 的圆盘木，木头的竖纹应与桩帽平面垂直，中心部分应有内排气孔，桩帽、送桩器应有足够的强度和刚度。

　　（2）材料。

　　①预制桩：钢筋混凝土预制桩的规格、质量必需符合施工图纸和验收标准的规定，并有出厂合格证明。

　　②焊条：用于桩间节点焊接。

　　③钢板：用于桩机行走铺垫。

　　按照材料计划需用量组织原材料的采购及进场，对进场的原材料核查合格证或质保书，并按规定进行抽检，试验。

　　（3）预制桩场内运输及堆放。

　　①现场堆放时场地应坚实、平整，并采取可靠的防滚、防滑措施。

　　②产品应按规格、类型分别堆放，堆放层数不宜超过 4 层。

　　③装卸时应轻起轻放，严禁抛掷、碰撞、滚落，吊运过程应保持平稳。

　　④吊点数、吊点位置应符合有关规定，通常桩长小于 20m 且大于 10m 的桩采用两点起吊，当桩长小于等于 10m 时，也可采用一点起吊。

　　（4）施工用电准备。临时供电系统布设：场内供电系统线路容量应能满足施工期间所需峰值容量的需求，应保证其稳定和安全（注：多功能桩架打桩机自备电源）。

　　（5）人员配备。每台班由 12 人组成，其中：

　　①前台指挥 1 名，负责前台桩的起吊及喂桩，调整插桩时桩的垂直度（在两台经纬仪的配合下，并指挥桩机移位及桩的定位，及时组织力量排除施工中出现的故障；

　　②后台指挥 1 名，负责后台桩的起吊及运输，并能定时定量确保合格成品桩运至前台处；

　　③桩机司机 1 名，负责桩机的操作及日常维修保养，并按照设计要求的施工工艺，正确操纵机械进行桩的定位，调整桩的垂直度，锤击桩身入土及桩机的移位行走等；

　　④吊机司机 1 名，负责吊机的操作及其日常维修保养。在前、后台的指挥下，正确进行桩的起吊、运输及喂桩；

　　⑤电工 1 名，负责现场全套施工机械电器设备的安装及其安全使用；

　　⑥机修工 1 名，负责现场全套机械的正常运转和维修保养；

　　⑦起重工 2 名，在前后台指挥下，负责桩的起吊运输及喂桩，并配合前后台指挥及桩机司机进行桩的定位；

　　⑧施工员 2 名，负责桩基的定位及校正桩的垂直度，施工中及时作好各种原始记录，并及时解决施工中出现的技术问题；

　　⑨电焊工 2 名，负责桩的焊接并切割角钢等。

2.16.3.3　安全技术准备

（1）项目技术负责人组织质量员、施工员、技术人员等熟悉、审查图纸且做好记录，并根据图纸要求、相关规范及现场实际情况编制安全技术方案。

（2）项目技术负责人对管理人员及作业人员进行技术安全交底，项目生产负责人编制材料、机械设备、工具、用具及各技术工种劳力进场计划。安全负责人对进场工人进行三级安全教育等。

2.16.4　工艺流程及要点

2.16.4.1　工艺流程

锤击桩施工工艺流程如图 2.16.4 所示。

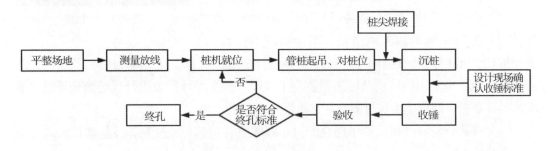

图 2.16.4　锤击桩施工工艺流程

2.16.4.2　工艺要点

（1）平整场地。施工前应对场地进行整平、夯实；铺垫好进出施工区域的道路。同时合理布置施工机械、输送管路和电力线路位置，确保施工场地的"三通一平"。

（2）测量放线。根据设计图纸和建设单位提供的高程控制基准点，可采用 GPS、全站仪等设备测放出桩位的中心位置，并设置桩位十字交叉控制点，以便校准桩位中心。控制点应选在稳固处加，以保护桩免遭破坏，测放桩位偏差不大于 20mm；并在场地醒目位置设置水准点，数量不少于 3 个，标明轴线号。

（3）桩机就位。用线绳拉十字交叉点进行桩头对中，桩帽与桩周边应留 5~10mm 的间隙，锤与桩帽、桩帽与桩顶之间应有相应的弹性衬垫，一般采用麻袋、纸皮或木砧等衬垫材料（见图 2.16.5）。

（4）管桩起吊、对桩位。先拴好吊桩的钢丝绳及索具，然后应用索具捆绑住桩上端约 50cm 处，起动机器起吊预制桩，使桩尖对准桩位中心，插桩必须正直，其垂直度偏差不得超过 0.5%；桩尖焊接的施工要点为：施焊面应清刷干净，对称施焊，电流适中，焊缝密实饱满，不得有施工缺

图 2.16.5　钻机就位、开孔

陷如咬边、夹渣等，施焊完毕需自然冷却不少于 8 分钟后方可施打。

（5）沉桩。打桩时，宜重锤低击，保持桩位和垂直度不出现较大的偏差，打桩顺序按线性排布顺序进行施打。时刻注意预制桩入土情况，并及时做好记录。若预制桩在锤击下行的过程中出现反弹或无法下行，应及时查明原因，若地层情况与地质剖面不符，应及时报请监理现场确认，由设计单位确认是否进行设计变更。避免夜间施工，造成噪声污染，若有间断施工，间隔时间不宜超过 12h（见图 2.16.6）。

图 2.16.6　沉桩

（6）收锤。当桩的桩长和桩底标高达到设计要求时，方可收锤，并移动桩机，准备跳桩施打下一根桩。

（7）验收。验收时，查看施工记录中锤击施工地层情况，并对照锤击施工地层是否与地质剖面一致，验证桩长、桩顶标高、桩身垂直度是否满足设计要求，桩身垂直度偏差应满足设计要求。若与勘察设计资料不符，应及时通知监理工程师及现场设计代表进行现场确认处理。若满足设计要求，即可拔出送桩器，并移机下一桩位。

（8）终孔。验收合格后即可终止。留存好验收合格的相关资料，并移动桩机进行下一道孔位施工。

2.16.5　工艺质量要点识别与控制

预制桩锤击施工工艺质量要点识别与控制见表 2.16.5。

表 2.16.5　预制桩锤击施工工艺质量要点识别与控制

控制项目	识别要点	控制标准	控制措施
主控项目	桩端持力层及桩长	满足设计要求	开工前，对预制桩进行试桩。严格控制桩长及桩端持力层
	桩身完整性	满足设计要求	施工过程中遇到问题，如桩身断裂、桩顶破裂、沉桩达不到设计要求、桩身倾斜等问题，应立即停锤，分析问题原因，并及时处理，保证桩身完整性。打桩时，宜重锤低击，重锤中心应与预制桩中心重合
一般项目	成品桩质量	表面平整，颜色均匀，掉角深度小于 10mm，蜂窝面积小于总面积的 0.5%	材料进场后，注意检查端板是否存在空鼓，如果有空鼓锤击的时候容易爆桩；端板的厚度也要检查是否满足规范，端板不够厚时，预应力将不满足要求；当预制桩厂家为小厂或者明显价格偏低，则预制桩可能存在质量问题，可能混凝土强度、配筋不够（可采用钢筋探测设备进行质量检验）；可采用淋水检查预制桩桩身是否有裂缝；在施工前，查产品合格证

表 2.16.5（续）

控制项目	识别要点	控制标准	控制措施
	焊缝质量	满足设计要求	焊接完毕后，可采用超声波或射线探伤等方法进行检查，合格后方可进行下道工序
	收锤标准	满足设计要求	当预制桩施打至设计要求的持力层或达到设计要求的贯入度值时，即可收锤。贯入度值的测量以桩头完好无损、柴油锤跳动正常为前提。记录最后3锤的贯入度，以便真实记录和反映收锤情况，有助于保证和提高打桩质量。当在指定桩长附近时，可适当增加测量频率
	桩顶标高	满足设计要求	锤击到指定标高附近后，用水准仪测量桩长桩顶标高，尤其是在接近设计标高时，应增加测量频率
	垂直度	满足设计要求	施工前，应对施工区域进行场地平整；桩机就位后，通过钻机操作平台检查钻机平整度和钻杆垂直度；施工过程中，每打进5~10m应通过专门检测仪器进行垂直度检测；对垂直度要求严格或地层复杂易偏的桩，在施工过程中可以适当增加垂直度检测次数
	控制配桩精度		第一根桩按勘察报告（直接在勘察钻孔紧邻位置打桩）配桩，操作手应提前了解该位置的地质情况，注意感受不同地层下设备的反馈；第二根则根据第一根桩的经验手感进行调整；对于配桩精度的把握，设备操作手起关键作用（必要时应进行试打桩）

2.16.6 工艺安全风险辨识与控制

预制桩锤击施工工艺安全风险辨识与控制见表 2.16.6

表 2.16.6 预制桩锤击施工工艺安全风险辨识与控制

事故类型	辨识要点	控制措施
车辆伤害	施工作业空间狭窄、地面坡度与起伏较大、场地地表土松软、超负荷运输、物料放置不当	①施工场地要求平整，施工地面坡度应满足施工要求；对场地进行碾压处理、换填等； ②安全生产管理规定，教育、培训，安全操作规程，机械设备维修保养制度
触电	电工操作时未使用绝缘保护用品、电工人员违规电气作业、维修作业时未设置警示标志、变压器未设置安全防护设施、邻近高压线起重安全距离不够	①确保现场有足够的施工起重安全距离；施工前对班组进行安全生产宣讲及起重吊装规范操作培训。 ②施工前对班组进行电气作业安全培训；使用安全电压，电气设备设置安全保护装置等
起重伤害	吊物绑扎不牢固、使用钢丝绳不符合安全规定、吊装过程中未遵守起重规程、吊装荷载超出规定的范围	施工组织方案，安全生产管理规定，起重吊装安全技术措施，机械使用说明书

表 2.16.6（续）

事故类型	辨识要点	控制措施
其他伤害	桩位处地下管线及障碍资料不明	①收集详细、准确的地质和地下管线资料； ②按照施工安全技术措施要求，做好防护或迁改
	桩身存在质量问题	进入施工现场的预制桩不仅要检查其产品合格证、产品说明书和相应的质量检查报告是否符合设计要求或相关规定，还应对桩身进行外观质量检查
	施工作业顺序安排不当	①根据桩的密集程度，打桩顺序分为：从两侧向中间打设，由中间向两侧打设，分段打设等； ②按桩的设计标高先深后浅的顺序施打：桩的规格，埋深，长度不同时，宜按先大后小，先深后浅，先长后短的顺序施打； ③当桩头高出地面时，桩机宜往后退打，反之可往前顶打

2.16.7　工艺重难点及常见问题处理

锤击桩施工工艺重难点及常见问题处理见表 2.16.7。

表 2.16.7　锤击桩施工工艺重难点及常见问题处理

工艺重难点	常见问题	产生原因	预防措施及处理方法
桩位控制	桩顶偏位或上升涌起（在沉桩过程中，相邻的桩产生横向位移或桩身上涌）	桩入土后，遇到大块弧石或坚硬障碍物，把桩尖挤向一侧	施工前用钎探或洛阳铲探明地下障碍物，可采用挖除或钻透、爆碎的手段进行清除；吊桩前应进行垂直度检查，桩尖和桩纵轴线上宜在同一水平线上；单节桩的长细比不宜超过40∶1；打桩时应注意打桩顺序，同时避免打桩期间同时开挖基坑，打桩间隔时间宜为14d，以消散孔隙水压力，避免桩位移或涌起；在饱和土中沉桩，可采用井点降水、砂井或集水明排等排水措施；若桩身位移过大，应及时拔出，移位复打，当位移较小，可用木架顶正，再缓慢打入；若障碍物埋藏不深，可挖除回填后复打；浮起量大的桩应重新打入
		当两节桩或多节桩施工，相接的两节桩不在同一轴线上，造成歪斜	
		在软土地基施工较密集的群桩时，若沉桩次序不当，容易发生桩向一侧挤压造成位移或涌起的现象	
		当桩数较多，桩间距较密，饱和密实的土体在沉桩时被挤密而向上隆起，易使邻近的桩随同土体一起涌起	

表 2.16.7（续）

工艺重难点	常见问题	产生原因	预防措施及处理方法
垂直度控制	桩身倾斜（桩身倾斜超过规范规定）	打桩机导杆弯曲或场地不平，或场地承载力不足产生倾斜	打桩机导杆弯曲应纠正；打桩场地应整平夯压坚实；插桩要吊线锤检查，桩帽、桩身和桩尖必须在一条垂线上方可施打；桩身弯曲度应不大于1%，过大的不宜使用；开始沉桩应临时固定牢，并轻锤慢击；施打时应使桩锤、桩帽、桩身在同一直线上，防止受力偏心；桩垫、锤垫应找平，桩帽与桩周围的间隙应为5~10mm，不宜过大；接桩应吊线锤找直，垂直度偏差不应过大；打桩顺序应按规定进行。产生原因的防治措施同"桩顶偏位"的防治措施
		插桩不正，底桩倾斜率过大或桩身弯曲度过大	
		开始沉桩，桩未站稳就猛烈锤击，或施打时桩锤、桩帽、桩身中心线不在同一直线上，受力偏心	
		桩垫锤垫不平或桩帽太大引起锤击偏心而使桩身倾斜	
		打桩顺序不当先打的桩被挤	
		遇孤石和坚硬障碍物或桩尖沿倾斜产生滑移	
桩身质量控制	桩顶破碎（沉桩时，桩顶出现混凝土掉角、碎裂或被打碎，桩顶钢筋局部或大部分外露）	桩的制作质量差，混凝土强度未达到要求，或桩头严重跑浆，存在孔洞；蒸养制度不当，引起脆性破坏	加强桩制作质量控制，保证桩头混凝土密实性和强度达到设计要求；桩运输、堆放、吊装中防止碰撞损坏桩头；合理选用桩锤，不使过重或过轻；桩帽宜做成圆筒形，套桩头用的筒体深度宜35~40cm，内径应比管径大2~3cm，不使空隙过大；遇孤石可采用小钻孔再插预制桩的方法施打；合理确定贯入度或总锤击数，不使过小或过多；在厚层黏性土中停歇时间不应超过24h
		搬运、吊装、堆放过程	
		桩锤选用不当，锤过重，锤击应力太大将桩头击碎；或锤太轻，锤击次数增多，使桩顶产生疲劳破坏	
		桩帽太小、太大、太深或接头尺寸偏差太大	
		遇到孤石、硬岩面时继续猛打，或贯入度要求太小或总锤击次数过多，或每米锤击数过多	
		在厚层黏性土中停歇时间过久，再重新施打时易将桩头打坏	

表 2.16.7（续）

工艺重难点	常见问题	产生原因	预防措施及处理方法
	桩身断裂（包括桩尖破损、接头开裂，桩身出现横向、竖向或斜向裂纹及断裂）	在砂土层中打开口预制桩，下端桩身有时被挤产生劈裂	在砂土层中沉桩，桩端应设桩靴，避免采用开口预制桩；遇孤石和岩面避免硬打；接桩要保持上、下节桩在同一轴线上，焊接焊缝应饱满，填塞钢板应紧密；焊后自然冷却 8~10min 始可施打；预制桩制作严格控制漏浆、管壁厚度和桩身强度；打桩时要设合适桩垫，厚度不宜小于 12cm；桩身制作预应力值必须符合设计要求；沉桩桩身自由段长细比不宜超过 40；桩在堆放、吊装和搬运过程中避免碰冲产生裂缝或断裂，沉桩前要认真检查，已严重裂缝或断裂的桩，避免使用
		遇孤石和裸露的岩面仍硬打，易将桩尖击碎	
		预制桩制作严重漏浆，或管壁太薄，桩身强度不够或养护制度不当，桩身混凝土变脆	
		打桩时未加桩垫或桩垫太薄	
		桩身预应力值不够，不足以抵抗锤击时的拉应力而产生横向裂缝	
		桩身自由段长细比过大，沉入时遇坚硬土层，易使桩断裂	
		桩在堆放、吊装和搬运过程中已裂缝或断裂，未认真检查或加固就使用	
压桩深度控制	沉桩达不到设计的控制要求（沉桩未达到设计标高或最后贯入度及锤击数控制指标要求）	地层变化大，勘察精度不足	详细探明工程地质情况，必要时应作补勘；合理选择持力层或标高，使符合地质实际情况；探明地下障碍物和硬夹层，并清除掉或钻透或爆碎；选用桩锤不能太小，旧柴油锤应检修合格方可使用；桩头被打碎，桩身被打断应停止施打，或处理后再施打；打桩应注意顺序，减少向一侧挤密；打桩应连续进行，不宜间歇时间过长，必须间歇时，不宜超过 24h
		设计选择持力层不当或设计要求过严	
		沉桩时遇到地下障碍物或厚度较大的硬夹层	
		选用桩锤太小，或柴油锤破旧，跳动不正常	
		桩尖遇到密实的粉土或粉细砂层时打桩会产生"假凝"现象，但间隔一段时间以后，又可继续打下去	
		桩头被击碎或桩身被打断，无法继续施打	
		布桩密集或打桩顺序不当，使后打的无法达到设计深度，并使先打的桩上升涌起	
		打桩间隔时间过长，摩阻力加大	

表 2.16.7（续）

工艺重难点	常见问题	产生原因	预防措施及处理方法
压桩深度控制	沉桩过程中贯入度突然变小，桩锤严重回弹。	土层中央有较厚的砂层或其他硬土层，或者遇上钢渣、孤石等障碍物	详细探明工程地质情况，必要时应补勘。根据工程地质条件、桩的断面及自重，合理选择施工机械、施工方法及打桩顺序。防止桩顶打碎或桩身打裂
		桩顶或桩身已打坏，锤的冲击能不能有效地传给桩	
		桩身过曲，接桩过长	
		落锤过高	
	桩急剧下沉（桩下沉速度过快、超过正常值）	遇软土层或土洞	遇软土层或土洞应进行补桩或换填处理；沉桩前检查桩垂直度和有无裂缝情况，发现弯曲或裂缝，处理后再沉桩；施打要匀速，不得过大，将桩拔起检查，改正后重打，或靠近原桩位作补桩处理
		桩身弯曲或有严重的横向裂缝；接头破裂或桩小劈裂	
		施打过快过大或接桩不垂直	
环境保护	沉桩过程对周边环境产生不利影响	沉桩带来的挤土效应和振动可能会使附近建筑物和地下管线发生变形而破坏，进而影响附近居民的正常生活	对在沉桩受影响的建筑物周围可以设置隔震（挤）沟，既隔断了沉桩产生的振动波的传播，又缓解了地表土体的侧向位移；打桩施工时，应将桩架用隔音板或布蓬围起，不在规范规定以外的时间打桩，尤其是不在夜间打桩，以保证居民的生活不受干扰
		锤击桩施工过程中产生大量的噪声，严重干扰附近居民的正常工作和生活	
成品保护	预制桩破坏	挖土和运土机械设备碰撞、行驶破坏	开挖时应注意保护测量控制定位桩、轴线桩、水准基桩，防止被挖土和运土机械设备碰撞、行驶破坏；开挖注意保护预制桩桩头及桩身，保证桩身完整性，必要时可进行补桩处理

2.17 钢管桩施工

2.17.1 工艺介绍

2.17.1.1 工艺简介

钢管桩支护是将各种直径的无缝钢管或热轧钢管沉入地层指定深度，作为支护桩承受土压力的一种基坑支护方式。沉桩方式包括：静压沉桩、锤击沉桩、振动沉桩、钻孔植入沉桩等。

钢管桩常采用无缝钢管或热轧钢管，截面形式为圆形。常用钢管尺寸为 ϕ159、ϕ180、ϕ203 等。我国南方地区除上述类型外，也会采用直径为 ϕ630、ϕ820、ϕ915 等的大直径钢管桩。

2.17.1.2 适用地质条件

适用于填土、黏性土、粉土、砂土、全风化岩层等地层的基坑工程，采用钻孔植入沉桩时，也可用于岩石基坑。

2.17.1.3 工艺特点

（1）施工效率高。利用打桩机可以很快地对钢管桩进行打设，在最短的时间内满足基坑或边坡支护强度的要求。

（2）轻质高强。钢管桩能够很好地保证支护结构的强度和稳定性，最大限度发挥钢材的特点。

（3）工程成本低。一般情况下钢管桩可回收重复利用，通常采用租赁形式获得钢管桩，大大降低了工程成本。

（4）钢管桩的缺点。钢管桩为薄壁式构件，刚度及水平抗力较差，不太适合基坑深度大、地质条件差、变形限值较严格的基坑，在基坑工程中的应用受到一定限制。

2.17.2 设备选型

本工艺介绍主要适用于钢管直径小于 273mm 的钢管桩。结合沈阳地区经验，常规钢管桩施工常采用锤击法。对于常见的直径小于 273mm 的钢管桩，锤击设备为挖掘机。根据打入钢管桩长度的不同，可根据设计选取不同伸臂长度的挖掘机（见表 2.17.1）。

表 2.17.1 常用长臂挖掘机参数表

适用桩长 /m	可选设备型号	设备质量 /t	伸臂最大抬起高度 /m	设备尺寸（长 × 宽）/m
6	225 型	约 20	9.6	3.08 × 2.99
9	305 型	约 30	10.2	3.56 × 3.19
12	460 型	40~50	11.1	5.11 × 3.38

当在岩石地质条件下施工钢管桩时，钢管桩将难以打入，应采用适当方式进行预引孔施工。钢管桩引孔常采用气动潜孔锤。气动潜孔锤是在压缩空气的驱动下使锤头以连续往复运动来冲击孔底进行岩土钻进的设备。潜孔锤由冲击器及锤头组成。

气动潜孔锤需要配套设备的协助才能进行钻孔施工，最常用的方式是连接长螺旋钻机的钻杆下端对孔底进行冲击回转钻进。

2.17.3 施工前准备

2.17.3.1 人员配备

（1）操作手：负责长臂挖掘机操作，打桩时对特殊地层进行及时反馈，配合项目部对成孔过程中的点位与垂直度的把控。每班一般配备 1 名操作手。

（2）辅助工：协助操作手更换钢管桩，协助控制打桩过程中的孔深、点位、垂直度等其他辅助工作。每班一般配备 1 名辅助工。

2.17.3.2 辅助设备

（1）吊车：通常选择 16~25t 级别的中小型汽车吊，配合钢管桩运输装卸。

（2）潜孔锤：根据钢管桩截面合理选用潜孔锤型号，对硬质岩土地层进行预引孔作业。

（3）铲车：通常选用 5t 级别铲车，配合现场进行场地平整。

2.17.3.3 场地条件

钢管桩沉桩施工前，应进行下列准备工作：调查施工现场地形、地质、水文、气象、道路、毗邻区域内建（构）筑物及地下、地上管线受打桩施工影响的情况。场地"三通一平"，并应满足打桩所需的地面承载力要求；处理施工区域内影响打桩的高空及地下障碍物，满足施工设备作业空间要求。

2.17.3.4 安全技术准备

（1）方案编制。项目技术负责人根据图纸要求、相关规范及现场实际情况编制安全技术方案。

（2）方案交底。按照方案内容，项目技术负责人对管理人员及作业人员进行安全技术交底。

（3）其他安全技术准备。项目生产负责人编制材料、机械设备、工具、用具及各技术工种劳力进场计划。安全负责人对进场工人进行三级安全教育等。

2.17.4 工艺流程及要点

2.17.4.1 工艺流程

钢管桩施工工艺流程如图 2.17.1 所示。

图 2.17.1 钢管桩施工工艺流程

2.17.4.2 工艺要点

（1）平整场地。施工前应对场地进行整平、夯实；铺垫好进出施工区域的道路。同时合理布置施工机械、输送管路和电力线路位置，确保施工场地的"三通一平"。

（2）桩位放线。根据桩设计图纸和建设单位提供的高程控制基准点，测放出桩位中心位置，并设置桩位十字交叉控制点，以便校准桩位中心。控制点应选在稳固处加以保护，以免破坏。

（3）预引孔。在地质条件较坚硬的地层中，直接打桩往往难以贯入至指定深度，需要采取预引孔措施。在岩石地基中，潜孔锤施工时冲击器潜入孔内，通过配气装置，使冲击器内的锤体往复运动打击钎尾，使得钻头对孔底块石、土体、岩石产生冲击，凿岩时产生的岩粉，由风水混合气体冲洗排出孔外，使钢管桩能够顺畅进入岩石。

（4）吊桩及插桩。钢管桩起吊时，应先起吊至桩位进行插桩，钢管桩应与事先标记的样桩对准，以保证桩位准确，桩身平直。

钢管桩插桩时，采用钢丝绳将钢管桩系于振动锤旁。抬升挖掘机悬臂，将钢管桩在桩位处扶正，开启振动锤将钢管桩插入土中2~3m，使其稳固，再行下一根插桩的作业，直至一幅钢管桩插桩完毕进行统一锤击沉桩，形成流水作业（见图2.17.2和图2.17.3）。

图 2.17.2 钢管桩插桩

图 2.17.3 钢管桩锤击

（5）锤击沉桩。钢管桩打桩方法主要为锤击振动法。锤击法穿透能力强，适合在非常坚硬的土层中进行沉桩作业，但其缺点是噪声比较大，不适合周围环境条件敏感和限制施工的场地。沉桩过程中，遇到贯入度剧变、桩身突然倾斜、脱榫、桩体损坏等情况时，应暂停打桩，并分析原因，采取相应措施；应根据现场环境状况采取防噪声、振动措施。

（6）回收。在回收前，应根据场地条件判断是否存在钢管桩回收的作业面，回收机械常采用带双夹头振动器的长臂挖掘机，设备站位宽度约4m×6m，并应考虑伸臂范围是否满足空间要求。

应预先与相关单位协调钢管桩回收步骤。钢管桩回收时，用双夹头振动器夹住钢管桩壁，启动振动器反复进行下沉—起拔工作，直至顺利回收。钢管桩回收后，应根据现场工艺要求，桩孔内采用水泥浆回灌，防止周边沉降。

2.17.5 工艺质量要点识别与控制

钢管桩施工工艺质量要点识别与控制见表2.17.2。

表 2.17.2　钢管桩施工工艺质量要点识别与控制

项目	检查项目	允许值或允许误差		检测方法
		单位	数值	
主控项目	桩长	不小于设计值		用钢尺量
	桩身弯曲度	mm	±5	用钢尺量
	桩顶标高	mm	±5	水准测量
一般项目	沉桩垂直度	≤1/100		经纬仪测量
	轴线位置	mm	±100	经纬仪或用钢尺量

2.17.6　工艺安全风险辨识与控制

钢管桩施工工艺安全风险辨识与控制见表 2.17.3。

表 2.17.3　钢管桩施工工艺安全风险辨识与控制

事故类型	辨识要点	控制措施
触电	桩位处地下管线及障碍资料不明	收集详细、准确的地质和地下管线资料； 按照施工安全技术措施要求，做好防护或迁改
机械伤害	钢管桩吊装前应先对吊装机具进行检查	吊桩前检查吊具的完好情况，不合格的及时更换； 拴钩时保证牢固、结实，钢管桩太长需要捆绑吊装时要采取加垫木板等防滑措施； 扶桩就位人员所用扶梯必须牢固安全，就位时必须踏稳扶好，防止身体失衡坠落； 司索等吊装作业人员操作过程中必须注意吊钩的摆向，防止吊钩荡摆伤人； 振动锤和吊钩之间必须拴上防脱钩保险绳
起重伤害	钢管桩拆除注意事项	钢管桩和振动锤之间必须拴好防坠保险绳； 拔桩时密切注意吊机大臂的状态； 放桩时吊机旋转半径内严禁站人

2.17.7　工艺重难点及常见问题处理

钢管桩施工工艺重难点及常见问题处理见表 2.17.4。

表 2.17.4　钢管桩施工工艺重难点及常见问题处理

工艺重难点	常见问题	原因分析	预防及处理方法
桩位控制	桩位偏差	桩位测放不准	桩位测放完成后，在吊装和沉桩过程中进行复测和检查，确保桩位准确无误； 如桩位偏差超过允许允许偏差，可采用双夹头振动器将钢管桩拔出后再行打入
垂直度控制	桩偏斜	地面软弱或软硬不均匀	施工前应先将场地夯实平整，如现场地质条件软弱，应采取铺设钢板或硬覆盖等方式保证设备稳定；如偏斜过大，应将钢管桩拔出后重新打入
		不同地层交界层面较陡（如偏岩、土层中有大孤石、岩层中有溶洞等）	降低沉桩速率，同时每沉桩一定深度就测量钢管桩倾角，及时纠偏。若钢管桩轻微倾斜宜慢速提升、下降，反复拉正纠偏，直至桩孔符合要求
沉桩困难	阻力过大不易贯入	在坚实的砂层或砂砾层中打桩，桩的阻力过大	需在打桩前对地质情况作详细分析，充分研究贯入的可能性。在施工中如遇坚实砂层、圆砾等坚硬土层导致难以打入的，不应野蛮硬打，以防钢管破坏。可采用长臂挖掘机带螺旋钻头引孔

2.18　钢板桩施工

2.18.1　工艺介绍

2.18.1.1　工艺简介

钢板桩施工是指运用钢板桩达到基坑支护作用的施工过程。利用钢制板桩的两边接头结构，垂直插入地下或水中，依次连接构成连续墙壁，实现在施工场地边界实现拦截、围护和支挡功能。

2.18.1.2　适用地质条件

适用于黏性土、粉土、软土和素填土。对于硬塑和坚硬的黏性土、标贯击数大于30的砂土或砾石、松软到中等松软的岩层，可采用预引孔或高压射水等辅助措施。

2.18.1.3　工艺特点

钢板桩的特殊结构使其具有独特的优点：高强度、轻型、可回收、隔挡性能好；在施工中可大大减少取土量和混凝土的使用量，有效保护土地资源；且具有施工简单，建设费用低的特点。

钢板桩的缺点为：钢材用量大、工程造价较高、打桩机具设备较复杂、振动与噪声较大、桩材易腐蚀等。

2.18.2 钢板桩选型

钢板桩可采用冷弯钢板桩和热轧钢板桩，截面形式可采用 U 型（拉森式）、Z 型、平型（直型）和 H 型，常用钢板桩截面的特点见表 2.18.1。国产冷弯系列钢板桩、热轧系列钢板桩可按现行行业产品标准《钢板桩》JG/T196—2018 进行截面选型。

表 2.18.1　钢板桩不同支护结构使用条件

截面类型	特点	示意图
U 型	在我国俗称"拉森型"，断面模量较大（W=600~3200cm³/m），适用于承受较小土（水）压力的中小型工程，尤其是在临时工程中应用较多。 针对各种不同的地质条件，往往选用相应功率的振动锤进行施工	单榀桩 锁扣连接
Z 型	断面模量很大（W=1200~5015cm³/m），适用于承受较大土（水）压力的大、中、小型工程。多将 2 块联成 1 组后进行插打，1 组的 Z 型钢板桩宽度可达1160~1400mm，约为 U 型钢板桩单宽的 2~3 倍，其总体施工速度反而快，所以在国内很多有形成陆域要求的码头工程中大量应用。 一般采用"先震动插桩，后锤击沉桩"的施工方式	
Z 型组合桩	断面模量非常大（W=3086~12741cm³/m），适用于承受很大土（水）压力的大、中型工程。 因为该结构形式具有刚度大、承载能力强（不仅可承受水平力，而且能承担垂直力）、对施工设备没有特殊要求等特点，已广泛用于大型船坞坞壁墙体上，同时也已经开始应用到国内一些 5 万~10 万吨级的码头工程，但是应用本结构形式需要一个拼装焊接的环节	
平型（直型）	虽然断面模量很小，但该种钢板桩的锁口具有很大的水平抗拉能力，最大可达 5500kN/m；适用于承受水平方向有横向拉力的大型圆形筑岛围堰和格型钢板桩重力式码头工程，施工很方便	单榀桩 锁扣连接
H 型	断面模量极大（W=3275~15000cm³/m），联接处会由供应商另外配有专门的锁口；适用于承受很大土（水）压力的大型深水泊位。因为该结构形式具有刚度极大、承载能力极强（不仅可承受水平力，承担垂直力的能力比箱型钢板桩更为出色）、对施工设备没有特要求等特点，目前已广泛用于欧美大量 5 万~15 万吨级码头工程上，但应用本结构形式对沉桩的偏差控制要求较高	单榀桩 锁扣连接

2.18.3 设备选型

钢板桩打桩方法主要有锤击法、振动法和静压法。

锤击法穿透能力比较强，适合在非常坚硬的土层中沉桩作业，但其缺点是噪声比较大、冲击能量影响范围广，不适合周围环境条件敏感和限制施工的场地。

振动法打桩快捷高效、作业成本低，是目前最常用的一种打桩方法，打桩时会产生一定的振动和噪声，可以通过选用合适的设备（如免共振振动锤），将噪声控制在最小的程度，该方法不适合于非常敏感的场地。

静压法是一种无振动无噪声的液压静力压桩方法，在黏性土中压桩效果非常有效，在密实的砂土中压桩效果不是很好；静压法在对振动和噪声非常敏感的场地是最有效的方法，但施工效率低、作业成本高。不同沉桩方法及设备特点见表2.18.2。

表2.18.2 沉桩方法及设备特点

设备特点	锤击沉桩法				振动沉桩法		静压沉桩法	
	柴油锤	蒸汽锤	液压锤	落锤	常规振动锤	免共振振动锤	液压静压机	液压静压机配合钻机
工作原理	柴油燃爆带动活塞循环运转强制桩锤下落	蒸汽带动活塞循环运转强制桩锤下落	液压带动活塞循环运转强制桩锤下落或自由下落	通过卷扬机使桩锤自由下落	桩锤的上下振动力	桩锤的上下振动力	通过液压装置将桩压入	钻机引孔后通过液压装置将桩压入
设备体量	大	大	大	小	大	大	小	中
噪声	大	大	中	中	中	小	小	小
振动	大	大	大	中	大	小	无	小
耗能	大	大	大	小	大	大	中	中
施工速度	快	快	快	慢	中	中	中	慢
落距	≤1m	≤1m	≤1m	≤2m	—	—	—	—
优点	施工效率高	打桩力可调	打桩力可调	打桩力可调设备简单	打桩和拔桩均可	低噪声，打桩和拔桩均可	无噪声振动，打桩拔桩均可	无噪声振动，打桩拔桩均可
缺点	噪声振动较大，润滑油飞散	噪声振动较大	振动较大	施工效率低	噪声和振动较大	振动较大	施工效率低，施工费用高	施工效率低，施工费用高

不同沉桩方法对地层的适用性见表 2.18.3。

表 2.18.3　沉桩方法对地层的适用性

地层		振动沉桩法	锤击沉桩法	静压沉桩法
无黏性土或无黏性土为主的地层（标准贯入试验锤击数）	0~10	非常容易	下沉失控，振动锤夹住	稳定和反力不足
	10~20	容易	容易	合适
	21~30	合适	合适	合适
	31~40	较困难	合适	合适，考虑预钻孔
	41~50	很困难	合适，考虑高强度钢	预钻孔
	>50	不推荐	合适，考虑高强度钢	很困难
黏性土为主的地层（不排水抗剪强度，kPa）	0~15	容易	下沉失控，振动锤夹住	稳定和反力不足
	16~25	合适	容易	容易
	26~50	合适，随深度增加效果变差	合适	容易
	51~75	较困难	合适	合适
	76~100	很困难	合适	合适
	>100	不推荐	合适	困难

2.18.4　施工前准备

2.18.4.1　钢板桩进场

进场的钢板桩应按批次进行验收，检验批次和抽检数量应满足设计要求，应附有产品出厂质量证明文件，进口钢板桩尚应具有商检报告；钢板桩的品种、规格型号、材质应满足设计要求，有特殊要求的应进行抽样复检；应进行外观检验，检验内容包括表面质量、长度、宽度、高度、厚度、弯曲度、扭曲度、端面垂直度、角度偏差、锁口通畅性及重量等。

锁口检查的方法为用一块长约 2m 的同类型、同规格的钢板桩作标准，将所有同型号的钢板桩做锁口通过检查。检查采用卷扬机拉动标准钢板桩，从桩头至桩尾做锁口通过检查。对于检查出的锁口扭曲及"死弯"进行校正。

热轧钢板桩，厚度检验应包括腹板厚度和翼缘厚度；钢板桩锁口内的杂物，如电焊瘤渣、废填充物等，均应清理干净，当钢板桩在使用过程中发生变形、损伤，再次使用前应进行矫正与修补。矫正与修补后的钢板桩应满足设计要求。对于检查合格的钢板桩，为保证钢板桩在施工过程中能顺利插拔，并增加钢板桩在使用时的防渗性能，宜在每片钢板桩锁口均匀涂以混合油。

2.18.4.2 人员配备

每台班由 7 人组成，其中：

①指挥 1 名，负责钢板桩的起吊，调整插桩时桩的垂直度（在两台经纬仪的配合下，并指挥桩机移位及桩的定位，及时组织力量排除施工中出现的故障；

②桩机司机 1 名，负责桩机的操作及日常维修保养，并按照设计要求的施工工艺，正确操纵机械进行桩的定位，调整桩的垂直度，锤击桩身入土及桩机的移位行走等；

③吊机司机 1 名，负责吊机的操作及其日常维修保养。正确进行桩的起吊、运输及喂桩；

④机修工 1 名，负责现场全套机械的正常运转和维修保养；

⑤起重工 1 名，负责桩的起吊运输及喂桩，并配合指挥及桩机司机进行桩的定位；

⑥施工员 1 名，负责桩基的定位及校正桩的垂直度，施工中及时作好各种原始记录，并及时解决施工中出现的技术问题；

⑦电焊工 1 名；负责桩的焊接并切割角钢等。

2.18.4.3 导向架安装

在钢板桩施工中，为保证沉桩轴线位置的正确和桩的竖直性，控制桩的打入精度，防止板桩的屈曲变形和提高桩的贯入能力，一般都要设置一定刚度的、坚固的导架，如图 2.18.1 所示。

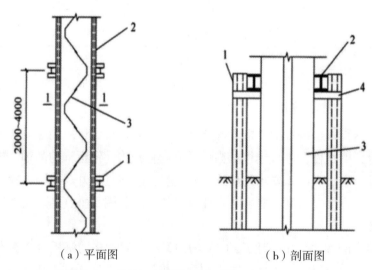

（a）平面图　　　　　　　　　　（b）剖面图

图 2.18.1　导向架平面及剖面示意图（mm）

1—导桩；2—导梁；3—钢板桩；4—连接板

安装导架时应注意以下几点：

①采用经纬仪和水平仪控制和调整导梁的位置；

②导梁的高度要适宜，要有利于控制钢板桩的施工高度和提高施工工效；

③导梁不能随着钢板桩的打设深入而产生下沉和变形等情况出现；

④导梁的位置应尽量垂直，并不能与钢板桩产生碰撞。

2.18.4.4　钢板桩堆放

①堆放场地应平整、坚实、排水通畅，便于吊装和运输。

②堆放场地地基承载力应满足堆垛荷载要求，在岸坡顶部堆放时还应满足岸坡稳定性要求。

③钢板桩应按规格、材质分层堆放，每层堆放数量不宜超过5根，各层间要设置垫木，垫木材质应一致，间距不宜超过3m，且上、下层垫木应在同一垂直线上，同层垫木应保持在同一水平面；组合钢板桩堆放高度不宜超过3层，如图2.18.3所示。

④钢板桩堆垛总高度不宜超过2m，为了方便吊装过程中钢丝绳绑扎，相邻钢板桩堆垛之间的净距宜大于300mm。

⑤钢板桩的两侧应采用木塞卡实，桩的两端应有保护措施。

⑥搬运时应防止桩体撞击而造成桩端、桩体损坏或弯曲。

图2.18.3　U型钢板桩堆放举例

2.18.4.5　场地准备

钢板桩沉桩施工前，应进行下列准备工作：

①收集设计图纸、岩土工程勘察报告等相关资料；

②调查施工现场地形、地质、水文、气象、道路、毗邻区域内建（构）筑物及地下、地上管线受沉桩施工影响的情况，确保钢板桩到障碍物的最小距离大于2m；

③场地应平整，排水应畅通，并应满足打桩所需的地面承载力或施工船舶吃水要求；

④处理施工区域内影响沉桩的高空及地下障碍物，满足施工设备作业空间；

⑤应复核交付的基点、水准点，并应在不受施工影响的位置设置坐标、高程控制点及轴线定位点；

⑥安设供电、供水、排水、道路、照明、通信及工房等临时设施；

⑦编制专项施工方案，并经审查批准后方可实施，如有规定还应进行专家论证。

2.18.4.6　安全技术准备

（1）方案编制。项目技术负责人根据图纸要求、相关规范及现场实际情况编制安全技术方案。

（2）方案交底。按照方案内容，项目技术负责人对管理人员及作业人员进行安全技术交底。

（3）其他安全技术准备。项目生产负责人编制材料、机械设备、工具、用具及各技术工种劳力进场计划。

安全负责人对进场工厂进行三级安全教育等。

2.18.5 工艺流程及要点

2.18.5.1 工艺流程

钢板桩施工工艺流程如图 2.18.4 所示。

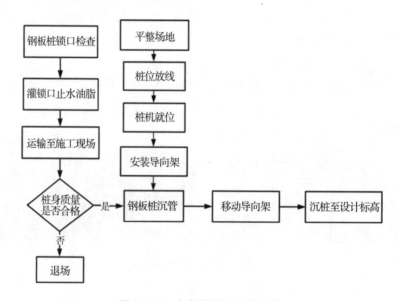

图 2.18.4 钢板桩施工工艺流程

2.18.5.2 工艺要点

（1）平整场地。施工前应对场地进行整平、夯实；铺垫好进出施工区域的道路。同时合理布置施工机械、输送管路和电力线路位置，确保施工场地的"三通一平"。

（2）桩位放线。根据桩设计图纸和建设单位提供的高程控制基准点，采用测量仪器测放出桩位中心位置，并设置桩位十字交叉控制点，以便校准桩位中心。对控制点应选在稳固处加以保护以免破坏，测放桩点位偏差控制在设计要求范围以内。

（3）钢板桩吊装。装卸钢板桩宜采用两点吊装的方法进行操作。吊运时，每次吊起的钢板桩根数不宜过多，并应注意保护锁口避免损伤。吊运方式有成捆起吊和单根起吊。成捆起吊通常采用钢索捆扎，而单根吊运常用专用的吊具。

（4）钢板桩沉桩。主要有三种典型的钢板桩沉桩法，分别为逐根式沉桩法、屏风式沉桩法和跳打式沉桩法，沉桩方式的选择取决于现场建筑工地的需要以及土壤的条件，不同沉桩方式的特点见表 2.18.4。

表 2.18.4 不同沉桩方式特点

沉桩方式	特点	示意图
逐根式沉桩法	是从板桩墙的一角开始，逐块打入，直至工程结束。该沉桩方法简便迅速，不需辅助导向架，但易使钢板桩向一侧倾斜，误差积累较多后不易纠正。适用于松软土层和桩长较短的情况；对于密实砂层、坚硬黏土层，或存在地下障碍物和桩长较长的情况，该方法不太适合	
屏风式沉桩法	将板桩以屏风状的方式成排的插入导向架内，该方法可保证板桩良好的垂直度，并减少打桩过程中遇到的困难和散桩，同时还可以更好的控制桩墙的长度。由于整排桩是同时定位，不一定全部的桩都打到设计的位置，如果遇到障碍物而无法继续打入的话，个别桩可以单独留出来，不会影响整体的效率。 屏风式打桩可以使用之前作业好的板桩来作导向，它减少了把桩从锁扣内挤出来的可能性。同时在打桩过程中，需要注意板桩的垂直度，一旦发现倾斜的情况，需要立即采取相关纠正措施	
跳打式沉桩法	屏风式跳打法，可以最大限度地消除或者使桩倾斜的问题最小化，把钢板桩成排地插入土中一定深度，成屏风状，将这些成屏风状的板桩当作一个整体来作业。这是通过按照定义好的打桩顺序来实现的，板桩的数量取决于土壤的条件。总体来说，打桩的难度越大，桩的数量就越小。 在恶劣的地质条件下，建议组合使用屏风式打入法和跳打式打入法，在导架间安装相应的板桩，然后按照以下步骤打桩：先打1号、3号、5号桩，然后打2号、4号桩如果土壤是非常密实的砂土或岩石，可对1号、3号、5号桩的桩尖加固，这种情况下，这些桩尖加固的桩始终先打，然后再打其他的桩2号及4号桩	

（5）钢板桩拔桩。基坑回填后，要拔除钢板桩，以便重复使用。拔除钢板桩前，应按设计要求确定。拔桩设备应根据地质条件、场地情况和工程经验进行选择。钢板桩拔桩阻力应通过现场拔除试验确定，初步试拔时桩阻力为断面阻力与土的吸附力之和，对于静力拔桩取静吸附力，钢板桩不同土层的吸附力应根据工程经验并结合表 2.18.5 取值。

表 2.18.5　钢板桩不同土层的吸附力

土质	静吸附力	动吸附力 /kN·m²	动吸附力（含水量少时）
粗砂、砾砂	34	2.5	5.0
中砂（含水）	36	3.0	4.0
细砂（含水）	39	3.5	4.5
砂质粉土（含水）	29	3.5	5.5
粉土	24	4.0	6.5
黏质粉土	47	5.5	
粉质黏土	30	4.0	
黏土	50	7.5	
黏土（硬塑）	75	13.0	
黏土（坚硬）	130	25.0	

拔桩的顺序宜与沉桩顺序相反，可根据沉桩时的情况确定拔桩起点；宜采用分次、分段、间隔拔桩的顺序，不宜采用一次连续拔桩的方法；桩顶设有冠梁时，可采用液压千斤顶、拔桩夹具并配备吊车进行拔桩；对封闭式钢板桩墙，拔桩起点应离开角桩 5 根以上。

拔除钢板桩后，应按设计要求对桩孔填充处理。桩孔填充材料可采用砂土，也可采用水泥与水玻璃双液浆、水泥浆或水泥砂浆。填充方法可采用振动法、挤密填入法及注入法等，应填充密实。

2.18.6　工艺质量要点识别与控制

钢板桩施工工艺质量要点识别与控制见表 2.18.6。

表 2.18.6　钢板桩施工工艺质量要点识别与控制

控制项目	识别要点	控制标准	控制措施
主控项目	钢板桩质量	应符合设计要求和现行有关标准规定	对钢材的化学成分分析，构件的拉伸、弯曲试验，锁口强度试验和延伸率进行试验检测；每一种规格的钢板桩至少进行一个拉伸、弯曲试验；每 20~50t 重的钢板桩应进行两个试件试验
	轴线位移	不大于钢板厚度	重点控制轴线、转角点和首末桩以及桩轴线方向和垂直轴线两方向的垂直度
	齿槽平直度及光滑度	无电焊渣和毛刺	旧钢板桩重复使用时更应对接桩、锁口、加工的变形进行矫正，并均可通过锁口检测器检测
一般项目	桩垂直度	<1%	施工前，应对施工区域进行场地平整；施工过程中，每进尺 5~10m 应通过专门检测仪器进行垂直度检测；对垂直度要求严格或地层复杂易偏斜的桩，在施工过程中可以适当增加垂直度检测次数
	桩身弯曲度	小于 2/1000 桩长	沉桩过程中应及时调整植桩机和导向架，使沉桩运动轨迹与桩身横截面形心在同一中心线上

2.18.7　工艺安全风险辨识与控制

钢板桩施工工艺安全风险辨识与控制见表 2.18.7。

表 2.18.7　钢板桩施工工艺安全风险辨识与控制

事故类型	辨识要点	控制措施
触电	桩位处地下管线及障碍资料不明	收集详细、准确的地质和地下管线资料； 按照施工安全技术措施要求，做好防护或迁改
机械伤害	钢板桩吊装前应先对吊装机具进行检查	吊桩前检查吊具的完好情况，不合格的及时更换； 拴钩时保证牢固、结实，钢板桩太长需要捆绑吊装时要采取加垫木板等防滑措施； 扶桩就位人员所用扶梯必须牢固安全，就位时必须踏稳扶好，防止身体失衡坠落； 司索等吊装作业人员操作过程中必须注意吊钩的摆向，防止吊钩荡摆伤人； 振动锤和吊钩之间必须拴上防脱钩保险绳
起重伤害	钢板桩拆除注意事项	钢板桩和振动锤之间必须拴好防坠保险绳； 拔桩时密切注意吊机大臂的状态； 放桩时吊机旋转半径内严禁站人

2.18.8　工艺重难点及常见问题处理

钢板桩施工工艺重难点及常见问题处理见表 2.18.8。

表 2.18.8　钢板桩施工工艺重难点及常见问题处理

工艺重难点	常见问题	原因分析	预防措施和处理方法
桩位控制	桩位偏差	桩位测放不准	桩位测放完成后，在吊装和沉桩过程中进行复测和检查，确保桩位准确无误
垂直度控制	横向倾斜	地面软弱或软硬不均匀	施工前应先将场地夯实平整
		不同地层交界层面较陡（如偏岩、土层中有大孤石、岩层中有溶洞等）	①降低沉桩速率，同时每沉桩一定深度就测量钢板桩倾角，及时纠偏； ②若钢板桩轻微倾斜宜慢速提升、下降，反复拉正纠偏，直至桩孔符合要求
	纵向倾斜	在软土中打板桩时，由于连接锁口处的阻力大于板桩周围的土体阻力，形成个不均衡力，使板桩向前进方向倾斜	①可用卷扬机钢索将板桩反向拉住后再锤击，或可以改变锤击方向； ②当倾斜过大，靠上述方法不能纠正时，可使用特别的锲形板桩，达到纠偏的目的
沉桩困难	阻力过大不易贯入	在坚实的砂层锤击数或砂砾层中打桩，桩的阻力过大	需在打桩前对地质情况作详细分析，充分研究贯人的可能性，在施工时宜伴以高压冲水或振动法沉桩，不能用锤硬打
		钢板桩连接锁口锈蚀，变形，致使板桩不能顺利沿锁口而下	①应在打桩前对板桩逐根检查，有锈蚀或变形的及时调整； ②在锁口内涂以油脂，以减少阻力

表 2.18.8（续）

工艺重难点	常见问题	原因分析	预防措施和处理方法
邻桩下沉	将相邻板桩带入	常发生在软土中打板桩，当遇到了不明障碍物，孤石或扳桩倾斜等情况时，板桩阻力增加，便会把相邻板桩带入	①不一次把板桩打到标高，留一部分在地面，待全部板桩入土后，用屏风法把余下部分打入土中；②把相邻板桩焊牢在导向架上；③数根板桩用型钢连在一起；④在连接锁口上涂以黄油等油脂，减少阻力；⑤运用特殊塞子，防止土砂进入连接锁口
涌砂、渗漏	接缝处、转角处渗漏甚至涌沙	拉森钢板桩旧桩较多，使用前未进行校正修理或检修不彻底，锁水处咬合不好，以致接缝处易漏水	①旧钢板桩在打设前需进行矫正。矫正要在平台上进行，对弯曲变形的钢板桩可用油压千斤顶顶压或火烘等方法矫正。②做好导向架，以保证钢板桩垂直打入和打入后的钢板桩墙面平直。防止钢板桩锁口中心线位移，可在打桩行进方向的钢板桩锁口处设卡板，阻止板桩位移。③由于钢板桩打入时倾斜，且锁结合处有空隙，封闭合龙比较困难，可用异形板桩或轴线封闭法
		转角处为实现封闭合龙，应有特殊形式的转角桩，这种转角桩要经过切断焊接工序，可能会产生变形	
		打设拉森钢板桩时，两块板桩的锁口可能插对不严密，不符合要求	
		拉森钢板桩的垂直度不符合要求，导致锁口漏水	
施工减振	沉桩过程中周边建筑物发生倾斜开裂	桩锤下落传递出大量能量，沿钢板桩及大地继续传递至周边建筑	钢板桩施工区域与邻近建筑物之间布置减震孔
挖土侧倾	开挖不久即发现钢板桩顶侧倾，坑底土隆起，地面裂缝并下沉	这些钢板桩施工都在软土地区，设计的嵌固深度不够，因而桩后地面下沉，坑底土隆起是管涌的表现	①钢板桩嵌固深度必须由计算确定，按设计规定执行；②挖土机及运土车不得在基坑边作业，如必须施工，则应将该项荷载计入设计中，以增加桩的嵌固深度；③施工时压密注浆配合，四周有钢板桩支护，基底水压较大，为更好地防水，基底做压密注浆，其厚度按土质而定；④钢板桩支护转角处连接不够紧密，宜发生流砂现象，需进行压密注浆，如注浆数量为3~4根；⑤地下水位较高时需进行轻型井点降水
		在挖土作业时由于挖土机及运土车在钢板桩侧，增加了土的地面荷载，导致桩顶侧移	

2.19 SMW 工法桩

2.19.1 工艺介绍

2.19.1.1 工艺简介

型钢水泥土搅拌墙（SMW 工法），是基于深层搅拌桩施工方法改进而来，在连续套接的三轴或多轴水泥土搅拌桩内插入型钢形成的复合挡土截水结构。

型钢水泥土搅拌墙是利用三轴或多轴搅拌桩机在原地层中切削土体，同时钻机前端低压注入水泥浆液，与切碎土体充分搅拌形成截水性较高的水泥土柱列式挡墙，在水泥土浆液尚未硬化前插入型钢的一种地下工程施工技术；以此形成一道具有一定强度、刚度、连续完整的、复合均匀无接缝的地下连续墙体。SMW 工法桩将承受荷载与防渗挡水结合起来，是一种同时具有受力与抗渗两种功能的支护结构。目前 SMW 工法的施工机械包括三轴、五轴、六轴等搅拌桩机，本章节主要介绍目前最常用的利用三轴搅拌桩机施工的型钢水泥土搅拌墙。

2.19.1.2 适用地质条件

从广义上讲，型钢水泥土搅拌墙以水泥土搅拌桩为基础，凡是能够施工三轴水泥土搅拌桩的场地都可以考虑使用该工法。从黏性土到砂性土，从软弱的淤泥质土到较硬、较密实的砂性土，甚至在含有砂卵石的地层中经过适当的处理都能够进行施工，适用土质范围较广。表 2.19.1 为土层性质对型钢水泥土搅拌墙施工难易的影响。

表 2.19.1　土层性质对型钢水泥土搅拌墙施工难易的影响

粒径 /mm	0.001	0.005	0.074	0.42	2.0	5.0	20	75	300	
土粒区分	淤泥质土	黏土	粉土	细砂	粗砂	砂砾	中粒	粗粒	大卵石	大阶石
				砂		砾				
施工性质	较易施工，搅拌均匀			较难施工					难施工	

2.19.1.3 工艺特点

首先，型钢水泥土搅拌墙由水泥土和 H 型钢组成，一种是力学特性复杂的水泥土，另一种是近似弹性材料的型钢，二者相互作用，工作机理非常复杂；其次，针对这种复合围护结构，从经济角度考虑，H 型钢在地下室施工完成后可以回收利用是该工法的一个特色，从变形控制的角度看，H 型钢可以通过跳插、密插调整围护体刚度，是该工法的另一特色；第三，H 型钢水泥土搅拌墙是在三轴水泥土搅拌桩中内插 H 型钢，本身就已经具有较好的截水效果，不需额外施工截水帷幕，因此造价一般相对于钻孔灌注桩要经济。

（1）对周围环境影响小。该工法无须开槽或钻孔，不存在槽（孔）壁坍塌现象，从而可以减少对邻近土体的扰动，降低对邻近地面、道路、建筑物、地下设施的危害。

（2）防渗性能好。与传统的围护形式相比具有更好的截水性，水泥土渗透系数很小，一般可以小于 $10^{-8}\sim1\mathrm{cm/s}$。

（3）环保节能。三轴水泥土搅拌桩施工过程无需回收处理泥浆。少量水泥土浮浆可以存放至事先设置的基槽中，限制其溢流污染，待自然固结后运出场外。型钢在地下室施工完毕后可以回收利用，避免遗留在地下形成永久障碍物，是一种绿色工法。

（4）适用土层范围广。三轴水泥土搅拌桩施工时采用三轴搅拌桩机，适用土层范围较广，包括填土、淤泥质土、黏性土、粉土、砂性土、饱和黄土等。

（5）工期短，投资省。型钢水泥土搅拌墙与地下连续墙、钻孔灌注桩等围护形式相比，工艺简单、成桩速度快，工期缩短近一半。绝大多数情况内插型钢可以拔除，实现型钢的重复利用，降低工程造价。当型钢租赁期在半年以内时，相比钻孔灌注桩和地下连续墙来说，本身成本更加节约。

2.19.2 设备选型

2.19.2.1 三轴搅拌桩机

应根据设计图中的桩径、业主工期要求、现场临电状态以及岩土工程勘察报告中的地层情况选择合适的三轴搅拌桩机。构造图见图 2.19.1，以上工机械厂家机械为例，常用桩机选型可按表 2.19.2 选用。

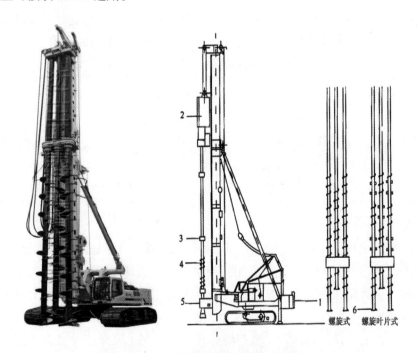

图 2.19.1　三轴型搅拌桩机及构造示意图

1—桩架；2—动力头；3—连接装置；4—钻杆；5—支承架；6—钻头

表 2.19.2 常用三轴搅拌桩机的选用

型号	ZKD65-3	ZKD85-3	ZKD100-3
钻头直径 /mm	650	850	1000
钻杆根数 / 根	3	3	3
钻杆中心距 /mm	450×450	600×600	750×750
钻进深度 /m	30	30	30
主功率 /kW	45×2	75×2（90×2）	75×3
钻杆转速（正、反）/r·min⁻¹	17.6–35	16–35	16–35
单根钻杆额定扭矩 /kN·m	16.6	30.6	45
钻杆直径 /mm	219	273	273
传动型式	动力头顶驱	动力头顶驱	动力头顶驱
总质量 /t	21.3	38.0	39.5

2.19.2.2 桩架

常用的桩架可参考表 2.19.3 选用。

表 2.19.3 常用桩架

型号		DH558-110M-2	DH658-135M-3	JB160
立柱筒体直径 /mm		Φ660.4	Φ711.2	Φ920
最大立柱长度 /m		33	33	39
卷扬机	单绳拉力 /kN	130（第一层）	140（第一层）	91.5（第一层）
	卷、放绳速度 /m·min⁻¹	32（第一层）	30（第一层）	0–26（无级变速）
行走方式		全液压履带式	全液压履带式	全液压步履式
接地比压 /MPa		0.153	0.173	0.10
外形尺寸（长×宽×高）/mm		8.51×4.4×35.4	8.89×4.6×35.5	14×9.5×41
桩机总质量 /t		114	136	130

2.19.2.3 钻头

常用的钻头可参考表 2.19.4 选用。

表 2.19.4　常用钻头

钻具名称	适用地层	图片
鱼尾式平底钻头	适用于黏土土层	
定心螺旋尖式钻头 1	适用于砂土土层且有效桩长小于等于 10 米	
定心螺旋尖式钻头 2	适用于砂土土层且有效桩长在 10~20m	
定心螺旋尖式钻头 3	适用于砂土土层且有效桩长大于 20m	

2.19.2.4 履带式吊车

常用履带吊车一般为 W1-50、W1-100、W2-100 型号。

2.19.3 施工前准备

2.19.3.1 人员配备

（1）桩机操作手：负责三轴搅拌桩机操作，钻进时对特殊地层与项目部进行及时反馈并配合项目部对成桩过程中的点位与垂直度进行把控。每班一般配备 1 名桩机操作手，且人员均需持证上岗。

（2）桩机辅助工：配合项目部测量员进行点位放样及引点测放，并保护好已放样的点位；协助桩机操作手控制钻进过程中的垂直度把控。每班一般配备 2 名桩机辅助工。

（3）后台操作工：负责三轴水泥土搅拌桩所需水泥浆的制备、输送及用量控制；配合项目部完成不定时的水灰比及单桩水泥用量抽检；协助桩机操作手完成停工时的清洗输浆管工作。每班一般配备 1 名后台操作工。

（4）挖掘机操作手：配合三轴搅拌桩机施工，对已放线区域做好开挖沟槽工作。每班一般配备 1 名挖掘机操作手，且必须持挖掘机操作证上岗。

（5）履带式吊车操作手：配合项目部测量员进行高程点的引点测放；配合三轴搅拌桩机施工，对已成桩区域，插入 H 型钢；顶标高控制严格遵守项目部要求。

（6）司索信号工：严格遵守相关国家规范，坚决执行"十不吊"原则。

2.19.3.2　辅助设备

（1）挖掘机：通常选择中等以上挖掘机，配合三轴搅拌桩机施工，进行桩机进场前的场地平整。

（2）履带式吊车：配合三轴搅拌桩机施工，对已成桩区域，插入 H 型钢。

2.19.3.3　场地条件

（1）应充分了解进场线路及施工现场周边建筑（构筑物）状况，前端动力头外侧 1.5m 范围内应无影响施工的障碍物，净空距离应满足设备高度的要求，并符合相关安全规范要求，避免施工过程中影响邻近建（构）筑物安全。

（2）以 JB160 型三轴搅拌桩机为例，单桩施工场地最小需要达到 14m×9.5m 最后一组桩中心距离障碍物 ≥ 3.5m，才能满足单台三轴搅拌桩机的施工作业要求。

（3）地面平整度和场地承载力应满足三轴搅拌桩机正常使用和安全作业的场地要求。在没有明确要求的情况下，应满足桅杆倾斜小于 1/250，当场地承载力不满足要求时，应采取换填等有效保证措施。

（4）应掌握施工场地范围内的地下管线埋设情况，特别是桩位上及附近的地下管线应及时沟通建设单位协调相关管线产权单位进行迁改或采取保护措施，具体保护措施应满足相关规范要求。正式施工前，应采用物探或槽探法对管线位置进行再次确认。

2.19.3.4　安全技术准备

（1）方案编制。项目技术负责人根据图纸要求、相关规范及现场实际情况编制安全技术方案。

（2）方案交底。按照方案内容，项目技术负责人对管理人员及作业进行安全技术交底。

（3）其他安全技术准备。项目生产负责人编制材料、机械设备、工具、用具及各技术工种劳力进场计划。

安全负责人对进场工人进行三级安全教育等。

2.19.4　工艺流程及要点

2.19.4.1　工艺流程。

SMW 工法桩施工工艺流程如图 2.19.2 所示。

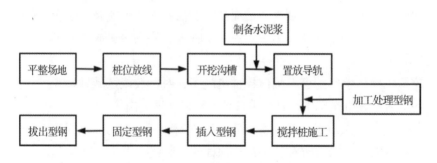

图 2.19.2　SMW 工法桩施工工艺流程

2.19.4.2　工艺要点

（1）平整场地。施工现场应先进行场地平整，清除搅拌桩施工区域的表层硬物和地下障碍物，遇明浜、暗塘或低洼地等不良地质条件时应抽水、清淤、回填素土并分层夯实。现场道路的承载能力应满足桩机和起重机平稳行走的要求，确保施工场地的"三通一平"。

（2）桩位放线。根据设计图纸和建设单位提供的高程控制基准点，采用测量仪器测放出桩位中心位置，以便校准桩位中心。控制点应选在稳固处并加以保护以免破坏。

（3）开挖导向沟（沟槽）。导向沟一般宽 1.0~1.4m，深 1.0~1.5m。导向沟放样以设计图中桩中心线为导向沟的中心线。开挖导向沟时，应清除地下浅埋障碍物。开挖导向沟的余土应及时处理，以保证正常施工。

（4）置放导轨。导轨主要用于施工导向与型钢定位。通常做法为：垂直沟槽方向放置两根定位型钢，长度 2.5m；平行沟槽方向放置两根定位型钢，长 8~12m。H 型钢定位采用型钢定位卡（具体位置视实际情况而定）。

（5）制备水泥浆。机械设备（搅拌桩机和后台供浆设备）应进行调试，在试运行正常后方可施工。按成桩工艺试验确定配合比拌制水泥浆，待压浆前将水泥浆倒入储浆罐中，制备好的水泥浆滞留时间不得超过 2h。

水泥用量算法：$M = H \times S \times P \times I$

M——单桩水泥用量，t。

H——为桩长度，m。

S——单桩截面积，m^2。

P——被搅拌土体密度，t/m^3，常取 1.8~2.0（以勘察报告或设计要求为依据）。

I——水泥掺入量，常取 15% 或 20%（按照设计要求取值）。

（6）搅拌桩施工。SMW 工法最常用的是三轴搅拌桩机。三轴搅拌桩的搭接以及成形搅拌桩的垂直度补正是依靠搅拌桩采用套接一孔法施工来实现的，以确保搅拌桩的隔水作用。常用的套钻连接方式为跳槽式双孔全套打复搅式连接。

（7）加工处理型钢。型钢插入前表面应进行除锈，并在干燥条件下涂抹减摩剂，现场常用石蜡和柴油混合加温配制减摩剂，施工前根据不同的室外温度，将石蜡和柴油按不同比例进行几组配制试验，从中确定出满足要求的配比；采用其他材料配制的减摩剂，不管配制材料如何，都应确保地下室施工完毕后，型钢能顺利从搅拌桩内拔出，型钢在搬运使用时应防止碰撞和强力擦挤。需焊接的型钢应检查2根型钢是否同心，型钢长度是否符合设计要求，加工是否按图纸要求等。

（8）插入型钢。型钢应在水泥土初凝前插入。插入前应校正位置，设立导向装置，插入过程中，必须吊直型钢，型钢插入宜依靠自重插入，也可借助带有液压钳的振动锤等辅助手段下沉到位，严禁采用多次重复起吊型钢，并松钩下落的插入方法，若采用振动锤下沉工艺时，不得影响周围环境。下插过程中始终采用经纬仪跟踪控制型钢垂直度，偏差控制在1/250以内。

（9）固定型钢。型钢下插至设计标高后，用吊筋将型钢固定不再下沉，待水泥土深层搅拌桩硬化到一定程度后（一般约为6h），撤除吊筋及沟槽定位型钢，如图2.19.3所示。

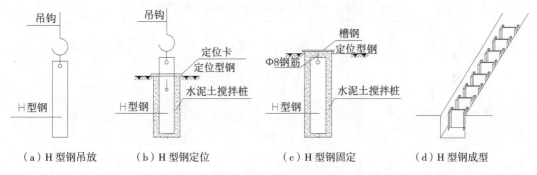

（a）H型钢吊放　　（b）H型钢定位　　（c）H型钢固定　　（d）H型钢成型

图2.19.3　定位型钢示意图

定位型钢设置应牢固，搅拌桩位置和型钢插入位置标志要清晰。导向沟开挖和定位型钢设置及参数见图2.19.4和表2.19.5；水灰比与泥浆相对密度关系见表2.19.6。

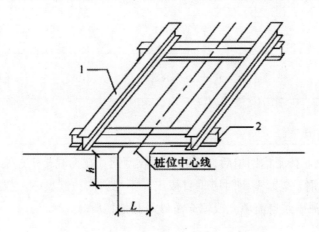

图2.19.4　导向沟开挖和定位型钢设置参考

1—上定位型钢；2—下定位型钢

表 2.19.5　搅拌桩直径与各参数关系参数表

搅拌桩直径 /mm	h/m	L/m	上定位型钢		下定位型钢	
			规格	长度 /m	规格	长度 /m
650	1~1.5	1.0	H300 × 300	8~12	H200 × 200	2.5
850	1~1.5	1.2	H350 × 350	8~12	H200 × 200	2.5
1000	1~1.5	1.4	H400 × 400	8~12	H200 × 200	2.5

表 2.19.6　水灰比与泥浆相对密度关系参数表

水灰比	泥浆相对密度	每立方水泥含量 /kg · m^{-3}
0.45	1.851	1277
0.50	1.800	1200
0.55	1.755	1133
0.60	1.714	1072
0.70	1.645	968
0.80	1.588	882
1.00	1.500	750

（10）拔出型钢。待肥槽回填后，可起拔回收型钢。在无混凝土冠梁时，宜采用专用液压起拔机拔除型钢，拔起型钢时应垂直拔出，不得斜向拔起型钢。拔出型钢后搅拌桩内的空隙，应用水泥砂浆自流填充或填充黄砂等其他物质。

2.19.5　工艺质量要点识别与控制

SMW 工法桩施工工艺质量要点识别与控制见表 2.19.7。

表 2.19.7　SMW 工法桩施工工艺质量要点识别与控制

要点识别		控制标准	控制措施
主控项目	桩底标高	+50mm	定期检查盒尺，保证长度准确、刻度清晰。桩位放线时，应准确记录桩位地面标高；施工过程中，当钻进深度接近设计深度时，应提醒桩机操作手控制好钻进速度，增加钻杆长度测量次数
	桩位偏差	50mm	开工前，应对测量仪器（GPS、全站仪等）进行标定，施工过程中应定期维护；基准控制点接收后应校核，施工过程中定期对基准控制点进行校准并进行妥善保护；测放桩位时，每十米和各拐角点测放其桩中心点位，拉线并做十字引点保护点位；当钻头对中桩位后进行点位校核
	桩径	±10mm	每根桩施工前应对钻头直径用钢尺进行测定
	施工间歇	<24h	查施工记录，不论何种原因重叠搭接施工间隔超过 24h，都应在冷缝处进行补桩处理
一般项目	型钢顶标高	±50mm	型钢吊起应用经纬仪调整其垂直度，达到垂直度要求后，将垂直的型钢底部中心对正插入中心，沿定位架徐徐垂直插入搅拌桩内，当插入搅拌桩内 1/3 后才可以快放，直至放至设计标高位置；如不能下放到位，可借助带有液压钳的振动锤将型钢下沉到位，此时必须确保型钢居中垂直，并利用水准仪控制型钢的顶部标高
	型钢平面位置	50mm（平行于基坑边线）	为确保型钢插入搅拌桩居中和垂直，可制作型钢定位架，定位架应按现场和型钢有关尺寸制作和放置并固定好，不允许在型钢插入搅拌桩过程中出现位移
		10mm（垂直于基坑边线）	
	形心转角	3°	施工过程中，钻进深度每 5m 测量一次垂直度，若垂直度偏差超过要求时，应立即调整至 1/250 以内

2.19.6　工艺安全风险辨识与控制

SMW 工法桩施工工艺安全风险辨识与控制见表 2.19.8。

表 2.19.8　SMW 工法桩施工工艺安全风险辨识与控制

事故类型	辨识要点	控制措施
车辆伤害	施工位置地基软弱，承受荷载加大，引起上部沟槽坍塌，对周边环境产生不利影响	设备施工作业前，施工场地要求平整，桩机保持垂直度偏差 <1/250，根据施工荷载大小及土层条件，复核地基表层承载力是否满足使用要求，必要时采取换填、注浆等浅层地基处理措施，在设备行走区域铺设钢板
	三轴搅拌桩机装卸、安拆与调试、检修、移位、装卸钻杆、成桩施工、插入型钢及拔除型钢等施工危险性大的作业无专人指挥	三轴搅拌桩机装卸、安拆与调试、检修、移位、装卸钻杆及钻头、成桩施工、插入型钢及拔除型钢等施工危险性大的作业必须设置专人指挥。严格按照操作规程操作，在行进过程中，在预留路线上提前检查地基稳定性并专人时刻保持旁站检查
	起重吊装作业违章指挥、违章操作	起重司机及信号指挥人员持特殊工种操作证上岗；作业前对司机及信号工进行安全技术交底，明确作业内容、安全注意事项、作业过程中危险源等；安排专人旁站监督，严禁违章操作
触电	临时用电管理	安排专（兼）职电工进行用电管理，持证上岗；施工前详细了解各用电设备功率与变压器适配情况，每日进行配电箱用电巡查；严禁供电设备超负荷作业；发现用电安全隐患及时整改
其他伤害	桩位处地下管线及障碍资料不明，造成无法钻进或破坏地下管线等现象	收集详细、准确的地质和地下管线资料；当场地紧张，周边环境恶劣，障碍物较深、较多不具备清障条件时，不得强行施工，避免严重损伤机械设备并造成经济损失
	注浆管堵塞导致停工	注浆前先采用清水通管，确保管路畅通；浆液搅拌时，筛除材料中较大颗粒物，防止进入混入管路内造成管路堵塞；注浆过程中，及时观察注浆压力值，发生压力偏大或骤降时，及时停止注浆泵，检查管路；若需要长时间停机，必须用清水清洗干净管路

2.19.7　工艺重难点及常见问题处理

SMW 工法桩施工工艺重难点及常见问题处理见表 2.19.9。

表 2.19.9　　SMW 工法桩施工工艺重难点及常见问题处理

工艺重难点	常见问题	原因分析	预防措施和处理方法
搅拌桩桩身质量	桩体强度不均匀	下搅与上提喷浆的速度太快或单桩施工过程内中断喷浆	下搅喷浆的速度应控制在 <1m/min 以内，上提喷浆的速度应控制在 <2m/min 以内，发生喷浆中断再喷浆时（中断时间不超 1h），要求上提喷浆必须将钻头放至原喷浆位置以下 0.5m 然后再上提喷浆，继续施工；下搅喷浆时应提至原喷浆位置以上 0.5m，然后再下搅喷浆，继续施工
	固化材料质量不合格	固化材料进场未经检验合格便投入使用	严格控制材料进场验收、检验程序，经监理单位见证取样后，由具有资质的第三方试验室进行材料质量检测，检测合格后投入使用
型钢插入	型钢难以插入	型钢表面插入前处理不当；搅拌桩施工完毕后中间停滞时间过长	型钢进行除锈和清污处理后，应在其表面均匀涂刷减摩剂，厚度以 2mm 为宜；遇雨、雪天必须先用抹布擦干型钢表面。型钢的插入宜在搅拌桩施工结束后 30min 内进行，插入前必须检查其直线度，接头焊缝质量，并确保满足设计要求；当型钢难以下沉到位时，可借助带有液压钳的振动锤等辅助手段下沉到位
	型钢插入偏差过大	未安装定位导向架或其安装不牢固，插入过程中未校核型钢垂直度	型钢的插入必须采用牢固的定位导向架，用吊车起吊型钢，采用经纬仪校核型钢插入时的垂直度，型钢插入到位后，用悬挂物件控制型钢顶标高
型钢拔出	型钢难以拔出	拔出型钢时斜向拔起	拔起型钢时应垂直拔出，严禁斜向拔起型钢
	增加施工成本	型钢回收后不合格，无法继续使用；型钢拔出后未立即进行墙体空隙填补处理	拔出后的型钢应逐根检查其平整度和垂直度，不合要求的型钢，调直处理仍不符合要求的，不得使用，否则会增加施工成本。拔出型钢后搅拌桩内的空隙，应立即用水泥砂浆自流充填或充填黄砂等其他物质

3 连续墙施工

3.1 工艺介绍

3.1.11 工艺简介

（1）地下连续墙施工工艺，是在工程开挖土方之前，用特制的挖槽机械在泥浆护壁的情况下每次开挖一定长度（一个单元槽段）的沟槽，待开挖至设计深度并清除沉淀下来的泥渣后，把地面上加工好的钢筋骨架（一般称为钢筋笼）用起重机械吊放入充满泥浆的沟槽内，用导管向沟槽内浇筑混凝土。混凝土由沟槽底部开始逐渐向上浇筑，并将泥浆置换出来，待混凝土浇至设计标高后，一个单元槽段即施工完毕。

（2）地下连续墙施工工艺原理是：各个单元槽段之间由特制的接头连接，形成连续的地下钢筋混凝土墙。若地下连续墙为封闭状，则基坑开挖后，地下连续墙既可挡土又可防水，为地下工程施工提供条件。地下连续墙也可以作为建筑的外墙承重结构，两墙合一，则大大提高了施工的经济效益。

3.1.2 适用地质条件

适用于各种土质。在我国目前除岩溶地区和承压水头很高的砂砾层必须结合采用其他辅助措施外，在其他各种土质中皆可应用地下连续墙。

3.1.3 工艺特点

施工时振动小、噪声低，对环境影响相对较少。在建筑物、构筑物密集地区可以施工，对邻近的结构和地下设施没有什么影响。地下连续墙的防渗性能好，有较高的承载能力。

3.2 设备选型

设备选型见表 3.2.1。

表 3.2.1 设备选型

名称	功率 /kW	设备尺寸：（长 × 宽 × 高）/mm	成槽宽度 /m	主机重量 /t	成槽深度 /m
抓斗式成槽机	263	5.54 × 3.3~4.6 × 18.38	0.3~1.2	78	75
	300	6.02 × 3.45~4.8 × 18.38	0.8~1.5	98	80
	380	6.36 × 3.5~5.0 × 18.91	0.8~2.5	135	116
液压洗槽机	310	13.85 × 7.63 × 42.4	0.8~1.0	260	80

目前，地下连续墙主要成槽机械大致可分为：抓斗式成槽机、冲击式成槽设备、液压铣槽机。

（1）抓斗式成槽机（见图 3.2.1 和图 3.2.2）。

特点：结构简单，易于操作维修，成槽效率高，运转费用低。

适用性：广泛应用在较软弱的冲积地层。对于大块石、漂石、基岩等地层不适用。对于标准贯击数大于 40 的地层，效率很低。地下连续墙施工时，以导墙中心线为基准最小作业半径为 9m 可满足施工。

图 3.2.1　抓斗式成槽机（一）　　　　　图 3.2.2　抓斗式成槽机（二）

（2）冲击式成槽设备（见图 3.2.3~ 图 3.2.5）。

特点：设备低廉，效率低。

适用性：对地层适应性强，适用一般软土地层，也适用砂砾石、卵石、基岩。

图 3.2.3　圆锤　　　　　图 3.2.4　方锤　　　　　图 3.2.5　冲击式成槽设备

（3）液压铣槽机（见图 3.2.6 和图 3.2.7）。

特点：先进、工效快，设备昂贵，成本高。

适用性：适用不同地质条件，包括基岩。不适用漂石、大孤石地层。

图 3.2.6　液压铣槽机

图 3.2.7　液压铣槽机钻头

3.3　施工前准备

3.3.1　人员配备

（1）成槽机操作手：负责成槽机操作，成槽时对特殊地层进行及时反馈，配合项目部对成槽过程中的槽位与垂直度的把控。每班一般配备 1 名成槽操作手，且必须持成槽机操作证上岗。

（2）成槽机辅助工：协助成槽机控制成槽过程中的深度、垂直度等其他辅助工作。每班一般配备 2 名成槽机辅助工。

（3）辅助设备操作手：操作辅助设备配合成槽机施工。操作手数量根据辅助设备数量配备，一般每台设备每班配备 2 名操作手，操作手必须持相关操作证上岗工作。

3.3.2　辅助设备

（1）挖掘机：通常选择 200 型挖掘机，配合成槽机施工；对槽芯土进行归堆，及时装车外运、平整。

（2）铲车：通常选用 5t 级别铲车，配合成槽机施工；在土方外运不及时的情况下进行槽芯土倒运。

（3）履带吊：通常选用 50~200t 两种型号吊车，配合钢筋笼的下放施工。

（4）分砂机：通常选用 45kW 型分砂机，配合成槽后清槽底沉渣施工。

3.3.3　场地条件要求

（1）查明基坑及周边场地填土、暗河及地下障碍物等不良地质现象的分布范围与深度，并通过图纸资料反映对基坑的影响情况。

（2）查明开挖范围及邻近场地地下水含水层和毗连隔水层的层位、埋深和分布情况。

（3）分析施工过程中变化水位对支护结构和基坑周边环境的影响，提出应采取的措施。

（4）查明影响范围内建（构）筑物的结构类型、层数、基础类型、埋深、基础及上部结构现状。

（5）查明基坑周边的周边城市各类地下设施，包括上下水、电缆、煤气、污水、雨水、热力等管线或管道的现状。

（6）确定和安排机械所需作业面积；主要包括泥浆搅拌设备（泥浆搅拌设备以水池为主，水池总量为挖掘一个单元槽段土方量的 2~3 倍）；钢筋笼加工及临时堆放场地地基进行加固；接头管和混凝土浇筑导管的临时堆放场地以及其他用地。

（7）根据施工规模及设备配置情况，计算和确定工地所需的供电量，并考虑生活照明等，设置变压器及配电系统，地下连续墙施工的工程用水是十分庞大的工程，应全面设计施工供水的水源及给水管系统。

3.3.4　安全技术准备

（1）方案编制。项目技术负责人根据图纸要求、相关规范及现场实际情况编制安全技术方案。

（2）方案交底。按照方案内容，项目技术负责人对管理人员及作业人员进行安全技术交底。

（3）其他安全技术准备。项目生产负责人编制材料、机械设备、工具、用具及各技术工种劳动力进场计划。

安全负责人对进场工人进行三级安全教育等。

3.4　工艺流程及要点

3.4.1　工艺流程

连续墙施工工艺流程如图 3.4.1 所示。

3.4.2　工艺要点

（1）测量定位。导墙开挖前由测量人员放出连续墙轴线，并放出导墙开挖位置及开挖深度交予现场施工人员控制，根据测量放线定位结果，进行基槽开挖；基槽开挖成型后，需由测量人员再次复测连续墙轴线，并且在每段导墙轴线上放两个控制点，可根据现场情况进行加密，经复测正确无误后方可立模，控制点用施工线连接起来，以此作为轴向线，来控制侧模的安装位置，立模后采用吊垂球来检查轴线是否偏位，若超出规范要求，及时调整模板，保证导墙轴线偏差在允许范围内。内外导墙之间的中心线应和地下连续墙纵轴线重合。

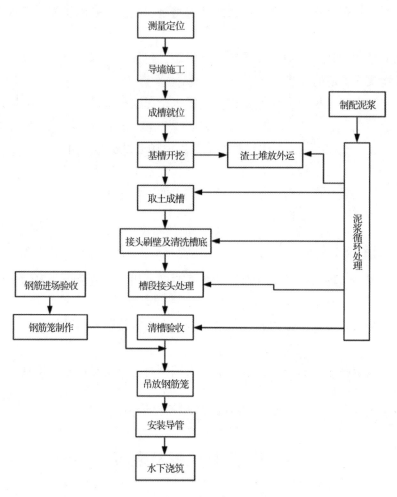

图 3.4.1　成槽机成槽工艺流程

（2）导墙施工。

导墙的作用：挡土作用；作为测量的基准；作为重物的支撑；存蓄泥浆。

导墙的形状：常用形状有倒 L 形或"["形，两侧墙净距中心线与地下连续墙中心线重合，一般为现浇钢筋混凝土结构，每个槽段内的导墙应设一个以上的溢浆孔。

现浇钢筋混凝土导墙拆模后，应立即在两片导墙间加支撑，其水平间距为 2~2.5m。两导墙间距应比地下连续墙设计厚度加宽 30~50mm，其允许偏差 +10mm。导墙深度一般 1~2m，顶面高出施工地面，并保证平整。

（3）制配泥浆。

泥浆的作用：维护槽壁的稳定，防止槽壁坍塌、悬浮岩屑和冷却、润滑钻头。

泥浆的成分：根据本工程的地质情况，泥浆拟采用膨润土、纯碱、高浓度 CMC 和自来水为原材料，搅拌而成。膨润土是一种颗粒极其细小，遇水显著膨胀，黏性和可塑性很大的特殊黏土。其水溶液具有触变性，渗入土壁能形成一层透水很低的泥皮，维护土壁的稳定，防止槽壁坍塌。掺合物用以调整泥浆的性能，使其适应多种情况，提高工作效能。

场地要求：应设置足够施工使用的泥浆配置、循环和净化系统场地。现场应有足够的泥浆储备量，以满足成槽、清槽需要以及失浆时应急需要。

新泥浆配制需严格按照配合比，各项指标经检验合格后，静置24h以后放可投入使用。置换后的泥浆进行测试，不合格的废浆外运丢弃，技术指标符合质量的循环使用。

拟参考泥浆配合比为：水（m^3）：纳基土（kg）：纯碱（kg）：CMC（L）1.8∶150∶7.12∶7.2。

（4）泥浆循环处理。泥浆循环采用泥浆泵输送及回收，由泥浆泵和软管组成泥浆循环管路。在地下连续墙施工过程中，因为泥浆要与地下水、泥土、沙石、混凝土接触，其中难免会混入细微的泥沙颗粒、水泥成分与有害离子，必然会使泥浆受到污染而变质。因此，泥浆使用一个循环之后，要对泥浆进行分离净化，以尽可能提高泥浆的重复使用率。

槽内回收泥浆的分离净化过程是：先经过土渣分离筛，把粒径大于10mm的泥土颗粒分出来，防止其堵塞旋流除渣器下泄口，然后依次经过沉淀池、旋流除渣器、双层振动筛多级分离净化，使泥浆的相对密度与含砂率降低。如经第一循环分离后的泥浆相对密度仍大于1.15、含砂率仍大于8%，则用旋流除渣器和双层振动筛作第二、第三循环分离，直至泥浆相对密度小于1.15、含砂率小于8%为止。

循环泥浆经过分离净化之后，虽然清除了许多混入其间的土渣，但并未恢复其原有的护壁性能，因为泥浆在使用过程中要与地基土、地下水接触，并在槽壁表面形成泥皮，会消耗泥浆中的膨润土、纯碱和CMC等成分，并受混凝土中水泥成分与有害离子的污染而削弱护壁功能，因此循环泥浆经过分离净化之后，还需通过调整池，调整其性能指标，恢复其原有的护壁功能。

（5）取土成槽。根据设计图纸将地下连续墙分幅，幅长按设计布置。槽段放样：根据设计图纸和建设单位提供的控制点及水准点和施工总部署，在导墙上精确定位出地下连续墙标记。抓斗成槽机施工时，膨润土泥浆护壁，开挖时设导孔，实行顺幅开槽施工办法，先施工距离已做墙体远的一侧，后施工距离近的一侧，成槽过程中运用成槽机上配备的自动纠偏系统确保槽壁垂直度不低于0.3%，并始终保持槽内泥浆面不低于导墙顶面以下30cm及地下水位面以上1~1.5m。挖槽过程中，抓斗入槽、出槽应慢速、稳当，根据成槽机仪表显示的垂直度及时纠偏。成槽机在地下连续墙拐角处挖槽时，即使紧贴导墙作业，也会因为抓斗斗壳和斗齿不在成槽断面之内的缘故，而使角内留有余土。为此，在导墙拐角处根据所用的成槽机械端面形状相应外放约20cm，以免成槽断面不足，妨碍钢筋笼下槽。

（6）接头刷壁及清洗槽底。在刷壁过程中槽段同时也在进行自然沉淀，待刷壁结束后开始清底工作，直至测锤碰实的感觉出现，表明槽底沉渣清理到位；钢筋笼下放完成后，混凝土浇筑之前，再次采用测锤对槽底沉渣进行检测，若槽底沉渣超出10cm，则采用正循环输送新浆入槽，控制槽底沉渣小于10cm。为提高接头处的抗渗及抗剪性能，在连续墙接头处对先行幅墙体接缝进行刷壁清洗；壁上下反复刷动至少8次，直到刷壁器上无泥为止后，继续采用刷壁器对接头刷壁2~3次，彻底刷除接头沉渣。

在清槽过程中应不断置换泥浆。清槽后，槽底0.5~1m处的泥浆相对密度应小于

1.15，含砂率不大于 7%，黏度不大于 25Pa·s。

（7）槽段接头处理。地下连续墙是由许多墙段拼组而成，为保持墙段之间连续施工，接头采用锁口管、工字钢等工艺，即在灌注槽段混凝土前，在槽段的端部预插 1 根直径和槽宽相等的钢管，即锁口管，待混凝土初凝后将钢管徐徐拔出，使端部形成半凹榫状接状。也有根据墙体结构受力需要而设置刚性接头的，以使先后 2 个墙段连成整体。

（8）钢筋笼制作。钢筋笼加工时纵向钢筋采用对焊或机械连接，横向钢筋与纵向钢筋连接采用点焊，桁架筋采用单面焊，长度不小于 10d，接头位置要相互错开，同一连接区段内焊接接头百分率不得大于 50%，纵横向桁架筋相交处需点焊，钢筋笼四周 0.5m 范围内交点需全部点焊，搭接错位及接头检验应满足钢筋连接规范要求。钢筋保证平直，表面洁净无油污，内部交点 50% 点焊，钢筋笼桁架及钢筋笼吊点上下 1m 处需 100% 点焊。

（9）吊放钢筋笼。根据钢筋笼重心的计算结果，结合钢筋笼的形状合理确定吊点，确保钢筋笼平稳起吊，回直后钢筋笼垂直。钢筋笼加工后初步考虑整体吊装。钢筋整体起吊，故先用主钩起吊钢筋笼前 4 个主吊吊点，副钩起吊钢筋笼的后 4 个副吊吊点，多组葫芦主副钩同时工作，使钢筋笼缓慢吊离地面，控制钢筋笼垂直度，对准槽段位置缓慢入槽并控制其标高，异形槽段钢筋笼起吊前应对转角处进行加强处理，并应随入槽过程逐渐割除。

（10）水下灌注混凝土。槽段长度不大于 6m 时，混凝土宜采用两根导管同时浇筑；槽段长度大于 6m 时，混凝土宜采用三根导管同时浇筑。采用导管法按水下混凝土灌注法进行，但在用导管开始灌注混凝土前为防止泥浆混入混凝土，可在导管内吊放一管塞，依靠灌入的混凝土压力将管内泥浆挤出，施工前应试拼并进行水密性实验，导管水平布置距离不应大于 3m，槽段两侧端部不应大于 1.5m，导管下端距离槽底 30~50cm。混凝土要连续灌注并测量混凝土灌注量及上升高度，间隔不宜大于 4h，浇筑面宜高出设计标高 30~50cm，所溢出的泥浆送回泥浆沉淀池。

3.5 工艺质量要点识别与控制

（1）连续墙施工导墙施工工艺质量要点识别与控制见表 3.5.1。

表 3.5.1 连续墙施工导墙施工工艺质量要点识别与控制

控制项目	识别要点	控制标准	控制措施
主控项目	宽度（设计墙厚 +30~50mm）	< ± 10mm	用钢尺量
	垂直度	<1/500	用线锤测
	墙面平整度	≤ ± 5mm	用钢尺量
	导墙平面位置	<10mm	用钢尺量
	导墙顶面标高	± 20mm	用水准仪测量

（2）泥浆性能指标要点识别与控制见表 3.5.2。

表 3.5.2　泥浆性能指标要点识别与控制

控制项目	识别要点			控制标准	控制措施
一般项目	新拌制泥浆	相对密度		1.03~1.10	密度计
		黏度	黏性土	20~25	黏度计
			砂土	25~35	黏度计
	循环泥浆	相对密度		1.05~1.25	密度计
		黏度 /Pa·s	黏性土	20~30	黏度计
			砂土	30~40	
	清基（槽）后的泥浆	现浇地下连续墙	相对密度 黏性土	1.10~1.15	密度计
			相对密度 砂土	1.10~1.20	
			黏度 Pa·s	20~30	黏度计
			含砂率	≤ 7%	洗砂瓶
		预制地下连续墙	相对密度	1.10~1.20	密度计
			黏度 Pa·s	20~30	黏度计
			pH 值	7~9	PH 纸

（3）地下连续墙成槽质量要点识别与控制见表 3.5.3。

表 3.5.3　地下连续墙成槽质量要点识别与控制

控制项目	要点识别	控制标准	控制措施
主控项目	槽段强度	不小于设计值	根据设计图纸进行相对应的混凝土浇筑
	槽段深度	不小于设计值	将测量锤沉入槽底，拉紧测量绳，读尺，再复尺
	槽壁垂直度	≤ 1/200	①在成孔之前，按槽段幅度的不同划分孔位，标于导墙壁上。 ②冲桩机就位，即在冲之前，提起冲锤至地面，略高于导墙面，使锤中心与孔位中心点对中。徐徐地放下至孔底，用钢尺在导墙面量测钢丝中心与连续墙中心的距离。 ③对于不同深度偏差，可以采用相似三角形原理，即用钢尺在测出锤位所在深度的偏差时，则推算出不同深度的偏差
一般项目	沉渣厚度	≤ 150mm	用测绳对每个槽段不少于 2 个点进行测量
	混凝土塌落度	180~220mm	混凝土塌落度检验每幅槽段不应小于 3 次，抗压强度试件每一个槽段不应小于一组，且每 100m³ 混凝土不应小于一组，永久地下连续墙每 5 个槽段应做抗渗试件一组

表 3.5.3（续）

控制项目	要点识别	控制标准	控制措施
槽段宽度	不小于设计值	①槽边立壁可垂直开挖，需一次修整平整。立壁保证平整度，垂直度误差不大于2%。边坡立壁如有不稳定土质，可采取填砌方法处理。②导墙施工前，应对导墙外侧回填黏土，并在导墙施工前分层夯实，每层厚度不大于30cm，以保证导墙施工需要。为确保结构设计厚度，施工放样时，导墙平面位置外放15cm，导墙平面坐标根据实际放线情况做适当调整	

（4）地下连续墙钢筋笼制作质量要点识别与控制见表 3.5.4。

表 3.5.4　地下连续墙钢筋笼制作质量要点识别与控制

控制项目	要点识别	控制标准	控制措施
主控项目	钢筋笼长度	±100mm	用钢尺量，每幅钢筋笼检查上中下3处
	钢筋笼宽度	0~20mm	
	钢筋笼保护层厚度	≤10mm	
	钢筋笼安装深度	±50mm	
一般项目	主筋间距	±10mm	任取一断面，连续量取间距，取平均值作为一点，每幅钢筋笼上测4点
	分布筋间距	±20mm	
	预埋件中心位置	±10mm	100%检查，用钢尺测量
	预埋钢筋和接驳器中心位置	±10mm	20%检查，用钢尺测量

3.6　工艺安全风险辨识与控制

地下连续墙施工工艺安全风险辨识与控制见表 3.6.1。

表 3.6.1　地下连续墙施工工艺安全风险辨识与控制

事故类型	辨识要点	控制措施
坍塌	导墙基坑支护不到位，可能导致坍塌	严格按照安全技术规程开挖施工，加强过程监督检查
高处坠落	基坑未设安全防护栏，无安全警示标志，可能导致高处坠落	对基坑边缘采用2m处设置防护栏，基坑上下设置爬梯，张贴安全警示标志，加强安全思想教育
起重伤害	起重作业：履带吊钢丝绳磨损严重，且未及时更换、吊钩防脱装置失效、吊物下站人、旋转臂下站人、吊装作业违章指挥或无人指挥，可能导致物体打击等	加强日常安全教育，专人指挥吊装作业，加强机械的日常检查及时进行机械维修

表 3.6.1（续）

事故类型	辨识要点	控制措施
触电、火灾	钢筋加工作业：电焊机、弯曲机、切断机未接地，可能导致触电及火灾	加强日常检查，严格按照规范及相关要求进行接地处理
	施工用电不符合一闸多接、用电线路老化、乱拉乱接等，可能导致漏电、触电	加强日常检查，严格按照规范进行接设
机械伤害	机具传动部位外漏，可能导致机械伤害	加强日常检查，设置安全防护装置

3.7 工艺重难点及常见问题处理

地下连续墙施工工艺重难点及常见问题处理见表 3.7.1。

表 3.7.1 地下连续墙施工工艺重难点及常见问题处理

工艺重难点	常见问题	原因分析	预防措施和处理方法
导墙施工	导墙破坏或变形	导墙的强度不足；地基发生坍塌或受到冲刷；导墙内侧没有设支撑；作用在导墙上的施工荷载过大	按要求施工导墙，导墙内钢筋应连接；适当加大导墙深度，加固导墙周边地质，墙周围设排水沟；导墙内侧加支撑；施加荷载分散设施，使受力均匀，已破坏或变形的导墙应拆除，并用优质土（或掺入适量水泥、石灰）回填夯实，重新建导墙
垂直度控制	槽段偏斜（弯曲）：槽段向一个方向偏斜，垂直度超过规定数值	成槽机柔性悬吊装置偏心，抓斗未安装水平、成槽中遇坚硬土层；在有倾斜度的软硬地层处成槽、入槽时抓斗摆动，偏离方向、未按仪表显示纠偏、成槽掘削顺序不当，压力过大	成槽机使用前调整悬吊装置，防止偏心，机架底座应保持水平，并安设平稳；遇软硬土层交界处采取低速成槽，合理安排挖掘顺序，适当控制挖掘速度。查明成槽偏斜的位置和程度，一般可在受偏斜处吊住挖机上下往复扫孔，使槽壁正直，偏差严重时，应回填黏土到偏槽处1m以上，待沉积密实后，再重新施钻
钢筋笼下放	钢筋笼难以放入槽孔内或上浮	槽壁凹凸不平或弯曲、钢筋笼尺寸不准，纵向接头处产生弯曲、钢筋笼重量太轻；槽底沉渣过多、钢筋笼刚度不够，吊放时产生变形，定位块过于凸出、导管入深度过大或混凝土浇筑速度过慢，钢筋笼被托起上浮	成槽时要保持槽壁面平整；严格控制钢筋笼外形尺寸，其截面长宽比槽孔小140mm；如因槽壁弯曲钢筋笼不能放入，应修整后再放入钢筋笼。钢筋笼上浮，可在导墙上设置锚固点固定钢筋笼，清除槽底沉渣，加快浇筑速度，控制导管的最大埋深不超过6m

表 3.7.1（续）

工艺重难点	常见问题	原因分析	预防措施和处理方法
槽段接头	槽段接头渗漏水：基坑开挖后，在槽段接头处出现渗水、漏水、涌水等现象	挖槽机成槽时，黏附在上段混凝土接头面上的泥皮、泥渣未清除掉，就下钢筋笼浇筑混凝土	①在清槽的同时，对上段接缝混凝土面用钢丝刷或刮泥器将泥皮、泥渣清理干净。如渗漏水量不大，可采用防水砂浆修补。②渗涌水较大时，可根据水量大小，用短钢管或胶管引流，周围用砂浆封住，然后在背面进行化学灌浆，最后堵引流管。③漏水孔很大时，用土袋堆堵，然后用化学灌浆封闭，阻水后，再拆除土袋
成槽施工	槽壁坍塌：在槽壁成槽、下钢筋笼和浇筑混凝土时，槽段内局部孔坍塌，出现水位突然下降，孔口冒出细密的水泡，出土量增加，而不见进尺，钻机负荷显著增加等现象	遇竖向层理发育的软弱土层或流砂土层。护壁泥浆选择不当，泥浆密度不够，不能形成坚实可靠的护壁。地下水位过高，泥浆液面标高不够，或孔内出现水压力，降低了静水压力。泥浆水质不合要求，含盐和泥砂多，易于沉淀，使泥浆性质发生变化，起不到护壁作用。泥浆配制不合要求，质量不符合要求。在松软砂层中挖槽，进尺过快，或钻机回旋速度过快，空转时间过长，将槽壁扰动。成槽后搁置时间过长，未及时吊放钢筋笼浇筑混凝土，泥浆沉淀失去护壁作用。由于漏浆或施工操作不慎，造成槽内泥浆液面降低，超过了安全范围，或下雨使地下水位急剧上升。单元槽段过长，或地面附加荷载过大等。下钢筋笼、浇筑混凝土间隔时间过长，地下水位过高，槽壁受冲刷	在竖向层理发育的软弱土层或流砂层成槽，应采取慢速成槽，适当加大泥浆密度。控制槽段内液面高于地下水位0.5m以上；成槽应根据土质情况选用合格泥浆，并通过试验确定泥浆密度，一般应不小于1.05；泥浆必须配制，并使其充分溶胀，储存3h以上，严禁将膨润土、火碱等直接倒入槽中；所用水质应符合要求，在松软砂层中成槽，应控制进尺不要过快。槽段成槽后，紧接着放钢筋笼并浇筑混凝土，尽量不使其搁置时间过长；根据成槽情况，随时调整泥浆密度和液面标高。单元槽段一般不超过6m，注意地面荷载不要过大；加快施工进度，缩短挖槽时间和浇筑混凝土间隔时间，降低地下水位，减少冲击和高压水流冲刷。严重坍槽，要在槽内填入较好的黏土重新下钻。局部坍塌可加大泥浆密度。如发现大面积坍塌，用优质黏土（掺入20%水泥）回填至坍塌处以上1~2m，待沉积密实后再进行成槽

表 3.7.1（续）

工艺重难点	常见问题	原因分析	预防措施和处理方法
混凝土浇筑	导管内卡混凝土	导管口离槽底距离过小或插入槽底泥砂中； 隔水塞卡在导管内； 混凝土坍落度过小，石粒粒径过大，砂率过小； 浇筑间歇时间过长	导管口离槽底距离保持比不小于 1.5D（D 为导管直径）。 混凝土隔水塞保持比导管内径有 5mm 空隙。 按要求选定混凝土配合比，加强操作控制，保持连续浇筑；浇筑间隙要上下小幅度提动导管。已堵管可敲击、抖动、振动或提动导管，或用长杆捣导管内混凝土进行疏通；如无效，在顶层混凝土尚未初凝时，将导管提出，重新插入混凝土内，并用空气吸泥机将导管内的泥浆排出，再恢复浇捣混凝土
	夹层：混凝土浇筑后，地下连续墙壁混凝土内存在泥夹层	混凝土浇筑后，地下连续墙壁混凝土内存在夹泥层，浇筑管摊铺面积不够，部分角落浇筑不到被泥渣填充。 浇筑管埋置深度不够，泥渣从底口进入混凝土内。 导管接头不严密，泥浆渗入导管内首批下混凝土量不足，未能将泥浆与混凝土隔开。 混凝土未连续浇筑，造成间断或浇筑时间过长，首批混凝土初凝失去流动性，而继续浇筑的混凝土顶破顶，而上升，与泥渣混合，导致在混凝土中夹有泥渣，形成夹层。 导管提升过猛，或测探错误，导管底口超出原混凝土面底口，涌入泥浆。混凝土浇筑时局部塌孔	①采用多槽段浇筑时，应设 2~3 个浇筑管同时浇筑，并有多辆混凝土车轮流浇筑； ②导管埋入混凝土深度应为 2~4m，导管接头应采用粗丝扣，设橡胶圈密封； ③首批灌入混凝土量要足够充分，使其有一定的冲击量，能把泥浆从导管中挤出，同时始终保持快速连续进行，中途停歇时间不超过 15min，槽内混凝土上升速度不应低于 2m/h，导管上升速度不要过快，采取快速浇筑，防止时间过长塌孔； ④遇塌孔，可将沉积在混凝土上的泥土吸出，继续浇筑，同时应采取加大水头压力等措施； ⑤如混凝土凝固，可将导管提出，将混凝土清出，重新下导管，浇筑混凝土，混凝土已凝固出现夹层，应在清楚后采取压浆补强方法处理
	导管进泥	初灌混凝土方量不足； 导管底距槽底间距过大； 导管插入混凝土内深度不足，提导管过度，泥浆挤入管内	首批混凝土应经计算，保持足够数量。 导管口离槽底间距保持不小于 1.5D（D 为导管直径）。 导管插入混凝土深度保持不小于 1.5m；测定混凝土上升面，确定高度后再距此提拔导管；如槽底混凝土深度小于 0.5m，可重新放隔水塞浇混凝土，否则应将导管提出，将槽底混凝土用空气吸泥机清出，重新浇筑混凝土，或改用带活底盖导管插入混凝土内，重新浇混凝土

4 坡面防护施工

4.1 概述

为防止基坑临空面在降水、渗流、冻融等作用下发生土体剥落或溜坍等现象，应采取必要的坡面防护措施。目前主要的基坑临空面防护构造措施为挂网喷射混凝土护面，喷射混凝土工艺分为干法和湿法两种。

喷射混凝土工艺的选择应根据基坑规模、作业场地、周边环境、设计要求等因素综合确定。干法工艺与湿法工艺优缺点对比见表 4.1.1。

表 4.1.1　干法工艺与湿法工艺优缺点对比

项目	干法工艺	湿法工艺
适用范围	适用于对环境污染要求较低的工程； 适用于远距离输料施工	适用于对环境污染要求较高的工程； 适用于受空间限制的长条形基坑
回弹量	回弹量较大	回弹量较小
添加剂	干粉速凝剂、早强防冻剂	液体速凝剂
粉尘浓度	粉尘浓度较大	粉尘浓度较小
喷射原料	现场拌和混凝土，不加水，形成固态混合物	采用商品混凝土，是流体混合物
混凝土强度	强度较低，最高可达到 C25	强度较高，最高可达到 C35
混凝土质量	现场使用水泥、砂子、石子拌和干料，由于全程采用人工现场控制，匀质性、强度稳定性差。水在喷枪口与干料混合，导致混凝土的水胶比也带有一定的随意性	由供应商严格按照配合比生产商品混凝土，匀质性、强度稳定性高
混凝土密实性	较差	较好
施工机具	价格低，结构简单，操作简易，维修便捷	价格高，结构复杂，操作难度大，维修困难

坡面防护除了喷射混凝土外，还有防水薄膜覆盖、堆砌土袋反压等其他措施。

4.2 喷射混凝土（干法）施工

4.2.1 工艺介绍

4.2.1.1 工艺简介

（1）喷射混凝土干法施工是指先将混凝土（砂石、水泥，包括粉状速凝剂）在现场干拌均匀，然后装入干喷机，依靠气力（压缩空气）将干混料通过胶管送到喷管，喷管上接有水管，干混料与水在喷管内混合，然后依靠喷射压力从喷嘴喷出，混凝土粘接到岩土体表面，迅速凝结和硬化的施工工艺。

（2）喷射混凝土干法施工的原理是：喷射混凝土不是依靠振动来捣实，而是在高速喷射时，由水泥与骨料的反复连续撞击而使混凝土压密。施工时可在拌和料中方便地加入各种外加剂和外掺料，大大改善了混凝土的性能。

4.2.1.2 适用条件

干拌法喷射比较适合小方量及露天的喷射混凝土支护工程。

4.2.1.3 工艺特点

干喷法的特点为：①能进行远距高压输送；②机械设备较小、较轻，结构较简单，购置费用较低，易于维护；③喷头操作容易、方便；④保养容易；⑤水灰比不均匀，密实度较低，强度相对较低；⑥因混合料为干料，喷射速度又快，故粉尘污染及回弹较严重，效率较低，浪费材料较多，产生的粉尘危害工人健康，通风状况不好时污染较严重；⑦拌和水在喷嘴处加入，混凝土的水灰比是由喷射手根据经验及肉眼观察来进行调节的，控制较难，混凝土质量受喷射手等作业人员的技术熟练程度影响较大。

4.2.2 设备选型

4.2.2.1 混凝土喷射机

常用混凝土喷射机选型可按表 4.2.1 所列选用。

表 4.2.1　常用混凝土喷射机

设备型号	生产能力 /m³·h⁻¹	最大输送距离 /m	功率 /kW	外形尺寸 /mm	整机重量 /kg	最大耗风量 /m³·min⁻¹	设备外观
PZ-5D 干式混凝土喷射机（耿力）	5	水平：200 垂直：20	5.5	1450 × 710 × 1100	650	8	

表 4.2.1（续）

设备型号	生产能力 /m³·h⁻¹	最大输送距离 /m	功率 /kW	外形尺寸 /mm	整机重量 /kg	最大耗风量 /m³·min⁻¹	设备外观
PZ-6D 干式混凝土喷射机（耿力）	6	水平：200 垂直：20	7.5	1620×850×1150	780	12	
PZ-7D 干式混凝土喷射机（耿力）	7	水平：200 垂直：20	7.5	1660×800×1100	800	12	

4.2.2.2 空压

常用空压机选型可按表 4.2.2 所列选用。

表 4.2.2 常用空压机

设备型号	排气量 /m³·h⁻¹	排气压力 /MPa	功率 /kW	外形尺寸 /mm	总重量 /kg	设备外观
GLDY75 移动式电动螺杆空压机	13	0.8	75	2305×1660×1710	1500	
GLDY90A 移动式电动螺杆空压机	16	0.8	90	2305×1660×1910	1620	
BLT-150A/W 电动螺杆空压机	20	0.8	110	2342×1200×1600	2400	
LUY200-10 柴油移动式空压机	20	1.0	176	26804×1660×1920	2380	

4.2.3 施工前准备

4.2.3.1 人员配备

每个班组组成人员如下：喷射手1人，设备操作工1人，电工1人，力工5人。

4.2.3.2 辅助设备

辅助设备包含搅拌机、铲车、压力水泵等。

4.2.3.3 作业前准备

（1）喷射混凝土作业前，清理受喷面并检查受喷面尺寸，保证尺寸符合设计要求。作业人员佩戴好防护用具。

（2）检查供风、供水、供电管线路的布置是否合理，是否安全。检查管路是否有堵塞现象、接头是否安全可靠。

（3）搅拌机、喷射机等机械设备，使用前应进行调试并排除故障，严禁机械带病作业。

（4）保证作业区具有良好的通风及照明条件，作业环境温度不得低于5℃。

（5）施工前应提供平坦的施工作业区域（宽度需在4m以上）。

4.2.3.4 安全技术准备

（1）方案编制。项目技术负责人根据图纸要求、相关规范及现场实际情况编制安全技术方案。

（2）方案交底。按照方案内容，项目技术负责人对管理人员及作业人员进行安全技术交底。

（3）其他安全技术准备。项目生产负责人编制材料、机械设备、工具、用具及各技术工种劳力进场计划。

安全负责人对进场工人进行三级安全教育等。

4.2.4 工艺流程及要点

4.2.4.1 工艺流程

喷射混凝土施工工艺流程如图4.2.1所示。

4.2.4.2 工艺要点

（1）坡面检查。主要检查坡面坡度、平整度是否满足要求；坡面是否清理干净；坡面出水点泄水、引流措施是否有效。

（2）绑扎钢筋网。坡面及桩间根据设计可采用钢筋网、钢板网、钢丝网，以钢筋网施工为例，钢筋网绑扎应均匀，搭接处弯勾并错开，搭接长度满足设计要求和有关规范规定的要求，一般情况下搭接长度不应小于$35d$且不得小于300mm。坡面及桩间绑扎的钢筋网通常为直径6~12mm的钢筋，也可根据现场实际情况采用钢板网。钢板网为成品网片，可直接铺设。钢筋网需人工现场绑扎，钢筋网绑扎间距应满足设计及规范要求。

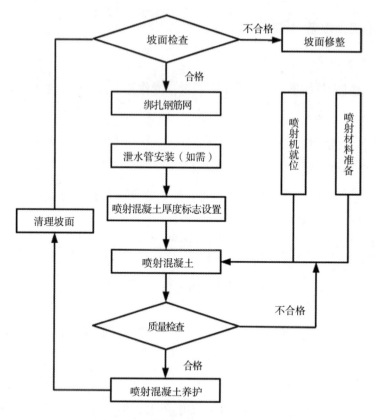

图 4.2.1　喷射混凝土施工工艺流程

钢筋网保护层厚度不小于 20mm，在钢筋网下设置保护层垫块，保证钢筋网保护层厚度。钢筋网的绑扎施工根据施工部位的不同可分为放坡开挖坡面防护钢筋网绑扎和桩间土防护钢筋网绑扎。

（3）泄水管安置。预埋泄水管，泄水管为孔径 ϕ 100mm 的 PVC 管，伸入面层不小于 300mm，外伸不小于 150mm，泄水管外包滤网，倾斜角 5°，泄水管的间距按照设计要求设置。埋入土体中的泄水孔采用反滤层包裹且缝隙用黏土填实、固定牢固。喷射混凝土时，将泄水管口封堵，避免混凝土将管口堵塞，喷射施工完毕后再将管口堵塞物取出，保证管体畅通。

（4）喷射混凝土厚度标志设置。采用长度为 200mm 的 ϕ 8 钢筋，垂直坡面钉入土层内，使外露钢筋长度为设计要求喷射厚度，喷射混凝土时必须保证将厚度标志钢筋完全覆盖，以保证喷射混凝土厚度。

（5）喷射混凝土。在钢筋网绑扎完毕并验收合格后，按试验室提供的配比对水泥、中砂、碎石进行搅拌，形成拌和料。混合料拌制后至喷射的最长间隔时间应根据拌制时有无速凝剂、环境温度等综合确定，无速凝剂且环境温度为 3~30℃时最长停放时间不得超过 90min。喷射作业时应自下而上进行喷射，喷头与受喷面距离宜控制在 0.6~1.0m 范围，射流方向垂直指向喷射面，先喷填钢筋后方，然后再喷射钢筋前方，防止在钢筋背面出现空心，喷射混凝土风量要根据坡面及喷砂管长度及时调节，尽量减少回弹率，风量调节适中，喷射厚度要均匀连续，防止出现"干疤"或"流淌"现象。混凝土喷射由专人负责，喷射机料斗内集料充足，确保混凝土喷射连续进行，不得无故终止喷混凝土作业，如图 4.2.2 所示。

图 4.2.2　喷射混凝土

（6）质量检查。应对喷射混凝土面层厚度进行检测。每 500m² 喷射混凝土面积的检测数量不应少于一组，每组的检测点不应少于 3 个；全部检测点的面层厚度平均值不应小于厚度设计值，最小厚度不应小于厚度设计值的 80%。

（7）喷射混凝土养护。喷射混凝土完成后，为保证混凝土达到设计要求的强度，并防止产生收缩，应按规定采取有效的养护措施：

①应在喷射混凝土终凝 2h 后进行喷水养护。

②养护时间：根据气温环境等条件，一般为 3~7d。

③浇水次数应能保持混凝土处于湿润状态。

4.2.5　工艺质量要点识别与控制

喷射混凝土施工工艺质量要点识别与控制见表 4.2.3。

表 4.2.3　喷射混凝土施工工艺质量要点识别与控制

控制项目	识别要点	允许偏差或允许值	控制措施
主控项目	面层混凝土强度	不小于设计值	①进场水泥、中砂、碎石等材料应做好质量检验；②严格按照试验室提供的配比对水泥、中砂、碎石进行搅拌，形成拌和料
	喷射混凝土厚度	±10mm	设置喷射混凝土厚度标识
一般项目	表观质量	密实，平整，无裂缝、脱落、漏喷、露筋、空鼓和渗漏水	采用合适的喷射距离、风量等
	钢筋网间距	±30mm	钢筋网绑扎过程中采用钢尺测量，及时校正

4.2.6 工艺安全风险辨识与控制

喷射混凝土施工工艺安全风险辨识与控制见表 4.2.4。

表 4.2.4 喷射混凝土施工工艺安全风险辨识与控制

事故类型	辨识要点	控制措施
物体打击	喷射作业工作面应安全、方便	喷射前应仔细检查危石并进行处理。喷射机应布置在安全地带，与作业面尽量靠近，便于操作人之间联系和随时调整风、水压。喷射作业人员与喷锚面应满足安全距离要求
机械伤害	粗骨料粒径控制	尽量减小最大粗骨料的粒径。通常最大粗骨料粒径应控制在 10~15mm，不仅回弹和粉尘较小，而且强度也高
	设备维护	要经常检查喷射机出料管弯头、输料管和管路接头，防止漏气及其他问题。输送料管漏气、断裂，接头断开等是重大危险源
其他伤害	控制粉尘浓度	加强作业面通风。通风主要是稀释空气中粉尘浓度，作业面只要风速控制在 1~1.8m/s，采用与断面相适应的除尘器和轴流风机配合使用，粉尘浓度就可降低到 50%~60%
	采用合理的工作风压和水压	压缩机风量应满足喷射机 9~10m³/s 的风量要求，喷射机供风系统的风压不应低于 0.6MPa，为了更好地稳定风压和过滤压缩空气中的水和油，应在喷射机前设置一个 0.5~1.0m³ 的小风包。施工中要采用合理的工作风压和水压，通常情况下，混合料输送距离在 20m 时，喷头工作风压约 0.1MPa，最低水压应超过 0.2MPa

4.2.7 工艺重难点及常见问题处理

喷射混凝土施工工艺重难点及常见问题处理见表 4.2.5。

表 4.2.5 喷射混凝土施工工艺重难点及常见问题处理

工艺重难点	常见问题	原因分析	预防措施和处理方法
喷射混凝土与待喷面结合情况	混凝土与岩面结合不良	受喷面粉尘、杂物未清除或清除不彻底时，混凝土和岩面就不能直接粘结，会造成喷射混凝土剥落	喷射混凝土作业前应对受喷面粉尘、杂物用高压风或水彻底清洗干净，在已有混凝土面上喷射混凝土时应先清理掉风化部分并凿毛，有涌水的地方要做好排水，喷射面吸水性较强时要预先洒水，防止混凝土与受喷面结合不良
	松动危石未清除，喷射混凝土背后有空洞	松动危石未清除，松动石头存在较大空隙，而混凝土受遮挡无法喷入，这样喷射混凝土与岩面之间就会有空洞，没有与岩面粘结，造成混凝土开裂现象	喷射混凝土前对松动石块、危石或遮挡物用人工彻底予以清除；混凝土必须喷射密实，不得有空洞

表 4.2.5（续）

工艺重难点	常见问题	原因分析	预防措施和处理方法
面层养护	混凝土面层收缩开裂	喷射混凝土由于水泥用的较多、砂率高、速凝剂的影响和表面系数大等原因，若不注意养护将会使混凝土产生更大的收缩，导致开裂	混凝土终凝2h后应立即喷水养护，经常保持其表面湿润，采用普通硅酸盐水泥时养生时间不得少于7d，采用矿渣硅酸盐水泥时不得少于14d
施工顺序控制	开挖过程中造成混凝土面层脱落	开挖爆破产生的冲击波对没有达到强度的喷射混凝土影响很大，强度没有达到时，混凝土与围岩的粘结力不大，这样会造成混凝土脱落	因一般喷射混凝土施工需要随开挖进行，故其受开挖爆破震动、冲击影响很大，混凝土需具一定的强度才能抵御，所以开挖爆破距离喷射混凝土作业完成时间间隔不得小于4h，施工中应严格控制
面层厚度控制	混凝土厚度不足	缺乏对混凝土厚度的检查或检查频率不足	控制喷层厚度应预埋厚度控制钉；喷射混凝土厚度应采用钻孔法检查
面层平整度控制	受喷面平整度太差、高低起伏过大或钢筋网钢筋过粗	施工过程中没有对低洼处做找平处理，凸出位置没有进行凿除，钢筋网用料没有按照图纸要求施工	对于受喷面高低不平、起伏过大的，应先对低洼处作喷混凝土找平处理，个别凸出的应予以凿除，钢筋网所用钢筋直径宜为6~8mm，用前必须除锈、除油，保护层应大于20mm
待喷面失稳问题	土方开挖修整坡面完成后，未及时喷射混凝土，发生流土等现象	土方开挖修整坡面完成后，由于作业面不满足、交叉作业等原因，未能及时对待喷面进行喷护施工，导致坡面发生流土等现象。对于砂土和花岗岩残积土，此现象尤为突出	严格控制施工的时间节点，保证待喷面及时进行喷射混凝土施工

4.3　喷射混凝土（湿法）施工

4.3.1　工艺介绍

4.3.1.1　工艺简介

湿法是按一定比例将水泥、砂、石、水及外加剂配合搅拌成混凝土，然后用混凝土搅拌车运送到施工现场，将混凝土用湿式喷射机通过管道泵或压缩空气输送到喷头处，再在喷头处与液体速凝剂混合，借助高压风喷射到受喷面上凝结硬化，从而形成混凝土支护层的施工方法。

4.3.1.2　适用条件

湿法喷射施工适用于隧道、洞室、边坡和基坑等工程的支护或面层防护。尤其适合应用在大断面隧道及大型洞室喷射混凝土支护。

4.3.1.3 工艺特点

湿法喷射的主要优点是喷射作业区粉尘少，混凝土采用搅拌站生产的成品混凝土，均质性好、回弹低、密实性好、耐久性好、强度高、质量稳定易管理，采用泵送型喷射机生产率高。但喷射工艺较复杂，混凝土输送距离短，需专用设备和外加剂，喷射机械较笨重，转移设备麻烦，一般需有机械手配合，不适用于一些难以进出的区域。对于喷射混凝土使用量较少（需快速停止或启动喷射）的地方以及在富含地下水的地层中喷射施工适应性差。

4.3.2 设备选型

4.3.2.1 湿喷机

湿法喷射设备的性能应符合下列规定：

①密封性能应良好，输料应连续均匀；

②生产率应大于 5m³/h，允许骨料最大粒径应为 15mm；

③湿喷机一般要求混凝土输料距离水平不应小于 30m，垂直不应小于 20m；

④机旁粉尘应小于 10mg/m³。

常用湿喷机的选用见表 4.3.1。

表 4.3.1 常用湿喷机

设备名称	规格 /mm	重量 /t	最大生产能力 /m³·h⁻¹	电机功率 /kW	设备外观	特点
转子活塞式湿喷机	1.3×0.75×1.3	0.6~0.7	3~7	3~7.5		商品混凝土通过湿喷机与高压风混合后呈稀薄流状态通过喷射管至喷嘴；液体速凝剂经雾化器与高压风混合，至喷嘴混合环与混凝土混合，从喷嘴喷至受喷面上。但设备易损件多，必须使用储气罐稳定气压，后期维修成本高
单头液压湿喷机	3.1×1.6×1.7	2.1	3~7	22		液压泵产生的推力，使两个油缸往复交替运动，将稠密流物料由输送管道送至混流管处，经压缩空气形成稀薄流通过管道送至喷头处。进料口不易喷浆，对现场安全文明有利。可以根据实际情况选择是否采用储气罐，由于采用液压动力易损件少

表 4..3.1（续）

设备名称	规格 /mm	重量 /t	最大生产能力 /m³·h⁻¹	电机功率 /kW	设备外观	特点
双头液压湿喷机	4.1×1.4×1.45	2.5	12~16	45		施工原理与单头液压湿喷机类似。与单头液压湿喷机相比工作效率提高一倍，但是外接材料也是单头液压湿喷机的两倍
拖式混凝土湿喷机	4.2×1.8×1.4	2.5	3~10	30		液压泵产生的推力，使两个油缸往复交替运动，将稠密流物料由输送管道送至混流管处，经压缩空气形成稀薄流通过管道送至喷头处。该设备可以一机多用，充当混凝土泵
履带式混凝土湿喷车	4.96×1.65×1.89	5.76	20	30		一体化设备，湿喷车上带速凝剂桶和空压机。由于湿喷机跟喷射位置移动，为保证连续送料，需采用泵车或者混凝土泵泵送到进料口。自带机械臂，枪头最近可距离受喷面70cm，回弹率和平整度根据操作手水平可以保证
混凝土湿喷台车	8.3×2.8×3.2	17	30	95		与履带式混凝土湿喷车原理类似，机械臂活动范围限制无法在基坑上进行坑下喷护作业，在基坑内施工时要确保场地平整

4.3.2.2 机械臂

湿喷机可与机械臂进行搭配施工，减少施工操作人员，提高施工安全性，避免粉尘对操作人员的健康危害。与人工操作喷枪头相比，机械臂的使用大大增强了施工安全性能；喷嘴可以抵近受喷面进行作业，减少混凝土回弹料。但是，机械臂操作不灵活，对操作手要求较高，否则喷护面平整度无法保证。常用机械臂的选用如表4.3.2所列。

表 4.3.2　常用机械臂

设备名称	工作高度/m	工作长度/m	工作宽度/m	设备重量/t	最大生产能力/m³·h⁻¹	电机功率/kW	设备外观
小型履带式机械手	2.3	6	10	2.3	3~10	85	

4.3.2.3　空气压缩机

泵送型湿拌喷射混凝土用空气压缩机的供风量不应小于 4m³/min；风送型湿拌喷射机的供风量不应小于 12m³/min；空气压缩机应具有完善的油水分离系统，压缩空气出口温度不应大于 40℃；应能提供稳定的风压，其波动值不应大于 0.01MPa，风压不宜小于 0.6MPa。常用空气压缩机的选用如表 4.3.3 所列。

表 4.3.3　常用空气压缩机

设备名称	规格/mm	重量/t	排气量/m³·min⁻¹	排气压力/MPa	电机功率/kW	设备外观	特点
四轮移动式电动螺杆空压机（DMY–16/10G）	3.8×1.75×2.16	3.5	16	1.0	110		压缩机零部件少，无易损件，运转可靠，寿命长，大修间隔期可达 4 万~8 万 h；操作维护便捷；自动化程度高，可实现无人值守运转；无不平衡惯性力，可平稳的高速运转，可实现无基础运转；具有强制输气的特点，容积流量几乎不受排气压力的影响，在宽广的转速范围内能保持较高效率
单级压缩永磁变频螺杆空压机（DMV–132G）	2.26×1.66×1.7	2.9	14.3~24.0	0.8	132		性能稳定，运转可靠，使用寿命长；具有高温停机保护、电机过载保护、超压安全减压系统；节能环保，振动小、噪声低

表 4.3.3（续）

设备名称	规格 /mm	重量 /t	排气量 /m³·min⁻¹	排气压力 /MPa	电机功率 /kW	设备外观	特点
柴油移动式螺杆空压机（LGCY-15/13A）	3.38×1.65×2.5	3.0	15	1.3	—		移动便捷，操作维护方便，自动化程度高，体积小，重量轻，占地面积小；不受电力因素限制，适应性好，活动范围大

4.3.2.4 其他配件

（1）储气罐：储气罐用来储存压缩空气，保证用气高峰时的需求；冷却空气中的水分及污物等使其从系统中排出；消除或消弱活塞式空气压缩机排出的周期脉冲气体，从而稳定管道中的压力并起到缓冲作用。储气罐必须配有安全阀，压力表。常用储气罐的参数见表 4.3.4。

表 4.3.4 常用储气罐参数

设备名称	容器高度 /m	内径 /mm	容积 /m³	工作压力 /MPa	设计温度 /℃	进气口通径	出气口通径	设备外观
储气罐	2.7	1000	2	1.0	150	DN80	DN80	

（2）送风管：工作时的承压能力不应小于 0.8MPa。

（3）输料管：工作时的承压能力应大于 0.8MPa，管径应满足输送设计最大粒径骨料的要求，并应具有良好的耐磨性能。

4.3.3 施工前准备

4.3.3.1 人员配备

正常湿喷施工中，一个湿喷班组即可完成全部施工作业。一个班组不少于5人，包括：送料工、焊工、喷枪手、机器操作工、叉车操作手。

（1）喷枪手：控制枪头，把控喷射方向及顺序，调整喷护厚度及平整度，及时反馈出料情况，是成品效果控制最重要的一环。必须配备正副两名喷枪手，确保施工安全。

（2）机器操作工：操作湿喷机，控制风压大小，负责基坑上下施工人员联络。调试机器，机器出现故障时，及时进行排查，恢复机器运转。

（3）送料工：负责商品混凝土到场后的放料工作，控制喷射混凝土起止，抓准送料时机，确保喷射混凝土稳定连贯。

4.3.3.2 辅助设备

叉车：通常选用 3t 级别，配合湿喷施工，主要用于钢筋网片及速凝剂场内倒运、湿喷场地挪位等。叉车需提供定期检验报告。

4.3.3.3 场地条件

（1）每层受喷面高度不宜超过 3m，喷枪手操作平台宽度不宜小于 3m，平台应平整、严禁存在石块等凸起，避免喷枪手移动过程中摔倒导致喷枪失控造成安全事故。作业平台留置应提前与土方单位协商，避免施工过程中出现超挖现象。

（2）湿喷机、储气罐、空压机均安置在基坑外侧场地平整处。储气罐及空压机不宜经常倒运，储气罐安放应稳定，湿喷机可随施工位置及时调整。

4.3.3.4 安全技术准备

明确图纸设计要求，查找相关规范，熟悉规范内容，初步了解湿喷相关理论要求。制作安全技术交底。落实人员、设备及材料情况，确定具体施工方式，明确施工质量标准。

4.3.4 工艺流程及要点

4.3.4.1 工艺流程

喷射混凝土（湿法）施工工艺流程如图 4.3.1 所示。

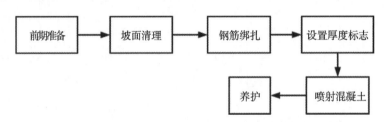

图 4.3.1 喷射混凝土（湿法）施工工艺流程

4.3.4.2 工艺要点

（1）前期准备。机械设备进场后需进行验收，验收合格后，张贴验收牌，方可使用。湿喷机及空气压缩机需提供产品合格证书；储气罐需提供压力容器产品合格证及质量证明书、压力表合格证及校准证书和安全阀校验报告。检查供风、供水、供电、输料管线的布置是否合理安全。检查管路是否安全可靠。管路及接头要保持良好的密封性，要求风管不漏风。施工前需对湿喷机进行调试，选取一块受喷面进行喷射混凝土实验，确认速凝剂在施工中的实际掺量，确保在该速凝

图 4.3.2 湿喷施工

剂掺量下混凝土不脱落，并且能够进行后续收面、抹平，保证喷护面表面平整度效果。湿喷作业如图 4.3.2 所示。

（2）坡面清理。应清除受喷面的浮石、泥浆、回弹物及岩渣堆积，至显露桩面混凝土，拆除待喷射面影响喷射作业的障碍物，对不能拆除者加以保护。因地层原因部分桩身不规则存在明显凸起，经测量人员测量，若侵入主体结构边界，需要进行凿除。

受喷面若有明流水需要进行处理，否则混凝土无法凝结附着受喷面上。漏水较小的地方一般采用堵漏剂直接封堵，漏水较大的地方应采用软式橡胶管进行引流，喷护完成后进行封堵或向下引水。受喷面吸水性较强时要预先洒水；凡设有加强钢筋或铁丝网时，为防止反弹，要将钢筋或铁丝网牢固地固定在喷射基层面上。坡面清理如图 4.3.3 所示。

（3）钢筋绑扎。根据图纸设计要求进行钢筋绑扎施工，搭接长度满足设计要求和有关规范规定的要求（参考 11G101-1 图集纵向受拉钢筋搭接长度表，且搭接长度不应小于 300mm）。钢筋网保护层厚度不小于 20mm，在钢筋网下设置保护层垫块，保证钢筋网保护层厚度。

图 4.3.3　坡面清理情况验收

若图纸要求布设泄水孔，泄水孔应与钢筋同时安装，泄水孔后填充滤料，防止混凝土喷入孔内，影响泄水效果。钢筋绑扎情况如图 4.3.4 所示。

（4）设置厚度标志。应埋设控制喷射混凝土厚度的标志（厚度控制钉、喷射线等），其纵横间距宜为 1.0~1.5m。可以采用放置定位钢筋（角钢）和挂线方式测定喷射混凝土的厚度。当设有锚杆时，可用锚杆露出岩面的长度作为控制喷层厚度的标志。在钢筋施工完毕后由项目管理人员进行验收，验收合格后方可进行下道工序施工。

图 4.3.4　钢筋绑扎情况验收

（5）喷射混凝土。湿喷机安装好后，每次使用前调试机器，确认机器运行正常、无料渣残留后再开始喷射混凝土施工。调式方法：先开液态速凝剂泵，再开风，气罐压力稳定在 0.6~0.8MPa，枪头喷出速凝剂呈雾状、扇形即可。喷射时人员与受喷面间距一般控制在 1~1.5m，受喷面高度不宜超过 3m，喷射路线应自下而上，呈 S 形运动；射流方向垂直向

图 4.3.5　坡面平整度控制情况

受喷面，先喷填钢筋后方，然后再喷射钢筋前方，防止在钢筋背面出现空心，以使混凝土喷射密实。一次喷射厚度根据喷射部位和设计厚度而定，水平喷射一般一次喷射厚度80~150mm，当厚度大于100mm时，宜采用分层喷射。

对于需要在喷射混凝土面层铺设防水的项目，喷射混凝土表面应满足铺设防水要求，在初凝后进行刮抹修平，将基线以外多余的材料清除，必要时采用喷混凝土（或砂浆）找平。在喷射过程中，应对分层、蜂窝、疏松、空隙或砂囊等缺陷铲除和修复处理，及时清除脱落在钢筋网上的疏松混凝土，如图4.3.5所示。喷射完成后及时进行喷护面验收工作，对不符合标准的位置进行修补，合格后及时申请验收，做好工作面交接工作。

（6）喷射混凝土养护。喷射混凝土完成后，为保证混凝土已达到设计要求的强度，并防止产生收缩，应按规定采取有效的养护措施。宜采用喷水养护，也可采用薄膜覆盖养护；喷水养护应在喷射混凝土终凝后2h进行，浇水次数应能保持混凝土处于湿润状态，养护时间不应少于5d。气温低于5℃时不得喷水养护。

4.3.5　工艺质量要点识别与控制

喷射混凝土（湿法）施工工艺质量要点识别与控制见表4.3.5。

表4.3.5　喷射混凝土（湿法）施工工艺质量要点识别与控制

控制项目	识别要点		允许偏差或允许值	控制措施
主控项目	受喷面清理		显露桩面混凝土	受喷面采用人工和小挖机两种方式进行清理，清除开挖面的浮石、泥浆、回弹物及岩渣堆积，至显露桩面混凝土。应对受喷面验收合格后方可进行下道工序
	绑扎钢筋网	长、宽	±10mm	①钢筋网片进场后要妥善存放，防雨、防潮，避免钢筋表面锈蚀、有油污等；②钢筋网片进场时要对钢筋网片进行取样检验，检验合格后方可使用；③钢筋网片进场时应测量钢筋直径，钢筋网眼大小，采用尺量连续三挡，确保在误差允许范围内；④项目部对现场土建责任工程师及班组进行充分的技术交底并做好施工放样图；⑤钢筋网片安装完成后，要对成品进行保护；⑥施工过程中，现场土建责任工程师、质量工程师要对检查记录进行签字、确认
		网眼尺寸	±20mm	
		搭接	±20mm	
	混凝土质量要求		按照设计要求	①由测量工程师测放标尺位置，安装标尺保证喷护面平整度；②喷射混凝土过程中，采用木质刮板，从下至上推平，边喷护边刮平；③喷护完成后采用靠尺及游标塞尺检测喷护面平整度，对于不平整的地方进行打磨修补；④喷护面应达到密实、无裂缝、无脱落、无漏喷、无漏筋、无空鼓和无渗水；⑤对喷护面进行喷水养护，不得少于7d
	喷射混凝土表面平整度		−30mm	
一般项目	养护		≥7d	

4.3.6 工艺安全风险辨识与控制

喷射混凝土（湿法）施工工艺安全要点辨识与控制见表4.3.6。

表4.3.6 喷射混凝土（湿法）施工工艺安全风险辨识与控制

事故类型	辨识要点	控制措施
高处坠落	施工作业空间狭窄、场地位置较高	施工工作面要求宽度至少6m，高度超过2m的工作平台需要搭设临边防护，平台作业人员应佩戴安全带，与受喷面锚固位置相连
	受喷面较高，挂网需要高处作业	受喷面高度一般控制到2.5m左右，超过2m高处作业应做好安全防护
机械伤害	喷头压力较大，喷射手可能会出现把握不住枪头的情况，发生危险	现场采用在受喷面一处固定一根尼龙绳辅助枪头
	交叉作业存在安全隐患	合理安排施工工序，避免交叉作业带来的安全隐患
	喷嘴突然无风、无料，喷射机压力表指针较快上升。应为发生堵管现象	一旦发生堵管情况，喷枪手及时压住枪头，操作手应立即停止送风，打开排气阀放气。可通过踩踏管道的方式，找出堵管部位，在管外敲松堵塞物后用钢钎掏出。排查堵管原因，可能因为混凝土塌落度过低，风压偏低，工人操作不当等导致堵管，及时进行调整，无误后再次进行施工
其他伤害	作业人员健康及周边成品影响	由于喷射混凝土施工过程中粉尘较大，喷射人员需做好个人防护，应佩戴护目镜及口罩。在湿喷过程中，粉尘会对其他成品造成污染，应在成品表面铺设苫布，并在喷射完成后进行清理

4.3.7 工艺重难点及常见问题处理

喷射混凝土（湿法）施工工艺重难点及常见问题处理见表4.3.7。

表4.3.7 喷射混凝土（湿法）施工工艺重难点及常见问题处理

工艺重难点	常见问题	原因分析	预防措施和处理方法
成品表观控制	表面起伏	未设置喷射混凝土厚度标志或设置间距过大	①根据图纸要求，测放成品面位置，每隔1.0~1.5m设置一道标志，形成纵横网格；②喷射完成后及时验收，对喷护厚度不足之处进行复喷
	表面有尖锐突起	未在喷射完成后进行收面	①在混凝土喷射过程中，边喷护边使用刮板对混凝土表面进行收面；②若混凝土已经凝结无法进行收面，则可以采用电镐进行剔凿或者打磨机打磨

表 4.3.7（续）

工艺重难点	常见问题	原因分析	预防措施和处理方法
	表面渗漏水	受喷面清理过程中，未对渗漏水区域进行处理	①喷射混凝土前，进行受喷基面验收，对渗漏水区域进行处理，水流较小则采用堵漏王直接进行封堵，若水流较大则可以采用软管进行引流，直接引至基坑底部； ②喷射完成后，表面仍存在渗漏水区域，则可以在渗漏水区域进行钻孔注浆的方式，进行封堵
	喷护面层收缩开裂或脱落	喷护完成后未进行养护或养护不及时。喷护面强度未达到要求，即开始下一层工作面爆破作业	①混凝土终凝 2h 后应立即喷水养护，经常保持其表面湿润，养护时间不得小于 7d； ②下一循环爆破作业应在混凝土终凝 3h 后进行
混凝土与受喷面紧密结合	混凝土与岩面结合不良，背后有空洞	受喷面粉尘、杂物未清除或清除不彻底，松动石头存在较大空隙未清除都会导致混凝土与受喷面结合较差，表面易形成裂缝	喷射混凝土作业前对受喷面进行人工清理，并采用高压风或水清洗受喷面，喷射面吸水性较强时要预先洒水，确保受喷面与混凝土结合良好，喷射密实
		桩间超挖严重，导致喷射厚度过大，回弹量大	要求总包单位控制桩间土方或石方的开挖深度，防止超挖现象。与总包单位及土方单位做好工作面交接工作，对受喷基面进行影像保存及测量
材料控制	混凝土损耗高	速凝剂性能及掺量不稳定，影响混凝土凝结效果	速凝剂进场前严格进行验收。施工前进行速凝剂掺量试验，确认速凝剂实际掺量。施工过程中，专人观察喷护混凝土凝结效果，若混凝土无法粘住受喷面，则及时暂停喷护，进行处理
		设备老旧，故障率高，导致混凝土水泥浆流失严重，影响混凝土凝结效果	①施工作业前应调查分包施工机具型号，禁止使用老旧型号或不符合喷护要求的机具。 ②施工过程中，若机器出现跑浆或故障，应及时暂停维修设备，待设备维修完成后再进行施工
环境管理	扬尘污染	喷护过程中形成水泥浆粉尘	①加强喷射区域的通风，在粉尘浓度较高区域设置除尘水幕；已施工完成区域进行遮挡，防止粉尘污染成品构件。 ②喷射混凝土作业人员应配备个体防尘面具
冬季施工	混凝土凝结较差	液体速凝剂受气温影响较大，效果不稳定。	①冬季速凝剂进场前，要求供应商在运输过程中做好保温措施，做好速凝剂进场验收工作； ②现场可采用棉被或在封闭帐篷内加温等措施进行保温，防止液体速凝剂失效

5 锚杆、土钉施工工艺

5.1 概述

在基坑工程中，锚杆是一种将钢筋、钢绞线、钢棒、钢管等杆体材料植入基坑侧壁的岩土体中，通过水泥砂浆或水泥浆包裹杆体材料形成锚固体，利用锚固体与岩土体间的侧摩阻力，提供抗拔力的抗拔构件。杆体植入岩土体的方式包括：预钻孔插入、钻孔钻杆带入、自钻孔植入等；水泥砂浆或水泥浆包裹杆体方式包括：注浆包裹、旋喷体包裹等。

锚杆杆体的外端通过锚具、螺栓等形式锁定、锚固于围檩外侧，围檩约束基坑围护结构（围护桩、围护墙），共同抵抗侧壁水土压力，形成了锚杆、围檩、围护结构协调工作的基坑支护结构。通常情况下，锚杆杆体可通过预张拉后锁定的方式，成为预应力锚杆，将预应力施加在围檩上，达到主动约束围护结构的目的，以便更好地控制围护结构水平位移（见图 5.1.1）。

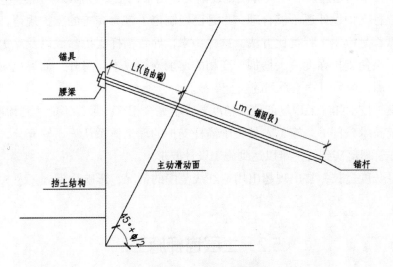

图 5.1.1 锚杆示意图

广义来讲，土钉也是锚杆的一种形式，一般在土体中使用，杆体采用钢筋或钢管，不施加预应力，通常也采用水泥砂浆或水泥浆包裹杆体形成锚固体，需要的抗拔力不高时，也可杆体裸体植入土体。土钉杆体的外端弯折或通过锚架（钢筋井字形锚架、钢板锚架等形式）埋于喷射混凝土面层中，形成土钉墙支护结构或喷射混凝土坡面防护结构（见图 5.1.2）。

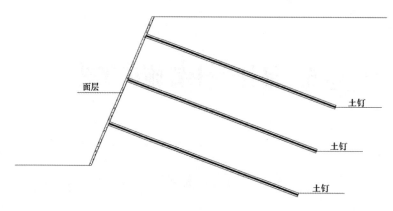

图 5.1.2 土钉示意图

锚杆支护作为深基坑支护的主要工法，具有以下优点：

①造价低廉，锚杆支护可以很小的支护力获得较好的支护效果，这在很大程度上节约了材料，降低了成本；

②设备占地面积小，施工方便，可根据现场实际情况灵活调整，提高了场地利用率，不占用场地内空间；

③注浆可以改善土层的力学性能，在短时间内提高基坑侧壁支撑力，大大缩短了工期；

④施工完成后，基坑位移相对较小，安全性较高。

随着锚杆技术的迅速发展，其弊端也逐渐突显出来，主要包括以下几点。

①当前锚杆支护设计还不够合理，尽管已经制定了较为完善的支护规范，但是在设计阶段，常常都是应用工程类比方法，这样一来，导致锚杆支护参数以及支护形式都不尽科学；有时会使支护强度大大增加，变相的增加支护成本。另外，如果地质条件、周边环境复杂，那么极易引发一系列的安全事故。

②锚杆支护技术和施工现场的仪器精度要求不完全相符，最终不能达到预期的效果。

③在当前技术条件下，施工人员关于锚杆支护的理论体系认识不够充分，因此，没有及时将操作管理落实到位，难以达到施工设计要求。

④因锚杆长度过长，常出现超出用地红线范围的情况，影响后期施工及相邻地块开发。

5.2 土层锚杆施工

5.2.1 工艺介绍

5.2.1.1 工艺简介

锚杆依据锚固段所在的地层是土层还是岩层划分为土层锚杆和岩层锚杆，一般情况下常见岩层锚杆的抗拔力大于土层锚杆，锚固长度低于土层锚杆。土层锚杆锚固系统应由受拉杆体、注浆锚固体、锚头、腰梁等组成，根据使用情况宜施加预应力，土层锚杆是一种设置于钻孔内，端部伸入稳定土层中的钢筋或钢绞线与孔内注浆体组成受拉杆体的锚杆，它一端与支护结构相连，另一端锚固在土层中，通常对其施加预应力，以承受由土压力、水压力或施工荷载等所产生的拉力，用以维护支护结构的稳定。

5.2.1.2 适用地质条件

土层锚杆锚固于稳定的土层中，适用于填土、黏性土、砂土、碎石类土等各类土层。土层锚杆的锚固段不宜设置在未经处理的下列土层中：

①有机质土层，淤泥质土层；

②回填年限少于 5 年的新近填土层；

③液限大于 50% 的土层。

5.2.1.3 工艺特点

（1）土层锚杆的优点：

①土层锚杆能与土体结合在一起承受很大的拉力，以保持支护结构的稳定；

②锚杆杆体通常采用高强钢材，并施加一定的预应力，可有效地控制支护结构的变形量；

③施工所需钻孔孔径小，不用大型机械；

④采用锚杆支护系统时，可避免采用内支撑支护系统，大量节省基坑支护工程成本；

⑤为地下工程施工提供开阔的工作面；

⑥经济效益显著，可节省大量劳力，加快工程进度。

（2）土层锚杆的缺点：

①受场地土地使用界限的约束，锚杆一般不允许超出用地红线，使用受到极大的限制；

②场地周边存在地下管线、地下建（构）筑物时，极大影响锚杆的使用。

5.2.2 设备选型

5.2.2.1 锚杆钻机

根据地质条件、设计要求、现场情况等，选择合适的成孔方法和相应的钻机设备。成孔机械主要有三大类。

（1）冲击式钻机：靠气动冲凿成孔，适用于岩土地层。

（2）旋转式钻机：靠钻具旋转切削钻进成孔。有地下水时，可用泥浆护壁或加套管成孔；无地下水时则可用螺旋钻杆直接排土成孔。旋转式钻机可用于各种地层，应用普遍，但钻进速度较慢。

（3）旋转冲击式钻机。兼有旋转切削和冲击粉碎的优点，效率高速度快，配上各种钻具套管等装置，适用于各种硬软土层。常用的钻机选型可按表 5.2.1 选用。

表 5.2.1　常用土层锚杆钻机

设备类型	钻孔角度	钻孔直径/mm	钻孔深度/m	适用地层	设备外观
冲击式钻机	0°~90°	50~250	0~100	适用于各类坚硬土层，可用于卵石等复杂土层	
旋转式钻机	0°~90°	50~250	0~170	适用于各种地层	
旋转冲击式钻机	0°~90°	50~250	0~170	适用于各种硬软土层	

5.2.2.2　钻杆、套管与钻头

锚杆钻机常用的钻杆、套管与钻头如表 5.2.2 和表 5.2.3 所列。

表 5.2.2　锚杆钻机常用钻杆、套管

名称	常用规格参数	外观
钻杆	直径：$\phi34.0mm$，$\phi42.0mm$，$\phi50.0mm$，$\phi63.5mm$，$\phi73.0mm$，$\phi89.0mm$； 长度：0.5m，0.8m，1.0m，1.5m，2.0m，3.0m； 连接方式：公母连接（锥螺纹）、接头连接（矩形内螺纹）	
套管	常用规格：73mm×4.5mm，89mm×5mm，108mm×4.5mm，127mm×4.5mm，146mm×5mm，168mm×6.3mm	

表 5.2.3　锚杆钻机常用钻头

钻头名称	适用地层	特点	外观
三翼型钻头	适用于粉质黏土、粉土、砂砾层等相对软质土层	钻进效率高，成孔质量好	
复合片取芯钻头	适用于硬质地层	钻进效率高，使用寿命长，钻进平稳，方向性良好。取芯钻头可在土层钻进过程中遇障碍使用，同时可用于套管钻进时钻头使用	

5.2.2.3 注浆设备、张拉设备

锚杆施工常用的注浆设备、张拉设备见表 5.2.4 和表 5.2.5。

表 5.2.4 锚杆施工常用注浆设备

设备种类名称	工作压力 /MPa	排浆量 /L · min⁻¹	适用条件
2TGZ-60h10 注浆泵	6	60	高压注浆
HB6-3 注浆泵	1.5	50	普通注浆
UBJz 挤压式灰浆泵	1.5	30	灌注水泥砂浆
ZB3/2-4 注浆泵	2	50	普通注浆
2ZBSB3.6-0.5/5-11 注浆泵	5	60	双液注浆

表 5.2.5 锚杆施工常用张拉设备

设备种类名称	张拉力 /kN	张拉行程 /mm	适用条件
YC 系列千斤顶	600、1200	150、350	配 JM 锚具和螺母
YCQ 系列千斤顶	1000、2000、5000	150、200	配 QM 锚具
ZB4-500 电动油泵	额定压力 50MPa	额定流量 4l/min	配 YC 系列或 YCQ 系列千斤顶

5.2.3 施工前准备

5.2.3.1 人员配备

锚杆施工配备足够的钻机操作手、辅助工种等，满足施工过程中人员需求。

（1）钻机操作手：负责锚杆钻机操作，钻进时如遇特殊地层或地下障碍物进行及时反馈，配合项目部对成孔过程中的孔位与角度的把控。

（2）辅助工种：配合操作手完成锚杆施工的关键工序，包括电工、焊工、力工等。

5.2.3.2 辅助设备

（1）挖掘机：配合锚杆施工进行工作面平整、浆坑开挖、泥浆清理、材料设备倒运等工作。

（2）切断机、角磨机：进行杆体下料制作。

5.2.3.3 场地条件

（1）锚杆施工前应对锚杆长度范围内已有地下管线、地下构筑物进行调查，应查明其位置、类型、尺寸、走向、埋深等情况，避免锚杆施工对其带来不利影响。

（2）锚杆施工作业面要求：钻机工作面要保证宽度不小于 8m，标高位于锚孔位置下 500mm，不能超挖或欠挖，并保证工作面平整。

5.2.3.4 安全技术准备

（1）检查施工现场：在进行锚杆施工前，必须仔细检查施工现场，确保没有安全隐患，如裂缝、滑坡等，如发现安全隐患，应及时采取措施进行处理，确保施工现场的安全。

（2）准备施工设备：施工前需检查和准备所需的施工设备，包括钻机、锚杆等材料和工具，确保设备完好后，操作人熟悉施工方法，并配备必要的安全防护装备。

5.2.4 工艺流程及要点

5.2.4.1 工艺流程

土层锚杆施工工艺流程如图 5.2.1 所示。

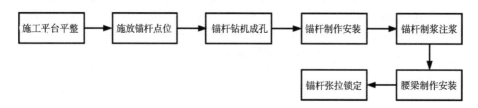

图 5.2.1 土层锚杆施工工艺流程

5.2.4.2 工艺要点

（1）施工平台平整。严格控制锚杆工作平台标高，不得超挖或欠挖，并保证工作面平整。

（2）施放锚杆点位。锚杆钻孔前，应根据设计要求定出孔位，并做好标记。锚杆定位时采用水准仪等布设孔点。基坑阳角处水平相邻锚杆错开角度施工，一般宜错开 3°~5°。

（3）锚杆钻机成孔。锚杆钻机安装后应保持稳定，钻孔定位要准确，按设计锚杆倾角调整钻机角度和平整度，导杆或钻机立轴与锚杆倾角一致，并在同一轴线上，施工过程中及时观测，确保钻孔的方位和倾角符合要求。将钻头对准锚杆点位后开始施钻，钻入地层后继续连接钻杆并钻进直至锚杆长度满足设计要求。钻孔完成后应立即清除孔底沉渣和碎屑，锚杆钻孔为确保锚孔深度，实际钻孔深度宜大于设计深度 0.2m 以上。清孔完成后，应迅速安放锚杆杆体。钻孔过程中，若遇易塌孔的土层，宜采用泥浆循环护壁或套管跟进成孔，成孔过程中应记录地层变化，若出入较大应及时联系建设等相关单位复核设计参数，钻机成孔见图 5.2.2。

（4）锚杆制作安装。锚杆杆体材料多选用钢筋或钢绞线，用于锚杆施工的原材料如钢筋、钢绞线等的规格、品种、型号应符合设计要求，并应有出厂合格证及试验报告，按要求对钢筋、钢绞线等材料进行复检，合格后方可使用。杆体材料采用钢筋的，钢筋接头的连接方式宜采用机械连接；杆体材料采用钢绞线或高强钢丝时，禁止接头。

图 5.2.2 钻机成孔

　　锚杆杆体制作前应清除表面油污及锈膜，对位于腐蚀性土层内的锚杆应采取防腐蚀处理措施。锚杆杆体下料长度应满足设计要求，并应预留满足千斤顶工作需求的外露长，一般宜外露 1.0~1.5m。沿杆体轴线方向每隔 1.0~2.0m 应设置一个定位支架，确保杆体的注浆保护层厚度。为保证锚杆自由段正常工作，杆体自由段应涂润滑油和包塑料布或套塑料管并应扎牢，锚杆制作如图 5.2.3 所示。

图 5.2.3 锚杆制作

　　锚杆杆体安放前应检查杆体制作质量，并应检查各部位是否牢固。安插锚杆的杆体时，锚杆杆体放入角度应与钻孔角度一致，应避免杆体扭转、弯折及各部位松脱。注浆管宜放置在杆体中心，随杆体一同放入孔中，注浆管端部距杆体端部宜为 100mm。二次注浆管的出浆孔及端头应密封，保证一次注浆时浆液不进入二次注浆管内。杆体插入孔内的深度不应小于锚杆设计深度。

（5）锚杆制浆注浆。锚杆制浆关键因素为水泥浆的选用和水灰比的控制，水泥浆除需满足设计要求以外，仍然需满足以下条件：①采用质量良好新鲜的普通硅酸盐水泥和干净水掺入细砂配置搅拌而成，必要时可采用抗硫酸盐水泥，水泥龄期不应超过 1 个月，其强度应大于 32.5MPa；②制浆用水中不得含有影响水泥正常凝结和硬化的有害物质，不得使用污水。③砂的含泥量按质量计不得大于 3%，砂中云母、有机物、硫化物等有害物质含量按质量计不得大于 1%，灰砂比宜为 0.8~1.5，水灰比 0.38~0.5 或采用水泥比0.4~0.5 的纯水泥浆。水灰比对水泥浆质量有重要影响，水灰比过大会使浆液产生泌水，降低强度，产生较大的收缩，降低浆液硬化后的耐久性。在实际工程中，为加速或者延缓凝固，防止在凝固过程中的收缩和诱发膨胀，当水灰比过小时增加浆液的流动性及预防泌水，可适量加入外加剂。当向搅拌机加入任意一种外加剂时，均须在搅拌时间过半后送入。锚杆制浆应采用专用搅拌罐和注浆泵，浆液应搅拌均匀、过筛，随拌随用，浆液应在初凝前用完。搅拌好的浆液存放时间不得超过 120min，浆体的强度一般 7d 不应低于 20MPa，28d 不应低于 30MPa。

水泥浆采用注浆通过高压胶管或注浆管注入锚杆孔，注浆泵的操作压力范围为0.1~12MPa，通常采用挤压式或活塞式注浆泵。注浆前应检查注浆泵，保证其正常运转、管路畅通。注浆压力应满足设计要求。注浆时，边注浆边拔管，始终保持注浆管在浆液面以下，孔口冒浆后方可停止注浆。水泥浆注入后，应及时补浆保证水泥浆充满锚杆孔内。作好注浆记录，掌握每根锚杆的注浆质量情况。注浆完成后，应立即将注浆管、搅拌罐等设备用清水洗净。注浆同时留存浆体试块，5~7d 后进行试验确定注浆体强度。

注浆前应检查注浆泵，保证正常运转，管路畅通。注浆压力应满足设计要求。注浆时，边注浆边拔管，始终保持注浆管在浆液面以下，孔口冒浆后方可停止注浆。水泥浆注入后，应及时补浆保证水泥浆充满锚杆孔内。作好注浆记录，掌握每根锚杆的注浆质量情况。注浆完成后，应立即将注浆管、搅拌罐等设备用清水洗净。注浆同时留存浆体试块，5~7d 后进行试验确定注浆体强度。注浆常见分为一次注浆和二次高压注浆两种注浆方式，一次注浆是浆液通过插到孔底的注浆管、从孔底一次将钻孔住满直至从孔口流出的注浆方法，这种方法要求锚杆预应力筋的自由段预先进行处理，采用有效措施确保预应力筋不与浆液接触。

二次高压注浆是在一次注浆形成注浆体的基础上，对锚杆锚固段进行（或多次）高压劈裂注浆，使浆液向周围地层挤压渗透，形成直径较大的锚固体并提高锚杆周围地层的力学性能，大大提高锚杆承载能力。通常在一次注浆后 4~24h 进行，具体间隔时间由浆体强度达到 5MPa 左右而加以控制。该注浆方法需随预应力筋绑扎二次注浆管和密封袋或密封卷，注浆完成后不拔出二次注浆管。二次高压注浆非常适合承载力低的软弱土层中的锚杆。

锚杆双液注浆：一般用于存在地下水渗流及孔隙发育的地层，即在注浆时采用两根注浆管同时灌入水玻璃和水泥浆体，从而利用水玻璃和水泥浆体在极短时间内的快速反应凝固，有效封堵钻孔裂隙而实现浆量可控的锚杆注浆。

（6）腰梁制作安装。锚杆腰梁分为混凝土腰梁和型钢腰梁。

混凝土腰梁：混凝土腰梁采用斜面与锚杆轴线垂直的梯形截面，斜面上设置承压板。锚杆施工完成后，按照施工图纸进行混凝土腰梁施工，腰梁内锚杆杆体设置好套管，待混凝土腰梁抗压强度值达到 20MPa 后方可进行张拉，如图 5.2.4 所示。

图 5.2.4　混凝土腰梁

型钢腰梁：严格依照施工图纸施工腰梁大小。锚杆腰梁均横向通长放置，背靠背组合使用，型钢腰梁与桩间采用钢斜垫导正。腰梁两腹板净距与锚孔位置一致，制作质量应满足设计要求。腰梁接头处应满足设计要求。现场采用垫板、斜铁等材料均严格按照设计图纸尺寸及材质由专业厂家定做，现场严格按照施工图纸所规定的位置进行摆放并焊接，如图 5.2.5 所示。

图 5.2.5　型钢腰梁

（7）锚杆张拉锁定。当注浆体的强度达到 15MPa，混凝土腰梁的强度达到 20MPa 后，方可进行锚杆的张拉锁定。锚头台座的承压面应平整，并与锚杆轴线方向垂直。锚杆张拉前应对张拉设备进行标定。锚杆张拉应有序进行，张拉顺序应考虑邻近锚杆的相互影响。锚杆张拉前严禁土方单位进行下层土方开挖。

锚杆正式张拉之前，应取 0.1~0.2 拉力设计值，对其预张拉 1~2 次，使杆体完全平直，各部位接触紧密。锚杆的张拉荷载与变形应做好记录。锚杆张拉应平缓加载，加载速率不宜大于每分钟 $0.1N_k$（N_k 为锚杆轴向拉力标准值），锚杆张拉应先张拉至锚杆轴向承载力设计值，持荷时间不小于 5min，然后退至预应力锁定值 1.05 倍进行锁定。锚杆锁定应考虑相邻锚杆张拉锁定引起的预应力损失，当锚杆预应力损失严重时，或出现锚头松弛、脱落、锚具失效等情况时应及时进行修复对其进行再次张拉锁定，或根据位移监测反馈的信息，在设计单位认为需要时进行补偿张拉，如图 5.2.7 所示。

图 5.2.6　锚杆张拉

5.2.5　工艺质量要点识别与控制

土层锚杆施工工艺质量要点识别与控制见表 5.2.6。

表 5.2.6　土层锚杆施工工艺质量要点识别与控制

控制项目	识别要点	控制标准	检查方法	控制措施
主控项目	抗拔承载力	不小于设计值	锚杆抗拔试验	按照图纸设计要求及锚杆基本试验确定参数施工，保证抗拔承载力满足要求
	锚固体强度	不小于设计值	试块强度	严格按照浆液配合比进行拌制，并按要求留置好试块
	锚杆锁定值	不小于设计值	检查压力表读数	注浆体强度达到 15MPa 后方能张拉，张拉至轴向承载力设计值的 100%，稳定 5min 后，退至预应力锁定值的 1.05 倍荷载锁定
	锚杆长度	不小于设计值	用钢尺量	钻机进尺长度控制成孔深度，钻孔过程中控制好钻机进尺长度
	钻孔孔位	≤ 100mm	用钢尺量	按照测量放线的位置开孔保证锚杆位置

表 5.2.6（续）

控制项目	识别要点	控制标准	检查方法	控制措施
	锚杆直径	不小于设计值	用钢尺量	锚杆钻孔前，用钢尺量测好钻头尺寸，保证钻孔直径不小于设计要求
	钻孔倾斜度	≤ 3°	测倾角	钻进过程中注意量测锚杆倾角控制成孔倾斜度
	水胶比（或水泥砂浆配比）	设计值	实际用水量与水泥等胶凝材料的重量比（实际用水、水泥、砂的重量比）	浆体在灌浆前做试验确定水灰比，浆体制备严格按照配合比，保证浆体强度
	注浆量	不小于设计值	查看流量表	在清孔完成后进行一次注浆，将一次注浆管插至孔底，慢速连续注浆，直至钻孔内的水和杂质被置换出孔口，孔口流出水泥浆为止
	注浆压力	设计值	检查压力表读数	注浆时要检查好压力表读数，压力值要满足设计要求
	自由段套管长度	± 50mm	用钢尺量	锚杆制作阶段控制好自由段套管长度，做好检查记录

5.2.6 工艺安全风险辨识与控制

土层锚杆施工工艺安全风险辨识与控制见表 5.2.7。

表 5.2.7 土层锚杆施工工艺安全风险辨识与控制

事故类型	风险辨识	控制措施
机械伤害	施工机具设备造成机械伤害	严格按照机械设备操作规程进行操作，各种钻机设备应处于完好状态，机械设备的运转部位应有安全防护装置
	注浆管路爆管	注浆前检查好注浆设备的完好情况，注浆管路应检查畅通，防止塞管、堵泵
	张拉时锚具飞出伤人	张拉设备应经检验可靠，并有防范措施，防止夹具飞出伤人。张拉锚杆时，应使张拉油缸与锚杆保持同轴。张拉千斤顶卡住锚杆后，人员可暂撤到千斤顶侧面，张拉千斤顶正下方禁止站人
起重伤害	施工用电造成触电伤害	所有电气设备按照用电规范，由专业电工进行操作

表 5.2.7（续）

事故类型	风险辨识	控制措施
其他伤害	钻进过程中遇到地质条件恶化及不明地下管线、障碍等	必须及时采取应急措施并立即向有关领导和部门报告，收集详细、准确的地质和地下管线资料；按照施工安全技术措施要求处理，避免锚杆施工带来不利影响
	钻机设备的日常检查和保养	有关钻机设备的使用、操作、维护、保养等均应按厂家的产品说明书或操作规程进行

5.2.7 工艺重难点及常见问题处理

土层锚杆施工工艺重难点及常见问题处理见表 5.2.8。

表 5.2.8 土层锚杆施工工艺重难点及常见问题处理

工艺重难点	常见问题	原因分析	预防措施和处理方法
锚杆成孔施工	卡钻埋钻	土层中碎石含量高，难以随水循环排出，造成孔内大量渣石残积，从而包裹钻具形成卡钻。 锚杆长度较大时，钻杆由于接长在自重作用下本身产生一定挠曲，容易导致埋钻	①钻进时注意观察孔口返渣情况，量少或没有返渣时应查明原因，反复用不同水压在该段清孔。 ②遇到易导致埋钻的土层时，应选用大功率的施工机械
	不易成孔、塌孔	在填土、淤泥层等不易成孔土层钻进成孔。塌孔严重时可能造成锚杆上部土体下沉	填土层若塌孔严重，可选用套管或者自钻式锚杆等工艺
	孔壁形成泥皮	由于土层中有地下水，成孔过程中孔壁产生泥皮，终孔时未清孔，同时锚孔放置久后孔内泥浆沉淀	锚孔终孔时，做好清孔工作，可反复多次压缩空气清孔，可将孔壁泥皮清理干净，锚杆放入后应及时注浆
	孔口涌水涌砂	地层中存在较厚的砂层，且地下水压力大	①降低基坑外水位，从地面对砂层加固等措施，或在砂层钻进采用全套管支撑稳定孔壁。 ②在空口设置橡胶圈封堵，注浆时宜在孔口设置止浆袋，并且水泥浆宜添加速凝剂，防止拔管后涌砂
	基坑转角处成孔困难	基坑转角处，尤其阳角处成孔在同一标高碰撞，无法成孔	①提前在图纸上设计规划好每根锚杆施工参数，并经设计单位同意，相邻锚杆错开 3~5° 施工。 ②施工过程中，每根锚杆必须严格按照规划标高、角度施工

表 5.2.8（续）

工艺重难点	常见问题	原因分析	预防措施和处理方法
	自钻式地质钻孔倾角控制难度大	首层锚杆钻机在钻进过程中，由于钻杆接长，钻杆会出现浮动，遇障碍等坚硬物体将钻杆挤出地面	地质钻孔无法拔除，重新钻进，解决上漂的方法为改用锥形钻头及增加导向装置
锚杆腰梁施工控制	锚杆腰梁变形	桩身存在偏差，桩立面不可能保持在同一平面上，腰梁安装时调整不到位，使腰梁承压面不在同一平面，张拉时受力不均产生变形	锚杆施工放样时，应使同排施工点保持在同一水平面上，腰梁安装前桩身处理到位，使腰梁承压面保持在同一平面上
	锚杆腰梁下滑	当锚杆倾角较大时，由于锚杆张拉时产生的竖向分力	①当锚杆倾角较大时，应采取可靠措施防止由于锚杆张拉时产生的竖向分力使锚杆腰梁下滑。②锚杆张拉顺序应避免相近锚杆相互影响
锚杆制作安放控制	锚杆杆体不能完全安放入孔内	孔内出现堵塞或孔壁出现局部坍塌	连接注浆管，加大泵量向孔内冲浆液，边冲浆液边下锚杆；拔出锚杆，用钻机重新扫孔至孔底，再下放杆体
锚杆注浆控制	锚杆拉力不满足设计要求	锚杆注浆难以达到饱满效果	采用二次注浆，施工中锚杆注浆控制好浆体水灰比、注浆压力及注浆饱满度
锚杆张拉控制	预应力损失	锚杆张拉后的杆材松弛、土层徐变均不可避免，两者均会造成锚杆预应力损失	应进行补偿张拉，另外张拉时严格按设计要求分级张拉，采用跳张法（隔一拉一）等可以不同程度的减小锚杆张拉后的预应力损失
环境管理控制	扬尘污染泥浆污染	现场施工时，由于材料堆放、泥浆拌制等易造成环境污染	现场材料做好覆盖，锚杆制浆做好防护措施；钻孔泥浆妥善处理，避免污染周围环境；注浆时采取防护措施，避免水泥浆污染环境

5.3 岩层锚杆施工

5.3.1 工艺介绍

5.3.1.1 工艺简介

（1）岩层锚杆施工是指针对于岩层的锚杆施工方法，有其施工的单一性。

（2）岩层锚杆施工原则：根据岩层的强度等级、完整性等级，参照图纸，选定合适的施工机械、施工工艺，组织好人员、材料，高效、安全、高质量地完成施工任务。

（3）岩层锚杆的原理是通过外端固定于坡面，另一端锚固在滑动面以外的稳定岩体中穿过边坡滑动面的锚杆，直接在滑面上产生抗滑阻力，增大抗滑摩擦阻力，使结构面处于压紧状态，以提高边坡岩体的整体性，从而从根本上改善岩体的力学性能，有效地控制岩体的位移，促使其稳定，达到整治顺层、滑坡及危岩、危石的目的。岩石锚杆的施工工艺较为成熟，其施工成本较低，具有一定的经济性。

5.3.1.2 适用地质条件

岩石锚杆主要锚固在稳定的岩层中，可适用各种岩石类型。

5.3.1.3 工艺特点

岩石锚杆的工艺特点与土层锚索相似，但两者也存在区别。二者是根据应用对象不同进行划分，一般岩石锚杆的抗拔力大于土层锚杆，锚固段长度低于土层的锚杆。

岩石锚杆的缺点如下：

①尽管国家已制定较为完善的支护规范，但实际情况常常会与设计出现出入，有时可能导致支护强度大大增加，从而增加支护成本；

②锚杆支护技术和施工现场的仪器精度要求不完全相符，有时不能达到预期效果；

③在施工钻孔时，噪声较大，产生粉尘过多，影响施工文明环保要求。

岩石锚杆的优点如下：

①岩石锚杆的施工工艺较为成熟，其施工成本较低，具有一定的经济性；

②与传统支护方式相比，锚杆支护施工工序简便，施工速度较快；

③支护效果优秀，利用锚杆与围岩共同作用，达到维护围岩稳定的目的。

5.3.2 设备选型

锚杆孔的钻凿是锚固工程质量控制的关键。应根据岩层类型和钻孔直径、长度以及锚杆的类型来选择合适的钻机和钻孔方法（见表 5.3.1）。

岩层钻机常采用潜孔锤钻机，潜孔锤主要分为液动式和空气式两类。以下主要介绍空气潜孔锤。

表 5.3.1 岩层锚杆（索）设备介绍

项目	内容		
设备选型原则	低转速、大扭矩，钻机能力宜大不宜小。选用能力较大的钻机对提高工程施工效率有积极作用，尤其是在一些复杂地层、钻进过程中容易出现塌孔、卡钻、埋钻等异常事故的地区		
常用潜孔锤钻机分类	液动式潜孔锤钻机	液动冲击回转钻进中冲击荷载的发生装置，其利用钻进过程中泥浆泵供给的冲洗液中的能量，直接驱动液动锤内的冲锤形成上下往复运动，并连续不断地对下部钻具施加一定频率的冲击荷载，从而实现冲击回转钻进	空气式潜孔钻进技术相比液动潜孔钻的优点在于钻进效率高、成本低、成孔效果好，大大减少了对岩石倾斜地层产生孔斜的影响，从而提高了钻孔的垂直度。目前成为岩层锚杆施工最常使用的钻孔方式
	空气式潜孔锤钻机	以压缩空气为动力的一种气动冲击工具，它所产生的冲击能和冲击频率可以直接传递到水井钻机的钻头，然后通过钻机和钻杆的回转驱动。形成对岩石的脉动破碎能力，同时利用冲击器排出的压缩空气，对钻头进行冷却和将破碎后的岩石颗粒排出孔外。从而实现了气动水井钻机在孔底冲击回转钻进的目的	

空气潜孔钻的施工工艺主要有两种类型：

（1）针对岩层的完整性较好，不易塌孔，选择空气式潜孔锤设备引孔，常见潜孔钻机设备见表5.3.1。

（2）针对岩层完整性差，不易成孔，考虑选择空气式潜孔锤跟管钻进工艺，空气式潜孔钻机设备如图5.3.1所示。此工艺钻进速度快、效率高，且套管可回收重复使用，如图5.3.2所示。

（a）轻型潜孔钻机　　　　　（b）中型潜孔钻机　　　　　（c）重型潜孔钻机

图 5.3.1　空气潜孔钻机设备

图 5.3.2　空气潜孔锤跟管钻进施工现场图片

常用空气式潜孔钻的选用如表3.5.2所列。

表 5.3.2　常用空气式潜孔钻的选用

设备类型	钻孔直径 /mm	钻孔角度
轻型潜孔钻机	80~100	0°~90°
中型潜孔钻机	130~180	0°~90°
重型潜孔钻机	180~250	0°~90°

空压机选型方法如下：钻凿施工空压机选择主要考虑钻机的钻孔效率、岩层凿岩成孔效率和成本因素。最终要根据设计要求压力、岩层强度和场地实际条件选择合适型号、用电或者柴油的空压机。空压机主要型号及外观如表 5.3.3 所列。

表 5.3.3　常用空压机的选用

尺寸 /mm	重量 /kg	气缸数	功率 /kW	外观
4560 × 2010 × 1320	3000	6	264	
3666 × 2140 × 2225	4585	6	194	
3500 × 2200 × 1800	4860	6	180	

5.3.3　施工前准备

5.3.3.1　人员配备

结合施工图纸、场地条件、地理位置、施工环境，在遵循合理、合法、环保适用性和节约成本的原则下，选用合适的施工设备、施工班组，并在施工前针对本次施工进行入场培训及考核，培训及考核内容主要包括：

①进场前岩石锚杆施工设备操作安全熟悉程度考核；

②班前安全教育、相关法律法规培训；

③图纸技术交底、周边施工环境交底；

④如有条件，调查类似工程的施工方法及施工经验，在施工前组织学习观摩。

5.3.3.2　材料配备

（1）锚杆：锚杆杆体材料多选用钢筋或钢绞线，应有出厂合格证及试验报告。杆体材料采用钢筋的，钢筋接头宜采用机械连接；杆体材料采用钢绞线或高强钢丝时，禁止接头。

（2）水泥浆锚杆体：锚杆注浆用水泥应采用普通硅酸盐水泥，必要时可使用抗硫酸盐水泥，应选用 PO42.5 级及以上强度等级的水泥；注浆材料应根据设计要求及锚杆试验情况确定，宜选用水灰比为 0.4~0.45 的纯水泥浆。锚杆制浆用水中不应含有影响水泥正常凝结和硬化的有害物质，不得使用污水。

5.3.3.3　场地条件

锚杆施工前要进行场地条件调查。调查包括周边环境调查、区域地质等相关资料的搜集，以及施工条件及影响因素调查，并应该包括下列内容：

①调查施工区域环境条件、施工条件、周边道路及与工程相关的法律法规；

②查明施工区域内邻近建筑物、地下管线及构筑物的位置及现状，必要时用物探结合人工探挖；

③查明施工场地与相邻地界的距离，调查锚杆可否借用相邻地块。

5.3.3.4　安全技术准备

（1）检查施工现场：在进行锚杆施工前，必须仔细检查施工现场，确保没有安全隐患，如裂缝、滑坡等，如发现安全隐患，应及时采取措施进行处理，确保施工现场的安全。

（2）准备施工设备：施工前需检查和准备所需的施工设备，包括钻机、锚杆等材料和工具，确保设备完好后，操作人熟悉施工方法，并配备必要的安全防护装备。

5.3.4　工艺流程及要点

5.3.4.1　工艺流程

岩层锚杆（索）施工工艺流程如图 5.3.3 所示。

图 5.3.3　岩层锚杆（索）施工工艺流程

5.3.4.2　工艺要求

（1）工作面开挖。施工前应对工作面进行整平、夯实；铺垫好进出施工区域的道路。同时合理布置施工机械、输送管路和电力线路位置，确保施工场地的"三通一平"。

（2）工作面修整及清理。锚杆作业面初步形成以后，施工人员应及时清理作业面上松动的岩石、岩块及凹凸不平的部位，尽量使作业面平整、无安全风险。

（3）锚杆钻机就位、成孔。

①作业面清理完成后，应依据施工图纸要求的钻孔位置、钻孔角度及地层条件，定出孔位，做出标记，选用合理的机械设备进行施工。

②锚杆钻孔位置角度的偏差应符合国家现行规范要求，锚杆水平、垂直方向的孔距误差不应大于 100mm，钻头直径不应小于设计钻孔直径 3mm。

③锚杆的长度需按照设计要求进行施工，但现场需进行复核是否符合相应技术规范。锚杆自由段长度应为外锚头到潜在滑动面的长度，岩石锚杆锚固段长度不应小于 3.0m，且不宜大于 45D 和 6.5m，预应力岩石锚杆不宜大于 55D 和 8.0m。锚杆钻孔深度不应小于设计长度，也不宜大于设计长度 500mm 以上。

④钻孔轴线的偏斜率不应大于锚杆长度的 2%。

⑤终孔时应将孔内岩粉、沉渣吹净或洗净。

⑥钻孔机械应考虑钻孔通过的岩土类型、成孔条件、锚固类型、锚杆长度、施工现场环境、地形条件、经济性和施工速度等因素进行选择。在不稳定地层中或地层受扰动导致水土流失会危及邻近建筑物或公用设施的稳定时，如遇到难以成孔的情况，可以参照设计要求进行挪孔或者变换钻孔角度，若图纸中未注明变动要求需提前与设计单位进行沟通，应采用套管护壁钻孔或干钻。钻机施工现场如图 5.3.4 所示。

图 5.3.4　现场锚杆钻孔

（4）锚杆制作和安装。

①杆体的制作、存储和安放应符合下列一般规定：杆体的制作存储宜在工厂或施工现场的专门作业棚内进行；在锚固段长度范围，杆体上不得有可能影响与注浆体有效粘结和影响锚杆使用寿命的有害物质，并应确保满足设计要求的注浆体保护层厚度。在自由段杆体上应设置有效的隔离层；钢筋、钢绞线或钢丝应采用切割机切断；杆体制作时应按设计要求进行防腐处理；加工完成的杆体在存储搬运、安放时，应避免机械损伤、介质侵蚀和污染。

②钢筋锚杆杆体的制作应符合下列规定：制作前钢筋应平直、除油和除锈；当 HRB 钢筋接长采用焊接时，双面焊接的焊缝长度不应小于 5d。精轧螺纹钢筋、中空钢筋接长应采用专用联接器；沿杆体轴线方向每隔 3m（参照设计要求）应设置一个对中支架，注浆管、排气管应与锚杆杆体绑扎牢固。锚杆杆体的注浆固结体保护层厚度不得小于15mm。

③钢绞线或高强钢丝锚杆杆体的制作应符合下列规定：钢绞线或高强钢丝应清除油污、锈斑，严格按设计尺寸下料，每根钢绞线的下料长度误差不应大于 50mm；钢绞线或高强钢丝应平直排列，沿杆体轴线方向每隔 1.0~1.5m 设置一个隔离架，注浆管和排气管应与杆体绑扎牢固，绑扎材料不宜采用镀锌材料。

④锚杆杆体的存储应符合下列规定：杆体制作完成后应尽早使用，不宜长期存放；制作完成的杆体不得露天存放，宜存放在干燥清洁场所，避免机械损伤杆体或油渍溅落在杆体上；当存放环境相对湿度超过 85% 时，杆体外露部分应进行防潮处理；对存放时间较长的杆体，在使用前必须进行严格检查。

⑤锚杆杆体的安放应符合下列规定：在杆体放入钻孔前，应检查杆体的加工质量，确保满足设计要求；安放杆体时，应防止扭压和弯曲。注浆管宜随杆体一同放入钻孔。杆体放入孔内应与钻孔角度保持一致；安放杆体时，不得损坏防腐层，不得影响正常的注浆作业；全长粘结式杆体插入孔内的深度不应小于锚杆长度的 95%，预应力锚杆插入孔内的深度不应小于锚杆长度的 98%。杆体安放后，不得随意敲击，不得悬挂重物。

（5）注浆。

①注浆设备应有 1h 内完成单根锚杆连续注浆的能力；

②注浆材料应根据设计要求确定，并不得对杆体产生不良影响；

③首次注浆前，应进行配合比实验，使浆液配合比符合设计及规范要求；

④注浆时应该将注浆管插入孔底（距离孔底 300~500mm），浆液从孔底开始向孔口灌注，待砂浆自孔口溢出或排气管停止排气时拔管，以确保从孔内顺利排水、排气；

⑤注浆浆液应搅拌均匀，随搅随用，并在初凝前用完，严防石块、杂物混入浆液；

⑥注浆后不得随意敲击杆体，也不得在杆体上悬挂重物；

⑦锚固体注浆材料宜采用微膨胀水泥砂浆或纯水泥浆，注浆体设计强度不宜低于20MPa。锚杆注浆如图 5.3.5 所示。

图 5.3.5 锚杆注浆

（6）锚杆下承载结构制作和安装。一般锚杆下的承载结构都由槽钢、加强肋、钢垫板组成。槽钢型号以及各个构件焊接应符合相应规范要求。锚杆下承载结构制作完毕并检验合格后方可进行安装，尽量使其紧靠支护壁面，锚头外预留长度应满足预应力张拉需要。

（7）配件。

①锚杆配件主要为导向帽、隔离支架和对中支架。

②导向帽主要用于由钢绞线和高强钢丝制作的锚杆，其功能是便于推送。导向帽由于在锚固段的远端，即便腐蚀也不会影响锚杆性能，所以其材料可使用一般的金属薄板或相应的钢管制作。

③隔离支架作用是使锚固段各个钢绞线相互分离，以保证锚固段钢绞线周围均有一定厚度的注浆体覆盖。

④对中支架用于张拉段，其作用是使张拉段锚杆体在孔中居中，以使锚杆体被一定厚度的注浆体覆盖。隔离支架和对中支架位于锚杆体上，均属于锚杆的重要配件，应使用耐久性好和耐腐蚀性好、且对锚杆体无腐蚀性的材料，一般宜选用硬质材料。

（8）预应力张拉及锁定。

①锚头台座的承压面（支护壁面）应平整，并与锚杆轴线方向垂直。

②锚杆张拉前应对张拉设备进行标定。

③岩石锚杆张拉时，待锚杆内注浆体及台座混凝土强度不小于下表的规定方可施加预应力。

④对于岩层锚杆，张拉至 1.05~1.1 锚杆轴向拉力设计值时保持 10min，然后卸荷至锁定荷载设计值进行锁定；预应力筋锁定后 48h 内，若发现预应力损失大于锚杆拉力设定值的 10%，应进行补偿张拉。

⑤锚杆张拉应有序进行，张拉顺序应考虑邻近锚杆的相互影响。

⑥锚杆张拉时注浆体与台座混凝土的抗压强度值，应满足表 5.3.4 的要求。

表 5.3.4 锚杆张拉时注浆体与台座混凝土的抗压强度值

锚杆类型		抗压强度值 /MPa	
		注浆体	台座混凝土
岩石锚杆	拉力型	25	25
	压力型及压力分散型	30	25

⑦锚杆张拉荷载分级和位移观测时间见表 5.3.5。

表 5.3.5 锚杆张拉荷载分级和位移观测时间

荷载分级	位移观测时间	加荷速率 /kN·min^{-1}
	岩层	
（0.10~0.20）N_t	2	不大于 100
0.5N_t	5	
0.75N_t	5	
1.00NN_t	5	不大于 50
（1.05~1.10）N_t	10	

注：N_t 为设计张拉（锁定）强度（kN）。

⑧荷载分散型锚杆的张拉锁定值应遵守以下规定：a. 当锁定荷载等于拉力设计值时，宜采用并联千斤顶组对各单元锚杆实施等荷载张拉并锁定；b. 当锁定荷载小于锚杆拉力设计值时，也可按照《岩土锚杆与喷射混凝土支护工程技术规范》（GB50086—2015）附录 C 的规定采用由钻孔底端向顶端逐次对各单元锚杆张拉后锁定，分次张拉的荷载值的确定，应满足锚杆承受拉力设计值条件下各预应力筋受力均等的原则。

5.3.5 工艺质量要点识别与控制

岩层锚杆施工工艺质量要点识别与控制见表 5.3.6。

表 5.3.6 岩层锚杆施工工艺质量要点识别与控制

识别要点	控制标准	控制措施
材料控制	符合设计要求	严格把好原材料关，用于锚杆施工的原材料如钢筋、钢绞线、水泥等规格、品种、型号应符合设计要求，并应有材质单或试验报告。按要求对钢筋、钢绞线、水泥等材料进行复检，合格后方可使用。注浆用水应符合浆液拌制的水质要求
锚杆杆体质量	符合设计要求	锚杆按间距安装定位支架，使杆体保持平衡，保证锚杆在锚孔中心。支护工程施工过程中，特别是在钢筋工程的吊运、绑扎时，要注意保护杆体，防止施工中对其破坏

表 5.3.6（续）

识别要点	控制标准	控制措施
成孔质量	钻孔的孔径、孔深必须符合设计要求	钻机必须安装牢固，钻孔定位准确、稳固，并在施工过程中及时测量观测，确保钻孔的方位和倾角符合要求。钻孔的孔径、孔深必须符合设计要求，终孔后，注浆前必须清孔
注浆质量	注浆压力应满足设计要求	锚杆制浆用水中不应含有影响水泥正常凝结和硬化的有害物质，不得使用污水；拌浆、注浆应采用专用搅拌罐和注浆泵，浆液应搅拌均匀、过筛，随拌随用；注浆压力应满足设计要求
张拉及锁定	不小于设计值	锚杆张拉宜在锚固体强度大于 20MPa 并达到设计强度的 80% 后进行；锚杆张拉顺序应避免相近锚杆相互影响；锚杆张拉控制应力不宜超过 0.65 钢筋或钢绞线的强度的标准值；锚杆进行正式张拉之前，应取 0.10~0.20 锚杆轴向拉力值，对锚杆预张拉 1~2 次，使其各部分的接触紧密和杆体完全平直；宜进行锚杆设计预应力值 1.05~1.10 倍的超张拉，预应力保留值应满足设计要求，对于地层及被锚固结构位移控制要求较高的工程，预应力锚杆的锁定值宜为锚杆轴向拉力特征值；对容许地层及被锚固结构产生一定变形的工程，预应力锚杆的锁定值宜为锚杆设计预应力值的 0.75~0.90

5.3.6 工艺安全风险辨识与控制

岩层锚杆施工工艺安全风险辨识与控制见表 5.3.7。

表 5.3.7 岩层锚杆施工工艺安全风险辨识与控制

事故类型	风险辨识	控制措施
物体打击	上部散落石块	施工前及时清理作业坡面上松动的岩体及凹凸不平部位
机械伤害	锚杆钻机、空压机施工过程中的安全性	施工危险性大的作业设备周边必须设置专人指挥，非操作人员不得进入正进行施工的作业区，施工中，喷头和注浆管正前方严禁站人
	锚杆张拉的安全性	过程中指定专人加强观察，做好防护
	锚杆防护工作	锚杆安设后不得随意敲击、碰撞、拉拔杆体等扰动，粘结锚杆在水泥砂浆强度达到 80% 以上后，才能进行锚杆外端部弯折施工
	卡钻	卡钻时，应立即切断电源，停止下钻。未查明原因前，不得强行起动；作业中，当需改变钻杆回转方向时，应待钻杆完全停转后再进行；钻孔时，当机架出现摇晃、移动、偏斜或钻头内发出有节奏的响声时，应立即停钻，处理后方可继续施钻
	机械故障	处理机械故障时，必须使设备断电、停风。向施工设备送电、送风前，应通知有关人员
其他伤害	外部地下管线及障碍资料不明	收集详细、准确的地质和地下管线资料；按照施工安全技术措施要求，做好防护或迁改

5.3.7 工艺重难点及常见问题处理

岩层锚杆施工工艺重难点及常见问题的处理见表 5.3.8。

表 5.3.8 岩层锚杆施工工艺重难点及常见问题处理

工艺重难点	常见问题	原因分析	预防措施和处理方法
钻孔施工	卡钻	围岩裂隙发育、岩体破碎以及岩石当中含有大颗粒，空压机送风时难以将碎石屑吹出导致堆积	①潜孔钻在通过破碎基岩时，钻进速度宜慢，每钻进 30~50cm 即拔管后退，多次反复清理孔壁，使孔壁围岩趋于稳定； ②采用大功率空压机，使孔内保持较大风量及风压，利于岩屑的清除，防止渣土的堆积
	塌孔	围岩完整性差，裂隙水发育	采用合理施工机械及工艺，如潜孔锤跟管施工工艺
	钻孔偏斜	钻机钻杆弯曲；地面软硬不均匀、地层交界层面有偏岩、有大孤石、岩层中有溶洞等	①开钻前校正钻杆垂直度和水平度； ②场地夯实平整、降低钻进速率，注意观察成孔情况，及时纠偏； ③若钻孔轻微倾斜宜慢速钻进，反复矫正，直至桩孔符合要求
注浆	浆液流失及注浆压力不足	岩层完成性不好，裂隙发育、空洞贯通或者岩层存在渗流和承压水	①降低注浆压力，限制浆液流量，以便减小浆液在裂隙中的流动速度，使浆液中的颗粒尽快沉积。 ②采用水灰比较大的浆液，即提高浆液的浓度；加入速凝剂，如水玻璃等，控制浆液的凝胶时间。 ③采用间歇注浆的方式，促使浆液在静止状态下沉积，根据地质条件和注浆目的决定材料用量和间歇时间的长短。若有地下水的流动，宜反复间歇注浆。 ④若为填充注浆，可在浆液中加入砂等粗粒料，采用专门的注浆设备
腰梁施工	钢梁变形	桩位偏差，桩立面不在同一平面上，腰梁安装时调整不到位，其承压面不在同一平面上，张拉时钢梁因受力不均容易出现变形；另外同排锚杆施工时若不能保持在同一水平线上，偏离较大时钢梁将无法安装，如果勉强安装，则张拉后容易导致锚头偏向一侧，单侧的型钢刚度不足以承受锚板压力，出现压屈变形	保证其施工质量的控制点主要不是在型钢的制作与安装上，而在于保证型钢安装前作业面的平整及平顺上。首先锚杆施工放样时应使同施工点保持在同一水平面上，钻孔施工遇障碍时尽量水平调整锚杆孔位；其次桩立面开挖后，应测量各桩的偏差，据此加工异形支撑板或浇灌混凝土找平层（两者均应有与桩身连接的措施），使腰梁承压面保持在同一平面上；再次型钢安装前，应复核完工锚杆孔口标高，图示同排锚杆孔口标高的差异，便于确定合理的型钢加工分段长度，标高差异较大的相邻点为分段点，该处型钢连接以额外钢板焊接。锚杆位置移动较大的单独制作锚梁，并报设计复核
环境管理	扬尘污染	终孔时用高风压处理孔内岩粉、沉渣及土屑时产生扬尘	每天定时对场地进行水车洒水

5.4 土钉施工

5.4.1 工艺介绍

5.4.1.1 工艺简介

（1）土钉是指用来加固和锚固现场原位土体的细长杆件，分为粘结性土钉和击入式土钉，粘结性土钉通常采用钻孔、置入钢筋并沿孔全长注浆的施工工艺，击入式钢管土钉是在将带孔的钢管击入土体中，在带孔钢管中注浆形成土钉的施工工艺。

（2）土钉的加固原理是：依靠与土体之间的界面粘结力或摩擦力，在土体发生变形的条件下被动受力，并主要承受拉力作用。

5.4.1.2 适用地质条件

土钉适用于黏性土、砂土、碎石土、全风化及强风化岩层，夹有局部淤泥质土的地层中也可采用。地下水位高于基坑底时应采取降排水措施。

5.4.1.3 工艺特点

随开挖逐层分段开挖作业，施工效率高，占用周期短。施工不需单独占用场地，对现场狭小，放坡困难，有相邻建筑物时显示其优越性。成本较其他支护结构显著降低。施工噪声、振动小，不影响环境。

5.4.2 设备选型

应根据设计图中的孔径、长度以及岩土工程勘察报告中的地层情况选择合适的钻机。常用土钉钻机选型可按表 5.4.1 选用，常见的土钉施工设备如图 5.4.1 所示。

表 5.4.1 常用土钉钻机

设备类型	钻孔直径 / mm	最大钻孔深度 /m	适用地层
洛阳铲	60~90	≤ 3	黏性土、粉土、砂土、湿陷性黄土
地质钻机	100~150	3~20	素填土、黏性土、粉土、砂土
锚杆回转钻机	100~150	3~20	素填土、黏性土、粉土、砂土
螺旋成孔钻机	70~120	3~15	素填土、黏性土、粉土、砂土

洛阳铲　　　　地质钻机　　　　　　锚杆回旋钻机　　　　　　螺旋成孔钻机

图 5.4.1　土钉施工设备

5.4.3　施工前准备

5.4.3.1　人员配备

土钉施工应配备足够的钻机操作手、辅助工种等，满足施工过程中的人员需求。

（1）钻机操作手：负责土钉钻机操作，钻进时如遇特殊地层或地下障碍物进行及时反馈，配合项目部对成孔过程中的孔位与角度的把控。

（2）辅助工种：配合操作手完成土钉施工的关键工序，包括电工、焊工、力工等。

5.4.3.2　辅助设备

（1）挖掘机：配合土钉施工进行工作面平整、浆坑开挖、泥浆清理、材料设备倒运等工作。

（2）切断机、角磨机：进行土钉下料制作。

5.4.3.3　材料配备

（1）土钉：土钉材料多选用钢筋，应有出厂合格证及试验报告。钢筋接头宜采用机械连接。

（2）水泥：土钉注浆用水泥应采用普通硅酸盐水泥，必要时可使用抗硫酸盐水泥，应选用 P.O.42.5 级及以上强度等级的水泥；注浆材料应根据设计要求，宜选用水灰比为 0.4~0.45 的纯水泥浆。土钉制浆用水中不应含有影响水泥正常凝结和硬化的有害物质，不得使用污水。

5.4.3.4　场地条件

土钉施工前要进行场地条件调查，调查内容包括周边环境调查、区域地质等相关资料的搜集，以及施工条件及影响因素调查，并应包括下列内容：

（1）调查施工区域环境条件、施工条件、周边道路及与工程相关的法律法规；

（2）查明施工区域内邻近建筑物、地下管线及构筑物的位置及现状，必要时用物探结合人工探挖；

（3）查明施工场地与相邻地界的距离，调查土钉可否借用相邻地块。

5.4.3.5 安全技术准备

（1）方案编制。项目技术负责人根据图纸规范要求，参照现场实际情况，进行施工方案编制。

（2）方案交底。按照方案内容及现场实际情况，有项目技术负责人对项目管理人员进行安全技术交底，强调现场施工工艺、技术参数、施工重难点及现场安全相关措施。

（3）其他安全技术准备。项目生产负责人编制材料、机械设备、工具、用具及各技术工种劳力进场计划。安全负责人对进场工人进行三级安全教育等。

5.4.4 工艺流程及要点

5.4.4.1 预成孔式土钉施工工艺流程

预成孔式土钉施工工艺流程如图5.4.2所示。

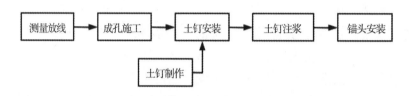

图5.4.2 预成孔式土钉施工工艺流程图

5.4.4.2 预成孔式土钉施工工艺要点

（1）测量放线。按设计图纸由专业测量人员施放出每一个土钉的位置，并做好位置标记。

（2）成孔施工。成孔时，深度及角度按照设计图纸进行，应匀速钻进，钻进过程中尽量减少振动，避免造成塌孔。当成孔遇不明障碍物时，应停止成孔作业，待查明障碍物的情况并采取针对措施后方可继续成孔。钻至设计深度后，进行清孔检查，对孔中出现的局部渗水塌孔或掉落松土立即进行压浆处理，并进行成孔报验。成孔施工如图5.4.3所示。

图5.4.3 成孔施工

（3）土钉安装。土钉按设计图纸进行制作（钢筋、带孔钢管），并焊对中支架，防止主筋偏离土钉中心；安放土钉时，将注浆管与土钉捆绑在一起，注浆管离孔底0.5m左右。土钉成孔后应及时插入土钉杆体，防止出现塌孔及缩颈等情况。土钉制作如图 5.4.4 所示。

图 5.4.4 土钉制作

（4）土钉注浆。土钉注浆材料应根据设计要求确定，土钉制浆用水中不应含有影响水泥正常凝结和硬化的有害物质，不得使用污水。浆液拌制前必须根据设计要求，确定好浆液的配合比，浆液拌制严格按照配合比执行。

土钉制浆应采用专用搅拌罐和注浆泵，浆液应搅拌均匀、过筛，随拌随用，浆液应在初凝前用完。注浆前应检查注浆泵，保证正常运转，管路畅通。注浆压力应满足设计要求。注浆时，边注浆边拔管，始终保持注浆管在浆液面以下，孔口冒浆后方可停止注浆。水泥浆注入后，应及时补浆保证水泥浆充满锚杆孔内。作好注浆记录，掌握每根土钉的注浆质量情况。注浆完成后，应立即将注浆管、搅拌罐等设备用清水洗净。土钉注浆如图 5.4.5 所示。

图 5.4.5 土钉注浆

（5）锚头安装。同一层的土钉按照设计要求设置通长钢筋，在通长钢筋上布置纵向加强短钢筋，加强钢筋、通长钢筋及土钉采用焊接的方式进行连接固定，其连接应满足承受土钉拉力的要求。当在土钉拉力作用下喷射混凝土面层的局部要求冲切承载力不足时，应采用设置承压钢板等加强措施。锚头安装如图5.4.6所示。

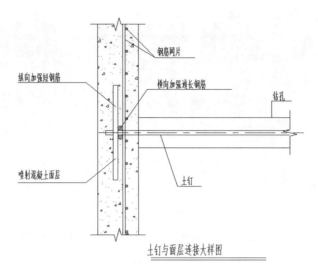

图 5.4.6 锚头安装

5.4.4.3 击入式土钉施工工艺流程

击入式土钉施工的工艺流程如图5.4.7所示。

图 5.4.7 击入式土钉施工工艺流程

5.4.4.4 击入式土钉施工工艺要点

（1）测量放线。按设计图纸由测量人员用焊条或手喷漆放出每一个土钉的位置。

（2）土钉制作。土钉按设计图纸进行制作，钢管端部应制成尖锥状；钢管顶部宜设置防止施打变形的加强构造，钢管周身设置出浆孔。击入式土钉成品如图5.4.8所示。

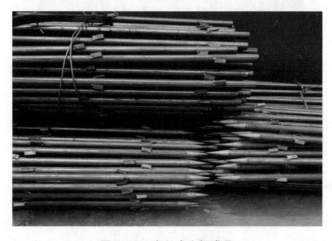

图 5.4.8 击入式土钉成品

（3）击入土钉。将成品钢管土钉用钻机击入放样点位位置，击入钢管土钉时保证土钉位置的允许偏差为 100mm，土钉倾角的允许偏差为 3°。击入式土钉施工如图 5.4.9 所示。

图 5.4.9　击入式土钉施工

5.4.5　工艺质量要点识别与控制

土钉施工工艺质量要点识别与控制见表 5.4.3。

表 5.4.3　土钉施工工艺质量要点识别与控制

控制项目	识别要点	控制标准	控制措施
主控项目	材料控制	满足设计要求	严格把好原材料关，用于施工的原材料如钢筋、水泥等规格、品种、型号应符合设计要求，并应有材质单或试验报告。按要求对钢筋、水泥等材料进行复检，合格后方可使用，注浆用水应符合浆液拌制的水质要求
	土钉长度	满足设计要求	钻机进尺长度控制成孔深度，钻孔过程中控制好钻机进尺长度。严格按照设计要求进行土钉下料，下料长度不小于设计长度，下料完成后，使用钢尺进行复核测量
一般项目	钻孔孔位	≤ 100mm	由专业技术人员进行点位放样，并使用短钢筋或手喷漆等，做好点位标记。机手对准标记后，方可钻进，点位对准偏差，要满足设计及规范要求
	锚杆直径	不小于设计值	锚杆钻孔前，用钢尺量测好钻头尺寸，保证钻孔直径不小于设计要求。钻机必须安装牢固，并在施工过程中及时测量观测，钻孔的孔径、孔深必须符合设计要求
	钻孔倾斜度	≤ 3°	钻进前调整好钻进角度，钻进过程中注意钻杆倾斜度，使用测角仪进行校核，如发现角度出现偏差，应及时进行校正。若偏差过大，将空孔密实后，重新钻孔施工
	注浆体强度	满足设计要求	注浆使用水泥应满足设计要求，浆液制备严格按照配合比，保证浆体强度
	注浆量	不小于设计浆量	在清孔完成后进行一次注浆，将一次注浆管插至孔底，慢速连续注浆，直至钻孔内的水及杂质被置换出孔口，孔口流出水泥浆为止

5.4.6　工艺安全风险辨识与控制

土钉施工工艺安全风险辨识与控制见表 5.4.4。

表 5.4.4　土钉施工工艺安全风险辨识与控制

事故类型	风险辨识	控制措施
机械伤害	施工安全距离	土钉钻孔施工时，禁止非作业人员靠近施工机械。作业人员按照机械操作规程进行机械施工
其他伤害	制浆过程中防护	在制备浆液过程中，要戴好专业口罩，做好个人呼吸道的防护，做好职业病的防范
	注浆过程中防护	注浆管连接应安全严密，做好注浆范围内的安全防护，防止漏浆伤人。注浆管路应保持畅通，防止因堵管、塞管，导致爆管伤人

5.4.7　工艺重难点及常见问题处理

土钉施工工艺重难点及常见问题处理见表 5.4.5。

表 5.4.5　土钉施工工艺重难点及常见问题处理

工艺重难点	常见问题	预防措施和处理方法
孔径控制	孔壁塌陷	钻进过程中，遇到软弱地层时，经常出现塌孔现象，可采用带浆钻进成孔的工艺，保证成孔直径，如塌孔现象较为严重时，可采用全套管成孔，确保成孔直径
孔深控制	孔深未达到设计深度	钻进过程中要严格控制钻孔深度，通过钻杆的长度和节数来计算钻孔深度，确保钻进深度大于等于设计深度，从而保证土钉的有效长度
水灰比控制	水灰比为达到设计要求	浆液制备过程中，要采取措施，严格按照设计要求水灰比进行浆液配置，确保锚固体的强度
注浆量控制	孔内注浆不饱满	首次注浆应待浆液在孔口溢出方可停止注浆，待浆液液面下降后，需进行二次注浆，确保注浆量大于设计浆量，保证土钉强度

5.5　旋喷锚索施工

5.5.1　工艺介绍

5.5.1.1　工艺简介

（1）高压旋喷预应力锚索是一种将大直径水泥土桩体与传统锚索相结合而成的新型锚索结构，主要是利用高压旋喷技术加固土层，旋喷搅拌的同时将钢绞线带入土中形成锚杆。

（2）高压旋喷锚索的高压扩孔原理是：旋喷钻机就位，旋转钻头的高压水泥浆在高压泵的压力作用下，喷嘴给进或提升的同时从侧翼喷嘴向外喷射，喷射过程中同步对周侧土体进行切割，高压旋转钻头在动力推动下逐渐向前推进，直至达到设计深度，通过钻头与锚固板相互连接，同时将钢绞线直接带入土中形成锚杆，还可形成扩大头。

（3）高压旋喷锚索的高压灌浆原理是：钻头旋转喷射同时向外提升。主要控制参数为：注浆压力不低于 18MPa，旋转速率宜控制在 20~28r/min，旋喷提升速度宜控制在 25~28cm/min。灌注浆液为水泥浆与土体就地混合形成的水泥土。

5.5.1.2 适用地质条件

适用于素填土、黏性土、粉土、砂土等地层，且锚杆扩大头不应设在有机质土、淤泥或淤泥质土、未经压实或改良的填土。

5.5.1.3 工艺特点

旋喷锚杆不需要单独成孔，旋喷体及内置杆体（钢绞线）一次成型，利用旋喷体作为锚杆的大直径锚固体（锚固前端一般设扩大段），极大增加了锚固段与土层的接触面积，达到增加锚固体侧摩阻力的目的，进而生成强大的锚固力，扩展了锚杆的地层应用范围，但旋喷体成本较高，故多用于强度较低的填土、软土及软塑的黏性土地层。

5.5.2 设备选型

5.5.2.1 高压旋喷钻机

应根据设计图中的桩径、桩身以及岩土工程勘察报告中的地层情况选择合适的高压旋喷钻机。常用钻机选型可按表 5.5.1 选用。ZXL-150D6 型高压旋喷钻机如图 5.5.1 所示。

表 5.5.1 常用高压旋喷钻机

项目	型号		
	MDL-135D	ZXL-150D6	ZDL-180D
钻孔直径 /mm	150~250	73~89	150~250
钻孔深度 /m	100~140	50~80	150~180
钻孔倾角	0°~90°	0°~90°	−12°~90°
大臂举升高度 /mm	447		
回转器输出扭矩 /N·m	6800	7500	14000
回转器输出转数 /r·min⁻¹	10/20/25/40/50/60/70/100/120/140	9/18/25/30/35/50/55/60/65/70/110/130	17/20/34/35/40/68/70/80/136
回转器行程 /mm	3400	3400	
回转器提升力 /kN	65	70	78

表 5.5.1（续）

项目	型号		
	MDL-135D	ZXL-150D6	ZDL-180D
回转器提升速度 /m·min^{-1}	0~2.8 可调 /7/18/25	0~5/7/23/30	0~5/23
回转器加压速度 /m·min^{-1}	0~1.4 可调 /14/36/50	0~10/14/46/59	0~10/46
回转方式	整机自动旋转		
旋喷施工	单重、双重、三重	单重、双重、三重	单重、双重、三重
旋喷成桩直径 /mm	400~600、600~1200、800~1600	400~600、600~1200、800~1600	400~600、600~1200、800~1600
输出功率 /kW （电动机）	55+18.5	55+18.5	55+55
运输状态 （长×宽×高） /mm	5400×2100×2200	5400×2100×2200	5600×2400×2100
整机重量 /kg	6500	6500	9000

图 5.5.1　ZXL-150D6 型高压旋喷钻机

5.5.2.2　钻头

同时钻机钻头种类很多，高压旋喷钻机常用钻具可按表 5.5.2 选用。

表 5.5.2　高压旋喷钻机常用钻具

钻具名称	适用地层	特点	外观
三翼钻头	粉质黏土、粉土等软质土层	钻进效率高，成孔质量好	
旋喷钻头		用于成孔后的注浆扩大头施工	

5.5.2.3　钻杆

高压旋喷钻机钻杆可按表 5.5.3 选用。

表 5.5.3　高压旋喷钻机钻杆

钻杆名称	钻杆简介	外观
锁接头（又名：锁接手、钻杆接头）	配套外丝钻杆的锁接头：φ57mm（配套 42mm 钻杆）、φ57mm（带箍、配套 42mm 钻杆）、φ65mm（配套 50mm 钻杆）、φ75mm（配套 60mm 钻杆）、φ105mm（配套 73mm 钻杆）、φ121mm（配套 89mm 钻杆），配套内丝钻杆的锁接头（与钻杆同径）：φ42mm、φ43mm、φ50mm、φ60mm、φ73mm、φ89mm	
钻杆（直径 34，42，50，60，73，89mm）	钻杆：φ34mm×5mm、φ42mm×5mm（加厚 6.5mm）、φ50mm×6.5mm、φ60mm×7.5mm、φ73mm×9mm、φ89mm×10mm；管材（无缝钢管）经两头墩头加粗并套镆车扣加工而成，经久耐用。钻杆分外丝、内丝钻杆，根据要求提供。长度：常规的 1，2，3，4，4.5m	

5.5.3　施工前准备

5.5.3.1　人员配备

（1）高压旋喷钻机操作手：负责旋喷钻机操作，钻进时对地层进行及时反馈，配合项目部对成孔过程中的锚索角度的把控。每班一般配备 1 名高压旋喷钻机操作手，且必须持高压旋喷钻机操作证上岗。

（2）高压旋喷钻机辅助工：每班一般配备 3 名高压旋喷钻机辅助工，配合项目部测量员进行点位放样及引点测放，并保护好放完的点位；协助高压旋喷钻机机手更换钻头；协助钻机机手控制钻进过程中的孔深、点位、倾斜角度以及后台设备压力控制。

（3）挖掘机操作手：配合高压旋喷钻机施工，进行高压旋喷钻机站位钻进前的场地平整；对边坡进行归堆，平整。每班一般配备 1 名挖掘机操作手，且必须持挖掘机操作证上岗。

5.5.3.2　辅助设备

挖掘机：通常选择 20 吨级别及以上挖掘机，配合高压旋喷钻机施工，进行场地平整；对边坡土、桩间土进行归堆，平整。

5.5.3.3　场地条件

（1）应充分了解进场线路及施工现场周边建筑（构筑物）状况、地下管线分布情况等，施工区域内应无影响施工的障碍物，净空距离应符合相关安全规范要求，避免施工过程中影响邻近建筑（构筑物）安全。

（2）锚杆施工必须清楚施工地区的土层分布和各土层的物理力学特性（天然重度、含水量、孔隙比、渗透系数、压缩模量、凝聚力、内摩擦角等），这对于确定锚杆的布置和选择钻孔方法等都十分重要。还需了解地下水位及其随时间的变化情况，以及地下水中化学物质的成分和含量，以便研究对锚杆腐蚀的可能性和应采取的防腐措施。

（3）要查明锚索施工地区的地下管线、构筑物等的位置和情况，慎重研究锚索施工对它们产生的影响。要研究锚杆施工对邻近建筑物等的影响，如锚索的长度超出建筑红线应得到有关部门和单位的批准或许可。同时也应研究附近的施工（如打桩、降低地下水位、岩石爆破等）对锚索施工带来的影响。

5.5.3.4　安全技术准备

（1）方案编制。项目技术负责人根据图纸要求、相关规范及现场实际情况编制安全技术方案。

（2）方案交底。按照方案内容，项目技术负责人对管理人员及作业进行安全技术交底。

（3）其他安全技术准备。项目生产负责人编制材料、机械设备、工具、用具及各技术工种劳力进场计划。安全负责人对进场工人进行三级安全教育等。

5.5.4　工艺流程及要点

5.5.4.1　工艺流程

高压旋喷钻机锚索施工工艺流程如图 5.5.2 所示。

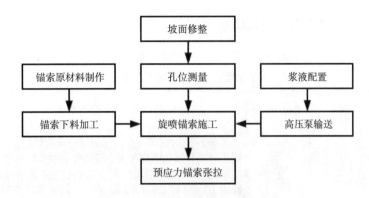

图 5.5.2 高压旋喷钻机锚索工艺流程

5.5.4.2 工艺要点

（1）平整场地。施工前根据设计图纸和建设单位提供的高程控制基准点，确定锚索施工高程，对施工场地进行开挖、整平、压实；铺垫好进出施工区域的道路。同时合理布置施工机械、输送管路和电力线路位置，确保施工场地的"三通一平"。

（2）测量放线。根据锚杆工程施工设计图要求，钻孔前按施工图放线确定锚杆位置，作上标记，将锚孔位置准确测放在施工立面上，锚杆水平、垂直方向的孔距偏差不大于100mm。

（3）钻机就位。据测放孔位准确安装固定钻机，并严格认真进行机位调整，确保锚孔开钻就位水平、垂直误差不得超过 ±100mm，钻孔倾角和方向应符合设计要求，角度误差不应大于 2.0°。严格按设计要求的施工角度、深度施工。

（4）旋喷锚固体施工。钻孔喷射压力不应小于 20MPa，喷嘴给进或提升速度可取10~25cm/min。高压喷射注浆的水泥，宜采用强度等级不低于 P.O. 42.5 的普通硅酸盐水泥。水泥浆液的水灰比应按工艺和设备要求确定，可取 1.0~1.5。连接高压注浆泵和钻机的输送高压喷射液体的高压管的长度不宜大于 50m。高压喷射可采用水或水泥浆。采用水泥浆液开孔工艺时，应至少上下往返两遍；在高压喷射扩孔过程中出现压力骤然下降或上升时，应查明原因并及时采取措施，恢复正常后方可继续施工。

（5）杆体安放。高压喷射锚索扩孔完成后，应立即取出喷管，采用钻杆将锚索杆体带入锚孔至设计深度。采用套管护壁钻孔时，应在杆体放入钻孔到设计深度后再将套管拔出。

（6）张拉和锁定。锚杆承载构件的承压面应平整，并与锚杆轴线方向垂直；锚杆张拉前应对张拉设备进行标定；锚杆张拉应在同批次锚杆验收试验合格，且承载构件的混凝土抗压强度值不低于设计要求时进行；锚杆正式张拉前，应取 10%~20% 特征值 T 在对锚杆预张拉 1~2 次，每次均应松开锚具工具夹片调平钢绞线后重新安装夹片，使杆体完全平直，各部位接触紧密；锚杆应采用符合现行国家标准《预应力筋用锚具、夹具和连接器》(GB/T 14370—2015) 和设计要求的锚具。

5.5.5　工艺质量要点识别与控制

高压旋喷锚索施工工艺质量要点识别与控制见表 5.5.4。

表 5.5.4　高压旋喷锚索施工工艺质量要点识别与控制

控制项目	识别要点	控制标准	控制措施
主控项目	锚杆杆体插入长度 /mm	+100 −30	当锚杆采用钢绞线或高强钢丝应清除锈斑，下料长度应考虑钻孔深度和张拉锁定长度，应确保有效长度不小于设计长度； 钢绞线或高强钢丝应平直排列，应在杆体全长范围沿杆体轴线方向每隔 1.0~1.5m 设置一个定位器，注浆管应与杆体绑扎牢固，绑扎材料不宜采用镀锌材料
	锚杆拉力特征值 /kN	设计要求	张拉前应先将张拉设备进行标定，每只千斤顶应配用压力表数量不小于 2 块，表的精度不低于 1.5 级，其常用读数不宜超过表盘刻度的 75%； 当锚杆固结体的强度达到 15MPa 或设计强度的 75% 后，方可进行锚杆的张拉锁定； 锚杆应先预张拉至轴向承载力设计值的 20%，然后在张拉至轴向承载力设计值，持荷时间不小于 5min，然后退至预应力锁定值进行锁定
	扩孔压力	± 10%	钻机自动监测记录或现场监测
	喷嘴给进和提升速度 /cm·min⁻¹	± 10%	钻机自动监测记录或现场监测
一般项目	锚杆位置 /mm	± 100	按设计文件要求，准确施放孔位，应设置明显标识并妥善保护； 严格按照已确定孔位及设计角度进行施工； 当成孔过程中遇不明障碍物时，在查明其性质前不得钻进； 在松散地段成孔施工，为防止塌孔，宜选用偏心钻跟进护壁套管方式钻进，并做好记录
	倾斜度误差	± 0.03°	测斜仪进行测量记录
	浆体强度 /MPa	设计要求	注浆浆液水灰比宜取 0.5~0.55，为达到水灰比可掺入减水剂，另外浆液中应掺入膨胀剂以增强锚固力
	注浆量 /L	大于理论计算浆量	注浆管端部至孔底的距离不宜大于 200mm，注浆及拔管过程中注浆管口应始终埋入注浆液面内，应在水泥浆孔口溢出后停止注浆，注浆后浆液面下降时应进行孔口补浆； 采用二次压力注浆应在水泥浆初凝后、终凝前进行，终止注浆压力不应小于 3.0MPa； 施工过程中注浆泵距注浆锚杆 ≤ 50m； 施工过程中应进行记录，并由责任人签字、确认
	杆体总长度 /m	不小于设计长度	在现场对每一根锚索进行实测实量，确保杆体长度满足设计要求； 施工过程中应进行实测实量记录，并由责任人签字、确认

5.5.6 工艺安全风险辨识与控制

高压旋喷锚索施工工艺安全风险辨识与控制见表 5.5.5。

表 5.5.5 高压旋喷锚索施工工艺安全风险辨识与控制

事故类型	辨识要点	控制措施
机械伤害、触电等	场地外围地下管线及障碍不明	收集详细、准确的地质和地下管线资料；按照施工安全技术措施要求，做好防护或迁改
机械伤害	钻杆采用人力安拆，易造成人员机械伤害	钻杆安拆时确保工具安装牢靠，钻杆旋转时保证周边无作业人员
	锚索插入时易造成人员受伤	采用钻杆带入锚索时，作业人员需孔口保持，插入过程不得旋转钻杆

5.5.7 工艺重难点及常见问题处理

高压旋喷锚索施工工艺重难点及常见问题处理见表 5.5.6。

表 5.5.6 高压旋喷锚索施工工艺重难点及常见问题处理

工艺重难点	常见问题	原因分析	预防措施	处理方法
锚杆位置控制	位置偏差	桩位测放不准	桩位测放完成后，在开孔前和钻进过程中进行复测和检查，确保桩位准确无误	对基准点进行复核，复核无误后重新测放桩位点
杆体控制	杆体总长度	锚索制作时长度误差	制作锚索时，对尺寸严格要求，确保切割钢绞线符合设计要求	利用钢尺测量锚索材料长度
杆体控制	杆体插入长度	锚索安放插入长度误差	锚索安放时，对锚索预留长度做好标记，严格控制插入长度	利用胶带在锚索杆体上进行标记，在杆体插入至标记位置，即满足插入长度
钻孔控制	倾斜度	倾斜角度误差	钻孔过程中对钻机钻杆用测斜仪测量，并记录	钻机自身带有倾斜指针，复查是否准确，如存在误差，可利用水平尺进行测量

5.6 压力型锚索、可回收锚索施工

5.6.1 工艺介绍

5.6.1.1 工艺简介

（1）压力型锚索。将张拉力直接传递到锚索锚固段末端，且锚固段注浆体处于压剪状态的锚索。

（2）压力分散型锚索。在同一锚孔内，由两个或两个以上独立的压力型单元锚杆组成的组合锚固体系。

压力（分散）型锚索原理示意图如图 5.6.1 所示。

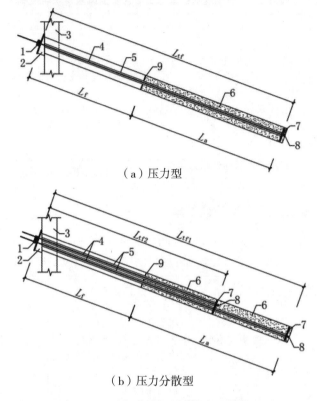

（a）压力型

（b）压力分散型

图 5.6.1 压力（分散）型锚索示意图

1—锚头；2—台座；3—支护结构；4—筋体；5—套管；6—锚固体；7—承压板；8—解锁锚具；9—止浆塞；

L_f—锚杆自由端长度；L_a—锚杆锚固段长度；L_{tf1}，L_{tf2}—单元锚杆筋体自由段长度

（3）可回收锚索。使用功能完成后，可以拆卸且回收其筋体的锚索。

（4）可回收锚索工艺种类。可回收锚索按注浆体受力状态分类：可分为压力型锚索、压力分散型锚索。可回收锚索按成孔工艺分类：可分为等直径锚索、扩孔锚索，如图5.6.2 所示。

囊袋式旋喷扩孔可回收锚索如图 5.6.3 和图 5.6.4 所示

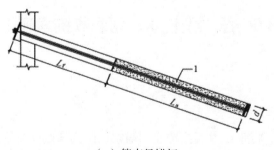

（a）等直径锚杆

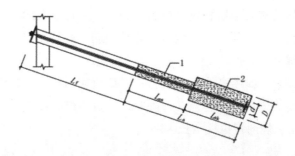

（b）扩孔锚杆

图 5.6.2 等直径锚索、扩孔锚索示意图

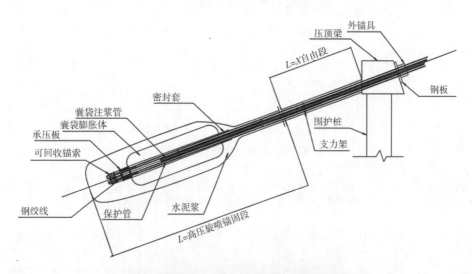

图 5.6.3 囊袋式旋喷扩孔可回收锚索构造示意图

图 5.6.4 囊袋式旋喷扩孔可回收锚索实拍图

可回收锚索按回收方法原理分类：可分为机械式、化学式或力学式，如图 5.6.5 及图 5.6.6 所示。

机械式可回收锚索，将锚索杆体与机械的联结器联结起来，回收时施加与紧固方向相反力矩，使杆体与机械联结器脱离后取出，如采用全长带有螺纹的预应力钢筋作为拉杆，拆除时，先用空心千斤顶卸荷，然后再旋转钢筋，使其撤出，其构造由锚固体、带套管全长有螺纹的预应力钢筋以及传荷板三部分组成。

化学式可回收锚索，如用高热燃烧剂将拉杆熔化切断法，在锚索的锚固段与自由段的连接处先设置有高热燃烧剂的容器，拆除时，通过引燃导线点火，将锚索在该处熔化切割拔出，也有采用燃烧剂将拉杆全长去除。

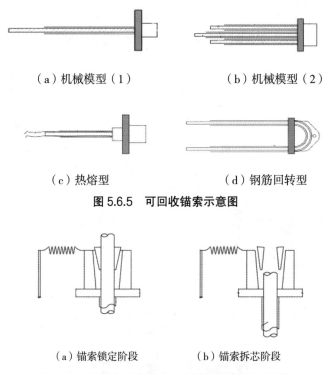

（a）机械模型（1）　　　　（b）机械模型（2）

（c）热熔型　　　　（d）钢筋回转型

图 5.6.5　可回收锚索示意图

（a）锚索锁定阶段　　　　（b）锚索拆芯阶段

图 5.6.6　化学式（热熔式）可回收锚索端头构造图

力学式可回收锚索，如使夹具滑落拆除锚索法，采用预应力钢绞线作为拉杆，靠在前端的夹具，将荷载传递给锚固体。设计时，保证在外力 A 作用下，夹具绝对不会脱落，拆除时，可施加远远大于 A 的外力 B，但此力必须在 PC 钢绞线极限荷载 85% 以内，使夹具脱落，从而拔出拉杆。

5.6.1.2　适用地质条件

在不同的地质条件下，采用不同的成孔设备及护壁方式，可适用于各种土层和岩层。

5.6.1.3　工艺特点

压力型锚索是借助无粘结钢绞线或带套管使之与灌浆体隔开将荷载直接传至底部的承载体，由底端向固定段的顶端传递的。其受力时，固定段的灌浆体受压，不易开裂，在永久性锚固工程中较为适用。

可回收锚索具有可拆卸、不留地下障碍物这个特点，满足了城市发展需求。另外，被回收的钢绞线能重复使用 2~3 次，因此能充分利用资源，具有高效环保的优点。

5.6.2 设备选型

压力型锚索的锚索孔一般为大直径长锚索孔,可以采用冲击钻、旋转钻或两者相结合的方式来钻凿锚索孔,应根据岩土类型与质量、钻孔直径和长度、接近锚固工作面的条件、所用冲洗介质的种类以及锚索类型和要求的钻进速度来选择合适的钻机。

压力型锚索及可回收锚索成孔设备在土层、岩层锚杆中已有归纳,详见 5.2.2 节及 5.3.2 节的内容。

5.6.3 施工前准备

5.6.3.1 人员配备

(1)工区长:负责指挥各工序操作,控制施工质量及安全,排除现场施工中的各种困难。

(2)管理工程师:具体负责各工序操作,指导工人按要求标准操作。

(3)测量人员:负责现场锚孔孔位的放样工作。

(4)司钻人员:负责锚索孔的钻进和钻机的维修工作。

(5)编束人员:负责锚索的编束工作。

(6)注浆人员:负责成孔注浆以及锚索的注浆工作。

(7)空压司机:负责空压机等动力设备的运转。

(8)混凝土工:负责锚垫墩、格梁的浇筑。

(9)锚索安装人员:负责锚索运输、安装。

(10)张拉人员:负责锚索的张拉、锁定。

(11)电工:负责现场电气设备的正常运转。

(12)普工:负责现场各作业平台的搭设。

(13)回收人员:负责现场锚索回收工作,三人一组。

5.6.3.2 辅助设备

(1)挖掘机:通常选择 22 吨级别及以上挖掘机,配合钻机施工,进行钻机就位前的场地平整;泥浆沟槽的挖掘及恢复。

(2)水泥浆搅拌设备:用于制备注浆用的水泥浆。

(3)卡车:用于运送水泥至泥浆池位置。

(4)根据可回收锚索种类选择锚索回收配套工具:扭力快速扳手、轻便大力钳及小铁锤、工作锚具夹片(M15.2 或 M12.7)、25T 轻便自动夹紧千斤顶(备用)、加热装置等。

5.6.3.3 场地条件

(1)应充分了解进场线路及施工现场周边地下建筑(构筑物)状况,确保钻机钻进范围内应无影响施工的障碍物,同时避免施工过程中影响邻近地下建筑(构筑物)安全。若锚索范围内有桩、地下室等,应收集施工图等有关资料综合考虑,避开地下构筑物,确保锚索施工安全及周边地下构筑物安全。

（2）单根锚索施工场地大小至少达到约 4m×6m×4m（平行基坑边方向尺寸 × 垂直基坑边尺寸 × 净高）才能满足单台锚索钻机的施工作业要求。

（3）地面平整度和场地承载力应满足钻机正常使用和安全作业的场地要求。当场地承载力不满足要求时，应采取换填等有效保证措施。

5.6.3.4　安全技术准备

（1）方案编制。项目技术负责人根据图纸要求、相关规范及现场实际情况编制安全技术方案。

（2）方案交底。按照方案内容，项目技术负责人对管理人员及作业人员进行安全技术交底。

（3）其他安全技术准备。项目生产负责人编制材料、机械设备、工具、用具及各技术工种劳力进场计划。安全负责人对进场工人进行三级安全教育等。

5.6.4　工艺流程及要点

5.6.4.1　工艺流程

压力型锚索及可回收锚索施工工艺流程如图 5.6.7 所示。

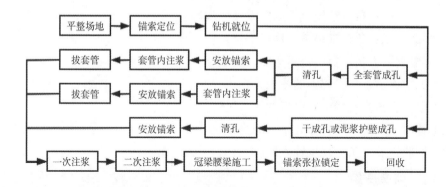

图 5.6.7　压力型锚索及可回收锚索施工工艺流程

5.6.4.2　工艺要点

压力型锚索及可回收锚索成孔、注浆工艺在土层、岩层锚杆中已有归纳，详见 5.2.4 节及 5.3.4 节的内容，此处仅对压力型锚索及可回收锚索特有的施工工艺进行说明。

（1）锚索制作。锚索施工前将进行现场的锚索组装工作，如图 5.6.8 所示。锚索加工时在现场搭设一工作棚、工作台，现场安装。每级钢绞线除按照锚索设计长度参数截取之外，每级都要预留 0.8~1.5m 的外张拉段，钢绞线体严禁有接头，严禁使用焊枪断料，要求干净平直，通体无较大损伤，以免正常使用时发生崩断。按照每孔的定位要求进行组装锚索。锚索采用 Q235 钢质承压盘，分别编号为一号、二号、三号。三号位于孔底，其钢绞线从一号、二号承载体上穿过，一号、二号承载体要预先给三号钢绞线预留钻两个孔。各承载体之间的距离按钢绞线截取长度设定。注浆管要从所有的承压板上同样的边缘位置钻孔穿过。锚索制作过程中应防止钢绞线扭曲变形，应采用专业机械装置保证钢绞线顺利实现新型弯曲并捆扎牢固，同时不损坏钢绞线外层的 PE 套管。为了将拉杆安放在钻孔中心，防止扰动孔壁，沿拉杆长度每隔 1500mm 布设一个架线环，用铁丝将钢铰线均匀捆于骨架周围，杆体的保护层不小于 20mm。压力分散型锚索采用带套管钢绞线，护管内充满防腐油脂，护管延伸至波纹过渡管内 100mm。将制作好的锚索捆扎在一起形成锚索体，将锚索体顺直摆放在平整地上。将制作好的 n 个单元体锚索，在钢绞线端部用 n 个不同的标记标记出对应单元体，将制作好的锚索妥善放置，备用。

图 5.6.8 锚索的现场组装

（2）平整场地。因锚索角度一般设计为 30°~35°，而锚索钻机站位一般距离锚索孔口约 2m，故锚索钻孔时场地整平标高与锚索孔口标高基本一致，整平标高可据此大致确定再根据现场实际情况调整。应将工作面的浮渣、危石清理干净。

（3）锚索定位。锚索孔位严格按照图纸要求测放，控制误差在 ±50mm 以内。孔位使用红色油漆标示，并标注孔号。

（4）钻机。就位采用罗盘测量钻杆角度，控制误差在 ±3° 以内。钻机安装要求牢固，施工中不得产生移位现象。

（5）钻孔锚索钻孔位置、孔深、孔径及钻孔倾角均应满足设计要求。锚索实际钻孔深度应比设计深度长 0.5m 以保证锚索推送到位。成孔工艺有干成孔工艺、泥浆护壁成孔工艺、全套管跟进成孔工艺。干成孔工艺与泥浆护壁成孔工艺适用于黏性土、强风化、全风化等不易塌孔的土层中，若在砂层中采用泥浆护壁成孔工艺需加大泥浆相对密度，以防塌孔；全套管跟进成孔工艺适用于填土、砂层、碎石层、淤泥层等容易塌孔的土层中。若设计为全套管跟进扩孔锚索，可先套管跟进成孔至孔底，再将套管提至设计深度然后下旋喷头，进行旋喷扩孔施工，旋喷采用清水旋喷，泥浆护壁，旋喷压力控制在 28~30MPa，提升速度为 10~15cm/min，复喷 2 次，确保扩孔直径能达到设计要求。如图 5.6.9 所示。

图 5.6.9　钻孔

（6）清孔。在达到设计钻孔深度后，需进行清孔，除去孔内残渣。若采用干成孔工艺，清孔方式为采用高压空气，将残渣吹出，若采用泥浆护壁或全套管跟进成孔，一般用高压清水冲洗锚孔或者水灰比约 1:0.7 的水泥浆置换孔内泥浆、沉渣，由孔底向外反复冲洗，直到孔口出流清水或水泥浆，判定为孔内基本无沉渣、泥浆。清孔的同时，对孔斜度及孔深进行检查，孔斜不超过 1%，终孔直径不得小于设计孔径。清孔完成后若未及时安放锚索，应将孔口暂时封堵，避免碎屑杂物进入孔内。

（7）安放锚索。一、二次注浆管与钢绞线绑扎在一起放入钻孔，送钢绞线进入孔内采用人工，人工搬运时要派专业技术人员指挥下放，以免对锚索造成损伤。注浆管放置于杆体中心，注浆管端部距杆体端部 50~100mm，二次注浆管的出浆孔只在底部 3m 范围内设置。第一次注浆管采用 A20 塑料管，第二次注浆管采用 A20 高压塑料管。杆体插入孔内的深度不应小于成孔深度的 95%，亦不得超深。杆体安放时应防止注浆管被拔出，若注浆管被拔出的长度超过 500mm 时，应将杆体拔出修正后重新安放。高压注浆管（要求采用镀锌铁管或钢管）从承载体中间通过，普通注浆管可绑附于承截体边上，二次注浆管的出浆孔和端头应进行可罐性密封，保证一次注浆时浆液不进入二次注浆管内；一次注浆管应能承受 1.0MPa 的压力，能使浆体顺利压至钻孔底部，二次注浆管应能承受 5.0MPa 以上压力。安放锚索如图 5.6.10 所示。

图 5.6.10　安放锚索

（8）锚索注浆。锚索注浆是锚索施工的关键技术之一，注浆质量决定了锚索的拉拨力，如图 5.6.11 所示。

图 5.6.11　锚索注浆

安放锚索后，连接好注浆泵和预埋的注浆管，同时按设计要求制备好水泥浆，进行注浆。采用底部注浆工艺，一次注浆采用 0.4~0.45 的 42.5R 普通硅酸盐水泥净浆常压注浆，待孔口溢浆即可停止。若有预先进行套管内注浆，应减去当时的注浆量，即整根锚索注浆量按一定定值控。一次注浆后需静置约 10min，若观察到孔口浆液面有下降，则应从孔底进行补浆，补至孔口；一次注浆完成后约 12h 进行二次注浆，采用 0.45~0.55 的 42.5R 普通硅酸盐水泥净浆进行，灌浆压力 2.0~3.0MPa。锚孔水泥浆采用机械搅拌，灌浆泵压入。注浆水泥用量不小于 80kg/m。水泥浆过筛，整个灌浆过程必须连续，一边灌浆一边拨出灌浆管，拨管过程中必须保证灌浆管始终埋在水泥浆内，一直到孔口流出水泥浆为止，方可终止注浆。灌浆完毕后，拨出注浆管，随后立即清洗灌浆设备。

（9）冠梁腰梁施工。锚索的冠梁、腰梁一般采用钢筋混凝土或钢两种材料的梁。钢筋混凝土梁应根据设计要求在迎空面上做成垂直于锚索轴线的斜面，并在锚具与斜面之间设置锚垫板；钢筋混凝土梁施工过程中应在锚索外伸段上设置套管。钢梁一般设计为型钢梁或由型钢拼接而成的梁，采用的型钢应复核设计要求，在钢梁与锚具之间应按设计要求设置锚垫板及斜铁，使斜铁迎空面垂直于锚索轴线。

（10）张拉与锁定。在注浆体和钢筋混凝土冠梁、腰梁强度达到设计强度 80% 以上时，可进行张拉锁定作业。张拉冠梁、腰梁的承压面应平整，并与锚索的轴线方向垂直。锚具安装座与锚垫板和千斤顶密贴对中，千斤顶轴线与锚孔及锚索同轴一线，确保承载均匀。锚索张拉之前，须对千斤顶，油压表和高压油泵进行系统标定，采用整体张拉方式。锚索张拉与锁定如图 5.6.12 所示。

图 5.6.12　锚索张拉与锁定

　　检查张拉设备的油表、千斤顶是否标定并在使用范围期内，锚具、夹具采用符合国标的产品型号，并通过材料检验合格。锚索正式张拉前，取 10%~20% 设计张拉荷载，对其预张拉 1~2 次，使其各部位紧密接触，钢绞线完全平直。锚索的预应力按 6 级施加，分别是 30%，60%，90%，115%，125%，140%，张拉到最后一级荷载时，应持荷稳定大于 20min 后卸载锁定。

　　（11）可回收锚索的回收。采用可回收锚索的项目在达到锚索回收条件时将进行锚索的回收。如图 5.6.13 所示。

图 5.6.13　可回收锚索的回收

5.6.5　工艺质量要点识别与控制

　　压力型锚索及可回收锚索施工工艺质量要点识别与控制的大部分内容在土层、岩层锚杆中已有归纳，详见 5.2.5 节及 5.3.5 节的内容，此处补充几点压力型锚索及可回收锚索特有的施工工艺质量要点识别与控制，见表 5.6.3。

表 5.6.3　压力型锚索及可回收锚索施工工艺质量要点识别与控制

控制项目	识别要点	控制标准	控制措施
主控项目	回收率	不小于设计回收率	采取保护套等措施避免运输装卸过程中锚索及其配件被磨损，钻孔完成后应在钻孔套管内顺推成品锚索直接下锚一次性到孔底，提退钻孔套管时不能边旋转边退套管，锚索张拉锁定时应注意钢绞线和冠樑预留孔的角度保持一致，土方开挖至冠梁位置应注意锚索防止破坏，应留足锚索回收作业面

5.6.6　工艺安全风险辨识与控制

压力型锚索及可回收锚索施工工艺安全要点辨识与控制大部分内容在土层、岩层锚杆中已有归纳，详见 5.2.6 节及 5.3.6 节的内容，此处补充几点压力型锚索及可回收锚索特有的施工工艺安全要点辨识与控制，见表 5.6.4。

表 5.6.4　压力型锚索及可回收锚索施工工艺安全风险辨识与控制

事故类型	辨识要点	控制措施
其他伤害	锚索回收	应采用锚索配套的锚具确保卸载过程的安全，应规范回收锚索的方式方法，对回收人员进行培训，防止回收操作不规范导致回收失败和安全事故，锚索拆除过程中严禁其前方站人，人员应侧方位施工

5.6.7　工艺难点及常见问题处理

压力型锚索及可回收锚索施工工艺重难点及常见问题处理大部分内容在土层、岩层锚杆中已有归纳，详见 5.2.7 节及 5.3.7 节的内容，此处补充几点压力型锚索及可回收锚索特有的施工工艺重难点及常见问题处理，见表 5.6.5。

表 5.6.5　压力型锚索及可回收锚索施工工艺重难点及常见问题处理

工艺重难点	常见问题	原因分析	预防措施和处理方法
回收率确保	回收率低难以回收	锚索及各配件受到磨损，锚索施工过程中漏浆，冠梁浇筑时挤压钢绞线，冠梁处钢绞线被弯折会破坏，支护桩与外墙间距过窄	采取保护套等措施避免运输装卸过程中锚索及其配件被磨损，钻孔完成后应在钻孔套管内顺推成品锚索直接下锚一次性到孔底，提退钻孔套管时不能边旋转边退套管，锚索张拉锁定时应注意钢绞线和冠樑预留孔的角度保持一致，土方开挖至冠梁位置应注意锚索防止破坏，应留足锚索回收作业面

6 内支撑施工

6.1 概述

内支撑系统主要分为钢筋混凝土内支撑和钢支撑两大类，其中，钢支撑体系的种类较多，区别主要在于支撑梁的选型，目前最常用的有钢管支撑梁和型钢支撑梁，本章在钢结构支撑方面仅对钢管支撑和型钢＋张弦梁支撑进行介绍。

6.1.1 内支撑种类和对比

内支撑系统由水平支撑和竖向支承两部分组成，水平支撑体系通常由围檩、水平支撑组成，竖向支承通常为立柱及立柱桩。由于其受力较为清晰明确，无需占用坑外地下空间资源、有利于提高整个围护体系的整体刚度进而有效控制基坑变形，常用于软土地区及周边环境复杂区域的深基坑开挖支护工程。

钢筋混凝土内支撑为现场浇筑，钢支撑为构件提前制作，运输至施工现场进行拼装。钢筋混凝土内支撑和钢结构支撑的比较见表 6.1.1。

表 6.1.1 内支撑类型对比

内支撑型式		典型平面布置	对土方开挖的要求	优点	缺点
钢筋混凝土内支撑	圆撑结合辐杆支撑		圆撑在中部具有较大的空旷区，土方开挖较为便利，但受圆撑均匀受力的影响，四周土需均衡开挖	刚度大，整体性好，布置灵活，施工质量容易保证。适用于各种不同形状的基坑	现场制作和养护时间长，拆除工作量大，内支撑材料不能重复利用
	对撑结合角撑		可考虑分段开挖施工，但对撑两端土方需均衡开挖		
钢结构支撑	钢管支撑		钢管支撑常用于线性工程，钢管支撑的安装需与土方开挖密切结合	安装、拆除便利，施工速度快，自重轻，可重复利用	安装质量要求较高；支点间距较混凝土内支撑小，导致影响土方开挖效率
	装配式型钢支撑结合张弦梁		可分段开挖，张弦梁为土方开挖提供了较大的空旷场地，土方开挖较为便利，但对撑两端土方需均衡开挖	支撑之间净距较大，土方开挖效率高；同时可施加较大的预应力，对支护结构位移的控制能力较强	节点构造和安装复杂，对施工质量的要求较高，对于面积大、平面不规则的基坑适应性较差

6.1.2　总体原则

内支撑支护体系下的土方开挖顺序、方法必须与设计工况一致，遵循"先撑后挖、限时支撑、分层开挖、严禁超挖"的原则施工，尽量避免基坑无支撑暴露的时间过长。同时应根据基坑工程等级、支撑形式和场地条件确定基坑开挖的分区和顺序。土方开挖应符合设计工况要求，并遵循"分层分段、均衡开挖"的原则，在此基础上，宜先开挖周边环境要求较低的土方区域，并及时设置支撑；环境要求较高的区域土方开挖时，宜采用抽条对称开挖、限时完成支撑或垫层的方式。

6.1.3　施工总体部署

随着城市空间的充分利用，基坑的施工空间越来越小，对周边环境的控制要求也越来越高，因此，在基坑施工之前，应做好充分的施工准备，并完成总体施工部署。前期部署应包括：平面施工顺序、竖向施工顺序、出土口设置、材料堆场及临时设施的位置安排等。

6.1.3.1　周边环境调查

（1）对场地周边道路情况，土石方外运的政策要求等充分了解，并据此编制施工进度计划。

（2）了解周边管线情况、架空线路的情况，并对混凝土灌注、吊装施工等提出要求；对可能造成管线破坏的区域设置明显的标识。

6.1.3.2　基坑内支撑的平面施工顺序

基坑内支撑的平面施工顺序与内支撑的平面布置关系密切，常用的布置如圆撑、对撑结合角撑，应根据实际情况合理制订施工计划。

6.1.3.3　土方开挖及出土口的选择

（1）因土方车行走必然会加大出土处及行走道路处的荷载，出土口位置选择时，应满足设计单位对基坑顶部荷载的相关要求，并应尽量避免对支撑受力造成不利影响。

（2）出土口位置应综合考虑工地大门及材料堆场等因素，避免或减少土方车在支护桩（墙）顶行走。

6.1.3.4　临时施工场地选择

（1）基坑周边作为临时施工场地时，施工场地的荷载应满足设计对基坑周边的荷载要求。

（2）若基坑可用空间较小，可段施工、支撑梁增设面板等方式综合考虑临时施工场地的布设。

6.2 钢筋混凝土内支撑施工

6.2.1 工艺介绍

6.2.1.1 工艺简介

钢筋混凝土内支撑主要指由现场浇筑的钢筋混凝土支撑梁及围檩与竖向支承结构组成的围护结构（支护桩、墙）约束系统。

6.2.1.2 工艺原理

在完成支护结构后进行基坑开挖时，基坑四周土体产生近乎水平的压力作用于基坑的支护结构上，这种水平压力通过对支护结构的作用传递给钢筋混凝土支撑梁。从力学的观点分析可知，钢筋混凝土支撑梁的受力必是以轴向受压为主，这样就充分利用了混凝土具有的较高抗压强度，同时将支撑梁设计成基坑内对称的形式，使得四周水平水土压力通过支撑梁相互平衡，以此构成稳定的支撑体系。

6.2.1.3 工艺特点

由于钢筋混凝土内支撑具有刚度大、整体性好、抗变形能力强；平面布置灵活，跨度大，容易满足土方机械施工要求等优点，因此被广泛应用于深大基坑支护工程中。但因浇筑、养护及拆除时间较长，构件不可重复使用等缺点，也一定程度上限制了钢筋混凝土内支撑的使用和发展。钢筋混凝土内支撑现场施工如图 6.2.1 所示。

图 6.2.1 钢筋混凝土内支撑现场施工图

6.2.2 施工前准备

6.2.2.1 现场准备

现场了解工程面貌、环境情况及供电位置；确定现场钢筋、模板堆放的位置和施工机械进出场路线；清理施工道路和出行道路。

6.2.2.2　施工现场布置

钢筋混凝土内支撑施工阶段，主要的材料及设施应根据施工阶段不同，动态地优化布置场地，根据实际情况合理安排好工序，保证施工顺利进行。

6.2.2.3　材料、机械设备计划

（1）材料计划。钢筋混凝土内支撑的主要分部工程为钢筋工程、模板工程、混凝土工程等，所有的分部工程材料，都必须在材料进场前做好必要的材料复验和技术参数确认工作。

（2）设备计划。根据工程实际需要，一般采用搅拌机、输送泵车、振动棒、吊车以及自卸汽车等多种机械。

6.2.2.4　施工前的准备

根据土建施工的施工计划要求，在钢筋混凝土内支撑施工前，必须对施工现场进行调查，针对具体的项目情况，主要掌握以下情况：

①道路是否具备车辆进出场条件，施工现场及进场道路要求场地平整，并经15t以上压路机压实，保证30t的重车辆行驶要求；

②现场环境是否具备构件堆放要求；

③复核施工定位使用的轴线控制点和测量标高的基准点；

④各分部工程材料数量、规格、结构部位、预埋件是否满足图纸要求；

⑤与其他协作单位配合中是否存在障碍；

⑥施工人员的现场辅助设施是否符合标准；

⑦立柱施工完成后强度等是否符合设计要求。

6.2.2.5　钢筋、模板堆场安排、清理

按照安装流水顺序将钢筋、模板运入现场，利用挖机、吊车、塔吊尽量将其就位到吊车的回转半径内。钢筋、模板堆放应安全、整齐、防止受压变形损坏。钢筋安装前必须清理干净，特别在接触面、摩擦面上，必须用钢丝锯清除铁锈、污物等。

6.2.2.6　现场立柱检查

根据相应设计图纸要求，在钢筋混凝土内支撑正下方特定的位置设置立柱。施工过程严格控制立柱的插入深度及角度、垂直度等，之后再进行内支撑梁施工。要求立柱的施工必须对定位轴线的间距进行测量，复核检查；严格按照验收手续办理。

6.2.3　工艺流程及要点

6.2.3.1　工艺流程图

钢筋混凝土内支撑的施工由多项分部工程组成，按照施工的先后顺序，大体可分为施工准备→施工测量→钢筋工程→模板工程→混凝土工程。以设置两道钢筋混凝土内支撑的工程为例，具体混凝土内支撑施工工序流程图如图6.2.2所示。

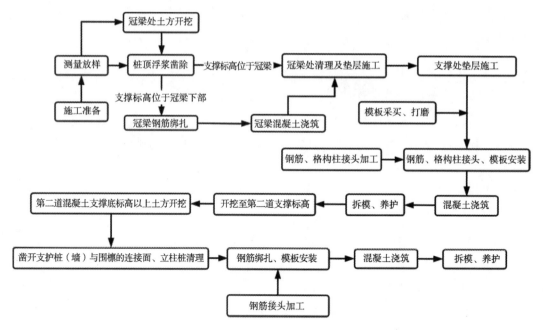

图 6.2.2　混凝土内支撑施工工序流程

6.2.3.2　工艺要点

（1）施工测量。施工测量工作主要是平面坐标系内轴线控制网的布设和场区高程控制网的布设。

平面坐标系内轴线控制网应在通视良好且不易受施工干扰的位置设置轴线控制点，然后依据主轴线进行轴线加密和细部放线，形成平面控制网。内支撑的水平轴线放线宜控制在 30mm 的误差范围内，同时，施工过程中应定期对控制点进行保护，并对控制网的轴线进行定期复测。

场地高程控制网应根据相关部门提供的高程控制点布设。每道内支撑标高均需正确测算标高基准点，场区内第一道内支撑开挖整平后宜至少引测 3 个水准点，下道内支撑土方开挖并整平后，将高程引至本层，所引测的高程点不得少于 3 个。内支撑系统中心标高误差应满足相关要求。

（2）钢筋工程。

①钢筋的进场及检验。

a.原材的检测。进场钢筋应有出厂质量证明文件（产品合格证、检验报告等）。只有经复试合格并经审批后的主材才允许施工使用，不合格产品须退场。

b.钢筋进场存放。钢筋存放场地宜设置砖砌钢筋原材存放台座，并设置钢筋棚，在原材上面覆盖防雨布，防止原材锈蚀，同时在存放场地周边设置排水坡道。

②钢筋加工制作。

a.钢筋制作。钢筋弯制前必须除锈，钢筋的表面应该洁净，油渍、漆垢和铁锈应清除干净。在焊接前，应清除水锈。钢筋加工应平直，无局部曲折，成盘的和弯曲的钢筋均应调直。按照设计图纸要求在钢筋加工前由施工技术人员编制钢筋下料表，经过项目部技术人员复核后方可用于指导施工。每一班组同一类型的第一组钢筋半成品要经过质检人员检验，合格后其余的钢筋按此进行，如钢筋加工存在误差，须现场调整直至合格。加工完成的钢筋半成品要报监理检验。

b. 钢筋绑扎。冠梁钢筋在支护桩（墙）浮浆凿除并经验收合格后方可安装施工，混凝土内支撑及连系梁位置土方开挖时，需留设 20cm 厚人工清理整平，然后浇筑混凝土或低标号的砂浆垫层，并在垫层表面铺设起隔离作用的塑料薄膜，经监理验收合格后可绑扎支撑梁的钢筋。

在开工前或每批钢筋正式焊接前，应进行现场条件下的焊接性能试验，合格后方可正式生产；试件应从成品中随机切 3 个接头进行拉伸试验。

钢筋绑扎位置的允许偏差见表 6.2.1。在施工中用肉眼观察及尺量的方法进行全数检查。

表 6.2.1 钢筋绑扎允许偏差表

项目		允许偏差 /mm	检查方法
钢筋骨架	长	±10	钢尺检查
	宽	±5	钢尺检查
箍筋间距		±10	钢尺量连续三挡，取最大值
主筋间距	列间距	±10	钢尺量两端、中间各一点，取最大值
	层间距	±5	
钢筋弯起点位置		±10	钢尺检查
受力钢筋保护层		±5	
预埋件	中心线位移	±10	
	水平及高程	±5	

c. 钢筋的连接。钢筋直径小于 22mm 的可采用焊接，钢筋直径不小于 22mm 的采用机械连接，结构构件中纵向受力钢筋的接头宜互相错开，钢筋机械连接的连接区段应按 $35d$ 计算（d 为被连接钢筋中的较大直径）。接头宜设置在构件受拉钢筋应力较小部分，梁外侧主筋可在大跨跨中三分之一范围内采用搭接焊，内侧主筋应在梁支座处搭接焊。当需要在高应力部分设置接头时，接头的百分率不应大于 50%。梁的钢筋均应通长设置。

③钢筋的质量检查。

在浇筑混凝土之前，应对已安装好的钢筋检查，填写检查记录，如有误差应及时纠正。重点对以下方面进行检查：

a. 核对设计图纸，检查钢筋的型号、直径、根数、间距是否满足要求；

b. 检查钢筋的接头搭接长度是否满足要求，接头位置是否合理；

c. 检查混凝土保护层厚度是否符合设计要求；

d. 检查钢筋绑扎是否牢固；

e. 钢筋表面不应有油渍、漆污等。

（3）模板工程。模板工程通常是由接触混凝土构件并控制其预定尺寸，形状、位置的模板、支持和固定模板的杆件、桁架、联结件、金属附件等组成的临时性结构。

在钢筋安装完成并经验收合格后可进行模板安装。模板的尺寸规格应根据梁的尺寸确定，平整度应满足要求。模板及支架的强度、稳定性可根据《混凝土结构工程施工规范》（GB 50666—2011）中 4.3 条相关要求进行计算。模板应按轮廓墨线安装，表面清理干净。模板的支撑以及栓接要牢固，在模板安装完成后，技术人员要认真检查每一道拉杆和支撑。严格按图纸及规范施工，纵横轴线不得有误，保证板面拼接平整度，保证模板拼缝直顺、平滑过渡、不漏浆，并在混凝土浇筑之前进行复查。

模板安装完成后质检人员对模板的平整度、轴线位置、模板截面尺寸进行检查，如不合格及时调整，调整后经验收合格后方可进入下一步施工。

底模上应涂刷脱模剂，防止模板拆除时底模附着在支撑上无法拆除。模板拆除时间应根据同条件养护试块强度而定，支撑体系强度满足设计要求后方可拆除模板。土方开挖时，必须清理掉模板，特别是底模，防止在以后施工过程中模板坠落。冠梁、支撑梁及围檩如图 6.2.3~ 图 6.2.5 所示。

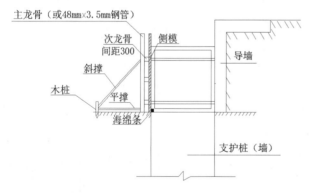

图 6.2.3 冠梁模板安装示意图

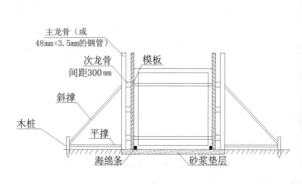

图 6.2.4 混凝土内支撑及连系梁模板安装示意图

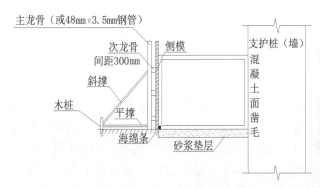

图 6.2.5　混凝土围檩模板安装示意图

冠梁及混凝土内支撑模板安装允许误差及检查方法详见表 6.2.2。

表 6.2.2　冠梁及混凝土内支撑模板安装允许误差及检查方法

序号	项目	允许偏差 /mm	检查方法
1	轴线位置	5	钢尺检查
2	截面内部尺寸	+8，−5	钢尺检查
3	垂直度	6	经纬仪或吊线、钢尺检查
4	相邻两板表面高低差	2	钢尺检查
5	表面平整度	5	2m 靠尺和赛尺检查

（4）混凝土工程。

①混凝土工程施工前准备。混凝土浇筑前进行清仓处理，将仓内各种杂物、纸屑、铁丝、土石块清理干净，混凝土浇筑前对模板进行润湿处理，防止混凝土与模板相接基面出现气孔。每段冠梁、围檩及混凝土内支撑梁施工前要采用与相同标号的水泥砂浆对施工面处理，避免浇筑过程中孔洞等现象的产生。施工冠梁及围檩混凝土前要用钢刷将破桩后的钢筋清洗干净。

混凝土进场后进行混凝土质量检查，首先检查混凝土开盘鉴定中的技术要求、浇筑部位等项目是否与混凝土浇筑申请单中的相应项目符合。混凝土工程宜使用商品混凝土浇筑，泵车泵送入模，具体强度等级根据设计要求确定。

②混凝土工程技术要求。混凝土坍落度要求入泵时不宜高于 200mm，同时现场检测混凝土坍落度。为保证混凝土浇筑过程中不发生离析，搅拌过程中，混凝土需有足够的黏聚性，在泵送过程中不泌水、不离析。同时为保证各个部位混凝土的连续浇筑，要求混凝土的初凝时间保证在 7~8h；为了保证后道工序的及时跟进，要求混凝土终凝时间控制在 12h 以内。

③混凝土浇筑。混凝土浇捣采用分层滚浆法，防止漏振和过振，确保密实。

混凝土必须保证连续供应，并在前层混凝土初凝前将本层振捣完毕，避免出现施工冷缝，若出现冷缝可采用表面修补法、灌浆法、嵌缝封堵法、结构加固法等进行修复加强。遇到基坑工程的规模较大时，混凝土浇筑后的收缩变形、温度变形等效应将无法避免，需采用分段浇筑，分段处宜设置在梁跨度端部 1/3 范围内，先浇筑部分混凝土抗压强度大于 1.2MPa 后方可施工后浇筑部分混凝土，连接面可采用收口网或木模板进行封堵，若使用木模封堵，在模板拆除后、混凝土内支撑施工前需对连接面凿毛处理，保证两次浇筑的混凝土良好的连接。

混凝土灌注从低处开始逐层扩展升高，并保持水平分层，卸落混凝土时应设置溜槽等设备，以防止混凝土降落高度较高而造成离析。振捣使用插入式振捣棒，分层厚度宜为 300mm。振捣棒插入的距离以直线行列控制，间距不得超过作用半径的 1.5 倍。振捣棒应尽量避免碰撞钢筋，更不得放在钢筋上。振捣棒开动后方可插入混凝土内，振完后应徐徐提出，不得过快或停转后再拔出机头，以免留下孔洞。振捣棒应稍插入下层使两层结合成一体。振捣合格的要求：混凝土停止下沉，无气泡上升，表面平坦、无翻浆。

④混凝土养护。冠梁、支撑梁、围檩浇筑完成后表面可采用覆盖薄膜进行养护，侧面在模板拆除后浇水养护，养护时间宜不少于 7d。

⑤施工控制要点。

内支撑系统施工，支撑系统混凝土施工应按大体积混凝土的质量控制要求施工，并应从以下方面加强施工管理。

a.原材料选择：采用低水化热水泥、细骨料宜采用中砂，其细度模数宜大于 2.3，含泥量不应大于 3%；粗骨料粒径宜选用 5~31.5mm，级配连续，含泥量不应大于 1%。

b.混凝土配合比：要求混凝土搅拌站根据现场提出的技术要求，提前做好混凝土试配，水胶比不宜大于 0.5，拌和水用量不宜大于 170kg/m³。

c.现场预备工作：浇筑混凝土时预埋的测温仪器及保温所需的塑料薄膜、草席等应提前预备好，相关管理人员坚守岗位，各负其责，保证混凝土连续浇灌的顺利进行。

d.有关施工段的划分、施工缝的留设及混凝土浇筑顺序应符合设计要求。

e.混凝土温度控制：对混凝土进行温度检测，应根据气候条件采取控温措施，并按需要测定浇筑后的混凝土表面和内部温度，将里表温差控制在不超过 25℃。

f.混凝土养护：混凝土浇筑及二次抹面压实后应立即覆盖保温、保湿。

⑥控制标准及验收标准。施工完成后应对代表性的部位进行混凝土强度、钢筋保护层厚度、结构位置与尺寸偏差以及合同约定的项目的检验。质量检验应符合表 6.2.3 的规定。

表 6.2.3　钢筋混凝土内支撑质量检验标准

序号	项目	允许偏差		检查方法
1	混凝土强度	不小于设计值		28d 试块强度
2	截面宽度	+20、0mm		钢尺检查
3	截面高度	+20、0mm		钢尺检查
4	标高	±20mm		水准测量
5	轴线平面位置	≤ 20		钢尺检查
6	钢筋保护层厚度	梁	±5mm	钢尺检查
		板	±3mm	

a. 混凝土强度检测。强度检验应按不同强度等级分别检验，检验方法宜采用同条件养护试件方法；当未取得同条件养护试件强度或同条件养护试件强度不符合要求时，可采用回弹—取芯法进行检验。

b. 钢筋保护层厚度检测。钢筋保护层厚度的检验，可采用非破损或局部破损的方法，也可采用非破损方法并用局部破损方法进行校准。当采用非破损方法检验时，所使用的检测仪器应经过计量检验，检测操作应符合相应规程的规定。钢筋保护层厚度检验的检测误差不应大于1mm。

6.2.4 土石方开挖要求

内支撑土石方开挖应注意以下几个方面。

（1）基坑开挖应遵循"分层、分段、分块、对称、平衡、限时"和"先撑后挖，限时支撑，严禁超挖"的原则。

（2）施工准备阶段即应根据基坑涉及土层情况、内支撑平面布置等因素考虑土石方开挖顺序、分段开挖范围。

（3）土石方开挖应与支护结构的设计工况相吻合，使支护结构受力均匀，当基坑开挖面上方的内支撑未达到设计要求时，严禁向下超挖。

（4）对支护体系相对薄弱处应考虑减小分段开挖长度及分层开挖厚度，并结合监测数据动态调整土石方开挖方案。

（5）施工过程中，应对立柱等易与设备发生碰撞的支护构件进行标识，在立柱布置相对密集处应配置专门的人员对土石方开挖进行指挥。

（6）分段开挖时，分段界面不宜设置在与立柱较近的位置，防止土压力对立柱稳定造成安全隐患。

（7）当基坑工程为岩质基坑，需采用爆破法开挖时，土石方开挖爆破工程应由具有相应爆破资质和安全生产许可证的企业承担。爆破作业人员应取得有关部门颁发的资格证书，并应持证上岗。爆破工程作业现场应由具有相应资格的技术人员负责指导施工。

（8）爆破参数应根据工程类比法或通过现场试炮确定。靠近基坑支护结构位置应限制爆破，防止对支护结构造成损害。

（9）当采用爆破法施工时，应采取合理的爆破施工工艺以减小对周边环境的影响，防止邻近建构筑物、道路、管线、支护结构等受伤与损坏，必要时采取有效的保护措施，并在施工中定期观测和检查。

6.2.5 钢格构立柱施工

6.2.5.1 格构柱的制作

型钢原材进场后统一存放在指定堆放场，场地需采用现浇混凝土进行硬化处理，并设置方木垫块，保证型钢原材离地存放；存放场地设置钢结构钢筋棚，并在原材上面覆盖防雨布，防止其锈蚀。

格构柱间对接焊接时接头应错开，保证同一截面的角钢接头不超过50%，相邻角钢错开位置不小于 50cm。角钢接头在焊缝位置角钢内侧采用同材料短角钢进行补强。

格构柱加工的允许偏差见表 6.2.4。

表 6.2.4　格构柱加工允许偏差表

项目	规定值及允许偏差	检查方法
下截面尺寸	±5mm	钢尺量
局部允许变形	±2mm	水平尺测
焊缝厚度	≥10mm	游标尺量
柱身弯曲	$h/200$，且不大于 5mm。	经纬仪测量
同平面角钢对角线长度	±5mm	对角点用尺量
角钢接头	≤50%，相邻角钢错开位置不小于 50cm	钢尺量
缝处表面平整度	±2mm	水平尺量
缀板间距	±20mm	钢尺量
立柱长度	±50mm	钢尺量

格构柱加工的成品示意如图 6.2.6 所示。

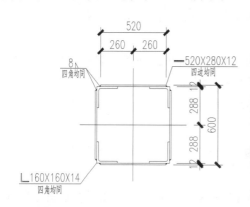

（a）格构柱断面示意图

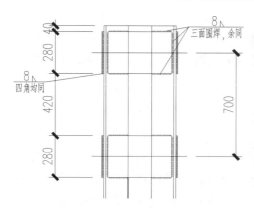

（b）格构柱立面示意图

图 6.2.6　格构柱加工成品示意图（mm）

6.2.5.2 钢筋笼及格构柱吊装及定位

（1）定位。立柱桩采用灌注桩，其成孔施工工艺同灌注桩成孔施工工艺。立柱桩钻孔完成后，将钻孔周边泥浆、土等清理干净、测量员精确计算格构柱4边中点延长线4个坐标点，然后进行放线，定位偏差小于20mm，平面转角偏差应小于5°。

立柱桩钢筋笼及格构柱在加工场整体制作，完成后起吊，吊点设置在笼顶及柱顶。钢筋笼吊放至孔口后使用型钢扁担临时固定，再将格构柱整体吊装至孔口处，格构柱与钢筋笼主筋焊接牢固。格构柱中心线与桩位中心线误差不大于 ±5mm，垂直度偏差不大于 $L/200$ 且不大于 15mm。

（2）吊装及连接。格构柱安装工程质量控制工序如图6.27所示。

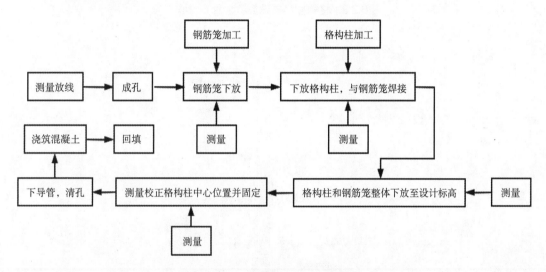

图 6.2.7 格构柱安装工序示意图

钢筋笼吊装到位后，安装格构柱导向设备（导向设备示意图见图6.2.8），孔口处设4面微调螺栓对格构柱进行定位，导向设备的控制点采用全站仪放出，通过控制点调整格构柱的中心位置，使其偏差符合设计及规范要求。柱位处常为支撑交叉的节点，钢筋数量较大，为方便后期支撑梁施工，应尤其注意格构柱的摆放方向，宜与内支撑主轴或配筋较大的支撑梁方向一致。

格构柱插入立柱桩深度应严格控制，其误差不大于5cm；格构柱吊入桩孔后与钢筋笼焊接，焊接应可靠、牢固，搭接长度要求应按规范要求执行。

格构柱及钢筋笼的安装时间不能太长，下放时要缓慢进行，并由工作人员将其扶正，防止刮碰孔壁造成孔壁坍塌。孔口要进行必要的防护，防止发生事故，并防止其他物件落入孔中，影响混凝土的灌注。

立柱桩钢筋笼及格构柱吊装如图6.2.9所示。

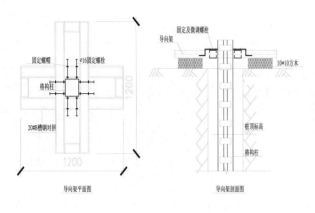

图 6.2.8　格构柱导向设备示意图（mm）

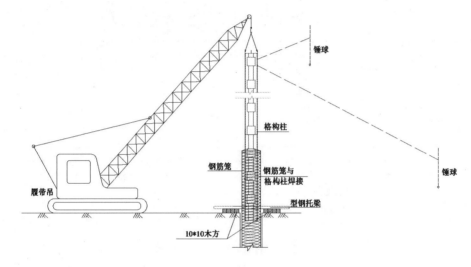

图 6.2.9　立柱桩钢筋笼及格构柱吊装示意图

6.2.5.3　格构柱部分回填及连接钢板安装

立柱桩混凝土施工完成 12h 后，可进行格构柱段空孔部分的回填工作。为保证回填部分的密实度，可采用中粗砂或碎石等进行回填施工，同时为防止回填过程中填料的连续冲击造成格构柱柱体偏斜或位移，回填施工采用分层进行，待柱体稳定后，再回填下一层。

回填施工完成后、混凝土内支撑施工前，需进行连接钢板的安装施工。连接钢板由钢板及预埋锚固钢筋组成，主要作用是将格构柱与现浇钢筋混凝土内支撑连接成整体，增强水平及竖向支撑体系之间位移的限制及整体支撑体系的稳定。

目前较为常用的连接钢板做法如图 6.2.10 所示。

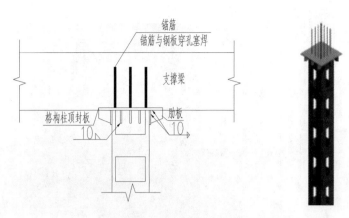

图 6.2.10　格构柱顶连接钢板示意图

6.2.5.4　立柱桩及格构柱施工偏差要求

立柱桩的桩位偏差不大于 50mm，桩身垂直度偏差不大于桩长的 1/150；格构柱插入立柱桩深度偏差不大于 50mm，柱身垂直度偏差不大于柱身长度的 1/200，平面定位偏差不大于 20mm。

6.2.5.5　其他连接节点常见做法

第一道内支撑以下的钢筋混凝土内支撑与格构柱的连接方式如图 6.2.11~ 图 6.2.13 所示。

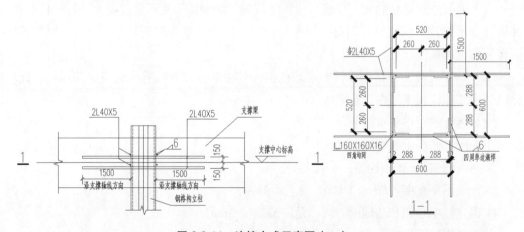

图 6.2.11　连接方式示意图（一）

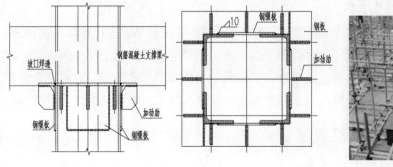

图 6.2.12　连接方式示意图（二）

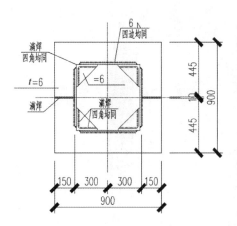 

图 6.2.13　底板处止水钢板做法示意图

6.2.6　钢管混凝土立柱施工

当水平内支撑系统兼做施工栈桥，或竖向支撑结构承受较大竖向荷载，钢格构柱存在稳定或强度问题时，可采用钢管混凝土立柱进行施工，钢管混凝土立柱由钢管及管内混凝土组成，本节将对钢管混凝土立柱的详细做法进行介绍。

6.2.6.1　立柱的制作

（1）钢管原材进场后统一存放在指定堆放场，场地需采用现浇混凝土进行硬化处理，并设置方木垫块，保证钢管原材离地存放；存放场地设置防雨棚，并在原材上面覆盖防雨布，防止其锈蚀。

（2）钢管混凝土柱根据设计要求须在锚入桩体部分设置抗剪栓钉或底部环板，此部分抗剪构件建议在工厂内焊接完成。

（3）钢管的制作要求如下：

①纵向弯曲小于长度的 1/60；

②椭圆弯曲 $f/d \leqslant 3/1000$；

③管端不平整度：$f/d \leqslant 1/500$，且 $f \leqslant 3mm$；

④钢立柱中心线和基础中心线，允许偏差 ±5mm；

⑤钢管焊缝采用超声波无损探伤 100%，按Ⅱ级标准评价。

6.2.6.2　钢管吊装及下放

当垂直度要求较高时，如垂直度要求 1/600，可采用双机抬吊，进行整体一次吊放。主钩起吊钢套管顶部，副钩起吊钢套管中下部，多组葫芦主副钩同时工作，使钢套管缓慢吊离地面，并改变其角度逐渐使之垂直，吊车将钢套管移到桩孔边缘，对准桩孔按设计要求位置缓缓入孔并控制其标高。钢套管放置到设计标高后，利用周边焊接的槽钢搁置在混凝土地坪上。

钢管混凝土立柱下放及吊装流程如图 6.2.14 所示。

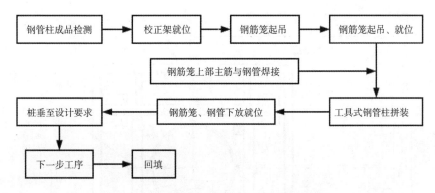

图 6.2.14　钢管混凝土立柱下放及吊装流程

6.2.6.3　钢管调直

钢管下放至设计标高后，即开始钢管对中。根据调直架（调直设备示意图如图 6.2.15 和图 6.2.16 所示）对中后测得的十字钢筋中心点距千斤顶支座的距离，计算出钢管外壁距支座的距离，并用底层 4 只千斤顶把钢管固定。钢管下放完成后，即开始测量钢管垂直度，并根据测量数据，利用顶层千斤顶对钢管垂直度进行调节，直至满足设计垂直度要求为止，然后用顶层千斤顶将钢管固定。

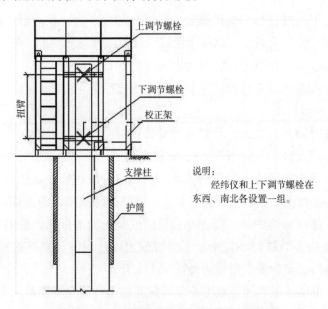

图 6.2.15　钢管混凝土立柱调直架剖面示意

6.2.6.4　钢管混凝土灌注

（1）钢管立柱桩施工一般将在下放钢管立桩的平台上面焊设钢管护栏后，在此平台上采用汽车吊吊设灌浆斗、采用泵送混凝土的方式进行灌浆。

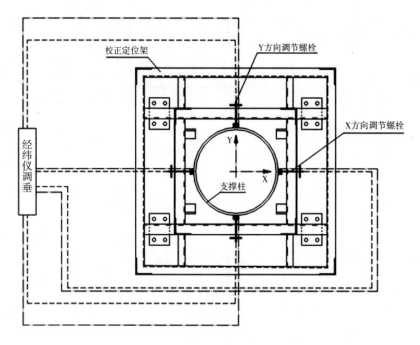

图 6.2.16　钢管混凝土立柱调直架平面示意图

（2）混凝土施工时应进行坍落度测定，每根桩测定 3 次，在前后中间各测一次，须检查坍落度合格后才能放入漏斗。塌落度测试允许偏差在 ±20mm，或要求数值的 1/3 以内，取较小者。灌注水下混凝土时，导管和漏斗之间设置阀门关好，并将导管提高至孔底 30~40cm，然后将灌注漏斗和储料斗装满混凝土之后方可打开阀门开始浇筑水下混凝土。

（3）桩的灌注时间不宜过长，严禁将导管提出混凝土面，导管埋入混凝土面的深度宜为 3~10m，最小埋入深度不应小于 2m，导管应勤提勤拆，一次提管拆管不得超过 6m。浇筑混凝土时导管应随浇随提，导管的安装和拆卸应分段进行，其中心力求与钢筋笼中心重合。当出现堵塞情况时，可将导管少量上下升降排除故障，但不得左右摇晃移动。

（4）在混凝土灌注过程中，实测正在浇筑的混凝土面的标高，控制导管埋入混凝土深度。混凝土灌注应连续进行不得中断。当混凝土面达到设计立柱桩桩顶超灌标高时，沿钢管外圈回填碎石、黄砂等，阻止管外混凝土上升。

（5）继续灌注混凝土，直至泥浆完全从卸浆孔排出，并见到新鲜混凝土排出为止。

6.2.6.5　其他连接节点常见做法

第一道内支撑的钢筋混凝土支撑梁与钢管柱的连接方式如图 6.2.17~ 图 6.2.19 所示。

6.2.7　内支撑拆除

内支撑拆除应遵照当地政府的相关规定，结合现场周边环境条件，按先置换后拆除的原则制订专项内支撑拆除安全施工方案，在经设计单位、监管单位同意后，依此执行，确保安全。并考虑以下要点。

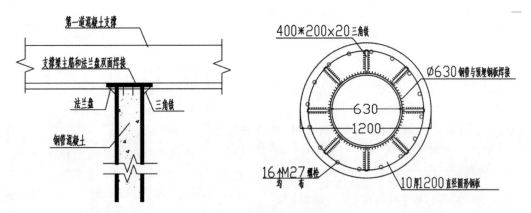

图 6.2.17 连接方式示意图

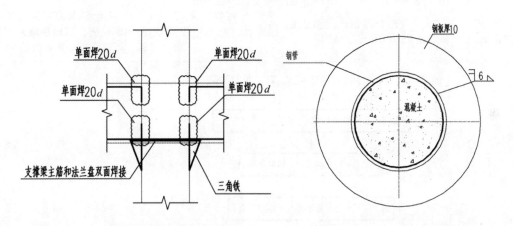

图 6.2.18 钢管柱与内支撑梁连接大样   图 6.2.19 底板处止水钢板做法

6.2.7.1 施工准备

（1）内支撑拆除应符合设计工况，并应在满足相应的换撑条件下（如主体结构及支承构件施工完成并达到规定强度）方可拆除。若基坑内周边存在车道结构、后浇带等，尚应据此考虑合理的换撑做法。

（2）应基于基坑施工条件及周边环境选择合理的吊运机械设备，并根据吊运设备能力确定支撑切割的尺寸规格、重量等指标。

（3）根据内支撑平面布置，判断主要支撑梁（如对撑梁、环梁等）和次要支撑梁（如连系梁），内支撑拆除的平面顺序应为先拆除次要支撑梁，再拆除主要支撑梁。

（4）详细分析监测数据，可先考虑拆除变形较小处的支撑梁。

6.2.7.2 拆除方法

（1）工艺介绍。目前钢筋混凝土内支撑的拆除方法主要有人工拆除法、静态膨胀剂拆除法、爆破拆除法，其特点见表 6.2.5。

表 6.2.5　内支撑拆除方法特点

拆除方法	简要说明	优点	缺点
人工拆除法	人工采用大锤、风镐、绳锯等设备拆除支撑梁	施工方法及机械设备相对简单，易组织，成本低	工效低，工期长，噪声大，粉尘多
静态膨胀剂拆除法	在支撑梁上钻孔灌入膨胀剂，利用膨胀力将混凝土涨裂	方法简单，无噪声，无粉尘	成本高，若膨胀力小于钢筋拉应力，尚需采用风镐等进一步破碎、凿除
爆破拆除法	在支撑梁上预留炮眼，装入炸药和毫秒电雷管，起爆后拆除支撑梁	效率高，工期短，成本适中	爆破产生的振动、飞石及噪声对周边环境影响较大
绳锯切割拆除法	采用金刚石绳锯高速磨削钢筋混凝土，切割支撑结构	快速高效、无震动、噪声低，对周边环境影响小	对场地要求高（需放置吊机的位置，运输困难费用高，不能在现场堆放破碎）

（2）工艺流程（以设置两道内支撑为例，如图 6.2.20 所示）。

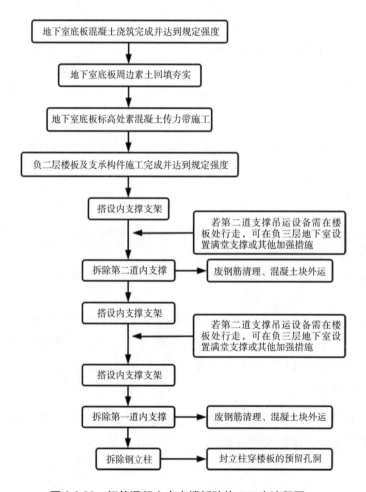

图 6.2.20　钢筋混凝土内支撑拆除施工工序流程图

（3）目前较为常用的方法为人工拆除法，本节对内支撑人工拆除采用的设备进行列表介绍，详见表 6.2.6。

表 6.2.6　机械设备

材料设备名称	工作内容
电动绳锯	支撑梁切割
水钻	钻孔
塔吊	切割后的支撑梁吊运
吊车	叉车吊运
平板车	切割后的支撑梁外运
叉车	切割后的支撑梁转运
风镐	局部支撑梁混凝土块破碎
钢管	支撑架

6.2.7.3　施工注意事项

（1）施工之前应对吊运设备进行全面检查，避免高空坠落等事故的发生。

（2）拆除支撑梁，在支撑底部搭设满堂脚手架，脚手架上满铺跳板，如图 6.2.21 所示。破碎后的混凝土块及时吊运出基坑，若运载设备位于楼板上时，应由设计单位对地下室结构进行计算，并采取相应的加强及防护措施。

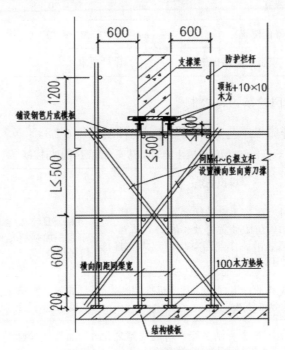

图 6.2.21　钢管支撑搭设示意（mm）

（3）内支撑拆除应全程监测，拆除时应加密监测频率，并根据监测数据动态调整拆撑方案。

（4）内支撑拆除时，不得损伤主体结构。

（5）拆除下层支撑时，必须小心断开支撑与立柱、支护桩的节点，使其不受损伤。

（6）支撑柱穿过地下室楼板处应预留孔洞，待水平支撑及拆除后将预留孔洞按后浇带作法封死，并做好防水措施。

（7）内支撑拆除后，而楼板未施工之前，立柱稳定性计算长度加大，其稳定性应由设计单位校核，必要时，可进行局部加强。

（8）若采用绳锯切割，切割过程中需于切割面注水，避免温度过高而发生断裂。

（9）若采用爆破法拆除作业时，应遵守当地政府的相关规定。

6.2.8 工艺质量要点识别与控制

钢筋混凝土内支撑施工工艺质量要点识别与控制见表 6.2.7。

表 6.2.7 钢筋混凝土内支撑施工工艺质量要点识别与控制

项目	检查项目	允许值或允许偏差		检查方法
		单位	数值	
主控项目	混凝土强度	不小于设计值		28d 试块强度
	截面宽度	mm	+200	用钢尺量
	截面高度	mm	+200	用钢尺量
一般项目	标高	mm	±20	水准测量
	轴线平面位置	mm	≤20	用钢尺量
	支撑与垫层或模板的隔离措施	设计要求		目测法

6.2.9 工艺安全风险辨识与控制

钢筋混凝土内支撑施工工艺安全风险辨识与控制见表 6.2.8。

表 6.2.8 钢筋混凝土施工工艺安全风险辨识与控制

伤害类型	辨识要点	控制措施
起重伤害	起重作业：履带吊钢丝绳磨损严重，且未及时更换、吊钩防脱装置失效、吊物下站人、旋转臂下站人、吊装作业违章指挥或无人指挥，可能导致物体打击等	加强日常安全教育，专人指挥吊装作业，加强机械的日常检查及时进行机械维修
触电、火灾	钢筋加工作业：电焊机、弯曲机、切断机未接地，可能导致触电及火灾	加强日常检查，严格按照规范及相关要求进行接地处理
	施工用电不符合一闸多接、用电线路老化、乱拉乱接等，可能导致漏电、触电	加强日常检查，严格按照规范进行接设

表 6.2.8（续）

伤害类型	辨识要点	控制措施
机械伤害	机具传动部位外漏，可能导致机械伤害	加强日常检查，设置安全防护装置
物体打击	支撑拆除时，采用爆破方式造成爆炸伤害或采用其他机械方式拆除时，造成机械打击。	拆除作业应有专人指挥，拆除前应做好拆除、堆放、运输方案，人员应做好安全措施，避免坠落。

6.2.10 工艺重难点及常见问题处理

钢筋混凝土内支撑施工工艺重难点及常见问题处理见表 6.2.9。

表 6.2.9 钢筋混凝土内支撑施工工艺重难点及常见问题处理

工艺重难点	常见问题	原因分析	预防措施和处理方法
钢筋绑扎焊接	钢筋的焊接质量不佳，焊缝达不到要求，出现凹陷、焊瘤、裂纹、气孔等缺陷	焊工技术原因，焊前未进行焊接工艺试验，焊条型号、规格、长度不符合要求。	①检查焊工有无上岗证，无上岗证的焊工禁止上岗；②焊前进行焊接工艺试验，合格后方可正式施焊；③按要求见证取样送检，合格后才能进行下道工序；④检查焊接质量时，同时检查焊条型号、规格、长度
	梁、柱节点钢筋敷设困难，难以连接，钢筋保护层厚度不足	梁、柱节点钢筋密实大，钢筋易错位，且钢筋穿越钢格构柱困难，钢筋未严格采用钢筋撑脚固定	①钢筋敷设前，应确定各个钢筋之间的位置作出大样，按大样图敷设，监理重点监控，目视、用钢尺量；②支撑梁钢筋与钢格构柱角钢相遇穿不过去时，将支撑梁钢筋在遇角钢处断开，采用同直径帮条钢筋同时与角钢和支撑梁钢筋焊接，焊接满足相关规范要求；③钢筋保护层采用垫块来控制
混凝土浇筑质量	混凝土出现蜂窝、麻面、裂缝、不密实	混凝土坍落度过大，振捣不充分，浇筑时温差过大，未及时养护	①做好技术交底，提高责任心；②对振捣手进行培训，浇筑是应分层浇筑，及时振捣；③掌握好混凝土的配合比，添加减水剂或缓凝剂；④浇筑后应及时进行养护
混凝土施工缝的施工	出现裂缝，围护结构交接缝处漏水	前后两次浇筑混凝土间隔时间不足，施工缝接头处理不当，振捣不充分，富水地层，冠联与围护结构连接部位未埋设止水带	临时支撑结构和围护体等连接部位都要按照施工缝处理的要求进行清理：剔凿连接部位混凝土结构表面，露出新鲜、坚实的混凝土，用水冲洗干净并充分润湿，然后刷素水泥浆一道；剥出、扳直和校正预埋的连接钢筋。需要埋设止水条的连接部位，还须在连接面表面干燥时，用钢钉固定延期膨胀型止水条。冠梁上部需通长埋设刚性止水片，在混凝土浇筑前应做好预埋工作，保证止水钢板埋设深度和位置的准确性。在浇筑混凝土前要冲洗混凝土接合面，使其保持清洁、润湿，即可进行混凝土浇筑

6.3　张弦梁钢支撑施工

6.3.1　工艺介绍

6.3.1.1　工艺简介

张弦梁装配式钢支撑系统（见图 6.3.1~ 图 6.3.3）是一项用于地下空间开挖的新型绿色深基坑内支撑支护技术，它由刚性上弦、柔性拉索、中间撑杆组成，结构体系简单、受力明确，是一种新型自平衡、大跨度预应力空间结构体系。

装配式预应力张弦梁钢支撑宜采用专项设计、工厂加工和预拼装、工地安装的施工方法。钢构件主要有：桁架支撑标准件、非标准件（格构式组合 H 型钢或 H 型钢构件）、圆钢管、高强拉杆（由特殊厂家制作）。

图 6.3.1　张弦梁支撑

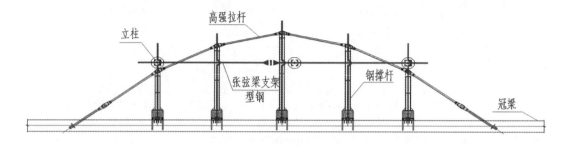

图 6.3.2　张弦梁结构节点图

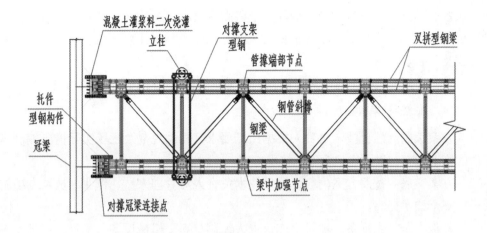

图 6.3.3　组合型钢结构节点图

6.3.1.2　特点及工程应用

张弦梁钢支撑的工艺特点及应用展望见表 6.3.1。

表 6.3.1　张弦梁钢支撑特点及应用展望

系统特点	土方开挖空间大，效率高；预应力施加简便，安全性好；节省工期；比传统支护表现刚度大，基坑变形小；无需爆破，拆除简单快速；节能、改善环境；采用装配式，钢材可完全回收重复利用；综合经济性好；模块化装配体系便于安装；施工难度较大，专业要求较高，须专业人员安装；现阶段仍为专利产品，须指定单位进行施工及设计，对推广有限制；张弦梁结构对均匀受力要求较高，对土方的均匀开挖与开挖时序要求较高
应用展望	有效补充现有基坑内支撑系统；结合具体工程考虑综合方案；适用于平面较为规整的基坑；适用于工期关键的工程；适用于深基坑多层支撑方案的项目；适用于工程桩布置有不确定性的项目；适用于周边施工环境要求较高的项目

6.3.2　施工前准备

6.3.2.1　现场准备

现场了解工程面貌、环境情况及供电位置；确定现场钢构件堆放的位置和施工机械进出场路线；清理施工道路和出行道路。

6.3.2.2　施工现场布置

张弦梁支撑施工阶段，主要的材料及设施应根据施工阶段不同，动态地优化布置场地，根据实际情况合理安排好工序，保证施工顺利进行。

6.3.2.3　材料、机械设备计划

（1）材料计划。钢支撑安装工程的主构件为钢弦杆、钢腹杆、钢斜撑、高强拉杆、

高强度螺栓、油漆等，所有的结构构件，都必须在材料进场前做好必要的材料复验和技术参数确认工作。钢支撑安装工程辅材为氧气、乙炔、临时连接螺栓、动力用料、安全维护设施及吊装索具等。

（2）设备计划。根据工程实际需要，一般采用多台85t汽车吊为主要机械。

6.3.2.4　安全技术准备

（1）方案编制。项目技术负责人根据图纸要求、相关规范及现场实际情况编制张弦梁专项的施工方案，里面应包含安全技术方案。

（2）方案交底。按照方案内容，项目技术负责人对管理人员、作业人员及专项施工人员进行安全技术交底。

（3）其他安全技术准备。项目生产负责人编制材料、机械设备、工具、用具及各技术工种劳力进场计划。安全负责人对进场工人进行三级安全教育，应特别注意液压加压器及螺栓工具的施工人员的交底。

6.3.2.5　安装前的准备

根据土建施工的施工计划要求，在张弦梁支撑构件安装前，必须对安装现场进行调查，针对具体的项目，主要掌握以下情况：

①道路是否具备车辆进出场条件，吊装现场及进场道路要求场地平整，并经15t以上压路机压实，保证40t的重车行驶要求；

②现场环境是否具备构件堆放要求；

③复核安装定位使用的轴线控制点和测量标高的基准点；

④配套构件及预埋件是否满足图纸要求；

⑤与其他协作单位配合中是否存在障碍；

⑥施工人员的现场辅助设施是否符合标准；

⑦安装中所需电源是否到位；

⑧立柱及圈梁施工完成后强度等是否符合支撑拼装条件；

⑨钢支撑（包括张弦梁）外廓线范围外延1m区域，土方须开挖至混凝土梁底面以下1.5m，如此以便于钢支撑安装。严禁超挖，以免引发基坑安全事故。

6.3.2.6　钢构件堆场安排、清理

按照安装流水顺序将钢构件运入现场，利用挖机、吊车、塔吊尽量将其就位到吊车的回转半径内。钢构件堆放应安全、整齐、防止构件受压变形损坏。构件吊装前必须清理干净，特别在接触面、摩擦面上，必须用钢丝锯清除铁锈、污物等。

6.3.2.7　现场立柱检查

根据相应设计图纸要求，在装配式预应力张弦梁钢支撑系统正下方特定的位置设置立柱。施工过程严格控制立柱的插入深度及角度、垂直度等，之后再进行工具式组合内支撑的托座及横梁施工。要求立柱的施工必须对定位轴线的间距进行测量，复核检查；严格按照验收手续办理。

6.3.3　工艺流程及要点

6.3.3.1　工艺流程

装配式预应力张弦梁钢支撑应在立柱、牛腿、支架等竖向支承构件设置完成后，进行水平支撑系统的拼装。装配式预应力张弦梁钢支撑施工宜按如图 6.3.4 所示的流程进行。

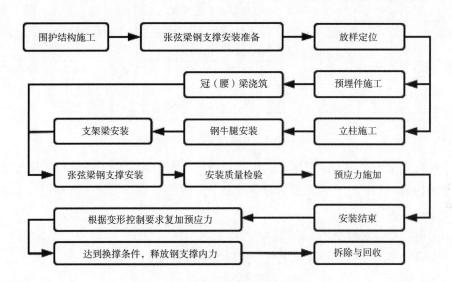

图 6.3.4　张弦梁钢支撑安装流程

6.3.3.2　工艺要点

（1）技术参数。

①装配式张弦梁钢支撑预应力施加采用液压顶伸，初始施加的预轴力值一般为设计值的 10%，详见具体章节的预应力施加图。

②安装过程中，混凝土冠梁最大允许位移一般为 10mm。

③在钢支撑安装完成并施加预应力后，基坑支撑体系各点的垂直或平面上的差异变形一般不大于 30mm。

④钢结构支撑应力比一般不大于 0.9。

⑤一般施工活荷载：$1kN/m^2$（钢结构按不上人考虑）。

（2）支撑施工总体原则。遵循"竖向分层，纵向分段"和"开槽支撑、先撑后挖、分层开挖、严禁超挖"的总体原则。土方开挖到标高后立即做好装配式钢支撑，并施加预应力。

（3）支架平台施工。

①在冠梁施工完成，场地开挖具备条件后，根据图纸放线，定位好连接件、支架平台梁的位置，然后焊接立柱端板，连接如图 6.3.5 所示，立柱端板面标高应与设计施工图相符，施工误差一般应控制在 ±2mm 以内。

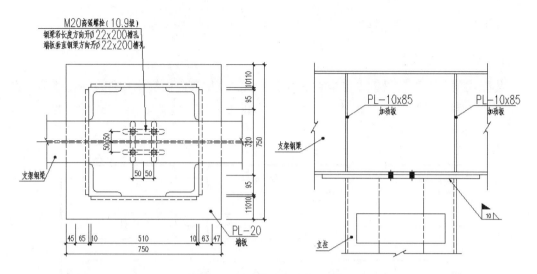

图 6.3.5 立柱与支架梁连接详图

②安装支架平台梁，此时定位、焊接预埋件与平台梁之间的连接件，梁与立柱及连接件之间均为高强螺栓连接。安装时应控制平台梁顶标高与设计图纸相符，一般误差控制在 ±2mm 以内。

（4）预应力钢支撑安装。

①支撑安装前应检查并调整支架、立柱牛腿的标高。

②钢支撑吊装：钢支撑的模块在堆场预先拼装成段，最大分段长度一般不超过 13m，最大分段重量一般不超过 10.5t。然后将分段构件运输至现场；在现场将分段构件吊装至支架平台上相应位置进行安装。吊装示意如图 6.3.6 所示。

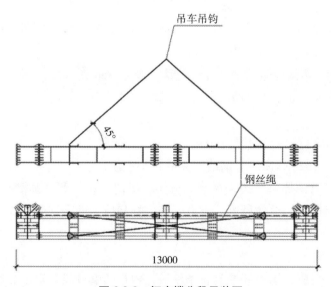

图 6.3.6 钢支撑分段吊装图

（5）预应力张弦梁安装规定。

①张弦梁安装前，应复核冠梁或腰梁尺寸及位置，可根据冠梁或腰梁的位置适当调整；

②钢拉杆预埋应在钢筋绑扎时进行；

③张弦梁宜在原位拼装；

④张弦梁安装顺序应如图 6.3.7 所示。

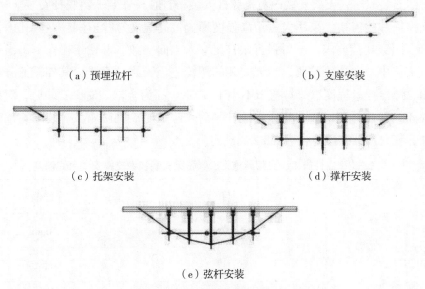

（a）预埋拉杆　　　　　　　　　　（b）支座安装

（c）托架安装　　　　　　　　　　（d）撑杆安装

（e）弦杆安装

图 6.3.7　张弦梁安装顺序图

（6）钢牛腿与立柱的连接应控制标高和水平度。在支撑安装前，应将支架梁临时固定在钢牛腿上，待张弦梁钢支撑完成后，再对支架梁和钢牛腿采取有效连接。钢牛腿与支架梁结构如图 6.3.8 所示。

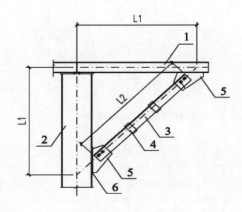

图 6.3.8　钢牛腿与支架梁结构示意图

1—支撑梁；2—立柱；3—双角钢；4—连接板；5—支座板；6—垫板

（7）钢支撑安装应符合规定。

①钢支撑安装前，应做好测量定位工作，保证支撑位置准确；

②钢支撑安装前应预先按施工方案分段位置在堆场拼装成段；

③钢支撑就位时，根据监控量测方案及时安装监测元器件；

④钢支撑安放到位后，应检查各节点的连接状况，符合要求后方可施加预压力。

（8）高强度螺栓的使用应符合行业标准《钢结构高强度螺栓连接技术规程》（JGJ82—2011）的规定。预应力施加完成后，应对高强螺栓的拧紧情况进行验收。

（9）安装规定及质量检验。

①对撑安装顺序：支架安装→对撑弦杆安装→直腹杆安装→斜腹杆安装。

②支撑构件的连接，采用大六角高强度螺栓，高强度螺栓应顺畅穿入孔内，高强度螺栓应符合国家规范要求，不得强行敲打，穿入方向一致，并便于操作。每组螺栓拧紧顺序应从节点中心向边缘拧紧，当天安装的螺栓应当天终拧完毕，其外露部分不得少于两个丝扣，螺栓拧紧程度以终拧扭矩不小于 300N·m 为合格。支撑安装后，对构件因碰撞损伤油漆的部位补刷油漆，高强螺栓拧紧后，应及时涂刷防腐漆。装配式预应力张弦梁钢支撑安装允许偏差应符合表 6.3.2 的规定。

表 6.3.2　立柱施工、支架梁施工、张弦梁安装和钢支撑安装允许偏差

	项目	允许偏差
立柱施工允许偏差	定位	50mm
	垂直度	≤ 1/150
	柱顶标高	±30mm
支架梁施工	板面标高	±10mm
	水平度	1/1000
张弦梁安装	平整度	1/1000
	平面位置	±20mm
	标高	±20mm
钢支撑安装	两端中心线的偏心误差	±20mm
	两端的标高差	型钢支撑梁长度的 1/600
	挠曲度	不大于跨度的 1/1000
	轴线偏差	±20mm
	支撑与冠梁或腰梁轴线之间的夹角	1°
	接头中心线的允许偏心	±3mm

（10）二次灌浆。

①钢支撑安装完成后，端部与冠梁连接处间隙根据现场平整度及拆撑需求确定是否灌浆，现场灌浆采用高强度无收缩灌浆料（3d 抗压强度 40MPa，28d 抗压强度 65MPa）。

②接触面处理。清扫冠梁接触面杂物浇水湿润。

③支模。模板定位标高应高出钢构件边座上表面至少 50mm，模板必须支设严密、稳固，以防松动、漏浆。

④灌浆料的搅拌。按产品合格证上的水料比确定加水量，人工搅拌 2min。

⑤灌浆要求。必须连续进行，不能间断，并应尽可能缩短灌浆时间；体积较大时，可在搅拌灌浆料时按 1:1 加入 0.5mm 石子；脱模前，禁止灌浆层受到振动和碰撞；灌浆层终凝后立即洒水保湿养护。

6.3.3.3 预应力施加

（1）预应力施加前应符合下列规定：

①施加预应力时，挡土结构及混凝土冠/腰梁强度不应小于设计强度的 80%；

②张弦梁钢支撑的预应力施加程序及数值应符合设计和专项施工方案要求；

③施加预应力的千斤顶应有可靠、准确的计量装置；

④支撑结构安装完毕并达到设计要求后方可施加预应力；

⑤施加前应检查液压千斤顶各部件是否正常，活塞、接头、高压软管有无损伤和漏油现象，如发现问题应及时更换正常的设备施加；

⑥应按"先对撑、角撑，后张弦梁"的顺序分级施加预应力。

（2）预应力施加过程应符合下列规定：

①钢支撑构件施加预应力时，千斤顶压力的合力点应与支撑轴线重合，多台千斤顶应在支撑轴线两侧对称、等距放置，且应同步平衡施加压力；

②张弦梁应通过顶升张弦梁撑杆进行预应力施加；

③张弦梁施加预应力时，每台千斤顶中心与对应张弦梁撑杆中心线重合，多台千斤顶宜按比例同步施加压力；

④千斤顶的预应力宜分级分次施加。每道支撑梁预应力施加宜在两端轮次进行，当现场条件限制仅一端施加时，预应力施加设计值宜放大 1.2 倍进行分次施加控制；

⑤在施加预应力过程中，当出现焊点开裂、螺栓松动、局部压曲等异常情况时应卸除预应力，并对支撑的薄弱处进行加固后，方可继续施加预应力。

（3）预应力施加后的措施应符合下列规定：

①预应力施加后应对高强螺栓的拧紧情况进行验收；

②预应力张弦梁钢支撑在使用过程中应进行钢支撑和张弦梁的施工监测，冠梁监测点水平位移从对应位置第一层支撑交付使用后开始累计，累计位移达到设计需要复加预应力时，宜进场进行第二次预应力施加；

③支撑的施工与使用过程中均应考虑气温变化对支撑工作状态的影响，宜根据支撑

内力及预应力监控的结果按设计要求及时调整支撑预应力，并防止因温度变化引起附加应力而造成破坏。在昼夜温差较大的地区，应加密监控。

6.3.3.4　钢支撑使用阶段注意事项

（1）基坑开挖阶段：

①基坑应按支护结构设计规定的施工顺序和开挖深度分层开挖；

②当基坑开挖面上方的支撑安装以及预应力施加未达到设计要求时，严禁向下开挖土石方；

③基坑周边施工材料、设施或车辆荷载严禁超过设计要求的地面荷载限值，土石方开挖不得影响预应力张弦梁钢支撑、立柱的正常施工及周边建（构）筑物、道路及管线的正常使用；

④基坑开挖的质量验收应符合行业标准《建筑基坑支护技术规程》（JGJ 120）的规定。

（2）装配式预应力张弦梁钢支撑系统的施工安全应满足下列要求：

①邻近基坑侧应设置防撞等隔离防护栏；

②重型施工设备跨越钢支撑时，应作好隔离防护措施；

③钢支撑上不应堆放材料和运行施工机械。

（3）施工过程监测。基坑工程实施过程中应对周围环境进行全过程监测，宜根据监测实时提供的数据对设计和施工进行动态调整。

（4）动态施工。支护结构或基坑周边环境出现报警情况或其他险情时，应停止开挖，并应根据危险产生的原因和可能引起的破坏，采取控制或加固措施。危险消除后，方可继续开挖。

6.3.3.5　钢支撑拆除

（1）装配式预应力张弦梁钢支撑拆除应符合下列规定。

①采用装配式预应力张弦梁钢支撑系统的支护结构，在未达到设计规定的拆除条件时，严禁拆除支撑。

②装配式预应力张弦梁钢支撑系统拆除条件应符合现行行业标准《建筑基坑支护技术规程》JGJ 120 的规定。

③支撑拆除前应设置临时支撑架。受塔吊起重能力限制，需将钢支撑散拆成零部件后方可吊装，钢支撑原有支撑架间距 12m，需于中部处设置一道临时支撑架支撑后，将钢支撑拆成 6m 长构件吊装。

④钢支撑拆除前应严格按"先张弦梁后支撑梁"的顺序释放支撑力进行卸压，张弦梁及支撑梁卸压宜选用千斤顶顶升方式。

⑤预应力释放顺序：机械式预应力体系按千斤顶的最终位置与初始位置的差值分三级释放千斤顶。先释放张弦梁上的预应力的 30%；再释放对撑上预应力的 30%。实时观测释放过程位移变化。第二次释放张弦梁上的预应力的 40%；再释放对撑上预应力的 40%，第三次释放张弦梁上的预应力的 30%；再释放对撑上预应力的 30%。待预应力完全释放，拆除连接螺栓，分解吊运。

⑥每一级在施工过程中也应缓慢地同步放松，并实时观测位移变化。

⑦液压式预应力体系按预应力值释放后通过破除混凝土二次灌浆层进行支撑压力卸载。

⑧每个卸压点卸压后宜观察30min，并检查支撑节点变化情况以及基坑周边变形状况，当发现异常情况时应及时采取复加压力等措施进行保全。

⑨支撑构件拆除宜遵循如下顺序：高强拉杆、钢支撑腹杆→钢支撑梁→支架梁、钢牛腿→立柱。

⑩构件宜分件拆除，拆除的构件按指定位置分类堆放。

⑪螺栓宜采用气动扳手先行松开，再人工拆除，高强螺栓应间隔拆除。

⑫拆撑过程应加强监测和现场巡视，发现安全隐患应立即停止拆除作业，待隐患排除后方可继续拆除作业。

（2）施工安全要求。

①根据项目大小及支撑情况，合理安排塔吊数量，大部分构件可采用塔吊拆除，部分较重构件采用吊车拆除，在两塔机臂交叉区域内运行时，低塔让高塔，后塔让先塔，动塔让静塔，塔吊吊装范围以外的部分支撑采用2部吊车拆除。

②现场采用塔吊散拆后将钢支撑直接吊离装车后运离，运输车不靠近基坑，不对基坑防护产生影响。

③吊装区域四周无高压线、高杆灯等障碍物。

④施工时间：白天支撑拆除，光线充足，晚上垃圾清理、归堆。

⑤严禁夜间和雨天施工、交叉作业。

6.3.4 施工监测

（1）因张弦梁支撑受力较大等特点，监测有别于普通钢支撑，要求相对严格、精确，预应力张弦梁钢支撑系统应在预应力施加前开始进行监测。

（2）采用装配式预应力张弦梁钢支撑系统的基坑工程监测项目应符合现行国家标准《建筑基坑工程监测技术标准》GB 50497 的规定，还应包括下列项目：对撑、角撑轴力监测，张弦梁内力监测。

（3）装配式预应力张弦梁钢支撑系统的内力监测宜采用全自动连续监测系统，并具有报警功能，方案按图6.3.9所示。

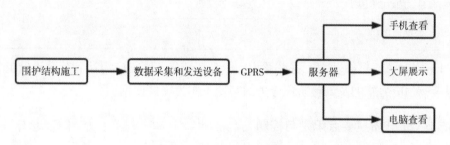

图 6.3.9 自动监测方案

（4）对撑、角撑轴力监测应符合下列规定：

①监测点应布置在支撑轴力较大或在整个支撑系统中起控制作用的对撑、角撑上；

②每道支撑的监测断面数不宜少于该道支撑中对撑、角撑组数的 20%；

③每个监测断面内的监测元件数量不宜少于该对撑、角撑杆件数量的 50%，且应对称布置，采用应变计时，监测断面应选择在离支撑加压端 5m 范围外部位，并避开接头位置；

④支撑轴力宜采用轴力计或应变计量测，应变计宜布置在支撑 H 型标准件的腹板中部。

（5）预应力张弦梁内力监测应符合下列规定：

①钢拉杆内力监测点可设置在撑杆位置；

②高强钢拉杆内力可通过撑杆内力进行换算；

③钢拉杆采用应变计时，应布置拉力最大的钢拉杆中部；

④每道支撑的监测点数不宜少于该道支撑张弦梁钢拉杆总根数的 2%，且不应少于 2 个；

⑤钢拉杆拉力监测宜采用应变计进行量测。

（6）预应力张弦梁钢支撑监测传感器安装与测读应符合下列规定：

①监测传感器应在预应力施加前安装；

②内力监测宜取预应力施加前连续 2d 获得的稳定测试数据的平均值作为初始值；

③内力监测值宜考虑温度变化等因素的影响。

（7）内力监测传感器的量程不宜小于设计值的 1.5 倍，精度不宜低于 0.5% F·S，分辨率不宜低于 0.2% F·S。

（8）立柱竖向位移监测点宜布置在受力较大的立柱上，张弦梁和长对撑中部立柱应进行竖向位移监测。监测点数不宜少于立柱总数的 5%，且不应少于 3 个。

（9）监测点的布置不应妨碍监测对象的正常工作，并应减少对施工作业的影响。

（10）装配式预应力张弦梁钢支撑系统的监测频率应符合表 6.3.3 中的规定，基坑开挖阶段监测频率要求应符合国家标准《建筑基坑工程监测技术标准》GB 50497 的规定。

表 6.3.3　监测频率要求

施工进程	内力监测频率	位移监测频率
预应力施加阶段	≥ 2 次 /h	≥ 1 次 /d
拆换撑阶段	≥ 2 次 /h	

（11）当对撑、角撑轴力、张弦梁内力、混凝土冠 / 腰梁应力达到荷载设计值的 80% 时应报警，预应力施加及调整阶段应力的突变不作为预警依据。

6.3.5　工艺质量要点识别与控制

水平支撑系统零部件及焊接标准应符合表 6.3.4 的规定。

表 6.3.4 零部件检验及合格标准

项目	序号	检验项目	允许值	允许偏差		检查方法	检查数量
				单位	数值		
主控项目	1	规格	设计值			产品质量相关文件	全数
	2	外形尺寸	设计值	mm	±3	用钢尺量	总数的5%,且各规格不少于3个
	3	拉杆、销轴直径	设计值	mm	+0.015d −0.010d	游标卡尺检查	
一般项目	1	垂直度		mm	<h/1000,且 <10	用线锤检查	
	2	平直度		mm	≤ 0.1L%	用平尺检查	
	3	焊缝厚度	设计值			用焊缝检验尺	
	4	螺栓孔间距		mm	±2	用钢尺量	
	5	螺栓孔径	设计值	mm	+2 0	游标卡尺检查	
	6	螺栓孔数		个	0	观察	
	7	销轴孔径	设计值	mm	+0.025d 0	游标卡尺检查	

水平支撑系统安装施工质量检验标准应符合表 6.3.5 的规定。

表 6.3.5 水平支撑系统安装质量验收标准

项目	检查项目		允许值		允许偏差		检查方法
			数值	单位	单位	数值	
主控项目	外轮廓尺寸				mm	±5	水准仪
	预应力				kN	50	油泵读数或传感器
一般项目	张弦梁	平整度				l/1000	水准仪
		平面位置			mm	±20	钢尺
		标高			mm	±20	水准仪
	钢支撑梁	支撑挠度				l/1000	水准仪
		平面位置			mm	20	钢尺
	钢支撑梁	标高			mm	±20	水准仪
	连接质量				设计要求		
	螺栓松紧度		N·m		≥ 10^5		扭矩扳手
	支撑腹杆	尺寸、规格					钢尺
		间距					钢尺
	焊缝厚度		设计值				焊缝检测尺

竖向支承系统的安装施工质量检验标准应符合表6.3.6的规定。

表 6.3.6　竖向支承系统安装质量验收标准

项目	检查项目	允许偏差		检查方法
		单位	数值	
主控项目	立柱截面尺寸	mm	5	钢尺
一般项目	立柱长度	mm	50	钢尺
	垂直度	mm	$l/150$	钢尺或吊线
	立柱挠度	mm	$l/500$	钢尺
	立柱顶标高	mm	30	水准仪
	平面位置	mm	20	钢尺
	平面转角	（°）	3	钢尺
	立柱牛腿、支架梁标高	mm	±10	水准仪

6.3.6　工艺安全风险辨识与控制

预应力张弦梁施工工艺安全风险辨识与控制见表6.3.7。

表 6.3.7　预应力张弦梁施工工艺安全风险辨识与控制

事故类型	辨识要点	控制措施
坍塌	基坑周边土压力不平衡情况，导致钢支撑受力不均，变形不协调	综合分析周边土压力，针对不同土压力施加相应预应力，合理安排预应力施工顺序
机械伤害	预应力施加期间发生事故	张拉时，张拉区域周围应设置明显的警示标志和标牌，严禁非操作人员进入张拉区。预应力施加的油泵应徐徐加压，使千斤顶加载平稳、均匀、缓慢
其他伤害	预应力梁与冠梁连接位置出现裂缝	预应力施加应缓慢，不超过设计要求；预应力施加完成后应及时进行二次灌浆

6.3.7　工艺重难点及常见问题处理

预应力张弦梁施工工艺重难点及常见问题处理见表6.3.8。

表 6.3.8 预应力张弦梁施工工艺重难点及常见问题处理

工艺重难点	常见问题	原因分析	预防措施和处理方法
连接控制	螺栓连接松动	螺栓施工未拧紧	高强度螺栓连接副应全数检查资料。每道支撑每种规格应抽取不少于8套连接副进行复验
安装垂直度控制	支撑轴线偏差	轴线测放不准	核实现场点位并按设计要求放轴线,并按所放轴线定位施工
		安装截面未平整	应按设计放线对进场零部件外观质量应逐套检查,钢结构表面应光滑、不允许有目视可见的裂纹、折叠、分层、结疤和锈蚀等缺陷
构件强度控制	局部构件破坏	构件强度为满足要求	钢支撑质量检验应包括可复用构件、损耗件的进场检验及构件安装质量验收

7 降水施工

7.1 概述

在基坑工程施工中，当基坑开挖影响范围内土体存在地下水时，为避免产生流砂、管涌、坑底突涌，防止坑壁土体坍塌，保证施工安全并减少开挖对周边环境的影响，便于土方开挖和地下结构施工作业，需选择合适的方法对地下水进行控制，如进行基坑降水、截水、集水明排等。

在城市建设过程中，由于场地工程地质与水文地质条件的复杂性以及基坑开挖规模与深度的不断增加，对基坑降水的要求也越来越高。降水施工的主要作用为：

①防止基底与坡面渗水，保证坑底干燥，便于机械挖土、土方外运、坑内施工作业；

②增加边坡和坑底的稳定性，防止边坡或坑底的土层颗粒流失，防止流砂产生；

③一定条件下基坑降水可增加被动区土抗力，减少主动区土体侧压力，提高支护体系的稳定性；

④减少承压水头，防止坑底突涌。

基坑降水的方法有多种，应根据土层情况、降水深度、周围环境、支护结构类型等综合考虑后选择，目前常用的地下水控制方法和适用条件如表 7.1.1 所示。

表 7.1.1 常用地下水控制方法和适用条件

控制方法		适用条件 土质类别	渗透系数 /m·d⁻¹	降水深度 /m
集水明排		填土、黏性土、粉土、砂土、碎石土、风化岩等	—	—
降水井	真空井点	粉质黏土、粉土、粉砂	0.01~20.0	单级 ≤ 6，多级 ≤ 12
	喷射井点	粉土、砂土	0.1~20.0	≤ 20
	管井	粉土、砂土、碎石土、岩石	>1	不限
	渗井	粉质黏土、粉土、砂土、碎石土	>0.1	由下伏含水层的埋藏条件和水头条件确定
	辐射井	黏性土、粉土、砂土、碎石土	>0.1	4~20
	电渗井	黏性土、淤泥、淤泥质黏土	≤ 0.1	≤ 6
	浅埋井	粉土、砂土、碎石土	>0.1	≤ 2

节约、保护水资源是我国的基本国策之一，建设工程中应谨慎采用基坑降排水措施，以避免浪费地下水资源。基坑设计与施工应遵循"按需抽水、抽水量最小化"的原则，以保证在满足建设工程基本需求的前提下，达到节约、保护地下水资源的根本目的。

7.2 集水明排施工

7.2.1 工艺介绍

7.2.1.1 工艺简介

集水明排是在基坑侧壁设置泄水孔，在基坑底的四周设置排水沟，坑顶四周设置截水沟，沿排水沟每隔 30~40m 设置集水井，将地表水、渗漏水、地下水沿排水沟集中收集至集水井，采用水泵抽排至基坑外的方法。当基坑开挖较浅，基坑涌水量不大时，集水明排法是应用最广泛、最简单、最经济的方法，集水明排原理见图 7.2.1。

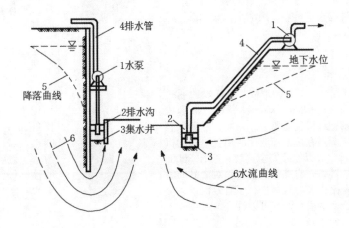

图 7.2.1 集水明排原理示意图

7.2.1.2 适用地质条件

（1）一般适用于填土、黏性土、粉土、砂土、风化岩等地层。

（2）降水深度较小，主要为上层滞水或水量不大的潜水。

（3）坑壁稳定，不会产生流砂等不良影响的地基土。

7.2.1.3 工艺特点

相对于管井降水工艺，集水明排优点为简单、经济，特别是雨季施工时，集水明排降水效果更加显著，缺点是降水深度较小。

7.2.2 设备选型

应根据基坑范围及地层情况先择适宜的排水泵。常用水泵为离心泵，可根据工作环境、介质特性合理选用离心泵的类型，具体型号可根据项目施工所需扬程和流量选择，在满足扬程和流量的基础上选用结构简单、体积小、效率高（如转速高、比转数高、流量大），以及运行安全可靠的水泵。选型可按表 7.2.1 选用（按结构形式分均为离心泵）。

表 7.2.1　常用集水明排水泵

水泵名称	特点	外观	适用范围	标准电压
卧式单级离心泵	运行平稳：泵轴的同心度高及叶轮动静平衡好，平稳运行，可减轻振动。 维修方便：更换密封、轴承，简易方便。 占地更省：出口可向左、向右、向上三个方向，便于布置安装，节省空间		黏度较低的各种介质	50Hz $1 \times 220V$ $3 \times 380V$
自吸泵	采用"泵用连环式多面离心密封装置"，消除了传统泵的"跑、冒、滴、漏"等弊端。运行过程中密封装置不摩擦，无磨损，使用寿命较长。移植真空泵原理，自吸性能稳定可靠，振动小，噪声低，移动灵活，拆卸简便、易于安装，不需地脚固定		水源质量好，相对固定工作位置，吸程在 3.5m 以内	50Hz $1 \times 220V$ $3 \times 380V$
污水泵	排污能力强，无堵塞，能有效地通过直径 $\phi 30 \sim \phi 80mm$ 的固体颗粒。撕裂机构能够把纤维物质撕裂，切断，然后顺利排放，无需在泵上加滤网。用新材料的机械密封，可以使泵安全连续运行在 8000h 以上。配备全自动保护控制箱对产品的漏电、漏水以及过载等进行了有效保护，提高了产品的安全性与可靠性		用于排送各种长纤维的淤泥、废水、城市生活污水（包含有腐蚀性、侵蚀性介质的场合）	

7.2.3　施工前准备

7.2.3.1　机具及人员

根据现场出水量选择合适扬程及抽水量型号的水泵、手持式切割机、排水管、装载车、挖掘机、水准仪、卷尺、钢尺、转运工人、降水维护工人、砌筑工、抹灰工。

7.2.3.2　施工准备

（1）具备地质勘探资料，根据地下水位深度、土的渗透系数和土质分布以确定降水方案。

（2）基础施工图纸齐全，以便根据基底标高确定降水深度。

（3）完成施工组织设计编制，确定基坑放坡系数、水泵位置、排水路线等，并完成测量放线定位。

（4）购置排水设备及材料，并加工和配套完成。井点在布置过程中应在满足降水要求的前提下尽量直线布置，保证现场文明施工的外观要求。

7.2.3.3 安全技术准备

（1）方案编制。项目技术负责人根据图纸要求、相关规范及现场实际情况编制安全技术方案。

（2）方案交底。按照方案内容，项目技术负责人对管理人员及作业进行安全技术交底。

（3）其他安全技术准备。项目生产负责人编制材料、机械设备、工具、用具及各技术工种劳力进场计划。安全负责人对进场工人进行三级安全教育等。

7.2.4 工艺流程及要点

7.2.4.1 工艺流程

集水明排降水施工工艺流程如图 7.2.2 所示。

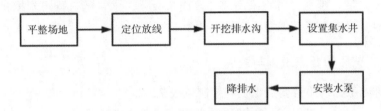

图 7.2.2 集水明排施工工艺流程

7.2.4.2 工艺要点

（1）平整场地。施工前应对场地进行整平、夯实；铺垫好进出施工区域的道路。同时合理布置施工机械、输送管路和电力线路位置，确保施工场地的"三通一平"。

（2）定位放线。根据设计图纸和建设单位提供的高程控制基准点，采用测量设备测放出基坑位置，同时定位出排水沟、集水坑位置。控制点应选在稳固处加以保护以免破坏，测放桩点位偏差控制在 ±50mm 以内。

（3）开挖排水沟。排水沟边缘离开基坑坡脚应不少于 0.3m，排水沟底宽不宜少于 0.3m，纵向坡度宜为 0.1%~0.2%，沟底面应比基坑底或开挖面低 0.3~0.5m。盲沟中宜回填级配砾石作为滤水层。排水沟尺寸应根据排水量确定，抽水设备应根据排水量大小及基坑深度确定，可设置多级抽水系统。

排水沟断面一般为水泵通径总和的 3.0~4.0 倍。

（4）设置集水井。集水井应设置在基础范围以外，并且除基坑四角设置外，还应沿基坑边每隔 30~40m 设置一个，集水井底应比相连的排水沟低 0.5~1m 或深于抽水泵进水阀，集水井直径（或边长）宜为 0.7~1.0m。当基坑挖至设计标高时，在基坑四角或坑边设置集水井，集水井底宜铺约 0.3m 厚的碎石滤层。使地下水沿排水沟流入集水井中，然后用抽水设备抽出基坑外。排水沟及集水井见图 7.2.3。

图 7.2.3   排水沟及集水井

（5）安装水泵。排水设备宜采用离心泵或自吸泵，水泵的选型可根据排水量大小及基坑深度选用，并将水泵合理安排到集水井中下部。

7.2.5   工艺质量要点识别与控制

集水明排施工工艺质量要点识别与控制见表 7.2.2。

表 7.2.2   集水明排施工工艺质量要点识别与控制

控制项目	识别要点	控制标准	控制措施
主控项目	坡度	0.2%	排水沟坡度应符合方案计算要求，偏差不得超过 0.2%。坑内不得积水，并保持沟内排水畅通
	引流		集水明排抽出的水应适当引离基坑，以防倒流或渗回基坑内，并经沉淀后再排入市政排水系统或河流等；另外为防止地表水流入基坑内，应沿基坑顶四周设截水沟，把地表水、施工用水等引离基坑
	土层		明沟排水法宜用于粗粒土层和渗水量小的黏性土，当土层为细砂和粉砂时，渗出的和抽出的地下水均会带走细粒而发生流砂现象，导致边坡坍塌、坑底涌砂、施工难度较大，此时应改用人工降低地下水位的方法
	地下水位	500mm	在土方开挖后，应保持降低地下水位在基坑底 500mm 以下，防止地下水扰动地基土

7.2.6   工艺安全风险辨识与控制

集水明排施工工艺安全风险辨识与控制见表 7.2.3。

表 7.2.3 集水明排施工工艺安全风险辨识与控制

事故类型	辨识要点	控制措施
坍塌	集水明排施工地面坡度与起伏较大、场地地表土松软容易引起边坡滑移	降水期间，安全人员必须详细检查基坑周围地面，并定期巡视，一有危险情形，立即停止施工，消除隐患后，方可继续施工
	基坑塌方	加强对土方开挖的监控、加强对支护结构施工质量的监督、加强对地表水的控制
高处坠落	高处坠落	降水期间，降水人员如在坡顶作业必须佩戴安全带
触电	临时用电	施工现场电线应架空设置，采用三相五线制。抽水设备必须按用电安全技术规范的有关要求做好防止漏电的保护措施，实行开关箱"一机、一闸、一漏、一箱"制。电工需持证上岗，工人操作要按规定穿戴和配备好相应的劳动防护用品
机械伤害、触电等	集水井地下管线及障碍资料不明	收集详细、准确的地质和地下管线资料；按照施工安全技术措施要求，做好防护或迁改

7.2.7 工艺重难点及常见问题处理

集水明排施工工艺重难点及常见问题处理见表 7.2.4。

表 7.2.4 集水明排施工工艺重难点及常见问题处理

工艺重难点	常见问题	原因分析	预防措施和处理方法
边坡位移沉降	坑壁变形	土体未压实、受水浸湿后沉降明显等	基坑开挖和基础结构施工期间密切注意坑壁变形情况，一有危险情形，立即停止施工，消除隐患后，方可继续施工
排水方案	水泵空转	管理疏忽未设置专人专岗等	专人负责排水，不得长时间使水泵空转，更不得使排水不及时，以致浸泡基底土壤，产生质量隐患
	文明施工	未经沉淀池处理外排	排水经场地内部沉淀池澄清后方可排入市政管网或地面水源。因排水带出的泥砂应及时清理干净，保障排水畅通

7.3 管井降水施工

7.3.1 工艺介绍

7.3.1.1 工艺简介

管井降水是指沿基坑坡顶每隔一定距离设置一个管井，每一个管井单独使用一台或多台水泵不断抽水降低地下水位的一种降水工艺。

7.3.1.2 适用地质条件

适用于渗透系数较大、地下水丰富的岩土层，含水层厚度宜大于5.0m；基岩裂隙和岩溶含水层，含水层渗透系数宜大于1.0m/d。

7.3.1.3 工艺特点

管井降水，管井井点由滤水井管、吸水管和抽水机械等组成。管井井点设备较简单，排水量大，降深较深，具有更好的降水效果，易维护。管井埋设的深度和距离根据需降水面积、深度及渗透系数确定，具体由设计单位根据单井出水量、影响半径等综合确定。缺点为：可能对基坑周边环境带来不利影响。

7.3.2 设备选型

7.3.2.1 成井钻机

成井钻机种类很多，常用钻机可按表7.3.1选用。

表7.3.1 常用成井钻机

钻机名称	适用地层	特点	成孔深度/m	成孔直径/mm	机身尺寸（长×宽×高）/mm	外观
气动履带水井钻井机	本种设备适用于较硬岩层	采用气动冲击原理，钻井进尺快、效率高。钻机配有液压给进系统、双液压马达动力头、链条传动及液压油缸推进，扭矩大，钻进效率高	350	140~325	6000×2000×2550	
液压动力头正循环降水井钻机	泥土层、流砂层、少量岩石层	动力头采用油缸液压系统，提升能力强，操作简单，动力装置于臂架上，导正性强，不会出现斜孔	130	150~1000	4300×1600×2700	
履带反循环钻机降水井钻机	黏土、粉质黏土、粉土、淤泥质土层、粉砂层	采用液压缸伸缩，噪声小，提升能力强，操作简单，工作性能稳定	120	150~1500	4300×1600×2800	
冲击钻机	几乎所有地层	操作简单	120	150~2500	7500×2200×7000	

注：亦可选用旋挖钻机等其他设备进行成井。

7.3.2.2 水泵

水泵应根据单井涌水量、水位降深进行选择，水泵出水量扬程应大于设计值的20%~30%。

7.3.3 施工前准备

（1）机具设备：钻机调试完毕，井管和潜水泵、电缆、水管等材料进场。

（2）施工准备：施工图纸齐全，以便根据基底标高确定降水深度。井点布置、数量、观测井点位置等，并已测量放线定位。

（3）材料准备：降水井采用无砂混凝土井管、钻孔钢管、钢筋骨架竹片包网等管井结构，成孔直径宜为300~600mm，井管直径200~400mm，滤料应按设计规格进行筛分，不符合规格的滤料不得超过15%，滤料的磨圆度应较好，不含泥土和杂质。井管外围包纱网，严防淤井。材料进场经专人验收，并附有合格证。

（4）安全技术准备。

①方案编制。项目技术负责人根据图纸要求、相关规范及现场实际情况编制安全技术方案。

②方案交底。按照方案内容，项目技术负责人对管理人员及作业进行安全技术交底。

③其他安全技术准备。项目生产负责人编制材料、机械设备、工具、用具及各技术工种劳力进场计划。安全负责人对进场工人进行三级安全教育等。

7.3.4 工艺流程及要点

7.3.4.1 工艺流程

管井电动降水施工工艺流程如图 7.3.1 所示。

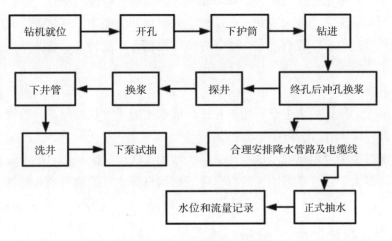

图 7.3.1 管井电动降水工艺流程

7.3.3.2　工艺要点

（1）钻机定位。施工前应对场地进行整平、夯实；铺垫好进出施工区域的道路。同时合理布置施工机械、输送管路和电力线路位置，确保施工场地的"三通一平"。

（2）开孔、下护口管、钻进。管井钻进方法根据地层条件一般可选用冲击钻、回转钻、潜孔锤钻、反循环钻等方法钻进成孔，施工过程做好施工记录。

（3）成井、冲孔换浆。管井成井工艺是指成孔结束后，安装井内装置的施工工艺，包括探井、换浆、安装井管、填滤料、止水、洗井、试验抽水等工序。这些工序完成的质量直接影响到成井后降水效率、成井质量能否达到设计要求的各项指标。如成井质量差，可能引起井内出水量大大降低，甚至不出水。因此，严格控制成井工艺中的各道工序是保证成井质量的关键。

（4）探井。探井是检查井深和井径的工序，目的是检查井管是否垂直，以保证井管顺利安装和滤料厚度均匀布设。探井工作采用探井器进行，探井器直径应大于井管直径，小于孔径 25mm。在合格的井孔内任意深度处，探井器应均能灵活转动。如发现井身质量不符要求，应立即进行修整。

（5）换浆。成孔结束、经探井和修整井壁后，井内泥浆黏度很大并含有大量岩屑，过滤管进水缝隙可能被堵塞，井管也可能沉不到预计深度，造成过滤管与含水层错位。因此，井管安装前，应进行换浆。

换浆是以稀泥浆置换井内的稠泥浆的施工工序，不应加入清水，换浆的浓度应根据井壁的稳定情况和计划填入的滤料粒径大小确定，稀泥浆一般黏度为 16~18s，密度为 1.05~1.10g/cm^3。

（6）下井管。吊放井管时应平稳、垂直，并保持井管在井孔中心，严禁猛蹾，井管宜高出地表 500mm 以上；管井的施工与安装应符合现行国家标准《管井技术规范》GB 50296 的规定。

（7）洗井。为防止泥皮硬化，下管填滤料之后，应立即进行洗井。管井洗井方法较多，一般分为水泵洗井、活塞洗井、空压机洗井、化学洗井和二氧化碳洗井以及两种或两种以上洗井方法组合的联合洗井。洗井方法应根据含水层特性、管井结构及管井强度等因素选用。

（8）下泵抽水。

①管井施工阶段试抽水主要目的不在于获取水文地质参数，而是检验管井出水量的大小，确定管井设计出水量和设计动水位。

②试抽水类型为稳定流抽水试验，下降次数为 1 次，且抽水量不小于管井设计出水量，当降水深度大于设计要求的深度时，可适当调整降水井的数量或井的抽水量；当降水深度小于设计要求的深度或不能满足基坑开挖的深度时，应分批开启全部备用井。

③当基坑内观察井的稳定水位 24h 波动幅度小于 20mm 时，可停止试验。

④管井抽水半小时内含砂量，粗砂含量（体积比）应小于 1/50000；中砂含量应小于 1/20000；细砂含量应小于 1/10000；管井正常运行时含砂量应小于 1/50000。

管井降水施工现场如图 7.3.2 所示。

图 7.3.2 管井降水施工现场

7.3.5 工艺质量要点识别与控制

管井电动施工工艺质量要点识别与控制见表 7.3.2。

表 7.3.2 管井电动施工工艺质量要点识别与控制

控制项目	识别要点	控制标准	控制措施
主控项目	管井出水量	实测管井在设计降深时的出水量应不小于管井设计出水量	当管井设计出水量超过抽水设备的能力时，按单位储水量检查。当具有位于同一水文地质单元并且管井结构基本相同的已建管井资料时，新建管井的单位出水量应与已建管井的单位出水量接近
	井水含砂量	井水含砂量应不超过 1/10000~1/20000（体积比）	调整滤料及滤网规格
	井斜	实测井管斜度应不大于 1°	设备进场前检查设备，桩架和钻杆必须垂直，水平尺检查桩架（双向），不水平调整至水平（垫木调整，对属于桩架制作、安装误差的退场），桩架水平后，经纬仪检查钻杆垂直度，不垂直的设备安装调整，无法调整的更换零件，直至退场
	井管内沉淀物	井管内沉淀物的高度应小于井深的 0.5%，不应超过沉砂段高度	用潜水泵清洗。在水泵与水管连接的位置加一个三通。上下接口连接水泵与出水管。侧面接口加一个弯头连接一个比弯头直径要小的钢管（方向朝下），变径的水管产生水功率将沉积物冲起来，随着水泵排出井外

7.3.6 工艺安全风险辨识与控制

管井电动施工工艺安全风险辨识与控制见表 7.3.3。

表 7.3.3　管井电动降水施工工艺安全风险辨识与控制

事故类型	风险辨识	控制措施
坍塌	管井周围地面坍塌	井点降水期间,安全人员必须详细检查基坑周围地面
	突涌造成坍塌	及时启动减压井,降低承压水水头高度
机械伤害、触电等	井位处地下管线及障碍资料不明	收集详细、准确的地质和地下管线资料;按照施工安全技术措施要求,做好防护或迁改
高处坠落	井口防护	设置井口盖板,井口周边设置安全警示带和安全标识
触电	现场用电安全	安装、维修或拆除临时用电设施必须有专业电工持证上岗执行。抽水设备的电器部分必须做好防止漏电的保护措施,严格执行接地、接零和使用漏电开关三项要求

7.3.7　工艺重难点及常见问题处理

管井电动降水施工工艺重难点及常见问题处理见表 7.3.4。

表 7.3.4　管井电动降水施工工艺重难点及常见问题处理

工艺重难点	常见问题	原因分析	预防措施和处理方法
工序	管井安装不及时	现场管理不当,施工顺序混乱	管井成孔后,应及时安装井管。如不能及时安装,必须安设围挡、防护栏杆等安全防护设施和安全标志
操作	滤水层填筑质量控制不当导致滤料上下分层	填筑速度过快,施工人员操作不当、质量把控意识淡薄	进场施工前应对相关施工人员进行技术交底,填筑速度应保持均匀缓慢,井四周均匀投料
	抽水设备故障	施工人员操作不当	深井泵作业前应先进行试运转。在试运转过程中,有明显声响、不出水、出水不连续和电流超过额定值等情况,应停泵查明原因,排除故障后方可投入使用
	井口标高不符合设计要求	标高控制不当	管井井口必须高出地面,不小于 500mm。井口必须封闭。并设安全标志。当环境限制不允许井口高出地面时,井口应设在防护井内。防护井井盖应与地面同高,而且防护井必须盖牢
	管井安装不及时	现场管理不当,施工顺序混乱	管井成孔后,应及时安装井管。如不能及时安装,必须安设围挡、防护栏杆等安全防护设施和安全标志

7.4　管井气动降水施工

7.4.1　工艺介绍

7.4.1.1　工艺简介

（1）管井气动降水施工是采用高压气体为动力，结合自动控制系统和专用的水气置换器实现基坑降水的施工方法，气动降水设备由气源系统、自动控制系统和水气置换系统组成。气源系统包含空压机、储气罐和分气装置，自动控制系统包含传感器、自动控制箱和网络终端；水气置换系统包含进排气装置和置换器。通过控制系统使两个腔室交替工作，完成连续出水。

（2）管井气动降水设备工作原理：空压机产生的高压气体经过管路存储到储气罐，经过分气总成分配到各个自动控制箱内，水气置换器置于井底，进气管和传感器与置换器相连。在液位模式下，整个系统将自动工作。水气置换器分为两种：Ⅰ型有一个工作腔室，当置换器放入水中后，进水单向阀打开，水流入腔室，控制系统向水泵供气，进水单向阀受压关闭，出水单向阀打开，水受压流入出水管。泵体内的水出完以后，控制系统停止供气，出水单向阀关闭，腔室内的气体排出，进水单向阀打开，水流入腔室，以此循环。Ⅱ型有两个工作腔室，每一个腔室工作原理与Ⅰ型置换器相同。

7.4.1.2　适用地质条件

气动降水适用于地下水较丰富的粉土、粉质黏土、淤泥质黏土层等渗透系数较小的土层降水，利用气动辅助真空负压后可以持续的抽水来降低地下水位。

7.4.1.3　工艺特点

自动化气动降水设备集成化程度高、标准化程度高、自动化程度高、用气驱动，不烧泵、维修率低、降水效果好，人工工作量少，真正做到了安全、节能、智能。

气动降水完全避免了水下用电，实现基坑内无电化降水，安全可靠。利用气动水泵代替潜水泵抽水，水泵不容易损坏，且不用担心设备空转；利用控制柜控制气动水泵，使水泵抽水过程更加精准，此外设置真空发生器将井内抽成真空，提高了抽水的效率。气动降水用电设备数量较传统降水设备数量大幅减少，电缆线使用数量较传统降水大幅减少，大大减少了用电设备和电缆线的数量，进一步减少安全隐患。传感器和变频器的使用，实现了有水即抽，无水即停。在出水量变化较大的区域，比传统降水泵节约用电50%以上。

气动水泵因其自身的特点，也存在以下一些缺点：

（1）压力无法提高，被气源压力限制，6bar就到了上限；

（2）噪声和管路振动，在气体流量大时，特别明显；

（3）相对于螺杆泵，膜片寿命较短，容易损坏；

（4）因隔膜泵流量通常不会太大，多数应用在小规模项目中。

7.4.2 设备类型

常用管井气动降水设备如表 7.4.1 所列。

表 7.4.1 常用管井气动降水设备

设备名称	特点	外观
变频螺杆空气压缩机	属于通用机械设备,各个行业应用广泛,技术成熟。在降水行业中选用排气压力为 0.8MPa 的低压空压机,使用更安全。螺杆空压机具有稳定性高、效率高、振动小、噪声低、寿命长等优点	
气动降水空压机专用连接管	连接管采用特种合成橡胶、防爆钢丝等材料生产,具有耐高温、抗老化、承受压力高、弯曲半径小、抗疲劳性能优越等特点	
气动降水专用控制箱	控制箱采用 220V 供电,总功率 150W。而且控制箱内有一个变压器,直接将电源变为直流 24V 来控制整个系统。气压方面,当 0.8MPa 压力的气体进入到分气控制箱后,经过一个小型储气罐分向各路的气源处理器,经过处理过的气源压力变低,根据井深需要一般为 0.2~0.5MPa	
气动降水专用储气罐	气动降水专用储气罐采用 0.8MPa、1m³ 以下的储气罐,属于特种设备,但是属于简单压力容器,不需要备案。输气罐上部有一个安全阀,当气压超过 0.8MPa 时,安全阀会自动打开排气。储气罐侧面安装有 4~5 路的分气	
智能化气动水泵	外观,涂漆,密封,运转等质量及数值均达到设计参数指标	
气管	采用内径 19mm、外径 29mm、PVC 材质、三胶两线高压气管,工作压力 4MPa,爆破压力 16MPa。具有轻质、耐磨、耐老化、耐破裂、抗弯曲等优点。可以任意长度压制快速接头,方便安拆使用。在施工过程中,如果主气管长时间老化,并不会突然爆破,而是在薄弱点慢慢漏气。如果被机械突然破坏,会有一瞬间的强烈气流,但会很快消失,不会造成影响	
水气置换器 I	I 型置换器直径 200mm,高 400mm。重约 6kg。进气口安装排气阀和气管快插弯头,出水管处安装单向阀和水管接头。出水量最大 1.5m³/h,间断性出水	
水气置换器 II	II 型置换器直径 200mm,高 650mm,重约 10kg。进气口安装两个排气阀和两个气管快插弯头,出水管处安装单向阀和水管接头。出水量最大 2.5m³/h,间断性出水	

7.4.3　施工前准备

7.4.3.1　人员配备、辅助设备

人员配备：降水施工工人 4~6 人 / 班组，进行现场气动降水控制系统布设。

辅助设备：螺杆空压机、储气罐、水泥井管、水气置换器、控制箱、气管、轮式装载机，回转钻机等。

7.4.3.2　技术准备

（1）地勘报告资料具备，根据地下水位深度、土的渗透系数和土质分布确定降水方案。

（2）基础施工图纸齐全，以便根据基底标高确定降水深度。

（3）井点布置、数量、观测井点位置、泵房位置等，并已测量放线定位。

（4）现场"三通一平"工作已完成。

（5）井点管及设备已购置，材料已备齐，并已加工和配套完成。井点在布置过程中应在满足降水要求的前提下尽量直线布置，保证现场文明施工的要求。

7.4.3.3　材料准备

降水井成孔直径一般为 600~800mm，井管常采用无砂混凝土管、直径 400~500mm，滤料应按设计规格进行筛分，不符合规格的滤料不得超过 15%，滤料的磨圆度应较好，不含泥土和杂质。井管外围缠绕棕皮或多层土工布，严防淤井，与降水井形成降排水系统。材料进场经专人验收，并附有合格证。

7.4.3.4　安全技术准备

（1）方案编制。项目技术负责人根据图纸要求、相关规范及现场实际情况编制安全技术方案。

（2）方案交底。按照方案内容，项目技术负责人对管理人员及作业进行安全技术交底。

（3）其他安全技术准备。项目生产负责人编制材料、机械设备、工具、用具及各技术工种劳力进场计划。安全负责人对进场工人进行三级安全教育等。

7.4.4　工艺流程及要点

7.4.4.1　工艺流程

管井气动降水施工工艺流程如图 7.4.1 所示。

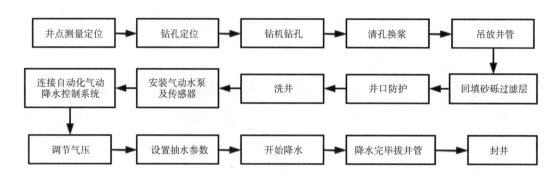

图 7.4.1　管井气动降水施工工艺流程

7.4.4.2　工艺要点

（1）井点测量定位、钻孔定位。根据设计的降水平面布置图，测量定位每个降水井的准确位置，如果现场施工过程中遇到障碍（如桩位等）或受到施工条件的影响现场可做适当调整。

（2）钻机钻孔。成孔根据土质条件和孔深要求，采用回转钻钻孔，用泥浆护壁，孔口设置护筒，以防孔口塌方，泥浆坑可根据现场布设，且应设置于基坑内。每个泥浆坑最小尺寸 4m×4m×2.5m，成井后将泥浆挖除并运出场外。

（3）吊放井管。成孔后立即安装井管，以防塌孔。井管下放时，逐节沉入无砂混凝土管，管接头对正，并用三根竹片绑扎。

（4）回填砂砾过滤层。井管安装完毕后，及时在井管与土壁之间填充滤料。人工用铁锹下料，以防止分层不均匀和冲击井管，填滤料要一次连续完成，从管井外围从井底填到井上口下 1m 左右，上部采用不含砂石的黏土封口。

（5）安装气动水泵。将水泵安装于井底，吸水管底端应装止水阀，设于管井抽水的最低水位以下，上端连同出水管用钢板箍固定于井管上端，水泵的出水管应高于集水管，并与其连通，集水管的出口处安装水表，进入地面排水管网系统。将气管的一头连接在气动水泵上，另一头插在控制箱的一个出气孔；根据气管长度和水量大小调节电子屏上的工作时间；根据井深和水管的长度调节气压的大小。

选择一根带传感器的气管线，将传感器卡在水泵的支架上，拧紧螺母。将传感器端的气管插在水泵的进气口上。另外一端的气管插进控制箱的出气快接插头上，数据接头插在对应的信号快接接头上。如果气管线长度不够，可选择适当长度的通用气管线连接。

在需分层降水时，可将气动水泵放置在井底，而将传感器分别放置在动水位降深位置。

水泵有单层和双层之分，单层水泵需要 1 根气管和 1 根数据线，双层水泵需要 2 根气管和 1 根数据线。

调节每个压力阀，使其达到工作压力。工作压力 =（所需扬程 /100）+0.2，单位为MPa。以压力表读数为准。所需扬程 = 垂直距离 + 水平距离 /10，单位为 m；抽水与排水系统安装完毕，即可开始试抽水。

（6）开始降水。洗井及降水运行时应用集水管将水汇入沉砂池，经过三级过滤后通过市政接口排入下水道内，流入市政管网，坡度不小于 0.2%，集水管与出水管之间有阀门连接封闭，集水管沿基坑环形布置。排水管道应定时清理，确保排水系统的畅通。气动降水工作示意图见图 7.4.2。

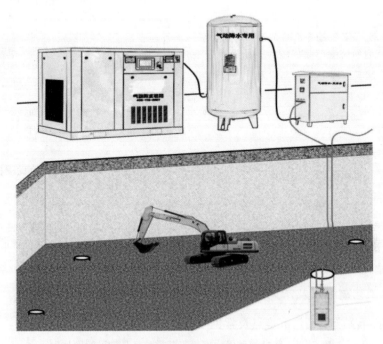

图 7.4.2　气动降水工作示意图

7.4.5　工艺质量要点识别与控制

管井气动降水施工工艺质量要点识别与控制见表 7.4.2。

表 7.4.2　管井气动降水施工工艺质量要点识别与控制

检查项目	技术要求	检查数量
井管沉设深度	偏差 ±150mm	全数
井管间距	偏差 ±1000mm	≥50% 井数
滤料围填	高出滤管顶 2m 以上，滤料体积 ≥95%	全数

7.4.6　工艺安全风险辨识与控制

管井气动降水施工工艺安全风险辨识与控制如表 7.4.3 所列。

表 7.4.3　管井气动降水施工工艺安全风险辨识与控制

事故类型	风险辨识	控制措施
机械伤害、触电等	井位处地下管线及障碍资料不明	收集详细、准确的地质和地下管线资料；按照施工安全技术措施要求，做好防护或迁改
坍塌	管井气动降水施工作业空间狭窄、地面坡度与起伏较大、场地地表土松软	井点降水期间，安全人员必须详细检查基坑周围地面，防止塌方
	基坑坍塌	加强对土方开挖的监控、加强对支护结构施工质量的监督、加强对地表水的控制
高处坠落	井口防护	设置井口盖板，井口防护应设围栏，井口周边设置警戒带维护或设置明显标识
容器爆炸	泄压阀、压力表故障，到规定压力时不开启	造成这种情况的原因是定压不准；阀瓣与阀座粘住；杠杆式安全阀的杠杆被卡住或重锤被移动

7.4.7　工艺重难点及常见问题处理

管井气动降水施工工艺重难点及常见问题处理见表 7.4.4。

表 7.4.4　管井气动降水施工工艺重难点及常见问题处理

工艺重难点	常见问题	原因分析	预防措施和处理方法
设备故障	空压机故障	机器内部传感器故障	压力过高会自动卸载，之后就空转或停机。如使用变频螺杆空压机，则会根据用气量来自动调节功率，达到节能目的。机器在散热方面采用温度传感器控制，温度过高会自动启动风扇散热，温度降下来风扇会自动关闭，避免浪费
材料老化	降水气管堵塞	气管老化、气压不稳、气管的连接处未检查	在施工过程中，如果主气管长时间老化，并不会突然爆破，而是在薄弱点慢慢漏气。如果被机械突然破坏，会有一瞬间的强烈的气流，但会很快消失，不会造成影响。管理人员需经常检查材料是否出现老化、腐蚀现象
气管、水管的布置路线	排布错乱	工人意识淡薄	施工前需对工人进行相关安全技术交底，保证气管、水管路线合理布置

7.5 轻型井点降水施工

7.5.1 工艺介绍

7.5.1.1 工艺简介

（1）轻型井点主要由井点管（包括过滤器）、集水总管、抽水泵、真空泵等组成。

轻型井点降低地下水位，是按设计沿基坑周围埋设井点管，一般距基坑边 0.8~1.0m，在地面上铺设集水总管（并有一定坡度），将各井点管与总管用软管（或钢管）连接，在总管中段适当位置安装抽水水泵或抽水装置。

轻型井点系统降低地下水位的过程：沿基坑周围以一定的间距埋入井点管（下端为滤管），在地面上用水平铺设的集水总管将各井点管连接起来，在一定位置设置真空泵和离心泵。当开动真空泵和离心泵时，地下水在真空吸力的作用下经滤管进入管井，然后经集水总管排出，从而降低水位。

（2）轻型井点降水设备的原理：井点系统装置组装完成之后，即可启动抽水装置。这时，井点管、总管及储水箱内空气被吸走，形成一定的真空度（即负压）。由于管路系统外部地下水承受大气压力的作用，为了保持平衡状态，由高压区向低压区方向流动。所以，地下水被压入至井点管内，经总管至储水箱，然后用水泵抽走（或自流）。这现象称为抽水（即吸水）。目前，抽水装置产生的真空度不可能达到绝对真空（0.1MPa）。依据抽水设备性能及管路系统施工质量具有一定的真空度状态。

7.5.1.2 适用地质条件

轻型井点降水适用于渗透系数为 0.1~5.0m/d 的地层，如：含有大量的细砂和粉砂的地层，或明沟排水易引起流砂、塌方的基坑降水工程。

7.5.1.3 工艺特点

（1）机具设备简单、易于操作、便于管理。

（2）可减少基坑开挖边坡坡率，降低基坑开挖土方量。

（3）开挖好的基坑施工环境好，各项工序施工方便，大大提高了基坑施工工序。

（4）开挖好的基坑内无水，相应的提高了基底的承载力。

（5）在软土路基，地下水较为丰富的地段应用，有明显的施工效果。

7.5.2 设备选型

常用轻型井点水泵的选用如表 7.5.1 所列。

表 7.5.1 常用轻型井点水泵

水泵名称	适用地层	特点	外观
水环式真空泵	填土、黏性土、粉土	出水量稳定，安装方便，水量也可通过调节叶轮泵体内壁的间隙来改变，是目前基坑降水较为常用的抽水设备	
卧式单级离心泵	砂土、碎石土等	卧式单级离心泵运行平稳：泵轴的同心度高并且叶轮动静平衡好，平稳运行可减轻振动。维修方便：更换密封、轴承，简易方便。占地更省：出口可向左、向右、向上三个方向，便于布置安装，节省空间	

7.5.3 施工前准备

7.5.3.1 人员机具准备

降水施工工人 4 人 / 班组，进行现场降水管线控制系统布设。井点管和滤水管、集水总管、柴油发电机等。

7.5.3.2 施工准备

（1）地质勘探资料具备，根据地下水位深度、土的渗透系数和地层分布以确定降水方案。

（2）基础施工图纸齐全，以便根据基底标高确定降水深度。

（3）编制施工组织设计，确定支护方案、井点布置、数量、观测井点位置、泵房位置等，并测量放线定位。

7.5.3.3 材料准备

（1）井点管。用直径 38~55mm 钢管，带管箍，下端为长 2m 的同直径钻有 φ10mm 梅花形孔（6 排）的滤管，外缠 8 号铁丝、间距 20mm，外包尼龙窗纱二层，棕皮三层，缠 20 号铁丝、间距 40mm。

（2）连接管用塑料透明管、胶皮管，直径 38~55mm；顶部装铸铁头。

（3）集水总管用直径 75~100mm 钢管带接头。

（4）滤料粒径 0.5~3.0cm 石子，含泥量小于 1%。

7.5.3.4 场地条件

（1）现场"三通一平"工作已完成。

（2）井点管及设备已购置，材料已备齐，并已加工和配套完成。井点在布置过程中应在满足降水要求的前提下尽量直线布置，保证现场文明施工的外观要求。

7.5.3.5 安全技术准备

（1）方案编制。项目技术负责人根据图纸要求、相关规范及现场实际情况编制安全技术方案。

（2）方案交底。按照方案内容，项目技术负责人对管理人员及作业进行安全技术交底。

（3）其他安全技术准备。项目生产负责人编制材料、机械设备、工具、用具及各技术工种劳力进场计划。安全负责人对进场工人进行三级安全教育等。

7.5.4 工艺流程及要点

7.5.4.1 工艺流程

轻型井点降水施工工艺流程如图7.5.1所示。

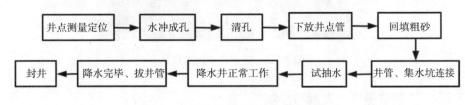

图7.5.1 轻型井点降水施工工艺流程

7.5.4.2 工艺要点

（1）井点测量定位。井点布置根据基坑平面形状与大小、工程地质和水文地质情况、工程性质、降水深度等而定。当基坑（槽）宽度小于6m，且降水深度不超过6m时，可采用单排井点，设在基坑（槽）的两侧；当基坑面积较大时，宜采用环形井点，挖土设备进出通道处，可不封闭，井点间距可达4m，预留出入口通道。井点管距坑壁不应小于1.0m，间距由1.2~2.0m，埋深根据降水深度及含水层位置决定，但必须埋入含水层内。

（2）成孔、清孔、下放井点管、回填粗砂。井点成孔可采用水冲法或钻孔法，孔径一般为300mm，井深比井点设计深50cm；洗井用空压机或水泵将井内泥浆抽出；井点用机架吊起徐徐插入井孔中央，使露出地面200mm，然后倒入粒径5~30mm石子，使管底有500mm高，再沿井点管四周均匀投放0.4~0.6mm粒径粗砂，上部1.0m深度内，用黏土填实以防漏气。

（3）井管、集水管连接。总管设在井点管外侧500mm处，铺前先挖沟槽，并将槽底整平，将配好的水管逐根放入沟内，在端头法兰穿上螺栓，垫上橡胶密封圈，然后拧紧法兰螺栓，总管端部用法兰封牢。用吸水胶管将井点管与干管连接，并用铁丝绑牢。一组井点管部件连接完毕后，与抽水设备连通，接通电源，即可进行试抽水，检查有无漏气、淤塞情况，出水是否正常，如有异常情况，应检修后方可使用，如压力表读数在0.15~0.20MPa，真空度在93.3kPa以上，表明各连接系统无问题，即可投入正常使用。

（4）试抽水、拔井管、封井。应保持连续不断抽水，并配用双电源以防断电。出水应遵循先大后小，先浑后清的规律，并且抽水期间应对流量、真空度及淤堵进行定期检查。

一般抽水3~5d后水位降落漏斗基本趋于稳定。基础和地下构筑物完成并回填土后，方可拆除井点系统。井管拔出可借助于倒链或杠杆式起重机，所留孔洞用砂或土堵塞。井点降水时，应对水位降低区域内的建筑物进行沉降观测，发现沉陷或水平位移过大时，应及时采取防护技术措施。轻型井点的施工现场如图 7.5.2 所示。

图 7.5.2　轻型井点施工现场

7.5.5　工艺质量要点识别与控制

轻型井点降水施工工艺质量要点识别与控制见表 7.5.2。

表 7.5.2　轻型井点降水施工工艺质量要点识别与控制

控制项目	识别要点	控制措施
主控项目	间距	井点管间距、埋设深度应符合设计要求，一组井点管和接头中心，应保持在一条直线上
	井点埋设质量	井点埋设应无严重漏气、淤塞、出水不畅或死井等情况
一般项目	焊渣	埋入地下的井点管及井点联接总管，均应除锈并刷防锈漆一道，各焊接口处焊渣应凿掉，并刷防锈漆一道
	真空度	各组井点系统的真空度应保持在 55.37Pa，压力应保持在 0.16MPa

7.5.6　工艺安全风险辨识与控制

轻型井点降水施工工艺安全风险辨识与控制见表 7.5.3。

表 7.5.3　轻型井点降水施工工艺安全风险辨识与控制

事故类型	风险辨识	控制措施
坍塌	轻型井点降水施工作业空间狭窄、地面坡度与起伏较大、场地地表土松软	井点降水期间，安全人员必须详细检查基坑周围地面，防止塌方
	桩位处地下管线及障碍资料不明	收集详细、准确的地质和地下管线资料；按照施工安全技术措施要求，做好防护或迁改
	基坑塌方	加强对土方开挖的监控、加强对支护结构施工质量的监督、加强对地表水的控制
触电	现场安全用电	深井井点的抽水设备，应严防漏电，下井的电线及接头，必须安全可靠

7.5.7　工艺重难点及常见问题处理

轻型井点降水施工工艺重难点及常见问题处理见表7.5.4。

表 7.5.4　轻型井点降水施工工艺重难点及常见问题处理

工艺重难点	常见问题	原因分析	预防措施和处理方法
机组故障	机组真空度不够	可能是总管和井点泄露	先关闭机组和总管的连接阀门，检查机组真空度。若机组未达到要求，是总管和井点泄露；若机组达到要求，检查离心泵叶轮、射流泵喷嘴等
现场故障	井点管不出水	可能是堵管、死管原因	先观看，确定井点管是否出水。不能确定，可用手摸井点管，其温度比总管冷，说明出水；其温度比总管热，说明是死管，可用敲击、摇动使其复活
	出水不稳定	可能是因为初抽水时地下水过大、不稳定造成的	机组出水不稳定，时大时小，后阶段地下水少，则较稳定，若地下水仍很大，属抽水不稳定，但不影响降水质量
	含气量大	可能是总管和井点管漏气	机组出水含气量较多，也可能是地空气抽水，但只要真空度达到要求，可视为正常
	停机	可能是停电、控制箱出故障、机组电机故障	要及时逐步检查解决。若抽取地下水，停机时间允许较长（小于8h），其他情况停机时间不得大于3h

7.6　排水管、截（排）水沟、沉淀池施工

7.6.1　工艺介绍

7.6.1.1　工艺简介

排水管是水平布置在基坑周围，将降水井管与排水管连接，使基坑内部降水汇入排水管，集中沉淀后排入市政管网。

截（排）水沟是防止基坑上部水源流入基坑内部，雨季起到防洪排涝作用，在基坑顶部设置排水沟进行截水排水，集中沉淀后进入市政管网。

沉淀池是为了将施工现场基坑降水及明排水通过沉淀，减少杂质数量，达到排放标准，排入市政管网，防止市政管线堵塞。

7.6.1.2　作用

排水管：将多点降水集中汇集，作为排水主通道，最终排入沉淀池。常见排水沟的型号尺寸与排水流量见表7.6.1。

截（排）水沟：主截外部水，防止进入基坑内；有组织的顺排水沟集中汇集，集中外排。

沉淀池：集中汇集，多级沉淀，净化外排水杂质含量，降低含泥量、含沙量。

表 7.6.1　常见排水管沟型号尺寸与排水流量对应表

排水管沟型号尺寸			流量 /m³·h⁻¹			水沟流满系数
净宽 /mm	净深 /mm	净断面 /m²	坡度			
			0.3%	0.4%	0.5%	
300	350	0.105	0~86	0~97	0~112	0.75
400	400	0.160	86~172	97~205	112~227	
500	450	0.225	172~302	205~349	227~382	
500	500	0.250	302~374	349~432	382~472	

7.6.2　材料选用

常见排水管沟及沉沈淀池的材料选用如表 7.6.2 所列。

表 7.6.2　材料选用

项目	材质	优缺点
排水管	钢管	优点：使用周期长、可循环使用、不宜被破坏； 缺点：安装困难、对场地要求高
	PVC 管	优点：安装方便、管材表面有一定抗拉性； 缺点：易造成破坏
截（排）水沟	混凝土砌筑	优点：价格低廉； 缺点：易造成破坏，施工较慢
	预制混凝土板	优点：施工快； 缺点：缺点是接口不好处理，容易漏水
沉淀池	成品铁制沉淀池	优点：移动方便、不易被破坏、不易漏水； 缺点：体积较小、一次性投入较高
	砌筑沉淀池	优点：可根据需要设置大小； 缺点：无法移动，易被破坏、易漏水

7.6.3　施工前准备

7.6.3.1　人员配备

（1）排水管施工。电焊工，负责排水管连接处的焊接；辅助工人，负责排水管的安装及稳定。

（2）截（排）水沟、沉淀池施工。混凝土工人，负责混凝土垫层的浇筑抹平及养护；瓦工，负责截（排）水沟及沉淀池的砌筑；普工，主要负责砂浆的拌制，灰砖的搬运及砂浆的倒运。

7.6.3.2 辅助设备

挖掘机：进行施工区域内的场地平整、沟槽开挖及材料倒运。

手推车：场地内的灰砖及砂浆的倒运。

7.6.3.3 场地条件

施工前合理布置相应设施位置，对地下管线分布情况做充分了解，对施工区域进行开挖或平整。

7.6.3.4 安全技术准备

（1）方案编制。项目技术负责人根据图纸要求、相关规范及现场实际情况编制安全技术方案。

（2）方案交底。按照方案内容，项目技术负责人对管理人员及作业进行安全技术交底。

（3）其他安全技术准备。项目生产负责人编制材料、机械设备、工具、用具及各技术工种劳力进场计划。安全负责人对进场工人进行三级安全教育等。

7.6.4 工艺流程及要点

7.6.4.1 工艺流程

排水管施工工艺流程如图 7.6.1 所示。

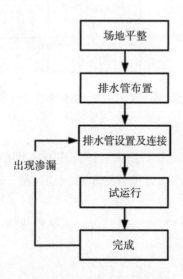

图 7.6.1 排水管施工流程图

7.6.4.2 工艺要点

（1）场地平整。根据现场施工布置计划，在施工前对排水管安装场地进行平整压实，通过水准仪测量出排水管安装高程，必要情况可设置基台或硬化地面。

（2）排水管布置。根据现场布置计划，将排水管排列至布置地点。

（3）排水管设置及连接。排水管沿降水井周边布置，排水总管连接处使用橡胶圈密封。密封连接为轻型井点降水要求，管井降水则不用密封连接。总管在降水井位置设置与降水管直径相符的外延接管，外延接管与总管采用焊接方式密封。排水总管线设置需存在一定坡度。

（4）试运行。排水管安装完成后进行试运行，检查排水是否顺畅，排水能力是否满足要求，如出现渗漏需查明原因，进行修补，无渗漏情况后投入使用。

7.6.5 截（排）水沟、沉淀池施工工艺流程

7.6.5.1 工艺流程

截（排）水沟、沉淀池施工工艺流程如图 7.6.2 所示。

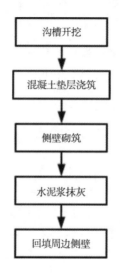

图 7.6.2 截（排）水沟、沉淀池施工流程图

7.6.5.2 工艺要点

（1）沟槽开挖。根据现场施工平面布置，使用挖掘机在基坑坡顶外围进行截（排）水沟开挖。在基坑两端或计划排水口位置挖至沉淀池沟槽，沟槽开挖后需对基地进行平整压实。

（2）混凝土垫层浇筑。沟槽开挖后进行混凝土垫层浇筑，混凝土垫层采用 C20 混凝土，厚度为 100mm。

（3）侧壁砌筑。混凝土垫层达到强度后进行侧壁砌筑，侧壁可采用普通烧结砖砌筑及防水砂浆砌筑，厚度视沟深确定，一般为 120mm。

4）内壁抹灰。砌筑完成后，截（排）水沟及沉淀池内部侧墙采用防水砂浆抹灰。

5）回填周边侧壁。侧墙砌筑抹灰达到强度后，采用细粒土进行周边侧墙间隙回填，并做防护警示。

排水沟构造做法见图 7.6.3；沉淀池构造做法见图 7.6.4。

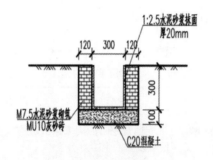

图 7.6.3　排水沟构造做法图

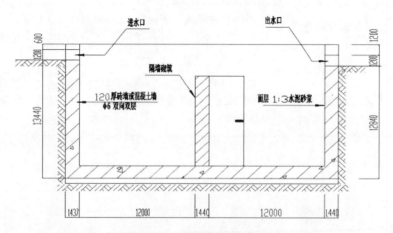

图 7.6.4　沉淀池构造做法图

7.6.6　工艺质量要点识别与控制

排水管、截（排）水沟和沉淀池的施工工艺质量要点识别与控制见表 7.6.2。

表 7.6.2　排水管、截（排）水沟和沉淀池的施工工艺质量要点识别与控制

项目	控制要点	控制措施
排水管	排水管安装基础	排水总管安装基础必须要稳固且不得有沉降风险，必要时可砌筑墩台或浇筑混凝土硬化
	排水管连接	排水总管关节连接处要设置橡胶圈密封，排水总管沿排水放线设置坡度，坡度不小于 0.1%
截（排）水沟	截（排）水沟的保护	基坑上部周边截水沟施工完毕后及时将沟边外壁回填压实，安装盖板格栅并设置明显标识。 基坑内部排水沟施工完毕后，及时放入滤料，或采取其他保护措施
沉淀池	沉淀池的保护	沉淀池砌筑完毕后及时安装盖板，并定期进行池底沉渣清理

7.6.7 工艺安全风险识别与控制

排水管、截（排）水沟和沉淀池的施工工艺安全风险辨识与控制见表 7.6.3。

表 7.6.3 排水管、截（排）水沟和沉淀池的施工工艺安全风险辨识与控制

事故类型	风险辨识	控制措施
坍塌	沉淀池及沉淀池沟槽侧壁坍塌	沉淀池开挖时四周采用放坡方式，并将坡面压实，必要时放缓开挖坡度
	排水沟及沉淀池沟底渗漏可能引起的坍塌	排水沟施工易采用具有一定抗渗性能混凝土浇筑底部垫层，侧壁采用防水砂浆砌筑并内侧利用防水砂浆进行抹灰； 施工全周期应定期对排水沟进行巡查，查看是否存在开裂渗漏现象，如出现渗漏，应立即查找原因并进行修补
其他伤害	材料搬运时易造成人员伤害	砌体材料堆放不得高于 2m；材料倒运（包括砖、袋装水泥）需自上而下取用；向沟槽内倒运时不得抛送，必要时可采用工具下放
高处坠落	坑洞、沟槽坠落	施工期间，沟槽周边要做明显防护警示标志，并对现场人员进行通知交底；施工完毕后及时对截（排）水沟、沉淀池进行盖板或围栏防护

8　止水施工

8.1　概述

止水帷幕也叫截水帷幕，是用以阻隔或减少地下水通过基坑侧壁与坑底流入基坑和控制基坑外地下水位下降的幕墙状竖向连续止水体。根据隔水层的分布和埋深可采用落底式帷幕和悬挂式帷幕。本章着重介绍基坑工程止水帷幕施工中常用的施工工艺，包括这些工艺的基本原理，使用的主要设备、工具和工艺方法等内容。

8.1.1　常用止水帷幕种类

根据工程地质条件、水文地质条件及施工条件，常用的止水帷幕有水泥土搅拌桩帷幕［包括单（双）轴搅拌桩、三轴搅拌桩工艺］、高压旋喷或摆喷注浆帷幕（包括单管、双重管、三重管）、等厚水泥土搅拌墙（CSM、TRD 工法）地下连续墙或咬合式排桩等。支护结构采用排桩时，可采用高压旋喷或摆喷注浆与排桩相互咬合的组合帷幕。各类止水帷幕的施工方法及工艺详见下列具体各小节（咬合桩、钢板桩详见第二章对应小节）。

8.1.2　适用地层及优缺点

常用止水帷幕施工工艺的适用地层及优缺点见表 8.1.1。

表 8.1.1　常用止水帷幕施工工艺的适用地层及优缺点对比

桩型	适用地层	优点	缺点
单（双）轴水泥土搅拌桩	适用于淤泥、淤泥质土、素填土、黏性土（软~可塑）、粉土（稍~中密）、粉细砂（松散、中密）、中粗砂（松散、中密）	①施工灵活方便、无振动、无噪声、无污染，对场地要求较低；②施工工艺成熟，设备简单；③造价低廉	①地层适应性一般，坚硬地层不适用；②桩长一般不宜超过20m；③桩长超过15m连续性控制难度较大，需加大搭接宽度或设置多排
三轴水泥土搅拌桩	适用于各类土层、砂层、碎石土（松散、中密）、强风化岩层等	①地层适应性较好；②一般设备桩长可达30m，大型设备桩长可达45m；③施工无振动、无噪声、无污染；④造价相对较低	①超深桩（30m以上）连续性控制难度较大；②设备较大，对场地要求较高；③设备重心较高，有一定安全风险

表 8.1.1（续）

桩型	适用地层	优点	缺点
高压旋喷桩（单管、双重管、三重管）	适用于各类土层、砂层、碎石土等	①地层适应性较好，不同工艺有不同的适用地层，可选择不同桩径、桩长；②设备相对较小，施工灵活方便、无振动、无噪声，对场地要求较低；③施工工艺成熟，设备较简单；④可与排桩相互咬合形成组合帷幕	①施工返浆量较大；②超深桩的成桩效果及垂直度控制难度均较大；③造价相对搅拌桩较高
TRD 工法	适用于各类土层、砂层、碎石土等	①设备高度较低，可在低净空区域施工；②施工无振动、无噪声、无污染；③成墙深度大（可达 50~60m）；④等厚成墙，连续性好	①设备较复杂，辅助设备多，对场地有一定要求；②复杂坚硬地层适应性稍差；③形状不规则基坑适应性差；④造价高
CSM 工法	适用于各类土层、砂层、碎石土、强风化岩层等	①地层适应性好；②施工无振动、无噪声、无污染；③成墙深度大（可达 50~60m）；④等厚成墙，连续性好	①设备较大对场地要求较高；②造价相对较高（介于三轴搅拌桩和 TRD 工法之间）
咬合式排桩	适用于各类土层、砂层、碎石土、填石层、各种岩层等	①地层适应性好，各种地层均适用；②成桩深度大，优选采用全套管钻机施工；③施工工艺较成熟，施工灵活	①对成桩垂直度控制要求较高；②造价较高
地下连续墙	适用于各类土层、砂层、碎石土、各种岩层等	①地层适应性好，各种地层均适用；②施工振动小、噪声小；③成桩深度大，施工工艺成熟；④等厚成墙，连续性好，可兼做地下室外墙	①设备较复杂，辅助设备多，对场地有一定要求；②采用泥浆护壁工艺，泥浆需处理；③造价高

8.2 止水帷幕水泥土搅拌桩（单轴和双轴）施工

8.2.1 工艺介绍

水泥搅拌桩是利用水泥等材料作为固化剂通过特制的搅拌机制，就地将软土和固化剂强制搅拌，使软土硬结成具有整体性、水稳性和一定强度的圆柱状固结体。由于水泥土结构致密，其渗透系数可小于 1×10^{-6}cm/s，因此水泥土桩常用于软土地基基坑开挖的防渗止水帷幕。

搅拌桩机是长螺旋桩机的一种，根据设备并联转杆数量可分为单轴、双轴搅拌桩机。

8.2.1.1 适用地质条件

（1）适用于淤泥、淤泥质土、素填土、黏性土（软塑～可塑）、粉土（稍密～中密）、粉细砂（松散～中密）、中粗砂（松散～中密）、饱和黄土等土层。

（2）不适用于含大孤石或障碍物较多且不易清理的杂填土、硬塑及坚硬的黏性土、密实的砂类土、地下水渗流影响成桩质量的土层（由于水流冲走水泥颗粒，将使墙身渗透破坏比降性能大大降低）。

（3）土层含水量小于30%（黄土含水量小于25%）时不宜采用喷粉搅拌法。

（4）当黏土的塑性指数 I_p 大于25时，应特别注意采用搅拌法加固这种土的可行性。因为塑性指数大于25后，土的黏性很强，极易在水泥土搅拌机的搅拌头上形成一个大泥团，将严重影响水泥和土粒的均匀搅拌。

（5）当地下水或土样的pH值小于4时，土样呈酸性，将严重影响水泥水化反应的进行，水泥水化的不完善将阻碍水泥与土颗粒发生一系列的物理—化学反应，也就无法用水泥加固土。加固这种土可在固化剂中掺加水泥用量5%的石灰，就可使水泥周围的环境变成碱性，将大大利于水泥水化反应的进行。

8.2.1.2 工艺特点

（1）搅拌桩止水帷幕最大限度地利用了原土；

（2）搅拌时无振动、无噪声和无污染，对周围原有建筑物及地下管沟影响很小；

（3）根据基坑形状，可灵活沿任意形状布置单排或多排桩；

（4）相较于其他截水手段，水泥搅拌桩施工快捷、造价较低，具有较好的经济效益和社会效益。

8.2.2 设备选型

搅拌桩机轴数选型一般由设计单位根据地层情况及设计深度、可靠性要求等综合考虑指定，施工单位根据应根据设计图中的桩径、业主工期要求、现场临电状态以及岩土工程勘察报告中的地层情况选择合适搅拌桩机。常用桩机选型可按表8.2.1和表8.2.2选用；构造图见图8.2.1和图8.2.2。

表 8.2.1 常用单轴搅拌桩机技术参数及选用

类型	大扭矩搅拌桩机	大直径搅拌桩机	特大直径搅拌桩机	超深特大扭矩搅拌桩机	嵌岩复合型桩机	特大扭矩搅拌桩机
钻机功率/kW	45/55	55	110	200	200	250
扭矩/kN·m	50	55	154.5	225	280	351
加固直径/mm	500~800	500~1000	500~1500	500~1800	500~1500	1800
最大加固深度/m	18~22	25~30	25	60	25	30

表 8.2.1（续）

类型	大扭矩 搅拌桩机	大直径 搅拌桩机	特大直径 搅拌桩机	超深特大扭矩 搅拌桩机	嵌岩复合型 桩机	特大扭矩 搅拌桩机
钻进方式 /m	转盘＋链条 加压	转盘＋链条 加压	转盘＋链条 加压	转盘＋链条 加压	转盘＋链条 加压	转盘＋链条 加压
钻杆转速 /r·min⁻¹	14.6~126.4	14.6~126.4	7.2~42	8~97	7.2~42	8~97
下钻/提升速度 /m·min⁻¹	0.28~2.9	0.26~2.4	0.22~1.58	0.23~1.71	0.22~1.58	0.22~1.58
尺寸（长×宽 ×高）/m	6.8×4.7×21.1	7.8×6×29.2	10×6.3×31.6	12×6.5×38.3	10×6.3×31.6	12×6.2×37

表 8.2.2　常用双轴搅拌桩机技术参数及选用

类型	大扭矩搅拌桩机	纵向双轴搅拌桩机
钻机功率/kW	110（可选 90、160）	110
扭矩/kN·m	38	55
加固直径/mm	700	700
最大加固深度/m	20	20
钻进方式/m	转盘＋链条加压	转盘＋链条加压
下钻/提升速度/m·min⁻¹	0.28~2.9	0.22~1.58
尺寸（长×宽×高）/m	7.8×6.0×23.8	8.6×5.6×23.8

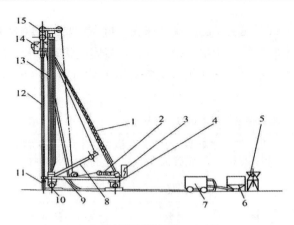

（a）单轴深层搅拌施工机械　　　　（b）搅拌头结构图（mm）

图 8.2.1　单轴搅拌机械及构造示意图

1—斜撑杆；2—卷扬系统；3—控制台；4—走管装置；5—灰浆搅拌机；6—储浆罐；7—灰浆泵；8—平衡杆；9—底座平台；10—枕木垫；11—搅拌头；12—钻杆；13—塔杆；14—动力头；15—活轮组；16—连接法兰盘；17—搅拌叶片；18—切削叶片；19—喷浆口

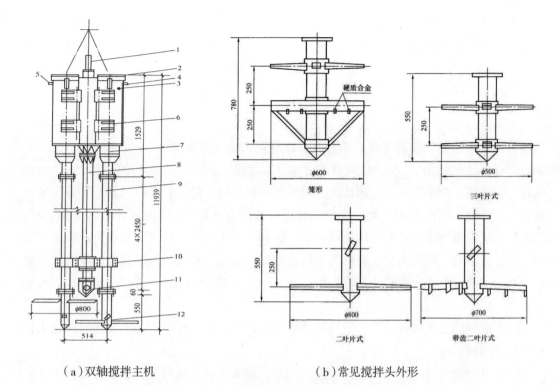

（a）双轴搅拌主机　　　　　　（b）常见搅拌头外形

图 8.2.2　双轴搅拌机械（mm）

1—输浆管；2—外壳；3—电机；4—进水口；5—出水口；6—导向滑块；7—减速器；
8—中心管；9—搅拌轴；10—横向系板；11—球阀；12—搅拌头

8.2.3　施工前准备

8.2.3.1　人员配备

每台班搅拌机械由 7 人组成。

班长：1 名，负责搅拌施工指挥，协调各工序间的操作联系。

司机：1 名，按照班长发出的信号，正确操纵搅拌机的下沉、提升、喷浆、停浆等；观察和检查搅拌机运转情况，做好维修保养工作。

司泵工：1 名，负责指挥灰浆制备，泵送系统的正常运转，做好水泥浆制备设备保养，负责输浆管路的清洗。

记录：1 名，依据设计要求，测定搅拌桩每延米的灌浆量；发现停浆时立即通知班长，采取补救措施；同时记录施工中的各种数据，复查桩位、水泥浆配比等。

拌浆工：2 名，按设计配合比制备水泥浆固化剂，并按照司泵工的指挥，将水泥浆倒入集料斗。

供料工：1 名，负责搬运水泥及外掺剂；负责散装水泥的过磅秤量，并装入临时备用的水泥袋。

另外每台套机械配备 1 名机修工和 1 名电工，保证整套机械和现场施工的正常进行。

8.2.3.2 辅助设备

挖掘机：通常选择型号 220 及以上挖掘机，配合搅拌桩机施工，进行搅拌桩机钻进前的场地平整；对桩芯土进行归堆，平整。

8.2.3.3 场地条件

（1）拟建场地附近如已有建筑物且相距较近，应考虑设备操作空间是否满足；当止水帷幕平行于已建建筑施工时，帷幕与已建建筑之间应至少预留 2m 安全距离；当止水帷幕垂直与已建建筑时，需考虑设备宽度及稳定支腿的外扩空间，建议不小于 5m。场地承载力特征值不应小于设备接地比压。施工现场较为狭窄时，若需因地制宜搭设安装灰浆拌制操作棚，面积宜大于 $40m^2$。如果施工现场的表土较硬，需采用注水预搅施工时，现场四周应挖掘排水沟，并在沟的对角线上各挖一个集水井，其位置以不影响施工为原则。应经常清除井内沉淀物、保持沟内流水畅通。如施工现场为一很长的路段（例如超过 500m），可考虑将灰浆制备系统装在一辆拖车上，随主机一起前进，以便流动供应水泥浆。

（2）清理施工现场的地下、地面及空中障碍，以利安全施工。场地低洼时应抽干积水和挖除表面淤泥。

（3）依据设计图纸，编制搅拌桩施工方案，做好现场平面布置，安排好打桩施工流水。布置水泥浆制备系统和泵送系统，且考虑泵送距离不宜大于 100m。

（4）按设计要求，进行现场测量放线，定出每一个桩位，并打入小木桩。

国产水泥土搅拌机的搅拌头大都采用双层（或多层）十字杆形或叶片螺旋形。这类搅拌头切削和搅拌加固软土十分合适，但对块径大于 100mm 的石块、树根和建筑垃圾等大块物的切割能力较差，即使将搅拌头作了加强处理后已能穿过块石层，但施工效率较低，机械磨损严重。因此，施工时应将大块回填料予以挖除后再填素土为宜，增加的工程量不大，但施工效率却可大大提高。

8.2.3.4 安全技术准备

（1）方案编制。项目技术负责人根据图纸要求、相关规范及现场实际情况编制安全技术方案。

（2）按照方案内容，项目技术负责人对管理人员及作业人员进行安全技术交底。

（3）其他安全技术准备。项目生产负责人编制材料、机械设备、工具、用具及各技术工种劳力进场计划。安全负责人对进场工人进行三级安全教育等。

8.2.4 工艺流程及要点

8.2.4.1 工艺流程

搅拌桩施工工艺流程如图 8.2.3 所示。其中若为喷粉型搅拌施工，钻机下沉钻进无需给水，且为喷粉搅拌提升。

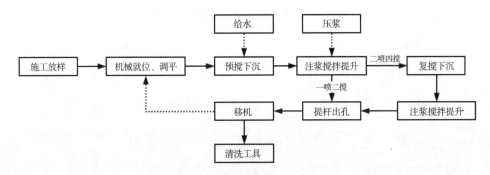

图 8.2.3　喷浆型搅拌的施工流程

8.2.4.2　工艺要点

（1）施工放样。进行现场测量放线，定出每一个桩位，并打入小木桩进行标记。

（2）机械就位、调平。吊车（或塔架）悬吊搅拌机到达指定桩位并调平，使中心管或钻头中心对准设计桩位。

（3）预搅下沉。待搅拌机的冷却水循环正常后（潜水电机机型），启动电机，放松起重机钢丝绳，使搅拌机沿导向架边搅拌、边切土下沉、下沉速度可由电机的电流监测表控制，工作电流不应大于 70A。

（4）注浆搅拌提升。待搅拌机下沉到一定深度时，开始按设计确定的配合比拌制水泥浆。水泥浆液的水灰比宜取 0.6~0.8。搅拌桩的水泥掺量宜取土的天然质量的 15%~20%。

压浆前将水泥浆倒入集料斗中。搅拌机下沉到设计深度后，开启灰浆泵将水泥浆压入地基中，且边喷浆、边旋转搅拌钻头，同时严格按照设计确定的提升速度提升搅拌机。钻头喷浆搅拌提升速度不宜大于 0.5m/min，钻头搅拌下沉速度不宜大于 1.0m/min；钻头每转一圈的提升（或下沉）量宜为 10~15mm；单机 24h 内的搅拌量不应大于 100m³；施工时宜采用流量泵控制输浆速度，注浆泵出口力应保持在 0.40~0.60MPa，输浆速度应保持常量。

（5）复搅下沉。待搅拌机提升到设计加固范围的顶面标高时，集料斗中的水泥浆应正好排空。为使软土和水泥浆搅拌均匀，可再次将搅拌机边旋转边沉入土中，至设计加固深度后再将搅拌机提升出地面。（根据设计要求或施工质量要求，可重复进行注浆搅拌提升、复搅下沉工序）

（6）移机。将搅拌机移位，重复上述 5 个步骤，进行下一根桩的施工。

（7）清洗机具。向集料斗中注入适量的清水，开启灰浆泵，清洗全部管路中残余的水泥浆，直至基本干净，并将粘附在搅拌头上的泥土清除干净。

8.2.5　工艺质量要点识别与控制

止水帷幕水泥土搅拌桩施工工艺质量要点识别与控制见表 8.2.3。

表 8.2.3　单双轴水泥土搅拌桩施工工艺质量要点识别与控制

控制项目	识别要点	控制标准	控制措施
主控项目	桩身强度	不小于设计值	采用 28d 试块强度或钻芯法检验桩身强度
	水泥用量	不小于设计值	施工过程中实时查看流量表，确保水泥用量
	桩长	不小于设计值	测量钻杆长度，保证桩长达到设计要求
	导向架垂直度	≤ 1/150	施工前，应对施工区域进行场地平整；桩机就位后，通过经纬仪测量进行垂直度检测
	桩径	± 20mm	每根桩施工前应对搅拌叶回转直径进行测定
一般项目	桩位	≤ 20mm	开工前，应对测量仪器（GPS、全站仪等）进行标定，施工过程中应定期维护；测放桩位时，应设置明显标识注明桩号并做十字引点保护点
	桩顶标高	± 200mm	通过水准测量，最上部 500mm 浮浆层及劣质桩体不计入
	施工间歇	≤ 24h	检查施工记录。施工记录必须有专人负责，深度记录偏差不得大于 5cm；时间记录误差不得大于 2s 施工中发生的问题和处理情况，均应如实记录，以便汇总分析
	提升、下沉速度	设计值	测量机头上头的距离和所用的时间进行控制

8.2.6　工艺安全风险识别与控制

止水帷幕水泥土搅拌桩施工工艺安全风险辨识与控制见表 8.2.4。

表 8.2.4　止水帷幕水泥土搅拌桩施工工艺安全风险识别与控制

事故类型	风险辨识	控制措施
机械伤害	卡钻、埋钻	针对埋钻情况，可通过改善钻杆联结接头质量来预防；孔壁不稳，易塌孔时可采用护壁泥浆钻进。针对卡钻情况，需事先详细了解地层情况，在施工过程中应控制钻杆速度，控制钻杆升降等使钻杆活动
	起重钢丝绳脱落	加强日常检查、维修；对于有坠落可能的任何物料、工具都应一律先行拆除或加以固定
	设备倾斜、甚至倾覆	施工过程中，在桩机顶部系两根缆风绳，连接至地锚，设专人在打桩过程中防护，在发现搅拌机有倾倒的现象时，马上停止打桩，调整搅拌机位置，使其稳定。 施工过程中如遇大风，应将桩管插入地下嵌固，以确保桩机安全。施工时设专人现场监控，确保一人一机一防护，以便确保施工安全，杜绝因台风天气等不利天气或操作不规范导致设备倾覆
触电	高压线路附近施工	桩机机架较高，施工过程中应注意高压线等影响施工安全的空中物体。根据电压的大小不同，电力线路下及一定范围内需设立保护区。施工前应征得电力相关部门的同意，并采取相应保护措施后方可施工

表 8.2.4（续）

事故类型	风险辨识	控制措施
其他伤害	桩位下地下管线机障碍资料不明	由建设单位提供相关资料，若由施工单位进行管线及障碍物开挖时，在开挖前必须做好开挖方案及应急处理方案，否则不得施工
	恶劣天气施工作业	遇到雷电、大雨、大雾、大雪和六级以上大风等恶劣天气时，应停止一切作业。当风力超过七级或有台风、风暴预警时，应将设备桅杆放倒

8.2.7　工艺重难点及常见问题处理

止水帷幕水泥土搅拌桩施工工艺重难点及常见问题处理见表 8.2.5。

表 8.2.5　单双轴水泥土搅拌桩施工工艺重难点及常见问题处理

工艺重难点	常见问题	原因分析	预防措施和处理方法
桩位控制	桩位偏差	桩位测放不准	桩位放样前，对规划测量单位移交的导线点、水准点进行复核。在钻机操作平台上焊接一根钢筋，在距离钻杆 2 倍桩距设控制点用重线锤的方法对准
垂直度控制	搭接宽度不足	设备倾斜	设备的平整度和导向架垂直度，必须随时有效控制。为保证桩体垂直度，可在主机上悬挂一吊锤，控制吊锤与钻杆距离相等。
		地面软弱或软硬不均	施工前应先将场地夯实平整，确保每条支腿都与地基充分接触受力，必要时在支腿下垫钢（木）板
成桩质量控制	喷浆不正常	喷浆被堵	施工前必须对注浆泵、搅拌机等机械进行试运转。 班组工作结束时对注浆泵、注浆口等部位进行清洗。喷浆口应安装止回阀。在钻头喷浆口上方，最好设置越浆板。 改善现场水泥存储环境及时清渣并时常检查滤网的破损状况，集水池的上部应设置细筛过滤网
	土体未充分搅拌	钻头裹泥	钻头检查应每桩进行；如有复搅要求，应于每次下钻前检验。 搅拌机沉入前，桩位处要注水，使搅拌头的表面湿润，如地表为软黏土时，可适当掺入一定量的砂，从而改变土的黏度
	土体未充分搅拌	施工不规范	主要控制钻头提升速度严格按规范要求。巡视检查自动记录仪上每米喷浆量是否均匀并符合设计要求。 全桩是否达到设计要求的复搅次数，湿法施工钻头下到设计深度是否搅拌喷浆 30s 后开始提钻。 桩基施工因故中途停止再次施工时湿法应搭接 0.50m；当桩位存在重叠时，相邻桩施工时间间隔应不大于 24h。 停灰面控制：搅拌桩顶端 0.3~0.5m 的桩身质量较差，为保证桩身质量，停灰（浆）面必须高于桩顶设计标高 500mm

8.3 止水帷幕水泥土搅拌桩（三轴）施工

8.3.1 工艺介绍

8.3.1.1 工艺简介

三轴水泥土搅拌桩是长螺旋桩机的一种，同时有三个螺旋钻杆，施工时三条螺旋钻同时向下施工，利用搅拌桩机将水泥喷入土体并充分搅拌，使水泥与土发生一系列物理化学反应，使软土硬结，从而达到止水、提高土体强度的作用。

8.3.1.2 适用地质条件

适用于淤泥、淤泥质土、黏性土（流塑、软塑和可塑）、粉土、砂土、黄土、素填土、残积土、全风化岩层等土层。

8.3.1.3 工艺特点

（1）三轴搅拌机由于机架结构、动力系统及其扭矩匹配较大，三根钻头又为长螺旋交叉叶片，且施工附空压机喷气，因此，搅拌均匀充分，提高了搅拌功效，成桩质量高，安全系数高；

（2）三轴搅拌机一次作业可同时完成三根搅拌桩的施工，施工速度快，缩短工期；

（3）三轴搅拌机采用了全封闭环保型自动搅拌注浆站，无水泥灰尘污染。实现电脑配比，自动记录，浆液质量稳定，解决了传统施工中水泥用量的控制难题；

（4）三轴搅拌机采用步履式或履带式行走功能，大大减少了劳动量，提高了施工功效；

（5）施工噪声小，对周边居民影响较小；

（6）施工机械较大，对于空间较小场地不适用；

（7）机械重量较大，对场地承载力要求较大，建议施工前对场地进行一定硬化处理（如铺碎石、水泥硬化等），防止施工过程中出现机械倾斜、水泥土搅拌桩垂直度偏差超过规范要求。

8.3.2 设备选型

应根据设计图中的桩径、业主工期要求、现场临电状态以及岩土工程勘察报告中的地层情况选择合适的三轴搅拌桩机。桩机构造见图 8.3.1，常用桩机选型可按表 8.3.1 选用。

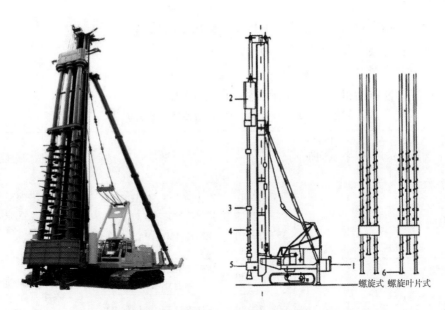

图 8.3.1　三轴型搅拌桩机及构造示意图

1—桩架；2—动力头；3—连接装置；4—钻杆；5—支承架；6—钻头

表 8.3.1　常用三轴搅拌桩机

型号	ZKD65-3	ZKD85-3	ZKD100-3
钻头直径 /mm	φ650	φ850	φ1000
钻杆根数	3	3	3
钻杆中心距 /mm	450×450	600×600	750×750
钻进深度 /m	30	30	30
主功率 /kW	45×2	75×2（90×2）	75×3
钻杆转速（正、反）/r·min^{-1}	17.6–35	16–35	16–35
单根钻杆额定扭矩 /kN·m	16.6	30.6	45
钻杆直径 /mm	φ219	φ273	φ273
常见设备高度 /m	30	30	36
传动型式	动力头顶驱	动力头顶驱	动力头顶驱
总质量 /t	21.3	38.0	39.5

　　三轴搅拌桩施工设备由三轴搅拌桩机和配套设备组成，三轴搅拌桩机由钻孔机和打桩架两部分构成。

8.3.2.1　钻孔机

钻孔机包括动力头、钻杆、支撑架三部分。

动力头：提升导向机构，内含电机（可选用不同功率）；

钻杆：有螺旋式和螺旋叶片式两种；

支撑架：主要保证桩体垂直度。

常用三轴搅拌钻机动力头选型可按表 8.3.2 选用。

表 8.3.2　常用三轴搅拌钻机动力头

设备类型	桩径/mm	相邻钻头间距/m	功率/kW	型号	适用地层
φ650mm 型机	650	450	45×2=90	ZKD-65-3、MAC-120	淤泥、淤泥质土、黏性土（流塑、软塑和可塑）、粉土、砂土、黄土、素填土、残积土
			55×2=110	MAC-150、PAS-150	
φ850mm 型机	850	600	75×2=150	ZKD-85-3、MAC-200、PAS-200	淤泥、淤泥质土、黏性土（流塑、软塑和可塑）、粉土、砂土、黄土、素填土、残积土、全风化岩层、土状强风化岩土层
			90×2=180	ZKD-85-3A、MAC-240	
			75×3=225	ZKD85-3B	
φ1000mm 型机	1000	750	75×3=225	ZKD100-3	淤泥、淤泥质土、黏性土（流塑、软塑和可塑）、粉土、砂土、黄土、素填土、残积土、全风化岩层、土状强风化岩土层
			90×3=270	ZKD100-3A	

8.3.2.2　打桩架

打桩架有履带式和液压步履式两种。常用的打桩架可按表 8.3.3 选用。

表 8.3.3　常用打桩架

序号	型号	桩架高度/m	成桩长度/m
1	SF558 电液式履带式桩架	30	22
2	SPA135 柴油履带式桩架	33	25
3	SF808 电液式履带式桩架	36	28
4	DH608 步履式桩架	34.4	27.7
5	D36.5 步履式桩架	36.5	28.5
6	JB180 步履式桩架	39	32
7	LTZJ 步履式桩架	42.5	34.5
8	JB250 步履式桩架	45	38

8.3.3　施工前准备

8.3.3.1　人员配备

（1）三轴搅拌机驾驶员：负责三轴搅拌机操作。每班一般配备 1 名驾驶员，且必须持有培训合格上岗证。

（2）挖掘机操作手：配合设备进行沟槽开挖，设备行走路线的场地处理，施工过程中水泥土浆液的倒排。每班一般配备 1 名操作手，且必须持有培训合格上岗证。

（3）普工：设备日常施工时的桩位对位及设备垂直度检查，以及其他现场配合施工任务。每班一般配备 1 名。

（4）后台拌浆工：负责制浆后台设备的日常检查，搅拌制备水泥浆液，控制制浆后台。每班一般配备 1 名。

8.3.3.2　辅助设备

辅助设备包含推土机、挖掘机等。推土机、挖掘机配合自卸汽车清除地表杂物，并将原地面按设计要求整平，填出路拱。

8.3.3.3　场地条件

（1）施工前应掌握场地地质条件及环境资料，查明不良地质条件及地下障碍物的详细情况，如有需要则进行清除，单桩施工场地大小通常需要达到 13m×6m，最后一组桩中心距离障碍物不小于 3.5m，才能满足单台三轴搅拌桩机的施工作业要求。

（2）施工前应进行场地平整，场地便道应满足搅拌桩机和起重机平稳行走、移动的要求，必要时应进行地基处理，一般要求场地地基承载力达到 100kPa 以上。

（3）当施工点位周围有需保护的对象时，应掌握被保护对象的保护要求（根据设计图纸，三轴搅拌桩机施工应确保与被保护对象有足够的安全距离，一般不少于 5m），并结合监测结果通过试成桩确定施工参数。

（4）推土机、挖掘机配合自卸汽车清除地表杂物，并将原地面按设计要求整平，填出路拱。根据施工现场实际情况，施作临时排、截水设施，并在施工范围以外开挖废泥浆池以及施工孔位至泥浆池间的排浆沟。

8.3.3.4　安全技术准备

（1）准备充足的水泥加固料和水。水泥的品种、规格、出厂时间经试验室检验符合国家规范及设计要求，并有质量合格证。严禁使用过期、受潮、结板、变质的加固料。一般水泥为 42.5 号普通硅酸盐水泥。水要干净，酸碱度适中，pH 值在 5~10 之间。

（2）室内配合比试验。根据设计要求的喷浆量或现场土样的情况，按不同含水量设计并调整几种配合比，通过在室内将现场采取的土样进行风（烘）干、碾碎，过 2~5mm 筛的粉状土样，按设计喷浆量、水灰比搅拌、养护、进行力学试验，确定施工喷浆量、水灰比。一般水灰比可取 1.5~2.0。为改善水泥土的性能、防沉淀性能和提高强度，可适当掺入木质素磺硫钙、石膏、三乙醇胺、氯化钠、氯化钙、硫酸钠、陶土、碱等外掺剂。

若试验之前土样的含水量发生了变化，应调整为天然含水量。

8.3.4　工艺流程及要点

8.3.4.1　工艺流程

止水帷幕水泥土搅拌桩（三轴）施工工艺流程如图 8.3.2 所示。

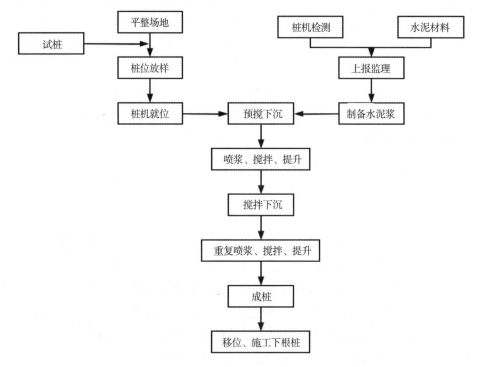

图 8.3.2　止水帷幕水泥土搅拌桩（三轴）工艺流程

8.3.4.2　工艺要点

（1）施工前准备。检测桩机是否合格、水泥材料是否符合设计要求，并上报监理，监理通过后制备水泥浆。根据设计要求及试桩成果确定水泥及掺入量，即确定每立方米土体容重的水泥掺入比例。

水泥量的配置：每幅桩的水泥用量 = 搅拌桩的截面积 × 桩长 × 土体容重 × 水泥掺入量。

（2）平整场地。施工前应对场地进行整平、压实；铺垫好进出施工区域的道路。同时合理布置施工机械、输送管路和电力线路位置，确保施工场地的"三通一平"。

（3）试桩试验。根据室内试验确定的施工喷浆量、水灰比制备水泥浆液在试验区域施工数根试桩，并根据试桩结果，调整加固料的喷浆量，确定搅拌机提升速度、搅拌轴回转速度、喷入压力、停浆面等施工工艺参数。常见地层水泥掺量、水灰比见表 8.3.4。

表 8.3.4　常见地层水泥掺量、水灰比的选用

序号	地层	水泥掺量	水灰比
1	砂性土（粉砂、细砂、中砂、粗砂）	18%~20%	1.5~2.0
2	砂砾土（砾砂、圆砾、角砾）	16%~18%	1.2~2.0
3	黏性土（粉质黏土、黏土、黏质粉土）	20%~22%	1.5~2.0

（4）桩位放线。按施工坐标图放出三轴搅拌桩中心线及定位线，设立临时控制桩，作出明显标识，在施工过程中每天对控制点进行校核，并做好有效保护。施工前拉好控制导线及并做好标识，施工中需不断复核导线及标识的真实性及准确性，确保孔位无偏差错漏。根据设计桩长复核钻杆长度，并在立柱或钻杆上作好明显的标识，用以控制桩体。

（5）桩机就位。采用挖掘机沿轴线开挖沟槽，导沟宽度宜比设计墙宽 0.4~0.6m，深度宜为 1.0~1.5m。主要用来导流钻孔后被置换出的水泥土。

移动与定位：桩机移位由当班机长统一指挥，移动前必须仔细观察现场情况，移位要做到平稳、安全。桩机定位后，由当班机长负责对桩位进行复核，根据确定的位置严格钻机桩架的移动就位，就位误差不大于 3cm。

机架调整：开钻前应用水平尺将平台调平，并调直机架，在成孔、提升过程中经常检查平台水平度和机架垂直度，确保成桩垂直度。

（6）桩机施工。

①施工顺序：预搅下沉→喷浆、搅拌、提升→搅拌下沉→重复喷浆、搅拌、提升→成桩。

②桩长控制：为控制钻杆下钻深度达标，利用钻杆和桩架相对错位原理，在钻杆上划出深度标尺线。

③桩机钻孔：三轴搅拌桩工法施工一般按跳槽式连接顺序（方式一）或单排咬合式连接（方式二）进行（见图 8.3.3 及图 8.3.4），其中阴影部分为重复套钻，保证墙体的连续性和接头的施工质量，三轴水泥搅拌桩的搭接以及施工设备的垂直度补救是依靠重复套钻来保证，以达到止水的作用。

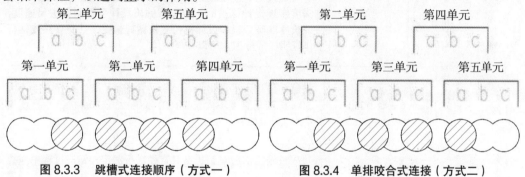

图 8.3.3　跳槽式连接顺序（方式一）　　图 8.3.4　单排咬合式连接（方式二）

④水泥浆配合比：水泥浆采用水泥自动搅拌注浆站通过高压泵、注浆管输送至钻杆头部。根据设计所标深度，钻机在钻孔和提升全过程中，保持螺杆匀速转动，匀速下沉、匀速提升。使水泥土搅拌桩在初凝前达到充分搅拌，水泥与土能充分拌和，确保搅拌桩的质量。

⑤搅拌速度：严格控制下钻、提升的速度，下钻、提升速度应与注浆泵的流量相适应，依据设计要求控制下沉速度和提升速度，一般下沉速度控制在 0.5~0.8m/min 以内，提升速度控制在 1.0m/min，并保持匀速下沉与匀速提升，确保桩体范围内搅拌均匀。在邻近建筑物或地下管线施工时，应尽可能采用最低的提升速度（0.33m/min）施工，必要时采用间隔或间歇施工工序。

⑥气压控制：严格控制三轴搅拌桩高压喷气轴喷浆压力，一般气压控制在 0.6~0.8MPa，空压机空气压缩量为 $8~10m^3/min$。施工过程中如果发现沟槽位置有气泡，应停止施工，查明原因并解决后，方可继续施工。

（7）移位、施工下一单位桩。移动桩机，按上述步骤施工下根水泥土桩。

清理沟槽内水泥浆：由于水泥浆液定量注入搅拌孔内，将有一部分水泥土被置换出沟槽内，采用挖掘机将沟槽内的水泥土清理出沟槽，保持沟槽沿边的整洁，确保下道工序的施工，被清理的水泥土将在 10h 之后开始硬化，可随日后基坑开挖一起运出场地，不会产生泥浆污染。

8.3.5 工艺质量要点识别与控制

止水帷幕水泥土搅拌桩（三轴）施工工艺质量要点识别与控制见表 8.3.5。

表 8.3.5　止水帷幕水泥土搅拌桩（三轴）施工工艺质量要点识别与控制

控制项目	识别要点	控制标准	控制措施
主控项目	桩身强度	不小于设计值	可在试桩时及施工过程中采取试块经 28d 标养试验后确定桩身强度，也可采用钻芯法确定水泥土强度
	水泥用量	不小于设计值	施工过程中实时查看流量表，确保水泥用量
	桩长	不小于设计值	桩位放线时，应准确记录桩位开孔标高；施工过程中，当钻进深度接近设计深度时，应提醒钻机操作手控制好进尺速度，保证长度准确。根据设计桩长复核钻杆长度，并在立柱或钻杆上作好明显的标识，用以控制桩体
	导向架垂直度	≤ 1/250	开钻前应用水平尺将平台调平，并调直机架，确保高度不大于 30m 机架垂直度不大于 1/150，高度大于 30m 机架垂直度偏差不应大于 1/250
	桩径	± 20mm	每根桩施工前应对钻机钻具直径进行测定；钻进过程中应控制下钻和提钻速度，避免人为原因造成孔壁破坏而导致桩径偏差过大

表 8.3.5（续）

控制项目	识别要点	控制标准	控制措施
一般项目	水胶比	设计值	施工前即确定好实际用水量和水泥等胶凝材料的重量比，严格按比例施工
	提升速度	设计值	施工过程中随时测机头上升距离和时间，严格把控提升速度
	下沉速度	设计值	施工过程中随时测机头下沉距离和时间，严格把控下沉速度
	桩位	≤ 50mm	按施工坐标图放出三轴搅拌桩中心线及定位线，设立临时控制桩，在施工过程中每天对控制点进行校核，并做好有效保护。施工前拉好控制导线及并做好标识，施工中需不断复核导线及标识的真实性及准确性，确保孔位无偏差错漏
	桩顶标高	± 200mm	桩位放线时，应准确记录桩位开孔标高；利用水准测量确保桩顶标高满足设计要求
	施工间歇	≤ 24h	施工过程中监理旁站确保施工间歇时间不超过 24h

8.3.6 工艺安全风险辨识与控制

止水帷幕水泥土搅拌桩（三轴）工艺安全风险辨识与控制见表 8.3.6。

表 8.3.6 止水帷幕水泥土搅拌桩（三轴）工艺安全风险辨识与控制

事故类型	风险辨识	控制措施
车辆伤害	设备倾覆	桩机机架较高，且动力头在机架上部，应做好桩机稳固工作，防止倾覆
物体打击	高空管控	桩机机架较高，施工过程中应注意高压线等影响施工安全的空中物体
高处坠落	沟槽临边防护	施工过程中，沟槽较深，建议采用反光带等防护标识，防止人员靠近
起重伤害	起重钢丝绳	加强日常检查、维修，防止起重钢丝绳脱落

8.3.7 工艺重难点及常见问题处理

止水帷幕水泥土搅拌桩（三轴）施工工艺重难点及常见问题处理见表 8.3.7。

表 8.3.7　止水帷幕水泥土搅拌桩（三轴）施工工艺重难点及常见问题处理

工艺重难点	常见问题	原因分析	预防措施和处理方法
桩位控制	桩位偏差	桩位测放不准	桩位测放完成后，在控制线及在控制线上做出的桩位定位标记，并进行复测和检查，确保桩位准确无误。 出现桩位偏差后立刻更正，并做好交接位置的搭接
桩径控制	缩径	钻头焊补不及时，越钻越小，致使后续成桩直径偏小	为确保成桩直径满足设计要求，必须采用复喷措施。特别是在桩顶和桩底的位置，应根据实际情况进行复喷，桩顶部位应适当加大水泥浆量，以确保施工质量。 出现缩径后立刻补焊钻头，并在已施工缩径桩后补打一到两排桩
垂直度控制	钻孔偏斜	三轴钻机就位安装不稳或钻杆弯曲	桩机部件要做好保养、组装，开钻前要校正钻杆垂直度和水平度，桩位偏差不大于30mm
		地面软弱或软硬不均匀	施工前应先将场地夯实平整
桩身质量	难以成桩	三轴钻机施工过程中遇地下障碍物	根据地勘报告，必要时进行施工勘察，搅拌桩施工前查清地下障碍物；遇浅层地下障碍物应予以挖除，深层地下障碍物应采用避绕方式施工，确保成桩质量
	成桩强度不足	三轴搅拌桩成桩强度较低，水泥土强度不足，水灰比较低或地下水流速快，难以成桩	搅拌桩施工前先试打成桩，并取芯验证成桩质量，确定合适的水泥掺量及水灰比
环境管理	泥浆污染	泥浆未硬化便运出场地	泥浆待10h后开始硬化，可随日后基坑开挖一起运出场地。严禁未硬化便运出

8.4　止水帷幕高压旋喷桩（单管）施工

8.4.1　工艺介绍

8.4.1.1　工艺简介

高压旋喷桩（单管），是通过喷嘴将高压水泥浆喷入土层并使水泥与土体搅拌混合，与此同时，钻杆一边旋转，一边向上提升，形成水泥土加固体的一种施工工艺。水泥土加固体（旋喷桩）可以有效减小土的透水性，达到止水的目的。高压喷射的基本方式有旋喷（固结体为圆柱状）、定喷（固结体为壁状）和摆喷（固结体为扇状）等三种，固结体相互咬合可形成止水帷幕。本节主要介绍单管高压旋喷桩。

8.4.1.2 适用地质条件

适用于素填土、黏性土、粉土、砂土及全风化、强风化岩层等地层。对土中含有较多的大直径块石、大量植物根系和高含量的有机质，以及地下水流速较大的工程，应根据现场试验结果确定其适用性。

8.4.1.3 工艺特点

与双重管法和三重管法相比，单管法只喷射高压水泥浆液一种介质，桩径最小，成桩直径一般为 0.3~0.6m，一般用在松散、稍密砂层中，水泥掺量宜取土的天然质量的 25%~40%，正常提升施工速度一般在 20cm/min。单管法成桩质量低于双重管法和三重管法，造价低于双重管法和三重管法。与三轴搅拌桩相比，高压旋喷桩设备更小、适用土层更广泛，但价格更高。

8.4.1.4 工艺选择

（1）单管法、双重管法和三重管法的优缺点对比。单管法、双重管法和三重管法的优缺点对比见表 8.4.1。

表 8.4.1　单管法、双重管法和三重管法的优缺点对比

项目	单管法	双重管法	三重管法
成桩直径 /mm	300~600	600~1500	800~2000
提升速度 /cm·min⁻¹	15~25	7~20	5~20
常见设备尺寸（长 × 宽 × 高）/m	2.6 × 1.8 × 4.6	2.6 × 1.8 × 4.6	5.6 × 2.55 × 7.5

（2）高压旋喷桩施工工艺选择。高压旋喷桩施工工艺选择应根据地质情况、作业场地、设计要求、工程造价、施工工期等因素综合考量确定。成桩直径较小时可选择单管法。

8.4.2　设备选型

8.4.2.1　旋喷钻机

常用旋喷钻机选型可按表 8.4.2 选用。

表 8.4.2　常用旋喷钻机

设备型号	钻具直径 /mm	桩径 /m	功率 /kW	外形尺寸 /mm	整机重量 /t	钻孔深度 /m	外观
履带式旋喷钻机 SRJP-145	89~142	0.3~0.6	45	4890 × 3200 × 12030	11	50	

表 8.4.2（续）

设备型号	钻具直径/mm	桩径/m	功率/kW	外形尺寸/mm	整机重量/t	钻孔深度/m	外观
履带式旋喷钻机 XL-50C	42/50/73	0.3~0.6	22	2600×1800×4600	2.8	50	

8.4.2.2 高压泥浆泵

高压泥浆泵的压力通常要求在 30.0MPa 以上。一个良好的高压泥浆泵应能在高压下持续工作，设备的主体结构和密封系统应有良好的耐久性。否则，高压泥浆泵输送水泥时，就会经常发生故障，给施工带来很大困难。此外，高压泥浆泵在流量和压力方面还应具有适当的可调节范围，以利于施工中选用。

高压泥浆泵一般可分为柴油机和电动机带动两大类。前者不受电力的限制，但压力往往不稳定；而后者的压力较稳定。

常用高压泥浆泵选型可按表 8.4.3 选用。

表 8.4.3　常用高压泥浆泵

设备型号	额定工作压力/MPa	功率/kW	理论流量/m³·h⁻¹	外观
XPB-50 高压泥浆泵	20	55	8.4	
XPB-90C 高压泥浆泵	39~70	75~90	4~6	
XPB-90D 高压泥浆泵	22~45	55~75	4.8~7.5	
XPB-90E 高压泥浆泵	12~60	55~110	5~13	

8.4.2.3 喷射管

单管法的喷射管仅喷射高压泥浆，它由单管导流器、钻杆和喷头三部分组成，见表8.4.4。

表 8.4.4 喷射管组成构件

构件名称	说明
单管导流器	单管导流器是浆液进入单管钻杆及喷头的总进口，安装在钻杆的顶部。其作用是把静止的高压胶管和旋转的钻杆喷头连接起来，并且把高压浆液无渗漏地从胶管输送给钻杆、喷头。它在结构强度上要能承受一定的拉力，又能承受下钻杆时的冲击力，同时保持钻杆在转动过程中有良好的高压密封性
单管钻杆	单管钻杆是以普通 $\phi50mm$ 或 $\phi42mm$ 地质钻杆代用，每根长 1.0~3.5m，钻杆的上下连接用方扣螺纹
单管喷头	单管的喷头装在钻杆的最下端。喷头的顶端做成圆锥形。喷头上装有 1~2 个喷嘴，喷嘴装在喷头的两侧。使高压射流横向射入地层破坏土体。喷嘴的直径一般为 2.0mm 左右

8.4.2.4 喷嘴

喷嘴是将高压泵输送来的液体压力能最大限度地转换成射流动能的装置，它安装在喷头侧面，其轴线与钻杆轴线成 90° 或 120°。喷嘴是直接影响射流质量的主要因素之一。根据流体力学的理论，射流破坏土体冲击力的大小与流速平方成正比，而流速的大小除和液体出喷嘴前的压力有关外，喷嘴的结构对射流特性值的影响很大。

高压液体射流喷嘴通常有圆柱形、收敛圆锥形和流线形 3 种，见表8.4.5。

表 8.4.5 喷嘴形式

名称	说明
圆柱形喷嘴	圆柱形喷嘴容易加工，但这种喷嘴的射流特性一般
收敛圆锥形喷嘴	收敛圆锥形喷嘴的流速系数、流量系数和流线形喷嘴相比较所差无几，又比流线形喷嘴更容易加工，经常被采用。在实际应用中，圆锥形喷嘴的进口端增加了一个渐变的喇叭口形的圆弧角 θ，使其更接近于流线形喷嘴，出口端增加一段圆柱形导流孔，通过试验，其射流收敛性较好
流线形喷嘴	流线形喷嘴的射流特性最好，但这种喷嘴极难加工，在实际工作中很少采用

8.4.3 施工前准备

8.4.3.1 人员配备

班组组成人员如下：班长 1 人，钻机操作工 1 人，泵工 1 人，电工 1 人，钳工 1 人，力工 4 人。

8.4.3.2 辅助设备

辅助设备包含推土机、挖掘机等。推土机、挖掘机配合自卸汽车清除地表杂物，并将原地面按设计要求整平，填出路拱。

8.4.3.3　场地条件

根据施工现场实际情况，施作临时排、截水设施，并在施工范围以外开挖废泥浆池以及施工孔位至泥浆池间的排浆沟。按设计要求完成施工放样并作出明显标识。

8.4.3.4　安全技术准备

（1）方案编制。项目技术负责人根据图纸要求、相关规范及现场实际情况编制安全技术方案。

（2）方案交底。按照方案内容，项目技术负责人对管理人员及作业人员进行安全技术交底。

（3）其他安全技术准备。项目生产负责人编制材料、机械设备、工具、用具及各技术工种劳力进场计划。安全负责人对进场工人进行三级安全教育等。

8.4.3.5　试桩试验

按设计要求的施工喷浆量、水灰比制备水泥浆液在试验区域施工数根试桩，并根据试桩结果，调整加固料的喷浆量，确定钻杆提升速度、钻杆回转速度、喷入压力、停浆面等施工工艺参数。

8.4.4　工艺流程及要点

8.4.4.1　工艺流程

止水帷幕高压旋喷桩（单管）施工工艺流程如图 8.4.1 所示。

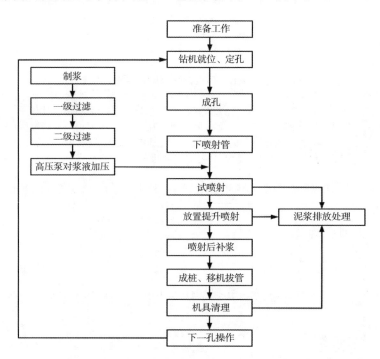

图 8.4.1　止水帷幕高压旋喷桩（单管）施工工艺流程

8.4.4.2 工艺要点

（1）钻机就位、定孔。将钻机移至施工桩位，使钻机机架水平，导向架和钻杆与地面垂直，倾斜率小于1%。高压旋喷桩用作桩间止水时，应在围护桩施工完成并达到一定强度之后再施工高压旋喷桩。高压旋喷桩用作排桩止水时，应采用间隔跳桩法施工，相邻孔喷射注浆的间隔时间不宜小于24h。

（2）钻孔、下喷射管。桩位复核后，启动钻机，同时开启高压泥浆泵低压输送水泥浆液，使钻杆沿导向架振动、射流成孔下沉，直至桩底设计标高。钻孔完成时，下喷射管作业同时完成。

（3）制浆。施工用水取自场区内生产用水，抽至水箱备用。水泥倒入搅拌罐前要进行第一次过滤，滤掉水泥块，杂质及水泥袋碎片，防止堵塞管路及喷嘴，搅拌桶采用高速电机，旋转喷射期间要不停搅拌，水泥浆进入管路前还要进行第二次过滤。每罐浆的水泥量及水量按配比计算确定，水灰比宜为0.8~1.2。

（4）试喷射。旋喷管下到孔底后，先作试喷，待相关参数均达到设计要求后，孔口开始返浆时，方可进行正常提升施工，试喷时间不得低于5min。

（5）旋转提升喷射。钻进至预定位置后开始提升旋转喷射浆液，本着不返浆不提升的原则，返浆后开始提升，提升速度及旋转速度用秒表进行标定，换接钻杆后重新开始喷射时下放500mm接桩，因故障停喷时间大于20min也要下放500mm接桩。停止喷射的位置宜高于帷幕设计顶面1m，为了保证旋喷桩施工质量，应在桩端、地下水位、桩顶等部位进行复喷作业，原位转动2min。单管法高压水泥浆的压力应大于20MPa，流量应大于30L/min，提升速度宜为0.1~0.2m/min。

（6）喷射后补浆。喷完后对旋喷孔进行冒浆回灌，直至浆面不下降为止。

（7）成桩、移机拔管。喷射作业完成后，将高喷台车移动至下一孔位，将喷射管拔出。

（8）机具清理。喷射施工结束后应迅速拔出喷射管，用清水冲洗管路，防止浆液凝固将管路堵塞。

（9）泥浆排放处理。旋喷返浆挖沟引出施工区域之外，统一排至指定地点，便于处理，返浆固结后强度较高，可作为回填料。

8.4.5 工艺质量要点识别与控制

止水帷幕高压旋喷桩（单管）工艺质量要点识别与控制见表8.4.6。

表8.4.6　止水帷幕高压旋喷桩（单管）工艺质量要点识别与控制

控制项目	识别要点	控制标准	控制措施
主控项目	水泥用量	不小于设计值	①根据设计水泥掺量确定水泥用量； ②通过试验确定合理的水灰比、流量和提升速度； ③若水泥用量偏小，则应适当增大流量、减慢提升速度； ④若水泥用量偏大，则应适当减小流量、加快提升速度

表 8.4.6（续）

控制项目	识别要点	控制标准	控制措施
	桩长	不小于设计值	①当喷射注浆管贯入土中，喷嘴达到设计标高时，即可喷射注浆； ②在喷射注浆参数达到规定值后，随即按旋喷的工艺要求，提升喷射管，由下而上旋转喷射注浆； ③喷射管分段提升的搭接长度不得小于 100mm； ④为防止浆液凝固收缩影响桩顶高程，可在原孔位采用冒浆回灌或第二次注浆等措施
	钻孔垂直度	≤ 1/100	①施工场地应压实、平整； ②钻进过程中应定时检查主动钻杆的垂直度，发现偏差应立即调整； ③定期检查钻头、钻杆、钻杆接头，发现问题及时维修或更换
一般项目	桩身强度	不小于设计值	①进场水泥应做好质量检验； ②严格按照设计要求的水灰比制备水泥浆液； ③施工过程中保证钻杆提升速度、钻杆回转速度、喷入压力等施工工艺参数正确
	桩位	± 20mm	①根据正式设计文件计算空位坐标； ②所使用的全站仪、水准仪及钢尺等测量工具，在使用前均需检验与校正到规定偏差范围内； ③施放桩位时，可组织两个测量班组，一组负责测放桩位，一组负责复核桩位； ④通过各种措施稳定钻机
	桩顶标高	不小于设计值	通过水准测量，最上部 500mm 浮浆层及劣质桩体不计入，控制桩顶标高
	注浆压力	设计值	检查压力表读数，控制注浆压力

8.4.6　工艺安全风险辨识与控制

止水帷幕高压旋喷桩（单管）工艺安全风险辨识与控制见表 8.4.7。

表 8.4.7　止水帷幕高压旋喷桩（单管）工艺安全风险辨识与控制

事故类型	风险辨识	控制措施
机械伤害	施工前试喷射	试喷时应在地面钢护筒中进行，防止高压射流伤人
其他伤害	注浆设备及管路	储浆罐、高压注浆泵等注浆设备以及管路必须经常清洗、定期检查。各类密封圈必须完整、良好，无泄漏现象
	其他零部件	安全阀应定期测定，压力表应定期检修。高压胶管不能超压使用，使用时弯曲不应小于规定弯曲半径，防止胶管破裂

8.4.7　工艺重难点及常见问题处理

止水帷幕高压旋喷桩（单管）工艺重难点及常见问题处理见表 8.4.8。

表 8.4.8　止水帷幕高压旋喷桩（单管）工艺重难点及常见问题处理

工艺重难点	常见问题	原因分析	预防措施和处理方法
桩径控制	固结体强度不均匀、缩颈	喷射方法与机具没有根据地质条件进行选择	根据设计要求和地质条件，选用不同的喷浆方法和机具
		喷浆设备出现故障中断施工	喷浆前，先进行压浆试验，一切正常后方可配浆，准备喷射，保证连续进行，配浆时必须用筛过滤
		拔管速度、旋转速度及注浆量适配不当，造成桩身直径大小不均匀，浆液有多有少	根据固结体的形状及桩身匀质性，调整喷嘴的旋转速度、提升速度、喷射压力和喷浆量。
		喷射的浆液与切削的土粒强制搅拌不均匀，不充分	对易出现缩颈部位及底部不易检查处进行定位旋转喷射（不提升）或复喷的扩大桩径办法。控制浆液的水灰比及稠度。
注浆压力控制	压力不足	安全阀和管路安装接头处密封圈不严而有泄漏现象	应停机检查，经检查后压力自然上升，并以清水进行调压试验，以达到所要求的压力为止
		泵阀损坏，油管破裂漏油	
		安全阀的安全压力过低，或吸浆管内留有空气或密封圈泄漏	
		塞油阀调压过低	
	压力骤然上升	喷嘴堵塞	应停机检查，首先卸压，如喷嘴堵塞将钻杆提升，及时疏通；其他情况堵塞应松开接头进行疏动，待堵塞消失后再进行旋喷
		高压管路清洗不净，浆液沉淀或其他杂物堵塞管路	
		泵体或出浆管路有堵塞	

表 8.4.8（续）

工艺重难点	常见问题	原因分析	预防措施和处理方法
垂直度控制	钻孔沉管困难偏斜	遇有地下埋设物，地面不平不实，钻杆倾斜度超标	放桩位点时应钎探，遇有地下埋设物应清除或移动桩钻孔点 喷射注浆前应先平整场地，钻杆垂直倾斜度控制在1%以内，采取引孔措施
桩顶质量控制	固结体顶部下凹	在水泥浆液与土搅拌混合后，由于浆液的析水特性，会产生一定的收缩作用，因而造成在固结体顶部出现凹穴。其浓度随土质浆液的析水性、固结体的直径和长度等因素的不同而异	旋喷长度比设计长0.3~1.0m，或在旋喷桩施工完毕，将固结体顶部凿去部分，在凹穴部位用混凝土填满或直接在旋喷孔中再次注入浆液，或在旋喷注浆完成后，在固体的顶部0.5~1.0m范围内再钻进0.5~1.0m，在原位提杆再注浆复喷一次加强
止水帷幕质量控制	止水帷幕渗漏	止水帷幕施工过程中遇到障碍使孔位发生了偏移导致桩位间没有形成很好的连接，围护桩间发生接缝渗水，水量较大。	在基坑内侧找到漏水点源头，对漏点迅速回填或浇筑混凝土形成围堰，降低漏水对基坑的破坏。在基坑外侧漏水点对应位置处钻进成孔并注浆封堵
冒浆控制	冒浆	遇有地下埋设物	放桩位点时应钎探，遇有地下埋设物应清除或移动桩钻孔点
		地面不平不实钻杆倾斜度超标	喷射注浆前应先平整场地，钻杆垂直倾斜度控制在1%以内
		注浆量与实际需要量相差较多	利用侧口式喷头，减小出浆口孔径并提高喷射能力，使浆液量与实际需要量相当，减少冒浆；控制水泥浆液配合比
		冒浆量过大则是因为有效喷射范围与注浆量不相适应，注浆量大大超过旋喷固结所需的浆液所致	针对冒浆量过大的现象采取提高喷射压力、适当缩小喷嘴孔径、加快提升速度和旋转速度等措施。
		遇大块石、卵石时，由于土体空隙较多，孔口冒浆量也会过大	针对遇大块石、卵石孔口冒浆过大的情况，可通过减小注浆压力，降低提升速度，多次复喷的方式处理
钻进控制	卡钻、埋钻	在钻进软岩或土层结构的过程中，可能会由于循环水浸泡作用而致使孔周土体坍陷，稀湿状态的土体对钻杆产生强大的吸附作用，当钻杆联结接头质量较差时，发生扭曲断裂，从而出现埋钻的情况	针对埋钻情况，可通过改善钻杆联结接头质量来预防；孔壁不稳，易塌孔时可采用护壁泥浆钻进。

表 8.4.8（续）

工艺重难点	常见问题	原因分析	预防措施和处理方法
		在施工过程中，当钻杆进入钢筋混凝土块或破碎岩层中时，可能出现卡钻的情况	针对卡钻情况，需事先详细了解地层情况，在施工过程中应控制钻杆速度，控制钻杆升降等使钻杆活动；同时可采用泥浆循环使钻杆活动
注浆对周边建构筑物的影响控制	高压旋喷桩施工对周边建构筑物产生位移影响	旋喷钻杆和钻孔贴合紧密，返浆困难，多余的浆液留在地下，导致对周边建构筑物产生隆起等位移影响。	引孔施工时保证孔径略大于钻杆直径，使钻杆和钻孔孔壁之间存在一定空隙，保证多余的浆液正常返出

8.5　止水帷幕高压旋喷桩（双重管）施工

8.5.1　工艺介绍

8.5.1.1　工艺简介

高压旋喷桩（双重管），是通过喷嘴将水泥浆和压缩空气同时高压喷入土层并使水泥与土体搅拌混合，与此同时，钻杆一边旋转，一边向上提升，形成水泥土加固体的一种施工工艺。水泥土加固体（旋喷桩）可以有效减小土的透水性。高压喷射方式有旋喷（固结体为圆柱状）、定喷（固结体为壁状）和摆喷（固结体为扇状）三种基本方式，固结体相互咬合可形成止水帷幕。本节主要介绍双重管高压旋喷桩。

8.5.1.2　适用地质条件

适用于素填土、黏性土、粉土、砂土及全风化、强风化岩层等地层。对土中含有较多的大直径块石、大量植物根系和高含量的有机质，以及地下水流速较大的工程，应根据现场试验结果确定其适用性。

8.5.1.3　工艺特点

与单管法和三重管法相比，双重管法同时喷射高压水泥浆液和压缩空气两种介质，高压水泥浆液在压缩空气的辅助下，处理土体范围显著增大，成桩直径一般为 0.6~1.5m，水泥掺量宜取土的天然质量的 25%~40%，正常提升施工速度一般在 10~20cm/min。

8.5.2　设备选型

8.5.2.1　旋喷钻机

详见 8.4.2 节内容。

8.5.2.2 高压泥浆泵

详见 8.4.2 节内容。

8.5.2.3 空压机

常用空压机选型可按表 8.5.1 选用。

表 8.5.1 常用空压机

设备型号	排气量 /$m^3 \cdot min^{-1}$	排气压力 /MPa	功率 /kW	外形尺寸 /mm	总重量 /kg	外观
GLDY75 移动式电动螺杆空压机	13	0.8	75	2305 × 1660 × 1710	1500	
GLDY90A 移动式电动螺杆空压机	16	0.8	90	2305 × 1660 × 1910	1620	
LUY200-10 柴油移动式空压机	20	1.0	176	2604 × 1660 × 1920	2380	

8.5.2.4 喷射管

二重管法的喷射管同时输送高压水泥浆和压缩空气，而压缩空气是通过围绕浆液喷嘴四周的环状喷嘴喷出的。它由导流器、钻杆和喷头三部分组成，详见表 8.5.2。

表 8.5.2 喷射管组成构件

构件名称	说明
二管导流器	二管导流器的作用是将高压泥浆泵输送来的高压浆液和空气压缩机输送来的压缩空气从两个通道分别输送到钻杆内，导流器由外壳和芯管组成，全长 406mm，外壳上装有两个可装可拆式卡口接头，通过橡胶软管分别与高压泥浆泵和空压机连接。旋喷作业时，外壳不动，芯管随钻杆转动
二钻杆	二钻杆是两种介质的通道，它上接导流器，下连喷头，使二旋喷管组成一个整体。在制造二钻杆时，应特别注意内管和外管的同心度及橡胶密封圈接触面的光洁度
二喷头	二喷头是实现浆气同轴喷射和钻进的装置。在喷头的侧面设置一个或两个浆气同轴喷射的喷嘴，气的喷嘴成环状，套在高压浆液喷嘴外面

8.5.2.5 喷嘴

详见 8.4 节内容。

8.5.3 施工前准备

8.5.3.1 人员配备

班组组成人员如下：班长 1 人，钻机操作工 1 人，泵工 1 人，空压机工 1 人，电工 1 人，钳工 1 人，力工 4 人。

8.5.3.2 辅助设备

辅助设备包含推土机、挖掘机等。推土机、挖掘机配合自卸汽车清除地表杂物，并将原地面按设计要求整平，填出路拱。

8.5.3.3 场地条件

根据施工现场实际情况，施作临时排、截水设施，并在施工范围以外开挖废泥浆池以及施工孔位至泥浆池间的排浆沟。按设计要求完成施工放样并作出明显标识。

8.5.3.4 安全技术准备

（1）方案编制。项目技术负责人根据图纸要求、相关规范及现场实际情况编制安全技术方案。

（2）方案交底。按照方案内容，项目技术负责人对管理人员及作业人员进行安全技术交底。

（3）其他安全技术准备。项目生产负责人编制材料、机械设备、工具、用具及各技术工种劳力进场计划。安全负责人对进场工人进行三级安全教育等。

8.5.3.5 试桩试验

按设计要求的施工喷浆量、水灰比制备水泥浆液，在试验区域施工数根试桩，并根据试桩结果，调整加固料的喷浆量，确定钻杆提升速度、钻杆回转速度、喷入压力、停浆面、空压机压力等施工工艺参数。

8.5.4 工艺流程及要点

8.5.4.1 工艺流程

高压旋喷桩（双重管）的施工工艺流程如图 8.5.1 所示。

8.5.4.2 工艺要点

（1）钻机就位、定孔。将钻机移至施工桩位，使钻机机架水平，导向架和钻杆与地面垂直，倾斜率小于 1%。高压旋喷桩用作桩间止水时，应在围护桩施工完成并达到一定强度之后再施工高压旋喷桩。高压旋喷桩用作排桩止水时，应采用间隔跳桩法施工，相邻孔喷射注浆的间隔时间不宜小于 24h。

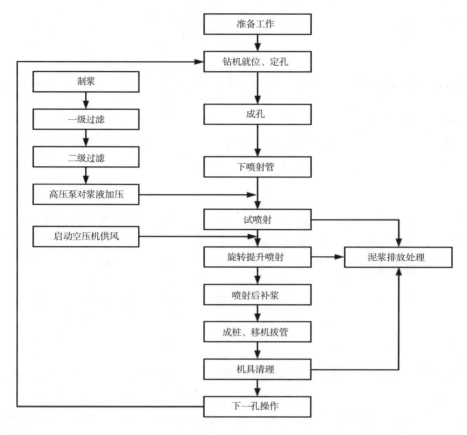

图 8.5.1　止水帷幕高压旋喷桩（双重管）施工工艺流程

（2）成孔。桩位复核后，钻进采用合金钻头，带浆钻进，压力 1MPa，钻进时通过观察返浆、钻进速度、钻机震动判断地层，并和地质报告确定的地层深度相对比，遇特殊地层情况报请建设单位及监理单位，调整压力参数和处理深度，钻进至预定位置封闭出水孔待喷，或采用潜孔锤引孔。

（3）下喷射管。成孔后，移开成孔钻机，将旋喷钻机移动到孔位，并布置好管路。在下管前先将所有喷管、喷头接驳好后在地面试喷，检查各部位是否密封良好。

（4）制浆。施工用水取自场区内生产用水，抽至水箱备用。水泥倒入搅拌罐前要进行第一次过滤，滤掉水泥块，杂质及水泥袋碎片，防止堵塞管路及喷嘴，搅拌桶采用高速电机，旋转喷射期间要不停搅拌，水泥浆进入管路前还要进行第二次过滤。每罐浆的水泥量及水量按配比计算确定，水灰比宜为 0.8~1.2。

（5）试喷射。旋喷管下到孔底后，先作试喷，待相关参数均达到设计要求后，孔口开始返浆时，方可进行正常提升施工，试喷时间不得低于 5min。

（6）旋转提升喷射。钻进至预定位置后开始提升旋转喷射浆液，本着不返浆不提升的原则，返浆后开始提升，提升速度及旋转速度用秒表进行标定，换接钻杆后重新开始喷射时下放 500mm 接桩，因故障停喷时间大于 20min 也要下放 500mm 接桩。停止喷射的位置宜高于帷幕设计顶面 1m，为了保证旋喷桩施工质量，应在桩端、地下水位、桩顶等部位进行复喷作业，原位转动 2min。旋喷桩的施工工艺及参数应根据土质条件、加固要求，通过试验或根据工程经验确定。双重管法高压水泥浆的压力应大于 20MPa，流量应大于 30L/min，提升速度宜为 0.1~0.2m/min。

（7）喷射后补浆。喷完后对旋喷孔进行冒浆回灌，直至浆面不下降为止。

（8）成桩、移机拔管。喷射作业完成后，将高喷台车移动至下一孔位，将喷射管拔出。

（9）机具清理。喷射施工结束后应迅速拔出喷射管，用清水冲洗管路，防止浆液凝固将管路堵塞。

（10）泥浆排放处理。旋喷返浆挖沟引出施工区域之外，统一排至指定地点，便于处理，返浆固结后强度较高，可作为回填料。

8.5.5 工艺质量要点识别与控制

详见 8.4.5 节内容。

8.5.6 工艺安全风险辨识与控制

详见 8.4.6 节内容。

8.5.7 工艺重难点及常见问题处理

详见 8.4.7 节内容。

8.6 止水帷幕高压旋喷桩（三重管）施工

8.6.1 工艺介绍

8.6.1.1 工艺简介

高压旋喷桩（三重管），是将清水和压缩空气同时高压喷入土层并切割土体，与此同时，另一个喷嘴将水泥浆低压力喷射注入到被切割、搅拌的地基中，使水泥浆与土混合达到加固目的，同时，钻杆一边旋转，一边向上提升，形成水泥土加固体的一种施工工艺。水泥土加固体（旋喷桩）可以有效减小土的透水性。高压喷射方式有旋喷（固结体为圆柱状）、定喷（固结体为壁状）和摆喷（固结体为扇状）三种基本方式，固结体相互咬合可形成止水帷幕。本节主要介绍三重管高压旋喷桩。

8.6.1.2 适用地质条件

适用于素填土、黏性土、粉土、砂土及全风化、强风化岩层等地层。对土中含有较多的大直径块石、大量植物根系和高含量的有机质，以及地下水流速较大的工程，应根据现场试验结果确定其适用性。

8.6.1.3 工艺特点

与单管法和双重管法相比，三重管法同时喷射高压水和压缩空气以及水泥浆液三种介质，处理土体范围更大，成桩直径一般为 0.8~2.0m，水泥掺量宜取土的天然质量的

25%~40%，正常提升施工速度一般在 10~20cm/min。

8.6.2 设备选型

8.6.2.1 旋喷钻机

常用旋喷钻机选型可按表 8.6.1 选用。

表 8.6.1 常用旋喷钻机

设备型号	桩径 /m	最大提升速度 / m·min⁻¹	外形尺寸 /mm	最大扭矩 / kN·m	钻孔深度 /m	外观
履带式多管旋喷钻机 DGZ–150L	0.8~2	6	5600×2550×7500	14	0~100	
步履式多管旋喷钻机 DGZ–150B	0.8~2	4	3336×2172×7315	12	0~100	
步履式多管旋喷钻机 DGZ–150C	0.8~2	4	4440×2194×3526	12	0~100	

8.6.2.2 泥浆泵

泥浆泵将水泥浆低压力喷射注入到被切割、搅拌的土体中。常用泥浆泵选型可按表 8.6.2 选用。

表 8.6.2 常用泥浆泵

设备型号	额定工作压 /MPa	功率 /kW	理论流量 /m³·h⁻¹	外观
XPB-10 低压注浆泵	3.1~12	11~22	3.9~10.9	

8.6.2.3 高压水泵

常用高压水泵选型可按表 8.6.3 选用。

表 8.6.3 常用高压水泵

设备型号	额定工作压 /MPa	功率 /kW	理论流量 /m³·h⁻¹	外观
3S3 高压注水泵	4~37	37~110	9.8~22	

8.6.2.4 空压机

常用空压机选型可按表 8.6.4 选用。

表 8.6.4 常用空压机

设备型号	排气量 /m³·min⁻¹	排气压力 /MPa	功率 /kW	外形尺寸 /mm	总重量 /kg	外观
GLDY75 移动式电动螺杆空压机	13	0.8	75	2305×1660×1710	1500	
GLDY90A 移动式电动螺杆空压机	16	0.8	90	2305×1660×1910	1620	
LUY200-10 柴油移动式空压机	20	1.0	176	2604×1660×1920	2380	

8.6.2.5 喷射管

三管法的喷射管要同时输送水、压缩空气和水泥浆，而这三种介质均有不同的压力，因此，喷射管必须保持不漏、不串、不堵，加工精度严格，否则将难以保证施工质量。三管法的喷射管可以由独立的三根构成，这种结构在加工制作上难度较小。它由导流器、钻杆和喷头三部分组成，详见表 8.6.5。

表 8.6.5　喷射管组成构件

构件名称	说明
三管导流器	三管导流器由外壳及芯管两部分组成
三钻杆	三钻杆是由内、中、外管组成，三根管子按直径大小套在一起，轴线重合
三喷头	三喷头是实现水气同轴喷射和浆液注入的装置，上接三钻杆，是三旋喷管最底部的构件。三喷头由芯管、喷嘴和钻头组成

8.6.2.6　喷嘴

详见 8.4 节内容。

8.6.3　施工前准备

8.6.3.1　人员配备

每个班组的组成人员如下：班长 1 人，钻机操作工 1 人，泵工 2 人，空压机工 1 人，电工 1 人，钳工 1 人，力工 4 人。

8.6.3.2　辅助设备

辅助设备包含推土机、挖掘机等。推土机、挖掘机配合自卸汽车清除地表杂物，并将原地面按设计要求进行整平，填出路拱。

8.6.3.3　场地条件

根据施工现场实际情况，施作临时排、截水设施，并在施工范围以外开挖废泥浆池以及施工孔位至泥浆池间的排浆沟。按设计要求完成施工放样并作出明显标识。

8.6.3.4　安全技术准备

（1）方案编制。项目技术负责人根据图纸要求、相关规范及现场实际情况编制安全技术方案。

（2）方案交底。按照方案内容，项目技术负责人对管理人员及作业人员进行安全技术交底。

（3）其他安全技术准备。项目生产负责人编制材料、机械设备、工具、用具及各技术工种劳力进场计划。安全负责人对进场工人进行三级安全教育等。

8.6.3.5　试桩试验

按设计要求的施工喷浆量、水灰比制备水泥浆液，在试验区域施工数根试桩，并根据试桩结果，调整加固料的喷浆量，确定钻杆提升速度、钻杆回转速度、喷入压力、停浆面、空压机压力、水压等施工工艺参数。

8.6.4　工艺流程及要点

8.6.4.1　工艺流程

止水帷幕高压旋喷桩（三重管）的施工工艺流程如图 8.6.1 所示。

（1）钻机就位、定孔。将钻机移至施工桩位，使钻机机架水平，导向架和钻杆与地面垂直，倾斜率小于1%。高压旋喷桩用作桩间止水时，应在围护桩施工完成并达到一定强度之后再施工高压旋喷桩。高压旋喷桩用作排桩止水时，应采用间隔跳桩法施工，相邻孔喷射注浆的间隔时间不宜小于24h。

（2）成孔。桩位复核后，钻进采用合金钻头，带浆钻进，压力1MPa，钻进时通过观察返浆、钻进速度、钻机震动判断地层，并和地质报告确定的地层深度相对比，遇特殊地层情况报请建设单位及监理单位，调整压力参数和处理深度，钻进至预定位置封闭出水孔待喷，或采用潜孔锤引孔。

（3）下喷射管。成孔后，移开成孔钻机，将旋喷钻机移动到孔位，并布置好管路。在下管前先将所有喷管、喷头接驳好后在地面试喷，检查各部位是否密封良好。

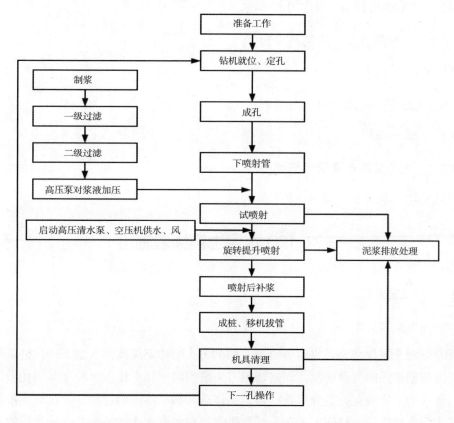

图 8.6.1　止水帷幕高压旋喷桩（三重管）施工工艺流程

（4）制浆。施工用水取自场区内生产用水，抽至水箱备用。水泥倒入搅拌罐前要进行第一次过滤，滤掉水泥块、杂质及水泥袋碎片，防止堵塞管路及喷嘴，搅拌桶采用高速电机，旋转喷射期间要不停搅拌，水泥浆进入管路前还要进行第二次过滤。每罐浆的水泥量及水量按配比计算确定，水灰比宜为0.8~1.2。

（5）试喷射。旋喷管下到孔底后，先作试喷，待相关参数均达到设计要求后，孔口开始返浆时，方可进行正常提升施工，试喷时间不得低于5min。

（6）旋转提升喷射。钻进至预定位置后开始提升旋转喷射浆液，本着不返浆不提升的原则，返浆后开始提升，提升速度及旋转速度用秒表进行标定，换接钻杆后重新开始喷射时下放 500mm 接桩，因故障停喷时间大于 20min 也要下放 500mm 接桩。停止喷射的位置宜高于帷幕设计顶面 1m，为了保证旋喷桩施工质量，应在桩端、地下水位、桩顶等部位进行复喷作业，原位转动 2min。三重管法高压水泥浆和高压水的压力应大于 20MPa，流量应大于 30L/min，气流压力宜大于 0.7MPa，提升速度宜为 0.1~0.2m/min。

（7）喷射后补浆。喷完后对旋喷孔进行冒浆回灌，直至浆面不下降为止。

（8）成桩、移机拔管。喷射作业完成后，将高喷台车移动至下一孔位，将喷射管拔出。

（9）机具清理。喷射施工结束后应迅速拔出喷射管，用清水冲洗管路，防止浆液凝固将管路堵塞。

（10）泥浆排放处理。旋喷返浆挖沟引出施工区域之外，统一排至指定地点，便于处理，返浆固结后强度较高，可作为回填料。

8.6.5　工艺质量要点识别与控制

详见 8.4.5 节内容。

8.6.6　工艺安全风险辨识与控制

详见 8.4.6 节内容。

8.6.7　工艺重难点及常见问题处理

详见 8.4.7 节内容。

8.7　TRD 水泥土连续墙施工

8.7.1　工艺介绍

8.7.1.1　工艺简介

TRD 水泥土连续墙，是将附有链条及切割刀头的切割箱体插入地下后，链条带动切割刀头沿切割箱纵向转动切割，同时切割刀头前端向土体中注入水泥浆等固化液，使得土体与注入的固化液充分混合搅拌；切割箱体横向移动推进的过程中，在地下形成等厚度连续水泥土墙体的一种施工工艺，又称渠式切割水泥土连续墙，是一种优质的上下均质、等厚度、无接缝水泥土连续墙止水帷幕。

8.7.1.2　适用地质条件

适用于人工填土、黏性土、淤泥和淤泥质土、粉土、砂土、碎石土等地层；不仅可以适用于标准贯入击数 N 值平均不超过 72 击的粉细砂层，还可以在直径小于 100mm、抗压强度 $q_u \leqslant 5MPa$ 的卵砾石、泥岩和强风化基岩中施工；对于复杂地质条件、无工程经验及特殊地层地区，应通过现场试验确定其适用性。

8.7.1.3　工艺特点

（1）设备采用低重心设计，与其他工法相比机械高度大幅度降低，稳定性好，施工安全。

（2）主要工作机构安装有多段式测斜系统，可对墙体的直线型、垂直性进行有效监测，施工精度高。

（3）在垂直方向上全层同时混合、搅拌，即便是原地基土质和强度有所不同的土层地基，在深度方向上也可形成强度偏差小、水泥土均匀的墙体，达到成墙连续、表面平整、厚度一致、墙体均匀性好、防渗性能好的效果。

（4）相对三轴水泥土搅拌桩来说，切削土体与水泥浆上下搅拌的均匀性更好；喷浆压力相对较小，总体来说对周边环境影响较小；同时施工对周边产生的振动较小，环境污染小；施工深度可达 60~86m，远超三轴搅拌桩施工的最大深度。

（5）优缺点：设备施工时采用达到设计深度的切割链条及切割箱，属于大截面刚性构件，在直线段连续施工的效率较高，质量也容易控制；在转角位置，一般需要拔起并拆除刀具，转向后重新就位，费时费力；当转角很多，或圆弧段的曲率半径小于 60m 时，不宜使用。

8.7.2 设备选型

8.7.2.1 TRD 工法机

施工机械的选用应综合考虑地质条件、周边环境、成墙深度及建设工期等因素，与其配套的机具性能参数应与成墙深度、成墙宽度相匹配。

8.7.2.2 设备组成

TRD 工法机主要由步履（或履带）、主平台、动力柜、门架、立柱、切削机构等组成（见图 8.7.1）；制浆后台独立设置，由水泥桶仓、计量及搅拌桶、注浆泵组等组成。

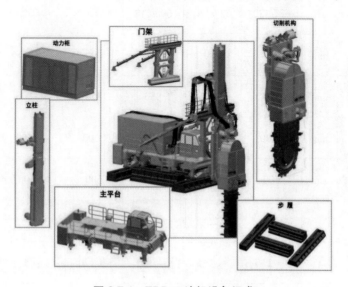

图 8.7.1 TRD 工法机设备组成

8.7.2.3 设备选型

TRD 工法机的常用设备选型可按表 8.7.1 选用。

表 8.7.1 常用 TRD 工法机

部位	项目	单位	设备型号					
			TRD-60D	TRD-60E	TRD-70D	TRD-70E	TRD-80E	TRD-80EA
动力参数	主动力功率	kW	345（柴油机）	300+37（电动机）	345（柴油机）	300+37（电动机）	110×4+2×7.5（电动机）	110×4+2×7.5（电动机）
	副动力功率	kW	90（电动机）	90（电动机）	110（电动机）	90（电动机）	5.5+110（电动机）	5.5+110（电动机）
	总功率	kW	435	427	435	427	570.5	570.5
切削参数	最大切削深度	m	61	61	70	70	86	86
切削参数	成槽宽度	mm	550~850	550~850	550~900	550~900	900~1100	900~1200
	链条线速度	m/min	7~70	7~70	7~70	7~70	7~70	7~70
	切割力	t	34	34	34	34	50	50
	驱动部升降行程	mm	5000	5000	5000	5000	6000	6000
	提升力/压入力	kN	882/470	882/470	1200/520	1200/520	1400/400	1460/700
	横向推/拉力	kN	627/470	627/470	690/510	690/510	760/515	760/515
底盘参数	步履最大离地高度	mm	400	400	400	400	400	400
	立柱导轨间距	mm	850	850	850	850	1000	1000
底盘参数	横移步长	mm	2200	2200	2200	2200	2200	2200
	纵移步长	mm	600	600	600	600	600	600
	配重重量	t	25	25	25	25	36	36
整机参数	整机重量（除切割箱）	t	≈115	≈115	≈120	≈120	≈135	≈136
	外形尺寸（地面以上）	m	11.4×6.8×11	11.4×6.8×11	11.4×6.8×11	11.4×6.8×11	13.46×6.8×13.1	13.56×6.8×13.1

8.7.3　施工前准备

8.7.3.1　人员配备

（1）工法机驾驶员：负责 TRD 工法机操作，切割箱安装、切削成槽、切割箱拔出等过程中操作设备主机。每班一般配备 1 名驾驶员，且必须持有培训合格上岗证。

（2）信号司索工：在切割箱安装、拔出阶段，指挥吊车进行预埋箱、切割箱的相关起吊工作。每台设备一般配备 1 名，必须持有培训合格的特殊工种操作上岗证。

（3）吊车司机：负责现场预埋箱、切割箱等的吊装工作，以及现场其他吊装作业任务。每台设备一般配备 1 名，必须持有培训合格的特殊工种操作上岗证。

（4）机修工：负责设备的日常保养维护与故障维修，可由设备熟练工种兼任。

（5）挖掘机操作手：配合设备进行预埋箱的沟槽开挖，设备行走路线的场地处理，施工过程中水泥土浆液的倒排。每班一般配备 1 名操作手，且必须持有培训合格上岗证。

（6）电工：负责设备用电的日常管理，保障设备用电正常工作，必须持有培训合格的特殊工种操作上岗证。

（7）普工：负责切割箱的安装与拔出，设备日常施工时的检查与监测，以及其他现场配合施工任务。每班一般配备 3 名。

（8）后台拌浆工：负责制浆后台的设备日常检查，搅拌制备水泥浆液，控制制浆后台。每班一般配备 1 名。

8.7.3.2　辅助设备

（1）挖掘机：通常选择 20t 级别及以上挖掘机，配合工法机施工，进行工法机作业场地平整；预埋箱开挖；水泥土浆液倒排等。

（2）吊车：根据作业任务选择吊车类别及起吊吨位，主要使用于切割箱安装及拔出阶段，以及日常的起重吊装作业。

8.7.3.3　场地条件

（1）施工前应掌握场地地质条件及环境资料，查明不良地质条件及地下障碍物的详细情况，如有需要则进行清除。

（2）施工前应进行场地平整，场地便道应满足工法机和起重机平稳行走、移动的要求，必要时应进行地基处理，场地处理宽度不宜小于 15m，切割链前端距障碍物距离不宜小于 1.5m。

（3）采用现浇钢筋混凝土导墙时，导墙宜筑于密实的土层上，并高出地面 100mm，导墙净距应比墙体设计厚度宽 40~60mm。未采用钢筋混凝土导墙时，沟槽两侧应铺设路基箱或钢板。导墙的平面面积、强度和刚度等应满足工法机在切割、回行、刀具立柱拔出等施工过程对地基承载力的要求。

（4）当施工点位周围有需保护的对象时，应掌握被保护对象的保护要求，严格控制开放长度，并结合监测结果通过试成墙确定施工参数。

8.7.3.4 安全技术准备

（1）方案编制。项目技术负责人根据图纸要求、相关规范及现场实际情况编制安全技术方案。

（2）方案交底。按照方案内容，项目技术负责人对管理人员及作业进行安全技术交底。

（3）其他安全技术准备。项目生产负责人编制材料、机械设备、工具、用具及各技术工种劳力进场计划。安全负责人对进场工人进行三级安全教育等。

表 8.7.2　固化液配比表（水泥土强度 q_u=800kPa 时）

土层	水泥 /kg·m^{-3}	水灰比	流动化剂 /kg·m^{-3}	缓凝剂 /kg·m^{-3}
黏性土	400~450	1.0~2.0	0~10	0~4.4
粉细砂、粉土	380~440	1.0~2.0	0~2.5	0~2.7
中砂、粗砂	380~430	1.0~2.0		0~2.0
砾砂、砾石	370~420	1.0~2.0		0~1.5
卵石、碎石	360~400	1.0~2.0		0~1.5

8.7.4　工艺流程及要点

8.7.4.1　工艺流程

TRD 水泥土连续墙施工工艺流程如图 8.7.2 所示。

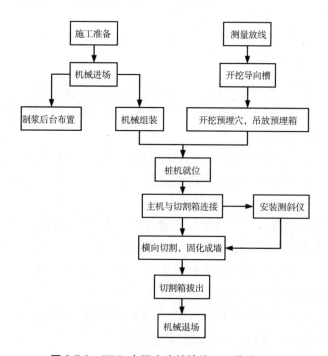

图 8.7.2　TRD 水泥土连续墙施工工艺流程

8.7.4.2 工艺要点

（1）施工准备。施工前进行场地平整，根据设备自重及与地面接触面积，进行场地处理，施工场地应满足机械设备的平稳行走及移动要求；清除施工范围内的地下障碍物。

（2）测量放线。施工前，按照设计图纸精准确定出水泥土墙中心线角点坐标，依据建设单位提供的坐标基准点，利用测量仪器进行放样，并进行坐标数据复核，同时做好护桩。

（3）开挖导向槽。根据 TRD 工法机设备重量，在围护墙中心线放样后，设备行走路线采用现浇钢筋混凝土导墙或沟槽两侧铺设路基箱的方法提高地基承载力。用挖掘机沿墙中心线开挖工作沟槽，沟槽宽度约为设计墙宽 +100mm，深度约为 1.0m。

（4）开挖预埋穴，吊放预埋箱。用挖掘机开挖深度约 3m、长度约 2m、宽度约 1m 的预埋穴，利用起重机将预埋箱吊放入预埋穴内。

（5）桩机就位。由专人指挥桩机就位，移动时观察桩机周围情况，移动结束后检查定位情况并及时纠正，桩机应平稳、平正，桩架垂直度控制在 1/250 之内。

（6）主机与切割箱连接。用起重机将切割箱逐段吊放入预埋穴，利用支撑台固定；TRD 主机移动至预埋穴位置连接切割箱，主机再返回预定施工位置进行切割箱自行打入挖掘工序。如图 8.7.3 所示。

图 8.7.3　主机与切割箱连接

（7）安装测斜仪。切割箱自行打入至设计深度后，安装测斜仪，通过安装在切割箱内部的多段式测斜仪，可进行墙体的垂直精度管理，垂直度偏差控制在 1/250 以内。

（8）横向切割，固化成墙。测斜仪安装完毕后，主机与切割箱连接，便可进行水泥土连续墙施工。根据周边环境、土质条件、机具功率、成墙深度、切割液及固化液供应状况等因素确定机械的水平推进速度和链状刀具的旋转速度，步进距离不宜大于 50mm。注浆压力一般为 1.5~2.5MPa，切割箱水平掘进速度一般为 60~80cm/min。

主机沿沟槽方向做横向移动，根据土层性质和刀具各部位的工作状态，选择向上或向下的切割方式；切割过程中由链状刀具底部喷出切割液和固化液；在链状刀具旋转作用下切割土与固化液混合搅拌。

水泥土连续墙的施工方法可采用一步施工法、两步施工法和三步施工法，施工方法的选用应综合考虑土质条件、墙体性能、墙体深度和周边环境保护要求等因素。当切割土层较硬、墙体深度深、墙体防渗要求高时宜采用三步施工法。施工长度较长、周边环境保护要求较高时不宜采用两步施工法。当土体强度低、墙体深度浅时可采用一步施工法。各施工方法特征见表 8.7.3。

表 8.7.3　水泥土连续墙施工方法特点

方法	一步施工法	二步施工法	三步施工法
施工简要	切削、固化液注入同时进行，直接以固化液进行切削、搅拌固化	单向进行切削，全部切削结束后返程，在返程过程中进行固化液的注入、搅拌。	将整个施工长度划分为若干施工段，在每一个施工段，先进行切削，切削到头后返回到施工段起点，再进行固化液注入与搅拌
开放长度	短	长	短
注入液	固化液	切割液→固化液	切割液→固化液
适用深度	比较浅	可以大深度施工	可以大深度施工
地基软硬	比较软的地基	软到硬的地基	软到硬的地基
综合评价	直接注入固化液，当出现问题时，链状刀具周边发生固化，有可能发生无法切削的问题。常用于墙体较浅情况	由于开放长度较长，长时间会对周边的环境产生影响。在施工长度不长的场合使用	对于障碍物的探知等可以保证充足的施工时间，链状刀具以及周边影响较小，常采用该施工方法

在施工间断而链状刀具不拔出时，沟槽应预留链状刀具养护的空间，养护段不得注入固化液，长度不宜小于 3m，链状刀具端部和原状土体边缘的距离不应小于 500mm〔见图 8.7.4（a）〕。停机后再次启动链状刀具时，应先在原位切割刀具边缘的土体，再回行切割已施工的墙体长度不宜小于 500mm〔见图 8.7.4（b）〕。

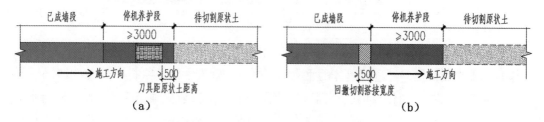

图 8.7.4　发生停机时处理措施（mm）

（9）切割箱拔出。在转角位置施工时，在两个方向切削搅拌宜超过设计交点300mm，保证搭接效果，防止出现渗漏水。一条直线边施工完成或者施工段发生变化时，应将链状刀具拔出。可在已施工完成墙体 3m 长度范围外进行避让切割，也可设在最后施工完成的墙体内。拔出位置如图 8.7.5 所示。

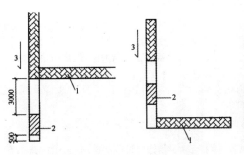

（a）墙体外拔出　　　（b）墙体内拔出　　　（c）切割箱拔出实景图

图 8.7.5　链状刀具的拔出位置（mm）

1—已完成墙体；2—链状刀具拔出位置；3—施工方向

8.7.5　工艺质量要点识别与控制

TRD 水泥土连续墙施工工艺质量要点识别与控制见表 8.7.4。

表 8.7.4　TRD 水泥土连续墙施工工艺质量要点识别与控制

控制项目	识别要点	控制标准	控制措施
主控项目	墙体强度	不小于设计要求	对进场固化材料取样送检，满足设计及规范后使用；留置水泥土试块，标养 28d 后检测无侧限抗压强度；或采取钻芯法进行墙身水泥土取样，检测墙体强度
	水泥用量	不小于设计要求	依据土体容重，计算单位体积水泥掺入重量，根据注浆搅拌固化推进速度，计算单位时间所需水泥用量，通过流量表方式检查控制水泥用量
	墙体深度	不小于设计要求	场地平整时，尽量较少场地标高偏差，在场地标高不一致区域，做出分隔标识，根据不同的场地标高，计算相应设计深度，检查切割链长度
一般项目	墙垂直度	≤ 1/250	设备行走作业地面进行整平处理，降低设备行走过程中切割箱的倾斜变化；成墙施工时根据安装在切割箱内的多段式倾斜仪进行测量监测，如垂直度出现偏差变大，及时进行纠偏
	墙厚	± 30mm	施工过程中检查链状刀具的工作状态以及刀头的磨损度，采用钢尺测量链条宽度，及时维修或更换链状刀具

8.7.6　工艺安全风险辨识与控制

TRD 水泥土连续墙施工工艺安全要点辨识与控制见表 8.7.5。

表 8.7.5　TRD 水泥土连续墙施工工艺安全风险辨识与控制

事故类型	风险辨识	控制措施
坍塌	施工位置地基软弱，承受荷载加大，引起上部沟槽坍塌，机械倾倒，对周边环境产生不利影响	设备施工作业前，根据施工荷载大小及土层条件，复核地基表层承载力是否满足使用要求，必要时采取换填、注浆等浅层地基处理措施，在设备行走区域铺设路基箱或钢板。起重机起吊和拔出刀具立柱时，表层地基的压应力最大，尤其是近沟槽部位，对起重机履带正下方的地基承载力进行复核和处理
坍塌	施工时沟槽附近地面沉陷，地基失稳	控制切割、搅拌成墙长度及时间，采用三步法进行施工，减小开放长度，调整切割液 / 固化液密度，保持墙体内外水压 / 土压平衡，避免成墙过程中出现槽壁坍塌
坍塌	切割箱拔出过程中引起地面沉降	切割箱拔出时，及时进行槽内补浆，控制起拔速度与补浆速度相匹配，避免起拔过快导致槽内无浆液护壁引起槽壁坍塌，导致地面沉降
高处坠落	成墙后沟槽安全防护	成墙后沟槽内为尚未完全固化的水泥土浆液，对沟槽进行拉设警戒带、设置隔离护栏、夜间安装警示灯带、安排专人值守巡逻等；水泥土浆液固化后对沟槽区域进行场地平整
机械伤害	起重吊装作业违章指挥、违章操作	起重司机及信号指挥人员持特殊工种操作证上岗；作业前对司机及信号工进行安全技术交底，明确作业内容、安全注意事项、作业过程中危险源等；安排专人旁站监督，严禁违章操作
容器爆炸	注浆管路堵塞引发爆管	注浆管路连接应牢固可靠，注浆前先采用清水通管，确保管路畅通；浆液搅拌时，筛除材料中较大颗粒物，防止进入混入管路内造成管路堵塞；注浆过程中，及时观察注浆压力表压力值，发生压力偏大或骤降时，及时停止注浆泵，检查管路；切削过程中，应先通浆再下钻；若需要长时间停机，需用清水清洗干净管路
触电	临时用电管理	安排专职电工进行用电管理，持证上岗；施工前详细了解各用电设备功率，是否与变压器 / 发电机容量相匹配，严禁供电设备超负荷作业；现场临时用电电缆采取架设或埋地；每日进行配电箱用电巡查，发现用电安全隐患及时整改

8.7.7　工艺重难点及常见问题处理

TRD 水泥土连续墙施工工艺重难点及常见问题处理见表 8.7.6。

表 8.7.6 TRD 水泥土连续墙施工工艺重难点及常见问题处理

工艺重难点	常见问题	原因分析	预防措施和处理方法
垂直度控制	设备倾斜	设备行走地耐力不足，引起主机下沉、倾斜	设备行走区域进行地耐力计算，必要时进行地基换填、铺设钢板或路基箱
	多段式测斜仪故障	测斜仪未检测校核，监测误差较大；在工作过程中测斜仪出现故障	在多段式测斜仪安装前，进行专业检测机构进行仪器检测校核，偏差较大时进行维修；施工过程中如出现测斜仪监测数据发生较大变化或一直未变化，及时停机检查，必要时拆出测斜仪进行检查维修
墙身质量控制	墙体出现局部未搅拌	切割箱拔出速度过快，槽壁土体坍塌坠落墙体内	链状刀具拔出过程中，应控制固化液的填充速度和链状刀具的上拔速度，保持固化液混合泥浆液面平稳，维持槽壁内外压力平衡；高压旋喷进行封堵加固
	局部出现水泥土强度低	固化液注浆速度与切削搅拌推进速度不匹配	主机与注浆后台建立及时有效沟通，搅拌推进速度与注浆速度相匹配；注浆不足时回撤二次注浆搅拌
	固化材料质量不合格	固化材料进场未经检验合格便投入使用	严格控制材料进场验收、检验程序，经监理单位见证取样后，由具有资质的第三方试验室进行材料质量检测，检测合格后投入使用；钻芯取样检测墙体强度
墙身转角或施工段搭接质量控制	搭接宽度过小或未搭接	已固化搅拌段与前进切削段分界定位不明，回撤搭接位置错误	当出现施工间歇时，在停机时，对已成墙段和养生段做出明确位置标识，继续施工时，确保搭接宽度 ≥ 500mm；采用三步法施工时，施工前对各施工段长度及位置做出标识，严格按照施工段位置进行施工，控制回撤搭接长度；若搭接不良导致渗漏，采取高压旋喷桩进行渗漏点封堵

8.8 CSM 水泥土搅拌墙施工

8.8.1 工艺介绍

8.8.1.1 工艺简介

CSM 工法（Cutter Soil Mixing），即双轮铣削水泥土搅拌墙，又称双轮铣深层搅拌技术，是应用原有的液压铣槽机的设备结合深层搅拌技术进行创新的地下连续墙或防渗墙施工设备，它将双轮铣削成槽工艺和传统深层水泥土搅拌工艺特点相结合，既发挥铣槽机对复杂岩土层的铣削功能特点，又发挥了搅拌机对土层充分搅拌的优势。其原理为施工机械向下搅拌土体时，两个铣轮相向旋转，同时动力系统施加向下驱动力铣削岩土地层；当铣削搅拌至设计深度后，两个铣轮做相反方向旋转，动力系统提供驱动力提升铣轮，整个过程注浆系统通过注浆导管向地层中注入固化剂（如水泥浆液等），并通过铣轮绕水平轴旋转使固化剂与土体强制性搅拌，形成具有一定强度、厚度即良好止水性能的水泥土地下连续墙。

8.8.1.2 适用地质条件

适用于填土、黏性土、粉土、砂土、碎石土、风化岩等地层。

8.8.1.3 工艺特点

随着工程机械技术的不断发展，新型的搅拌桩机无疑在止水帷幕的整体性、均匀性、连贯性等方面有了较大的改善与提高，双轮铣深层搅拌技术与传统深层搅拌的相异之处在于以两组铁轮绕水平轴向旋转搅拌方式，形成矩形加固墙体，双轮铣深层搅拌技术成墙宽度为 550~1200mm，最大施工深度可达 60~80m。同时 CSM 工法具有地层适应性强甚至具有一定的入岩能力、施工精度高、可控性好、成墙质量高、成墙深度大、适应性强、施工功效高等优点。除此之外，CSM 工法还具备泥浆少、节能环保、施工过程中几乎没有振动、对周边环境影响小的优点。

8.8.2 设备选型

CSM 工法主要有履带式主机、钻具、辅助设备组成。主机动力来源为涡轮增压柴油发动机，主机的大小根据钻进深度、铣头不同有不同配置。钻具主要由铣头和钻杆构成，铣头按扭矩、成墙尺寸划分两类，如图 8.8.1 所示。钻杆有两种形式，既矩形钻杆和圆形钻杆，如图 8.8.2 和图 8.8.3 所示。铣头和钻杆可根据不同的地层及工程特点进行组合配置。

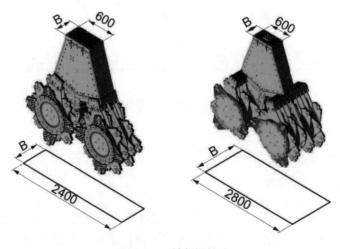

图 8.8.1 铣削搅拌头

图 8.8.2 圆形钻杆

图 8.8.3 矩形钻杆

8.8.2.1 铣削搅拌头及刀具

铣削搅拌头可根据设计图中的墙厚、岩土工程勘察报告中的地层情况，按表 8.8.1 对铣削搅拌头进行选择。

表 8.8.1 常用铣削搅拌头的选用

型号	BCM5	BCM10
扭矩	0~50kN·m	0~100kN·m
转速	0~40r/min	0~30r/min
高度	2.35m	2.8m
面板长度	2.4m	2.8m
面板宽度（B）	550~1000mm	640~1200mm
重量（带刀具）	5200kg	8200kg

刀具的设计目的是为了切割和松动土层岩层，土层类型决定了是否需要更重视刀具的切割和混合能力，可根据岩土工程勘察报告中的地层情况，按表 8.8.2 对刀具进行选择。

表 8.8.2　常用铣削刀具

刀具类型	单片四齿座刀具（四片一组）	单片三齿座刀具（四片一组）
刀具		
适用地层	松散～致密的无黏性土	致密无黏性土，砾石土
	岩石、碎石土，黏性土	硬质黏性土
性能	良好的混合能力	良好的切割能力

8.8.2.2　钻机与钻杆

钻机有 BG、RG 两个系列，其中 BG 系列可分为 V 型和 H 型，V 型钻机成孔直径、施工深度较大，地层穿透能力较强，H 型钻机设备尺寸较小，行动灵活，适用于施工空间较为紧凑的环境；RG 系列钻机拓展增加了高频振动器和液压锤等模块。钻杆有两种形式，即圆形钻杆和矩形钻杆。

（1）圆形钻杆。圆形钻杆用于较小的钻机，最大铣削搅拌深度约为 20m，钻杆使用一根圆形螺纹杆（见图 8.8.2），当使用 BG 钻机作为基本载体时，旋转装置可以使 CSM 墙体单元从 +45° 旋转至 -90°。可根据施工需求，按表 8.8.3 和表 8.8.4 对钻杆、钻机及搅拌头进行组合配置。

表 8.8.3　圆形钻杆（1）

钻机型号	搅拌头	搅拌深度 /m	功率 /kW	提升力 /kN	高度 /m	重量 /t
BG28（BS80）	BCM5/10	20	354	580/830	26	95
BG33（BS85）	BCM5/10	20	354	580/830	26	96
BG36（BS95）	BCM5/10	20	403/433	580/830	26	100

表 8.8.4　圆形钻杆（2）

钻机型号	搅拌头	搅拌深度 /m	功率 /kW	提升力 /kN	高度 /m	重量 /t
RG16T	BCM5	14.5	563	200	21.9	75
RG18S	BCM5	16.5	563	400	22.7	91
RG19T	BCM5	17.5	563	200	24.7	74
RG21T	BCM5	20	563	260	27.6	87
RG22S	BCM5/10	20	563	400	26.1	87
RG27S	BCM5/10	23	563	400/600	30.7	129

（2）矩形钻杆。矩形钻杆的铣削混合深度较大，铣削搅拌头由矩形横截面的钻杆（见图 8.8.3）进行连接，矩形钻杆可以根据施工深度需求进行连接，施工深度不受钻机桅杆高度限制。可根据施工需求，按表 8.8.5 和表 8.8.6 对钻杆、钻机及搅拌头进行组合配置。

表 8.8.5　矩形钻杆（1）

联锁系统无旋转装置						
钻机型号	搅拌头	搅拌深度 /m	功率 /kW	提升力 /kN	高度 /m	重量 /t
BG28（BS80）	BCM5/10	35	354	580/830	40.8	125
BG33（BS85）	BCM5/10	35	354	580/830	40.8	126
BG36（BS95）	BCM5/10	36	403/433	580/830	42.8	130
BG45（BS95）	BCM5/10	43	433	580/820	48.9	174
BG55（BS115）	BCM5/10	43	563	460/910	48.9	200
RG27S	BCM5/10	30.5	563	400/600	36.5	130

表 8.8.6　矩形钻杆（2）

联锁系统带旋转装置						
钻机型号	搅拌头	搅拌深度 /m	功率 /kW	提升力 /kN	高度 /m	重量 /t
BG28（BS80）	BCM5/10	35	354	580/830	40.8	125
BG33（BS85）	BCM5/10	35	354	580/830	40.8	126
BG36（BS95）	BCM5/10	36	403/433	580/830	42.8	130
BG45（BS95）	BCM5/10	43	433	580/820	48.9	174
BG55（BS115）	BCM5/10	43	563	460/910	48.9	200
BG72（BT180）	BCM5/10	53	709	860	60.5	300

8.8.2.3　CSM 绳悬吊钻具

CSM 绳悬吊钻具拥有较小的钻机尺寸和较大的切削混合深度，主要形式有四轮切割（见图 8.8.4）和串联切割（见图 8.8.5），基本部件有：基架、软管处理系统、吊臂、搅拌装置等。CSM 绳悬吊钻具参数详表 8.8.7。

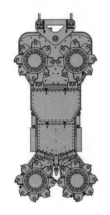

图 8.8.4　Quattr（四轮）切割钻机

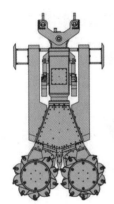

图 8.8.5　串联切割钻机

表 8.8.7　CSM 绳悬吊钻具参数

参数	四轮切割		串联切割	
	水平切割	侧边切割	水平切割	侧边切割
软管处理系统、吊臂	不可转动	可转动	不可转动	可转动
高度 /m	6.6~8.1	8.6	6.6~8.1	8.6
工作宽度[*]/m	8.0	最小 4.5	8.0	最小 4.5
最大搅拌深度 /m	60	60	80[**]	60
功率 /kW	2 × 205	2 × 205	2 × 205	2 × 205

注：[*] 垂直于面板的宽度；

　　[**] 基于 MC64 钻机铣削搅拌深度为 80m，基于 MT75 钻机铣削搅拌深度为 60m。

（1）四轮切割钻机，搅拌装置采用 2 个 BCM5 搅拌头组合而成。

（2）串联切割钻机，搅拌装置采用 1 个 BCM10 搅拌头。

8.8.2.4 附加设备

CSM 工法除了钻具设备外，还需要额外的辅助设备行配合使用，以确保施工效率，如除砂设备（见图 8.8.6）、水浆搅拌装置（见图 8.8.7）、搅拌器罐、空气压缩机、挖掘机等。

图 8.8.6 移动式除砂机和软管泵　　　　图 8.8.7 水浆混合系统

8.8.3 施工前准备

8.8.3.1 人员配备

（1）双轮铣钻机驾驶员：负责双轮铣钻机操作作业，在设备就位、铣削施工等过程中操作设备主机，每班一般配备 1 名驾驶员，必须持有培训合格上岗证。

（2）吊车驾驶员：负责现场不具备行进动力的钻机配套设施吊装转运工作，以及现场其他吊装作业任务。每台设备一般配备 1 名，必须持有培训合格的特殊工种操作上岗证。

（3）浆液系统操作员：负责水浆搅拌装置的设备操作及设备日常检查，每班一般配备 1 名。

（4）机修工：负责设备的定期维护保养、故障检修及日常巡检，每台设备一般配备1 名。

（5）挖掘机操作手：配合设备进行导槽开挖，设备行走路线的场地处理，施工过程中溢出的置换土浆液导流等，每班一般配备 1 名操作手，必须持有培训合格上岗证。

（6）电工：负责设备用电的日常管理，保障设备用电正常工作。每班一般配备 1 名，必须持有培训合格的特殊工种操作上岗证。

（7）普工：负责设备日常施工时的检查与监测，以及其他现场配合施工任务，可根据现场施工需求进行人员的配备及调整。

8.8.3.2 辅助设备

（1）挖掘机：负责配合双轮铣钻机施工，对钻机作业场地平整、导槽开挖、浆液导流等，根据现场施工需求选择挖掘机吨级。

（2）吊车：主要用于不具备行进动力的钻机配套设施吊装转运，如浆液制作和供浆泵送系统、除砂装置等，以及日常的起重吊装作业任务，根据现场施工作业任务选择吊车类别及起吊吨位。

8.8.3.3 场地条件

（1）场地平整。施工现场应进行场地平整，由于设备对承载力有要求，施工现场应先进行平整、压实，并清除双轮铣削水泥土搅拌墙区域表层和地下障碍物，当地面过于松软时，施工设备应配备钢板、路基板等，增加设备与地基接触面积，以降低设备平稳行进对地基承载力的要求。组装场地及行进路线上的软弱地基应进行相应处理，防止机械失稳。

（2）测量放线。施工现场应根据施工图进行定位，按照设计图纸进行墙体单元测量放样，安放定位标识，同时应设定各墙体单元间隔施工的顺序，每隔 50m 设一个高程控制桩，并做好明显标志；根据双轮铣削水泥土搅拌墙平面位置定位控制线开挖导向沟槽，宜尽量挖探至正常沉积地层，清除地下障碍物，并使用素土回填压实。水准点和轴线的控制点应设在不受施工影响的地方，开工前，经复核后应妥善保护，施工中应经常复测，精度应满足相关要求。

8.8.3.4 安全技术准备

（1）方案编制。项目技术负责人根据图纸要求、相关规范及现场实际情况编制安全技术方案。

（2）方案交底。按照方案内容，项目技术负责人对管理人员及作业人员进行安全技术交底。

（3）其他安全技术准备。项目生产负责人编制材料、机械设备、工具及各技术工种劳力进场计划。安全负责人对进场工人进行三级安全教育等。

8.8.4 工艺流程及要点

8.8.4.1 工艺流程

双轮铣削水泥土搅拌墙施工的单注浆模式和双注浆模式，有各自特点和适用性。

（1）单注浆模式。铣削下沉和提升过程中均注入水泥浆液，铣削下沉时注入压缩空气采用单注浆模式时设计水泥掺量的 70% 在削掘下沉过程中掺入。适用于墙底深度较小（深度不大于 30m），地层以黏性土为主，其特点为施工速度快。施工主机和辅助设备平面布置及工艺流程如图 8.8.8 和图 8.8.9 所示。

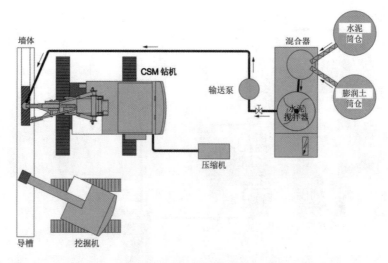

图 8.8.8 单注浆模式施工主机和辅助设备平面布置

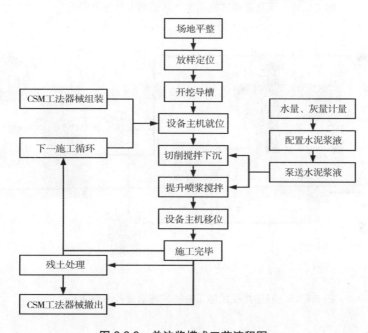

图 8.8.9 单注浆模式工艺流程图

（2）双注浆模式。铣削下沉过程中注入清水（水质应满足水泥土固化要求）或配置的膨润土浆液，同时注入压缩空气。提升过程中只注入水泥浆液等固化剂。适用于地层复杂、工况复杂条件下，例如，墙底深度较大（深度大于30m），深度范围内地层中有致密砂层、巨厚砂层、砾石层等情况。其特点是：双轮铣削水泥土搅拌墙施工设备安全风险低；现场无需堆放渣土，利于现场文明施工管理。环保要求高或条件受限场地也可采用除砂机使一部分膨润土泥浆回收再利用。施工主机和辅助设备平面布置及工艺流程如图 8.8.10~ 图 8.8.12 所示。

对于砂土层及卵砾石层，铣头铣削下沉阶段需使用膨润土泥浆。膨润土掺入量通过现场试验确定。对于可以自造泥浆的地层和区域，可不配置膨润土浆液，直接使用清水。

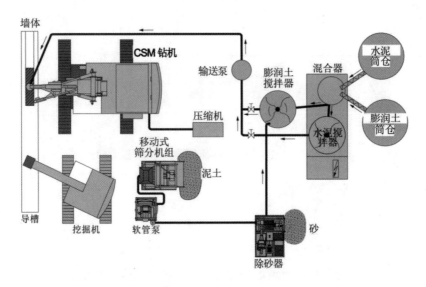

图 8.8.10　双注浆模式施工主机和辅助设备平面布置（一）

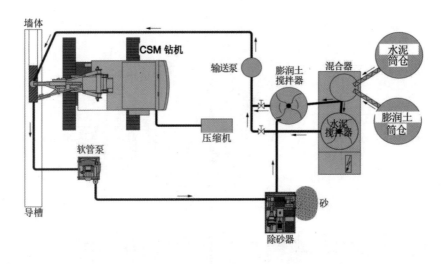

图 8.8.11　双注浆模式施工主机和辅助设备平面布置（二）

8.8.4.2　工艺要点

（1）场地平整。施工前施工现场应先进行平整、压实，根据所使用的设备自重及与地面接触面积，对场地作业区域进行处理，施工场地及周边环境的地表、地下障碍物应进行探明并清除。

CSM 施工器械重量大，施工作业面的地基承载力应满足设备主机、起重机等重型器械安全作业的要求，施工前应对明浜、暗塘、低洼地等不良地质进行处理，当地面过于松软时，施工设备应配备钢板、路基板等，增加设备与地基接触面积，以降低设备平稳行进时对地基承载力的要求，组装场地及行进路线上的软弱地基也应进行相应处理，防止机械失稳。

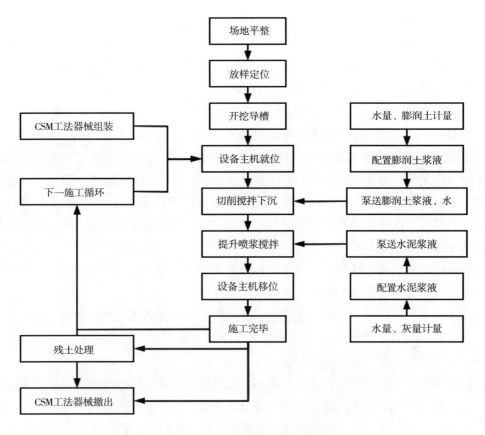

图 8.8.12 双注浆模式工艺流程图

（2）放样定位。根据设计图纸精准确定出双轮铣削水泥土搅拌墙中轴线角点坐标，并根据所相关单位提供的坐标基准点，利用测量仪器进行放样，并进行坐标数据复核，同时做好护桩工作，水准点和轴线的控制点应设在不受施工影响的地方，经复核后应妥善保护，施工中应经常复测，精度应满足相关要求。

（3）设备调校及试运行。双轮铣削水泥土搅拌墙施工现场应按照场地平面布置图安放散装水泥罐、水泥浆制作搅拌站、注浆泵送系统、废浆池等配套设施。双轮铣削水泥土搅拌墙施工机械、水泥浆制作搅拌站、注浆泵送系统组装完成后，在正式施工前，应按设计文件中水泥掺入比、施工组织设计中的水泥浆液配合比及双轮铣削水泥土搅拌墙施工工艺进行设备参数调校及试运行，确定全套机械设备正常运转，保证工程质量及施工连续性。对于地质条件复杂或重要工程，通过试成墙或已有成熟经验确定实际成墙步骤、水泥浆液的水胶比、注浆泵的工作流量、铣轮的提升速度等参数。双轮铣削水泥土搅拌墙水胶比宜按墙体类型设置。

（4）开挖导槽。根据双轮铣削水泥土搅拌墙中轴线开挖导向沟槽，导墙应采用现浇式钢筋混凝土导墙或钢板式导墙，导墙施工应符合下列规定：

①采用现浇式钢筋混凝土导墙时，导墙宜筑于密实土层上，并应高出地面 100mm，导向沟槽深度宜为 0.8~1.2m，导墙净距应比墙体设计厚度至少宽 40mm。

②采用钢板式导墙时，导向沟槽深度宜为 0.8~1.5m，主机一侧的钢板宽度不宜小于

6m，厚度不宜小于20mm。

（5）设备主机就位。钻机在就位之前需重新对墙体的定位进行复核，钻机到达作业位置后，双轮铣铣轮与槽段中轴线对正，平面偏差不应超过 ±20mm，施工前铣轮的倾角传感器角度与深度位置均应归零，导杆的垂直度偏差不应大于1/300。

（6）切削搅拌下沉。切削下沉过程中，根据墙体深度和地层条件选择浆液注浆方式；对于墙体深度不大于30m，且无深厚砂层等复杂地层的墙体施工，可选择单浆液注浆方式，下沉注入水泥浆液的量为设计掺量的70%~85%。当墙体深度大于30m或进入密实砂层时，应采用双浆液注浆方式，对于黏性土地层，下沉切削时注入浆液可选择清水或膨润土泥浆，并应控制浆液的注入量，对于中密至稍密砂质地层，下沉注入浆液应选择膨润土泥浆，下沉搅拌速度宜控制在50~300mm/min。采用泵吸置换泥浆时，水泥浆液混合泥浆相对密度不应大于1.5。

铣轮应匀速钻进，铣削下沉速度应与注浆泵的注浆量、铣轮转速相匹配，保证双轮铣削水泥土搅拌墙墙体的连续性和均匀性。

（7）提升喷浆搅拌。采用单浆液注浆方式时，提升注入水泥浆液的量为设计掺量的15%~30%。采用双浆液注浆方式时，提升搅拌成墙的水泥浆液流量宜控制在250L/min~400L/min，提升速度应与流量相匹配。

铣轮的提升速度不宜大于500mm/min，铣削提升速度应合理控制，不应在墙内提拉过快产生负压力扰动周边土体，造成墙体空隙和孔壁坍塌。搅拌提升时如因故浆液中断或停止施工，恢复施工后应将铣轮重新切削下沉至上次停工标高面以下至少0.5m后，再次喷浆搅拌提升，保证双轮铣削水泥土搅拌墙墙体的连续性和均匀性。

（8）主机移位至下一槽段施工。钻机的移位要做到安全、平稳，到达作业槽段后，重新进行设备的定位校正。CSM工法的施工顺序一般有顺槽式施工和跳槽式施工，施工顺序应符合下列规定：

墙体深度不大于20m，且无深厚砂层等复杂地层时，可采用顺槽式施工顺序（见图8.8.13），并符合下列规定：

①相邻两幅之间的间隔时间不宜过长，二期墙体的施工应在一期墙体终凝之前完成；
②应对沿槽段方向的垂直度进行严格控制，确保搭接长度满足要求。

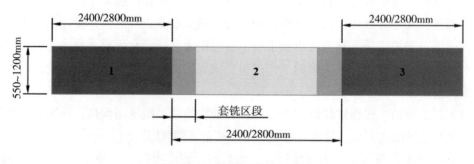

图8.8.13 顺槽式施工示意图

穿越深厚砂层、杂填土较厚等复杂地层，或深度20m以上的墙体，应采用跳槽式施工顺序（见图 8.8.14）。跳槽方式应根据成墙深度、地质条件、周边环境复杂程度进行调整。

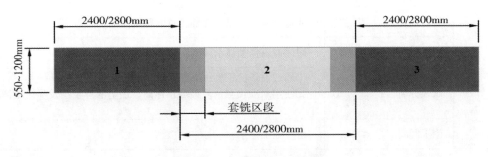

图 8.8.14 跳槽式施工示意图

根据国内外项目施工经验，套铣接头工艺有利于墙体垂直度、施工质量、周边环境保护和工程安全的控制。双轮铣削水泥土搅拌墙采用套铣工艺时，幅间咬合搭接长度不宜小于 0.3m，相邻的一期与二期单元墙体施工时间间隔不宜小于 24h，但时间也不宜过长，而影响施工效率。

8.8.5 工艺质量要点识别与控制

双轮铣削水泥土搅拌墙施工工艺质量要点识别与控制见表 8.8.8。

表 8.8.8 双轮铣削水泥土搅拌墙施工工艺要点识别与控制

控制项目	识别要点	控制标准	控制措施
主控项目	墙体垂直度	1/250	①定期使用测量设备对主机架桅杆进行垂直度校核； ②通过铣轮内部的测斜仪对墙体垂直度实时监测； ③合理控制铣削下沉速度和铣轮旋转速度，尤其在土层性状突变的位置（如标贯击数大幅增加）
	墙体强度		①浆液制备和注入的各个环节宜采用全自动化设备，并且根据实际墙体施工的体积调整注入量； ②对浆液进行抽查，浆液的水胶比采用密度计进行检查，水泥掺量用计量装置检查； ③按设计文件水泥掺入比的要求严格控制水泥用量，通过设备信息显示屏幕实时信息化控制
一般项目	墙体厚度	±10mm	密切关注和检查铣轮的工作状态和刀具磨损情况，对不满足施工要求的刀具及时维修或更换
	墙体轴线位置	≤20mm	导槽开挖前根据设计定位测量出墙体轴线位置，将轴线引测至墙体外侧，做好护桩保护，成墙施工前用钢尺测量引线至铣轮距离，作为施工过程中轴线控制依据
	提升速度	设计值	通过设备信息显示屏幕实时信息化控制

表 8.8.8（续）

控制项目	识别要点	控制标准	控制措施
	旋转速度	设计值	通过设备信息显示屏幕实时信息化控制
	注浆压力	设计值	通过设备信息显示屏幕实时信息化控制
	墙顶标高	不小于设计值	①通过设备信息显示屏幕实时监测控制搅拌头位置；②使用水准仪测量复核墙顶标高，最上部浮浆层及劣质墙体不计入
	施工间歇	≤ 24h	检查施工记录

8.8.6　工艺安全风险辨识与控制

双轮铣削水泥土搅拌墙施工工艺安全风险辨识与控制见表 8.8.9。

表 8.8.9　双轮铣削水泥土搅拌墙施工工艺安全风险辨识与控制

事故类型	风险辨识	控制措施
车辆伤害	施工作业空间狭窄、地面坡度与起伏较大、场地地表土松软	施工场地要求平整，施工工作面坡度不得大于 2°，场地地基承载力满足施工器械需求
	每班开钻前的日常检查和保养	每班开钻前，操作人员应对发动机、传动机构、作业装置、制动部分、液压系统、各种仪表、警示灯及钢丝绳等进行检查和保养
	CSM 工法器械装卸、安拆与调试、检修、移位、装卸钻具钻杆、成孔施工等施工危险性大的作业无专人指挥	CSM 工法器械装卸、安拆与调试、检修、移位等施工危险性大的作业必须设置专人指挥
	成孔过程钻机荷载过大	在下沉和提升过程中，当荷载过大超过预定值时，要减慢速度。如果发生卡钻的情况，要采取措施提出钻头避免埋置。施工过程中出现异常现象，应立即停机检查，排除故障后方可进行作业
触电	高压线路附近施工	根据电压的大小不同，电力线路下及一定范围内需设立保护区。施工前应征得电力相关部门的同意，并采取相应保护措施后方可施工
	临时用电管理	安排专职电工进行用电管理，持证上岗；施工前详细了解各用电设备功率，是否与变压器 / 发电机容量相匹配，严禁供电设备超负荷作业；现场临时用电电缆采取架设或埋地；每日进行配电箱用电巡查，发现用电安全隐患及时整改
坍塌	导槽塌陷	导槽浇筑前，根据施工荷载大小及土层条件，复核地基表层承载力是否满足使用要求，必要时采取换填、注浆等浅层地基处理措施，并确保不漏水，避免由于漏水造成导槽坍塌而危及钻机安全

表 8.8.9（续）

事故类型	风险辨识	控制措施
	导槽、沟槽侧壁塌陷	调整泥浆相对密度，保持墙体内外水压、土压平衡，避免成墙过程中出现槽壁坍塌
其他伤害	桩位处地下管线及障碍资料不明	收集详细、准确的地质和地下管线资料；按照施工安全技术措施要求，做好防护或迁改
	恶劣天气施工作业	遇到雷电、大雨、大雾、大雪和六级以上大风等恶劣天气时，应停止一切作业。当风力超过七级或有台风、风暴预警时，应将旋挖设备桅杆放倒

8.8.7　工艺重难点及常见问题处理

双轮铣削水泥土搅拌墙施工工艺难点及常见问题处理见表 8.8.10。

表 8.8.10　双轮铣削水泥土搅拌墙施工工艺重难点及常见问题处理

工艺重难点	常见问题	原因分析	预防措施和处理方法
槽位定位	槽位偏差	槽位测放不准	槽位测放完成后，在开槽前和钻进过程中进行复测和检查，确保槽位准确无误
墙厚控制	墙厚不足	铣头刀片磨损	应注意铣头刀片磨损情况，定期测量刀片外径，当磨损达到 1cm 时必须对刀片进行修复，确保成墙厚度
	侧壁塌陷	未进行隔槽施工（相邻槽段成孔未灌注）	施工前应根据墙体深度、地层条件选择顺槽式施工工艺或跳槽式施工工艺；连续施工时，采用顺槽式施工工艺应在相邻槽段完成灌注后再进行下一槽段施工；采用跳槽式施工工艺应跳隔 1~2 幅墙体施工
		在墙底位置向上铣削速度过快局部会产生真空，造成搅拌墙的墙壁坍塌	在墙底和淤泥层位置控制向上铣削喷浆速度，钻速宜控制在 1.0m/min 左右
垂直度控制	墙体倾斜	钻杆系统的垂直度不满足设计要求	为保证钻杆系统的垂直度，需采取经纬仪对桩架的垂直度进行初始零点校准，由辅机的垂直度来控制，通过铣头两侧的 2 块导向板以及前后的 4 块纠偏板共同调整钢索吊挂系统，同时操作员可以通过控制铣头的姿态来调整槽形的垂直度，墙体的垂直度一般控制在 0.3% 范围内
		钻杆系统的垂直度不满足设计要求	为保证钻杆系统的垂直度，需采取经纬仪对桩架的垂直度进行初始零点校准，由辅机的垂直度来控制，通过铣头两侧的 2 块导向板以及前后的 4 块纠偏板共同调整钢索吊挂系统，同时操作员可以通过控制铣头的姿态来调整槽形的垂直度，墙体的垂直度一般控制在 0.3% 范围内

表 8.8.10（续）

工艺重难点	常见问题	原因分析	预防措施和处理方法
		采用顺铣施工向下铣削时，其相邻的搅拌墙成墙的时间较长（水泥土超过终凝时间）	采用顺铣施工向下铣削时，如果其相邻的搅拌墙（第 n 槽段）成墙的时间较长（水泥土超过终凝时间），一组铣轮铣削原状土的速度快，一组铣轮铣削已终凝水泥土的速度慢，易出现正施工的墙（第 $n+1$ 槽段）向已成墙（第 n 槽段）的方向倾斜，在下一槽段（第 $n+2$ 槽段）施工时即使控制好垂直度情况下，第 $n+1$ 槽段和第 $n+2$ 槽段下部搭接长度不足，止水效果不好。因此，向下铣削成槽时，如相邻的搅拌墙成墙时间较长，可采取减慢铣削钻速，降低转数，即采用"吊打"向下铣削施工。操作人员应及时观察成槽过程监视器显示的偏斜量即垂直度（包括前后和左右的偏差）的情况，并及时进行调整，通过控制向下铣削钻速和转数，确保成墙的垂直度控制在 1/500~1/300 以内
		施工场地承载力不满足施工器械要求，造成施工过程中施工器械出现沉降	施工现场应先进行平整、压实，并清除双轮铣削水泥土搅拌墙区域表层和地下障碍物，当地面过于松软时，施工设备应配备钢板、路基板等，增加设备与地基接触面积，以降低设备平稳行进对地基承载力的要求。组装场地行进路线上的软弱地基应进行相应处理，防止机械失稳
成墙质量	"断墙"	供浆不连续，喷浆时中途出现堵管、断浆等现象	为确保搅拌墙成墙的质量，向上铣削喷浆时供浆必须连续。如出现浆罐内水泥浆空罐，或水泥浆泵出浆量较少，操作人员根据 LCD 监视器显示的注浆流量和注浆总量，采取减小钻速或原位铣削，等供浆正常后，下放铣轮到原喷浆面 1m 以下，再注水泥浆向上铣削；若向上铣削喷浆时中途出现堵管、断浆等现象，应立即停泵，上提铣轮过喷浆面以上，查找原因进行维修，待故障排除后供浆正常时，下放铣轮到原喷浆面 1m 以下，再进行向上铣削喷浆。必须注意供浆故障排除后，不可在原喷浆面位置向上铣削喷浆，避免出现"断墙"问题。因故停机 30min 以上，应对泵体和输浆管路妥善清洗，防止发生堵管
	强度不足	未严格控制水泥浆掺入量和水灰比	水泥土搅拌墙的强度与水泥掺入量成正比，一般可设计为 12%~20% 以内，注浆压力为 2.0~3.0MPa（根据现场的情况及时调整）。注浆时，向下铣削和向上铣削都需要注入水泥浆；若需要采取一次注浆的方式，则水泥掺入量应在设计值以上，防止水泥掺入量少影响搅拌墙强度。水灰比也会对墙体强度产生影响，水灰比一般控制在 1.0~1.5 范围内，并在施工过程中定时检测水，确保所用水泥浆的水灰比在设计范围内，保证成墙的强度和均匀性
		削铣达到风化岩范围时，水泥浆与底部风化岩完全拌和过程中动力头提升过快	削铣达到风化岩范围时，对墙底风化岩处，适当重复提升 2~3 次，到达终孔深度时，继续延续喷浆 10s，使水泥浆与底部风化岩完全拌和，根据搅拌程度控制铣轮速度在 25~36r/min 范围内变化，缓慢提升动力头，一般为 0.7~1.0m/min，以避免造成真空负压

9 基坑土体加固施工

9.1 概述

基坑土体加固主要是针对基坑支护结构深度范围内的软弱土层（如淤泥、淤泥质土、松散填土等）进行改良，提高其抗剪强度指标，进而控制支护结构的变形、稳定性，提高基坑安全性的一种工程手段，加固范围一般为基坑被动区，亦有用于主动区加固的情况。

常用的土体加固方式主要有水泥土搅拌桩加固、高压旋喷桩加固以及注浆加固（见表9.1.1）。水泥土搅拌桩加固根据施工机械不同可以分为单轴、双轴及三轴水泥土搅拌桩；高压旋喷桩加固根据施工机械不同可以分为单管、双管以及三管高压旋喷桩；注浆加固主要采用袖阀管注浆。

表 9.1.1 土体加固施工工艺对比

工艺	适用地层	优点	缺点
水泥土搅拌桩	正常固结的淤泥、淤泥质土、素填土、黏性土（软塑、可塑）、粉土（稍密、中密）、粉细砂（松散、中密）、中粗砂（松散、稍密）、饱和黄土等土层	工艺简单，造价较低	穿透性较差，适用范围较窄；用于排桩支护结构被动区加固时，不能紧贴支护桩，需要调整施工顺序或者在支护桩边补设旋喷桩
高压旋喷桩	淤泥、淤泥质土、黏性土（流塑、软塑和可塑）、粉土、砂土、黄土、素填土和碎石土等地基	加固效果较好，适用范围较广	造价偏高
注浆加固	砂土、粉土、黏性土、人工填土等	适用范围较广，所需施工空间较小	加固范围、均匀性及加固效果的不确定性较大

9.2 土体加固水泥土搅拌桩施工

水泥土搅拌桩用于基坑土体加固时，除平面布置形式外，所采用的施工设备、施工工艺和方法，以及施工工艺质量、安全控制管理要点和工艺重难点及常见问题处理方法，与水泥土搅拌桩止水帷幕相关内容基本相同，可参照8.2节的内容。

9.3 土体加固高压旋喷桩施工

高压旋喷桩用于基坑土体加固时，除平面布置形式外，所采用的施工设备、施工工艺和方法，以及施工工艺质量、安全风险控制管理要点和工艺重难点及常见问题处理方法，与高压旋喷桩止水帷幕相关内容基本相同，可参照 8.3 节的内容。

9.4 土体加固袖阀管注浆施工

9.4.1 工艺介绍

9.4.1.1 工艺简介

袖阀管注浆是在钻孔中插入袖阀管，采用套壳料封闭其与钻孔之间的间隙，利用注浆泵将水泥浆液通过袖阀管注入待加固地层中的一种注浆方法。通过水泥浆与土体的化学反应和挤压作用，形成具有较高强度的水泥固结体，从而达到加固土体的目的。

9.4.1.2 适用地层

袖阀管注浆适用于砂土、粉土、黏性土和人工填土等地层。

9.4.1.3 工艺特点

（1）袖阀管注浆是典型的分段注浆法，通过两个阻塞器能将浆液限定在特定的区段进行注浆；

（2）袖阀管注浆根据地层情况不同，可在同一根袖阀管内采用不同的注浆参数进行注浆作业；

（3）袖阀管注浆可以反复多次注浆，确保加固效果。

9.4.2 设备选型

9.4.2.1 成孔钻机

各类地质钻机均可用于预成孔，常用型号如表 9.4.1 所列。

表 9.4.1 袖阀管注浆常用成孔钻机

型号	30 型冲击钻机	XY-100 型液压钻机
成孔直径 /mm	110~146	110
钻进方式	钢丝绳冲击钻进	液压回转钻进
最大钻进深度 /m	30	100
适用地层条件	黏性土	填土、黏性土、砂土等

9.4.2.2 注浆设备

袖阀管注浆根据浆液性质不同可以采用水泥浆泵、水泥砂浆泵等注浆设备,常用型号如表 9.4.2 所列。

表 9.4.2 袖阀管注浆常用注浆泵

型号	BW150	BW100-5
最大流量 /L·min⁻¹	150	100
最大压力 /MPa	7	5
功率 /kW	7.5	18.5
输浆管	高压胶管	高压胶管
适用浆液条件	水泥浆	水泥砂浆

9.4.2.3 袖阀管

袖阀管注浆常用 PRC 型自行密封式双向密封芯管,如图 9.4.1 所示,主要用于以水泥、粉煤灰、膨润土为主的浆液。

图 9.4.1 袖阀管

9.4.3 施工前准备

9.4.3.1 场地条件

施工前应对场地进行适当的平整,满足钻机成孔施工需求;调查待加固区域地下管线情况,防止成孔施工对地下管线造成损害。

9.4.3.2 安全技术准备

(1)结合场区内的具体情况,编制施工组织设计或施工方案。

(2)项目生产负责人编制材料、机械设备、工具、用具及各技术工种劳动力进场计划。

(3)对现场施工人员进行图纸和施工方案交底,专业工种应进行短期专业技术培训。

(4)安全负责人对进场工人进行三级安全教育。

（5）组织现场所有管理人员和施工人员学习有关安全、文明施工规程，增强职工安全、文明施工意识和环保意识。

9.4.4　工艺流程及要点

9.4.4.1　工艺流程

袖阀管注浆施工工艺流程如图9.4.2所示。

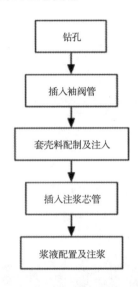

图9.4.2　袖阀管注浆工艺流程图

9.4.4.2　工艺要点

（1）钻孔。采用工程地质钻机进行预成孔，成孔直径不小于91mm。在钻孔过程中应做好记录，以供后续注浆作业参考。

（2）插入袖阀管。将连接好的袖阀管底部封闭下入注浆钻孔中，尽量放置于钻孔中心并保证垂直度。注浆管要保证下到孔底，上部高出地面500mm左右。袖阀管下放完成后在管中加满水，防止上浮。加上顶盖以防止杂物进入，影响注浆作业质量。

（3）套壳料配制及注入。套壳料为水泥、黏土、水三者的混合物，应根据设计要求按一定比例配置；当钻孔采用泥浆护壁成孔时，套壳料应采用导管自下而上注入，防止泥浆侵染套壳料。

（4）插入注浆芯管。在袖阀管内插入注浆芯管，注浆芯管为双向密封管，注浆口上下均有止浆塞，与袖阀管内壁形成密闭空间，单段注浆在该封闭腔室内完成。

（5）浆液配置及注浆。按设计要求进行浆液配置，采取分段式注浆，每段注浆长度称为注浆步距，注浆步距一般为0.5m。每段注浆完成后，采用提升设备移动注浆芯管，向上或向下移动一个步距。注浆结束后，将注浆管上端封闭保护，以便对重点加固区段重复注浆。

每一区段出现以下情况时可以终止注浆：

①当注浆压力大于设计最大压力或注浆量达到设计值；

②发现被加固区域地面隆起时，立即停止注浆；

③发生窜浆或浆液漏失严重时，立即停止注浆。

9.4.5 工艺质量要点识别与控制

袖阀管注浆加固施工工艺质量要点识别与控制见表 9.4.1。

表 9.4.1 袖阀管注浆加固施工工艺质量要点识别与控制

控制项目	检查项目	允许偏差或允许值	控制措施
主控项目	注浆孔间距	±50mm	严格按照设计要求进行定位放线，在现场用白灰线或其他标记方法进行标记，并做好保护
	套壳料配合比	设计要求	称重设备使用前应进行标定，按照设计要求的配合比进行配制并搅拌均匀
	水泥浆配比	设计要求	称重设备使用前应进行标定，按照设计要求的配合比进行配制并搅拌均匀
	注浆孔深度	±50mm	按照设计要求进行成孔，到达预定深度后量测孔口标高、钻杆长度、钻机余尺、钻机高度等信息
	注浆压力	设计要求	注浆作业前各种压力表应进行标定，按照标定值对设计要求的各压力值进行换算，指导现场施工
	注浆量	设计要求	注浆作业前对流量表应进行检查，确保准确，施工过程中严格控制注浆量

9.4.6 工艺安全风险辨识与控制

注浆加固施工工艺安全风险辨识与控制见表 9.4.2。

表 9.4.2 注浆加固施工工艺安全风险辨识与控制

事故类型	风险辨识	控制措施
机械伤害	钻机成孔施工	钻机成孔施工前应检查各部件连接的可靠性，防止部件松动；钻进过程中钻杆提升及下放时操作手和工人应紧密配合，防止出现钻具或钻杆掉落伤人
	注浆施工过程中	注浆施工前检查管路的密闭性以及各接头间连接的可靠性；输浆管及连接件应符合相关标准的要求，不得使用劣质或不合格产品
触电	浆液搅拌、注浆施工过程中	现场用电拥有专门的电工管理，不得私搭乱接，电线电缆应定期检查，发现破损及时修复更换

9.4.7 工艺重难点及常见问题处理

注浆加固施工工艺重难点及常见问题处理见表 9.4.3。

表 9.4.3 注浆加固施工工艺重难点及常见问题处理

工艺重难点	常见问题	原因分析	预防措施和处理方法
预成孔控制	漏浆、塌孔	地质条件研判不准，成孔施工工艺选择不当	①认真分析地质勘察报告，根据地层情况选取合适的成孔工艺；②选取合适的护壁方法，比如泥浆护壁、全套管等
注浆控制	浆液用量过大，压力达不到设计要求	地层渗透性大，孔隙率高；浆液配比不当，胶凝材料使用过少	①调整浆液配合比，适当增加胶凝材料用量；②若地层渗透性过大，可在浆液中适当增加速凝剂，缩短浆液凝结时间；③可少量多次注浆
	浆液用量过小，注浆压力超过设计要求	注浆管堵塞；浆液配合比不当，胶凝材料使用偏多	①施工前检查注浆管路，确保无堵塞情况发生；②调整浆液配比，适当减少胶凝材料用量

10 其他施工

10.1 概述

基坑工程中，支护结构的其他构件往往影响支护结构的受力体系和整体稳定性能，其中比较有代表性的有冠梁、腰梁以及泄水孔等。

冠梁是指设置在围护桩顶部的钢筋混凝土连续梁。

腰梁为设置在支护桩侧面传递支点力的钢筋混凝土梁或钢梁。

泄水孔设置在基坑侧壁，以一定间距布设，起到排除基坑外地下水的作用。

基坑工程中植筋技术是指在支护结构上钻孔，然后注入高强植筋胶，再插入钢筋，胶固化后将钢筋与基材粘接为一体，是岩土施工、后锚固行业最为常用的一种建筑工程技术。

10.2 冠梁施工

10.2.1 工艺介绍

排桩支护结构中，为提高支护结构整体性而在桩顶部设置的钢筋混凝土连续梁。其作用是把所有的排桩连到一起（如钻孔灌注桩、预制桩等），达到共同受力的目的。

10.2.2 设备选型

10.2.2.1 钢筋切割机

应根据设计要求选择适合的钢筋切割机，常用的钢筋切割机型号为GQ50。

10.2.2.2 钢筋弯曲机

根据设计钢筋直径选取对应的钢筋弯曲机。可按表10.2.1选用。

表 10.2.1 常用钢筋弯曲机

设备型号	电机功率 /kW	工作圆盘转速 /r·min⁻¹	工作圆盘直径 /mm	弯曲钢筋直径（圆钢）/mm	弯曲钢筋直径（螺纹钢）/mm
GW-12型	1.5	20		6~12	
GF-16型	1.5	35~40		6~16	
GW-40型	3	5, 10	345	6~40	8~36
GW-50型	4	5, 10	400	10~50	10~40

10.2.2.3　振捣棒

根据设计结构构件尺寸选取对应的振捣棒，振捣棒常用的有直径 30mm、50mm 两种，在一般情况下，振动作用半径为振捣棒半径的 8~9 倍。

10.2.3　施工前准备

10.2.3.1　人员配备

（1）桩头破除班组：负责桩顶土方开挖后，桩头的凿除及清理工作。

（2）钢筋班组：负责冠梁钢筋的制作、下料及安装工作，且焊接作业必须持电焊操作证上岗。

（3）木工班组：负责冠梁模板的支设、拆除工作。

（4）混凝土班组：负责冠梁混凝土的浇筑、振捣及养护工作。

（5）挖掘机操作手：负责进行桩顶、桩间土方开挖工作，每班一般配备 1 名挖掘机操作手，且必须持挖掘机操作证上岗。

10.2.3.2　辅助设备

（1）挖掘机：通常选用 7t 级别挖掘机，进行桩顶、桩间土方开挖工作。

10.2.3.3　现场准备

（1）冠梁开挖前做好准备工作，查明周边地下管线和地下构筑物的情况，并采取可行的措施进行保护及监测，确保施工期间地下管线和地下构筑物安全正常使用。

（2）冠梁开挖前准备一定数量的应急材料，做好冠梁基槽抢险加固准备工作。冠梁基槽施工前，在冠梁基槽四周布设排水沟，并把排水沟引到已经设计好的集水坑内，再采用抽水泵抽排，并在施工边界设置警戒线进行维护。

10.2.3.4　安全技术准备

（1）方案编制。项目技术负责人根据图纸要求、相关规范及现场实际情况编制安全技术方案。

（2）方案交底。按照方案内容，项目技术负责人对管理人员及作业人员进行安全技术交底。

（3）其他安全技术准备。项目生产负责人编制材料、机械设备、工具、用具及各技术工种劳力进场计划。安全负责人对进场工人进行三级安全教育等。

10.2.4　工艺流程及要点

冠梁施工工艺流程如图 10.2.1 所示。

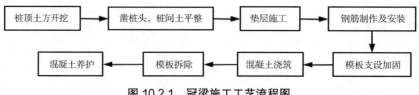

图 10.2.1　冠梁施工工艺流程图

10.2.5 工艺要点

（1）桩顶土方开挖。当支护结构构件强度达到开挖阶段的设计强度时，方可下挖基槽。开挖方式采用人工配合机械开挖。开挖过程中应注意对围护桩主筋的保护工作。挖掘机将桩间土方挖至冠梁底标高以后，采用人工清底，以保证冠梁底面土方不扰动。人工开挖标高控制在冠梁底以下 5cm，开挖出的土方及时运至指定存放地点。

（2）凿桩头、桩间土整平。基槽开挖揭露出冠梁底以上围护桩桩头混凝土及浮浆固结体后，根据该范围围护桩桩头混凝土及浮浆固结体需要破除的高度，先用手锯在桩顶标高处环切后，再用人工配合风镐凿除至冠梁底面。在凿除过程中严格控制桩顶标高并不得使冠梁底面下部分混凝土遭受破坏。凿除完成后将桩顶清理干净。凿除废弃的混凝土块用来对开挖超深部分进行回填，回填高度控制在冠梁底面下 5cm。如图 10.2.2 和图 10.2.3 所示。

如个别桩顶出现浮浆固结体低于冠梁底面标高的情况，继续向下破除至完整新鲜混凝土面。

图 10.2.2　桩头凿除示意图（一）　　　图 10.2.3　桩头凿除示意图（二）

（3）垫层施工。冠梁下设 5cm 厚的 C15 混凝土对基底进行浇筑，混凝土强度一般应达到设计强度 70% 后方可进行后续施工。用墨线将模板边线弹在垫层上，便于结构线控制和模板施工。

（4）钢筋制作及安装。

①钢筋制作一般要求。运至现场的每批钢筋，应附出厂合格证和试验报告，并按规定进行取样送检，检验合格才能投入使用。

钢筋的表面应洁净，使用前应将表面油渍、漆皮、鳞锈等清除干净。

钢筋应平直，无局部弯折，成盘的钢筋或弯曲的钢筋均应调直。

钢筋宜采用无延伸功能的机械设备进行调直，Ⅰ级光圆钢筋的冷拉率不宜大于 4%，Ⅲ级钢筋的冷拉率不宜大于 1%。

主筋之间焊接长度双面焊不得小于 5d，单面焊不得小于 10d，主筋平直，无油污、锈蚀，调直后表面无明显擦伤。

钢筋焊接应牢固，不得出现开焊。

焊条使用要求：Ⅰ级钢筋（箍筋）焊接时采用 E43 型焊条，焊接Ⅲ级钢筋时用 E55

焊条。

主筋焊接接头应相互错开，同一连接区段内主筋焊接接头的面积百分比不大于50%，且应间隔布置。

钢筋焊接前，必须进行焊接试验，合格后方可施焊。

做好现场标识工作，对于试验未合格钢筋不得使用；防止钢筋混用、错用。

②钢筋制作。钢筋在专门操作平台上进行，根据设计图纸，计算钢筋下料长度，将所需钢筋调直后用切割机切好备用，并按照钢筋加工规格不同分别挂牌堆放，成品按照不同种类分隔编号堆放。

③钢筋安装。绑扎前先调直桩顶露出钢筋，清除其表面固结混凝土、淤泥及其他杂物，使其直顺、清洁，然后将梁底杂物清扫干净，按照设计配筋图进行安装（见图10.2.4）。钢筋安装应符合以下要求。

当受拉钢筋的直径 $d>25mm$ 及受压钢筋的直径 $d>28mm$ 时，不宜采用绑扎接头，宜采用焊接或机械连接接头。当采用焊接连接接头时，主筋搭接优先采用双面焊接，双面焊接不能实现的则采用单面焊接，焊缝长度不小于设计长度。

图 10.2.4 钢筋绑扎示意图

箍筋位置应正确并垂直主筋，箍筋的接头（弯钩叠合处）应交错布置在两根架立钢筋上。

箍筋与主筋和分布筋牢固稳定，单肢箍与主筋交叉点应全部绑扎，双肢箍可交叉绑扎。

绑扎完毕后，加水泥垫块，以控制受力钢筋的保护层。

④预埋件及预留孔洞的处理。钢筋绑扎过程中，根据设计图纸、监测方案埋设钢板等各种预埋件，并对其位置进行复测，以确保定位准确性，而后采取有效措施（焊连、支撑、加固等）将其牢固定位，以防止其在混凝土浇筑过程中变形移位。混凝土浇筑前，对图复查，以防遗漏。

（5）模板支设加固。

①冠梁模板施工方法。冠梁侧模由木模板/组合钢模板、方木、钢管（后背杆）、燕尾卡、拉杆、对撑组成。如图10.2.5和图10.2.6所示。

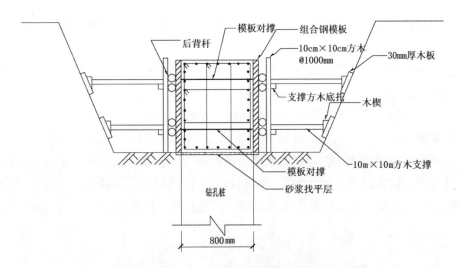

图 10.2.5 冠梁模板施工方法

图 10.2.6 冠梁模板施工

②模板的一般要求。模板配置的原则是为满足均衡流水的需要，保证各工序合理衔接，模板能够有效周转；同时综合考虑结构形式、工期、质量等各方面因素。

模板工程的施工质量符合模板工程质量控制标准的要求，各类模板保证工程结构和构件各部位尺寸和相互位置的正确性。模板安装完需要进行复测，确定模板的位置和标高在容许误差范围内时方可进入下一道工序；冠梁混凝土浇筑前，对模板表面进行彻底清理，清除杂物，保证模板表面清洁干净，提高混凝土表面颜色一致性，控制好混凝土结构外观质量。

在浇筑混凝土的过程中，经常检查模板的工作状态，发现变形、松动现象及时予以加固调整。

（6）混凝土浇筑。混凝土浇筑前木模板应浇水湿润并进行清仓处理，将仓内各种杂物、铁丝、土石块清理干净，积水抽干。

在梁与桩结合部位采取二次振捣措施，防止由于截面变化和后期混凝土收缩引起裂缝。使用振捣棒做到快插慢拔，每处振捣时间不少于 30s，振捣点梅花状布置，振捣器插入下层混凝土内的深度不小于 50mm。

混凝土表面的压光处理。混凝土浇筑完成后，混凝土表面先预抹平，赶走多余水分，待混凝土终凝前完成压光。如图 10.2.7 所示。

混凝土浇筑完成后，覆盖塑料薄膜并采取合理养护措施，有效降低收缩，减少开裂，如图 10.2.8 所示。

当采取分段浇筑方式，已浇筑的混凝土早已硬化，应清除接缝表面的水泥浮浆、薄膜、松散石子、软弱混凝土层、油污等；将钢筋上的锈斑及浮浆刷净；必要时将旧混凝土适当凿毛；用清水冲洗旧混凝土表面，使旧混凝土在浇筑新混凝土前保持湿润。

图 10.2.7　冠梁混凝土浇筑示意图　　图 10.2.8　浇筑完成铺设塑料薄膜示意图

（7）模板拆除。只要混凝土强度能保证其表面及棱角不因拆除模板而受损，即可进行拆除。模板拆除后，待冠梁混凝土达到一定强度后进行回填冠梁与作业面基槽。

（8）混凝土养护。混凝土浇筑完毕，根据气温情况确定养护方法及养护时间。如气温过低时，停止洒水养护并采取覆盖保温措施。

10.2.6　工艺质量要点识别与控制

冠梁施工工艺质量要点识别与检验方法见表 10.2.2~ 表 10.2.6。

表 10.2.2　现浇结构模板安装的允许偏差及检验方法

项目		允许偏差 /mm	检验方法
轴线位置		5	尺量
底模上表面标高		±5	水准仪或拉线、尺量
模板内部尺寸	基础	±10	尺量
	柱、墙、梁	±5	尺量
相邻两板表面高低差		2	尺量
表面平整度		5	2m 靠尺和塞尺检查

注：检查轴线位置时，应沿纵、横两个方向量测，并取其中的较大值。

表 10.2.3　钢筋加工的允许偏差及检验方法

项目	允许偏差 /mm	检验方法
受力钢筋长度方向全长的净尺寸	±10	尺量
箍筋内净尺寸	±5	尺量

表 10.2.4　钢筋安装允许偏差和检验方法

项目			允许偏差 /mm	检验方法
受力钢筋	间距		±10	钢尺量两端中间，各一点取最大值
	排距		±5	
	保护层厚度	基础	±10	尺量
		柱、梁	±5	尺量
绑扎箍筋间距			±20	尺量连续三挡，取最大值

注：检查中心线位置时，沿纵、横两个方向量测，并取其中偏差的较大值。

表 10.2.5　现浇结构尺寸允许偏差和检验方法

项目	允许偏差 /mm	检验方法
轴线位置	8	尺量
截面尺寸	+10，−5	钢尺检查
表面平整度	8	2m 靠尺和塞尺检查

表 10.2.6　冠梁季节性施工要点识别与控制

辨识要点	控制措施
高温施工	混凝土浇筑宜在早间或晚间进行，且应连续浇筑。当混凝土水分蒸发较快时，应在施工作业面采取挡风、遮阳、喷雾等措施。 混凝土浇筑前，施工作业面宜采取遮阳措施，并应对模板、钢筋和施工机具采用洒水等降温措施，但浇筑时模板内不得积水。 混凝土浇筑完成后，应及时进行保湿养护。模板拆除前宜采用带模湿润养护
冬期施工	混凝土拌和物的出机温度不宜低于 10℃，入模温度不应低于 5℃。 混凝土浇筑前，应清除地基、模板和钢筋上的冰雪和污垢，并应进行覆盖保温；（地基、模板与钢筋上的冰雪在未清除的情况下进行混凝土浇筑，会对混凝土表观质量以及钢筋粘结力产生严重影响。混凝土直接浇筑于冷钢筋上，容易在混凝土与钢筋之间形成冰膜，导致钢筋粘结力下降。因此，在混凝土浇筑前，应对钢筋及模板进行覆盖保温）。 混凝土浇筑后，对裸露表面应采取防风、保湿、保温措施，对边、棱角及易受冻部位应加强保温。在混凝土养护和越冬期间，不得直接对负温混凝土表面浇水养护

10.2.7 工艺安全风险辨识与控制

冠梁施工工艺安全风险识别与控制见表10.2.7。

表 10.2.7 冠梁施工工艺安全风险识别与控制

事故类型	风险辨识	控制措施
高处坠落	开挖后临边未采取有效措施	按要求安装临边防护；安装探照灯，确保施工现场照明
触电	施工用电不规范	电气设备必须做到"一机一闸一漏保"；接、拆电源应由专业电工操作；漏电开关等必须灵敏有效；操作人员必须按要求穿戴防护物品；定期对设备进行检修，发现损坏及时修理；定期对线路进行巡检，发现老化的及时更换，破皮及时包扎
物体打击	模板未得到有效支撑	在浇筑混凝土过程中必须对模板进行监护，发现异常时及时采取稳固措施。当模板变位较大，可能倒塌时，必须立即通知现场作业人员离开危险区域，并及时报告上级
车辆伤害	混凝土浇筑安全	浇筑现场必须设置专人指挥运输混凝土车辆，若使用机械吊运混凝土，装混凝土的容器结构应完好、坚固，保证吊运过程中安全。若使用溜槽浇筑混凝土，保证罐车停放在安全位置，并将溜槽固定。若现场条件有限，使用混凝土泵车浇筑混凝土，现场应提供平整坚实的场地停放泵车，现场有架空线时，设专人监护，浇筑混凝土时避免集中堆载

10.2.8 工艺重难点及常见问题处理

冠梁施工工艺重难点及常见问题处理见表10.2.8。

表 10.2.8 冠梁施工工艺重难点及常见问题处理

工艺重难点	常见问题	原因分析	预防措施及处理方法
钢筋验收	钢筋间距、尺寸、接头质量不符合要求	未采取有效措施	钢筋的品种和质量必须符合设计要求和有关标准的规定。每次绑扎钢筋时，由工程师对照施工图确认。钢筋表面应保持清洁。如有油污则必须清理干净。 钢筋的规格、形状、尺寸、数量、锚固长度、接头设置必须符合设计要求和施工规范规定。钢筋机械连接接头性能必须符合钢筋施工及验收规定。 为了防止冠梁钢筋位移，在振捣混凝土时严禁碰动钢筋，浇筑混凝土前检查钢筋位置是否正确，设置定位箍以保证钢筋的稳定性、垂直度。混凝土浇筑时设专人看护钢筋，一旦发现偏位及时纠正

表 10.2.8（续）

工艺重难点	常见问题	原因分析	预防措施及处理方法
模板支设	模板跑模	未按照方案实施	浇筑混凝土前必须检查支撑是否可靠、扣件是否松动。浇筑混凝土时必须由模板支设班组设专人看模，随时检查支撑是否变形、松动，并组织及时恢复。 模板体系要采取有效措施防止漏浆，钢模板的接缝处要加塞海绵胶条。浇筑过程严格执行审批后的专项方案及混凝土振捣标准操作
混凝土浇筑	混凝土振捣不密实，外观质量差	未按照要求振捣	模板平整光滑，安装前要把粘浆清除干净，浇捣前对模板要充分浇水湿润。在接缝处贴专用胶带纸，以防混凝土表面出现蜂窝。 按规定使用和移动振动器，防止振捣不实或漏振，中途停歇后再浇捣时，新旧接缝范围要小心振捣。在钢筋较密部位，分次下料，缩小分层振捣的厚度，以防止出现孔洞。 拆模板时间必须以混凝土强度为依据，同时还要保证其表面及棱角不因拆模而受损坏，方可拆除。混凝土养护方式及方法要依混凝土等级、部位及厚度而定，要安排专人定岗工作，质检员监督
	标高控制不准	未采取有效措施	混凝土浇筑前，专职测量员在模板间隔5米钉钉，挂棒线标注标高

10.3　钢腰梁施工

10.3.1　工艺介绍

10.3.1.1　工艺简介

钢腰梁是指设置在基坑围护结构侧面连接锚杆或钢支撑的钢梁。

钢腰梁作用是，将锚杆或水平支撑的支点反力转换传递给围护结构，约束其水平位移，确保整个支护体系安全、稳定。

10.3.1.2　工艺特点

优点：在于施工速度快、可多次循环使用、自重轻、截面尺寸小、组合灵活。

缺点：难以形成通长连续梁；与围护结构连接较差；与钢筋混凝土腰梁相比，对围护结构约束能力稍差。

10.3.2　设备选型

10.3.2.1　切割机

应根据设计要求选择适合的切割机，常用的切割机型号为 J3G3-400。

10.3.2.2 电焊机

根据不同的焊接工艺选取适合的电焊机，常用的电焊机型号为 ZX7-500。

10.3.3 施工前准备

10.3.3.1 人员配备

施工人员进行岗前安全质量技术培训，掌握施工要点及注意事项，特种作业人员（电焊）必须持证上岗。

10.3.3.2 材料准备

进场材料为符合图纸要求的型钢和缀板等，并有材质单、合格证，复试合格。

10.3.3.3 场地条件

（1）若灌注桩移位偏差过大时，需要剔凿修补，腰梁安装后再采用楔形钢垫块，保证平面偏差不超设计要求。

（2）做好施工场地的排水工作，材料、机械的防雨、防水工作。

10.3.3.4 安全技术准备

（1）方案编制。项目技术负责人根据图纸要求、相关规范及现场实际情况编制安全技术方案。

（2）方案交底。按照方案内容，项目技术负责人对管理人员及作业人员进行安全技术交底。

（3）其他安全技术准备。项目生产负责人编制材料、机械设备、工具、用具及各技术工种劳力进场计划。安全负责人对进场工人进行三级安全教育等。

10.3.4 工艺流程及要点

10.3.4.1 工艺流程

钢腰梁施工工艺流程如图 10.3.1 所示。

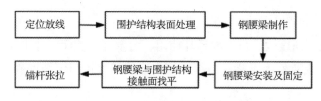

图 10.3.1 钢腰梁施工工艺流程图

10.3.4.2 工艺要点

（1）定位放线。钢腰梁施工前，应根据设计要求测放位置，定位时采用水准仪等仪器。

（2）围护结构表面处理。土方分层开挖至腰梁底标高下方0.3m。采用机械配合人工清理坡面，挂网喷射混凝土也可在腰梁背后局部用素混凝土填充找平，确保钢腰梁安装部位表面平顺，钢腰梁和支护桩及喷射混凝土面层密贴。

（3）钢腰梁制作。严格依照施工图纸施工腰梁大小。锚杆腰梁均横向通长放置，背靠背组合使用，型钢腰梁与桩间采用钢斜垫导正。腰梁两腹板净距与锚孔位置一致，制作质量应满足设计要求。槽钢腰梁接头处应满足设计要求。现场采用垫板、斜铁等材料均严格按照设计图纸尺寸及材质由专业厂家定做，现场严格按照施工图纸所规定的位置进行摆放并焊接。

（4）钢腰梁安装及固定。钢腰梁随锚索的施工顺序逐段安装，钢腰梁安装前应检查并调整支架或牛腿的标高，可用人工配合机械将钢腰梁安装于支架或牛腿上（见图10.3.2）。

（5）钢腰梁与围护结构接触面找平。若支护桩出现偏位，现场腰梁安装需考虑采用楔形钢垫块，同时楔形钢垫块与挡土构件、腰梁的连接应满足受压稳定性和锚杆垂直分力作用下的受剪承载力要求（见图10.3.3）。

图 10.3.2　钢腰梁安装中

图 10.3.3　钢腰梁安装后

（6）锚杆张拉。当注浆体的强度达到15MPa，方可进行锚杆的张拉锁定。锚头台座的承压面应平整，并与锚杆轴线方向垂直。锚杆张拉前应对张拉设备进行标定。锚杆张拉应有序进行，张拉顺序应考虑邻近锚杆的相互影响。锚杆张拉前严禁土方单位进行下层土方开挖。

锚杆正式张拉之前，应取 0.1~0.2 拉力设计值，对其预张拉 1~2 次，使杆体完全平直，各部位接触紧密。锚杆的张拉荷载与变形应做好记录。锚杆张拉应平缓加载，加载速率不宜大于 0.1Nk/min（Nk 为锚杆轴向拉力标准值），锚杆张拉应先张拉至锚杆轴向承载力设计值，持荷时间不小于 5min，然后退至预应力锁定值 1.05 倍进行锁定。锚杆锁定应考虑相邻锚杆张拉锁定引起的预应力损失，当锚杆预应力损失严重时，或出现锚头松弛、脱落、锚具失效等情况时应及时进行修复对其进行再次张拉锁定，或根据位移监测反馈的信息，在设计单位认为需要时进行补偿张拉。

10.3.5　工艺质量要点识别与控制

钢腰梁施工工艺质量要点识别与控制见表 10.3.1。

表 10.3.1　钢腰梁施工工艺质量要点识别与控制

控制项目	识别要点	控制标准	控制措施
主控项目	接触面平整度	设计和规范要求	土方分层开挖至腰梁底标高下方 0.3m。采用机械配合人工清理坡面，挂网喷射混凝土也可在腰梁背后局部用素混凝土填充找平，确保钢腰梁安装部位表面平顺，钢腰梁和支护桩及喷射混凝土面层密贴
	钢材规格及质量	设计要求	进场材料为符合图纸要求的槽钢，缀板等，并有材质单、合格证，复试合格
	接头连接质量	设计和规范要求	在型钢腰梁施工过程中，因型材长度限制，以及支护桩不在同一直线，导致施工中会出现型钢腰梁断开，腰梁无法连成整体。所以腰梁安装过程中遇到上述情况需按照设计要求增加相应的连接板，保证整体性
	焊接质量	设计和规范要求	钢腰梁各部件焊接时，焊接质量须符合要求，所有焊缝必须饱满，不得存在夹渣气孔咬肉现象
一般项目	钢腰梁位置偏差	± 10mm	安装前用水准仪将腰梁底标高在支护桩上作出明显标记，按照标记安装三角托架打入膨胀螺栓，三角托架安装后需要进行二次校核

10.3.6　工艺安全风险辨识与控制

钢腰梁施工工艺安全风险辨识与控制见表 10.3.2。

表 10.3.2　钢腰梁施工工艺安全风险辨识与控制

事故类型	风险辨识	控制措施
物体打击	钢腰梁未得到有效支撑	为防止钢腰梁坠落，在钢腰梁安装前在支护桩上打入膨胀螺栓，并安装三角托架，通常每两根桩设置一个三角托架

| 其他爆炸 | 安全距离要求 | 电、气焊施工时，应遵守操作规程。乙炔、氧气瓶之间的距离不得小于 5m，并且在 10m 之内不得有易燃易爆品 |

表 10.3.2（续）

事故类型	风险辨识	控制措施
其他伤害	锚索张拉安全要求	施工作业时，任何情况下锚索张拉时的锚孔前方都严禁站人，张拉设备的安全装置必须有效，张拉方法应符合设计要求及有关规定； 千斤顶标定吨位应满足张拉要求，不得小于设计最大荷载的 1.2 倍； 油泵应具有足够的功率，性能良好，压力表的精度满足设计要求

10.3.7 工艺重难点及常见问题处理

钢腰梁施工工艺重难点及常见问题处理见表 10.3.3。

表 10.3.3 钢腰梁施工工艺难点及常见问题处理

工艺重难点	常见问题	原因分析	预防措施及处理方法
安装精度	标高不一致	锚索张拉前，钢腰梁未得到有效支撑，导致钢腰梁下沉	钢腰梁安装前，将膨胀螺栓打入支护桩，通过安装三角托架控制钢腰梁标高，并及时复测
焊接质量控制	焊接质量不佳，焊缝达不到要求，出现凹陷、焊瘤、裂纹、气孔等缺陷	焊工技术原因，焊前未进行焊接工艺试验，焊条受潮等原因导致焊接质量不符合要求	①检查焊工有无上岗证，无上岗证的焊工禁止上岗； ②焊前进行焊接工艺试验，合格后方可正式施焊； ③按要求见证取样送检，合格后才能进行下道工序； ④检查焊接质量时，同时检查焊条型号

10.4 混凝土腰梁施工

10.4.1 工艺介绍

10.4.1.1 工艺简介

混凝土腰梁设置在挡土构件侧面的连接锚杆或内支撑杆件的钢筋混凝土梁。

10.4.1.2 工艺特点

优点：截面稳定性好、抗弯刚度大、整体性好、施工质量容易保证；

缺点：养护时间长、一次性使用、自重大、截面尺寸大。

混凝土腰梁主要适用于支点力较大、使用时间长的基坑。

10.4.2　设备选型

混凝土腰梁植筋常用电钻及气腿式风动钻选型可按表 10.4.1 选用。

表 10.4.1　常用钻孔钻机的选用

设备类型	输出功率/MPa	最大钻孔直径/mm	最大钻孔深度/mm	整体重量/kg	经济效益	适用	特点	外观
手持式冲击钻	1100	28	约 50	约 5	成本小	低标号混凝土	开孔小，工作效率低，钻具易磨损	
气腿式风动钻	0.63	28-80	约 5000	约 28	成本大	高标号混凝土、风化岩	开孔最大孔径可达 80mm，对比普通麻花钻具，钻头具有更大刚度	

10.4.3　施工前准备

10.4.3.1　人员配备

（1）钢筋班组：负责混凝土腰梁钢筋的制作、下料及安装工作，且焊接作业必须持电焊操作证上岗。

（2）木工班组：负责混凝土腰梁模板的支设、拆除工作。

（3）混凝土班组：负责混凝土腰梁混凝土的浇筑、振捣及养护工作。

10.4.3.2　现场准备

（1）作业平台留置应提前与土方单位协商，避免施工过程中出现超挖现象。

（2）钢筋下料场地经硬化后综合考虑就近设置，避免施工过程中出现长距离倒运。

10.4.3.3　安全技术准备

（1）方案编制。项目技术负责人根据图纸要求、相关规范及现场实际情况编制安全技术方案。

（2）方案交底。按照方案内容，项目技术负责人对管理人员及作业人员进行安全技术交底。

（3）其他安全技术准备。项目生产负责人编制材料、机械设备、工具、用具及各技术工种劳力进场计划。安全负责人对进场工人进行三级安全教育等。

10.4.4　工艺流程及要点

10.4.4.1　工艺流程

混凝土腰梁施工工艺流程如图 10.4.1 所示。

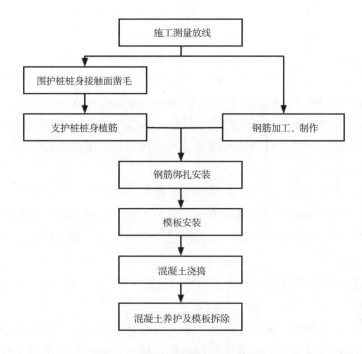

图 10.4.1　混凝土腰梁工艺流程

10.4.4.2　工艺要点

（1）施工测量放线。根据桩设计图纸和建设单位提供的高程控制基准点，采用高精度水准仪测放出腰梁中心轴线位置，并设置腰梁完成面及底部线，以便校准腰梁中心。对控制点应选在稳固处加以保护以免破坏，测放桩点位偏差控制在 ±50mm 以内。

（2）围护桩桩身接触面凿毛。根据测算好的标高标记开挖土方至腰梁底标高，人工将桩身表面渣土进行清理，采用风镐将桩身混凝土凿除漏出主筋，并清除砂浆及松动的石子，并浇水保持混凝土湿润，直到浇筑腰梁混凝土。

图 10.4.2　腰梁接触面进行凿毛

（3）支护桩桩身植筋。清理、测量、钻孔、清孔、植筋要求见 10.6 节的内容。

（4）钢筋加工、制作。钢筋加工、制作要求见 10.2 节的内容。

（5）钢筋绑扎、安装。钢筋绑扎、安装要求见 10.2 节的内容。

（6）模板安装。

①模板的选用和支模方式。模板采用 18mm 厚木胶合板，采用梁侧模包模法施工。梁侧模采用 18mm 厚覆膜多层板，水平龙骨采用钢管、50mm×100mm 木方，间距为 300mm；竖向钢管做背楞，间距为 500mm。梁中央设 φ10mm 对拉螺栓，间距 500mm×500mm 对拉杆。拼缝用不干胶带封贴。对于拉杆腰梁采用止水螺杆。梁侧向加斜撑，以确保梁模稳定，间距为 600mm。

②模板的基准定位安装验收。先引测支护桩的中轴线，并以该轴线为起点，引出每条轴线，并根据轴线与施工图用墨线弹出模板的内线、边线以及外侧控制线，施工前必须到位，以便于模板的安装和校正。标高测量利用水准仪，将梁顶面水平标高直接引测到模板的安装位置。

③安装锚杆套管。根据设计图纸锚杆大小选定 PVC 管，对锚杆穿过混凝土腰梁部分进行套管保护。PVC 应完好无损，长度符合设计要求。

④模板验收。模板的接缝不应漏浆，木模板应浇水湿润，但模板内不应有积水；模板与混凝土的接触面应清理干净并涂刷隔离剂；模板内的杂物应清理干净；对清水混凝土及装饰混凝土工程，应使用能达到设计效果的模板

（7）混凝土浇捣。混凝土浇筑前木模板应浇水湿润并进行清仓处理，将仓内各种杂物、铁丝、土石块清理干净，积水抽干。

在梁与桩结合部位采取二次振捣措施，防止由于截面变化和后期混凝土收缩引起裂缝。使用振捣棒做到快插慢拔，每处振捣时间不少于 30s，振捣点梅花状布置，振捣器插入下层混凝土内的深度不小于 50mm。

混凝土表面的压光处理。混凝土浇筑完成后，混凝土表面先用木抹子抹平，赶走多余水分，待混凝土终凝后，再抹平压光。

混凝土浇筑面设置，钢筋模板验收在浇筑前末端设置一道拦截混凝土网（镀锌快易收口网），无须拆模或造接缝而作准备便可粘结下一次浇筑混凝土，故此简化接口准备工作。如图 10.4.3 所示。

图 10.4.3　腰梁混凝土浇筑示意图

（8）混凝土养护及模板拆除。

①混凝土养护：覆盖浇水养护应在混凝土浇筑完毕后的12h内进行。如图10.4.4所示。

②混凝土的浇水养护时间，对采用硅酸盐水泥、普通硅酸盐水泥或矿渣硅酸盐水泥拌制的混凝土，不得少于7d，对掺用缓凝型外加剂、矿物掺合料或有抗渗性要求的混凝土，不得少于14d。当采用其他品种水泥时，混凝土的养护应根据所采用水泥的技术性能确定。

图 10.4.4　腰梁混凝土养护示意图

③模板拆除：只要混凝土强度能保证其表面及棱角不因拆除模板而受损，即可进行拆除。

10.4.6　工艺质量要点识别与控制

混凝土腰梁工艺质量要点识别与控制见 10.2.5 节的内容。

10.4.7　工艺安全风险辨识与控制

混凝土腰梁施工工艺安全风险辨识与控制见表 10.4.2。

表 10.4.2　混凝土腰梁施工工艺安全风险辨识与控制

事故类型	风险辨识	控制措施
触电	施工用电不规范	电气设备必须做到"一机一闸一漏保"；接、拆电源应由专业电工操作；漏电开关等必须灵敏有效；操作人员必须按要求穿戴防护物品；定期对设备进行检修，发现损坏及时修理；定期对线路进行巡检，发现老化的及时更换，破皮及时包扎
其他爆炸	电、气焊施工时安全距离要求	电、气焊施工时，应遵守操作规程。乙炔、氧气瓶之间的距离不得小于 5m，并且在 10m 之内不得有易燃易爆品

10.4.8　工艺重难点及常见问题处理

混凝土腰梁工工艺重难点及常见问题处理见表 10.4.3。

表 10.4.3　混凝土腰梁施工工艺难点及常见问题处理

工艺重难点	常见问题	原因分析	预防措施和处理方法
	梁顶面标高偏差	标高未进行有效标记	模板上打钉做记号控制完成面标高，施工过程随时跟踪复测准保标高准确无误
混凝土浇筑	混凝土振捣不密实，外观质量差	振捣方法方式不对，模板未湿润	模板平整光滑，安装前要把粘浆清除干净，浇捣前对模板要充分浇水湿润。在接缝处贴专用胶带纸，以防混凝土表面出现蜂窝。 按规定使用和移动振动器，防止振捣不实或漏振，中途停歇后再浇捣时，新旧接缝范围要小心振捣。在钢筋较密部位，分次下料，缩小分层振捣的厚度，以防止出现孔洞。 拆模板时间必须以混凝土强度为依据，同时还要能保证其表面及棱角不因拆模而受损坏，方可拆除。混凝土养护方式及方法要以混凝土等级、部位及厚度而定，要安排专人定岗工作，质检员监督。 标高放测完后做好标记，混凝土完成面打钉做记号控制完成面标高
套管埋设	套管内进水泥浆	钢筋连接或焊接过程中未对套管进行有效保护，导致PVC套管破坏	在封模板过程注意保护，浇筑混凝土前复检是否有破损及时更换，确保锚索正常张拉
模板安装	模板跑模	模板加固未按方案执行	浇筑混凝土前必须检查支撑是否可靠、扣件是否松动。浇筑混凝土时必须由模板支设班组设专人看模，随时检查支撑是否变形、松动，并组织及时恢复。 模板体系要采用有效措施防止漏浆，钢模板的接缝处要加塞海绵胶条。浇筑过程严格执行审批后的专项方案及混凝土振捣标准操作

10.5　泄水孔施工

10.5.1　工艺介绍

泄水孔设置在基坑侧壁，以一定间距布设，保证坑壁外积水排放，减少坑外水压力作用。泄水孔外倾角度不宜小于 5%，间距宜为 2~3m，并按梅花形布置。泄水孔通常采用预埋 PVC 管材，每距离 3~5cm 利用电钻对四周进行钻孔，入土部分采用反滤包包裹。泄水管分为长泄水管（用于边坡，须穿过潜在滑裂面）和短泄水管（用于基坑）。

10.5.2　设备选型

泄水孔施工中常用的辅助设备见表 10.5.1。

表 10.5.1　常用的辅助设备

钻具名称	用途	图片
电钻	每距离 3~5cm 利用电钻对四周进行钻孔	
砂轮锯	切割 PVC 管下料	
洛阳铲	泄水孔成孔施工	

10.5.3　施工前准备

10.5.3.1　材料准备

将泄水孔施工所需 PVC 管等材料提前完成下料。

10.5.3.2　安全技术准备

（1）开工前对参与施工所有人员进行安全技术交底，确保泄水孔施工安全。

（2）施工前施工技术人员应认真熟悉图纸，并根据工期要求及施工条件合理组织泄水孔施工。

10.5.4　工艺流程及要点

10.5.4.1　工艺流程

泄水孔施工工艺流程如图 10.5.1 所示。

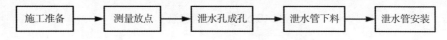

施工准备 → 测量放点 → 泄水孔成孔 → 泄水管下料 → 泄水管安装

图 10.5.1　泄水孔施工工艺流程图

10.5.4.2　工艺要点

（1）施工准备。人工对桩间、坡面基面清理。

（2）测量放点。桩间基面清理干净后，根据设计要求测放控制点。

（3）泄水孔成孔。根据测量放样点拉线确定孔位。采用洛阳铲在放点位置进行凿孔，泄水孔可采取预埋 PVC 管等方式施工，管径不宜小于 50mm。具体根据设计图纸及当地情况进行调整。

（4）泄水管下料。泄水管下料，比孔深多出 10cm 外露，每距离 3~5cm 利用电钻对四周进行钻孔。

（5）泄水管安装。泄水管安装时采用拉棒线安装，且外露长度一致。入土部分采用反滤包包裹且缝隙用黏土填充。喷射混凝土前，将泄水孔孔口做临时封堵，防止混凝土将孔口堵塞。喷射完毕后再将管口堵塞物取出，保证管体畅通。如图 10.5.2 和图 10.5.3 所示。

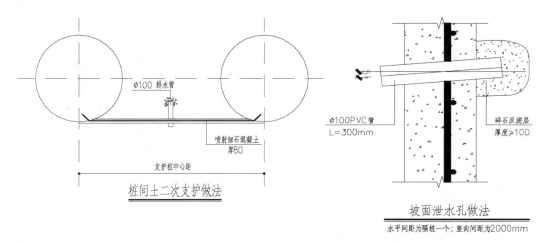

图 10.5.2　泄水管安装示意图

图 10.5.3　泄水管安装

10.5.6　工艺质量要点识别与控制

泄水孔施工工艺质量要点识别与控制见表 10.5.2。

表 10.5.2　泄水孔施工工艺质量要点识别与控制

控制项目	识别要点	控制标准	控制措施
主控项目	泄水孔坡度不得小于设计规定	符合设计要求	洛阳铲施工过程中加强泄水孔角度测量，成孔后及时验收，合格后立即安装
	反滤层的各种材料必须符合设计规定	符合设计要求	加强进场物资验收及反滤层制作完成后的隐蔽工程验收
一般项目	泄水孔设置应符合设计规定，泄水孔通畅	符合设计要求	泄水孔安装后前在泄水孔前端缠一圈胶带，防止喷射混凝土过程中将其封堵
	高程	±50	利用水准仪在桩间/坡面上测放控制点

10.5.7　工艺安全风险辨识与控制

泄水孔施工工艺安全风险辨识与控制见表 10.5.3。

表 10.5.3　泄水孔施工工艺安全风险辨识与控制

事故类型	风险辨识	控制措施
物体打击	高空坠物	每日进行安全早班会，严禁往基坑内抛洒物品、泄水孔处施工人员注意高空坠落风险，高处作业佩戴安全绳
机械伤害	小型机具操作	现场人员及时对进场设备验收，要求班组定期对小型机具保养检修，防止机具伤人，手持锯施工时必须保证有防护罩
触电	施工用电不规范	泄水孔施工期间正值基坑开挖阶段，每天对现场的电线电缆进行检查，是否存在破皮、漏电等现象出现

10.5.8　工艺难点及常见问题处理

泄水孔施工工艺难点及常见问题处理见表 10.5.4。

表 10.5.4　泄水孔施工工艺难点及常见问题处理

工艺难点	常见问题	预防措施及处理方法
泄水孔排水	泄水孔堵塞	由于喷射混凝土容易造成泄水孔堵塞，应进行疏通处理。现场严格管理，防止反滤层未做或者反滤材料不合格
泄水孔外观	表面沾有水泥浆	为防止喷射混凝土过程中将外露泄水孔污染，喷射前采用废旧水泥袋将其包裹，待下一层土方开挖前将水泥袋取下，保证外观质量合格

10.6　植筋施工

10.6.1　工艺介绍

10.6.1.1　工艺简介

植筋，又叫种筋，是指在在支护结构上钻孔，然后注入高强植筋胶，再插入钢筋，胶固化后将钢筋与基材粘接为一体，是岩土施工、后锚固行业最为常用的一种建筑工程技术。

10.6.1.2　适用范围和条件

植筋适用于钢筋混凝土结构构件以结构胶种植带肋钢筋和全螺纹螺杆的后锚固施工（例如腰梁与支护桩植筋连接）；岩土施工采用植筋技术时，其原结构构件混凝土强度等级不得低于 C20。如图 10.6.1 所示。

10.6.1.3　植筋工艺优点和缺点

植筋作为成熟的一项加固技术，具有如下优点：

①工艺先进可靠；

②使用上植筋等同于钢筋预埋效果；

③施工简单、快捷、工期短、成本低；

④锚固力、抗拔力高，抗震性能好。

植筋作为成熟的一项加固技术，也难免有其缺点：如对原结构基材混凝土强度要求较高，有一定的局限性。

图 10.6.1　植筋施工在抗浮梁上的应用

10.6.2 设备选型

10.6.2.1 电锤

应根据设计要求选择适合的电锤功率，确定植筋钻孔孔径大小，以选择配套的钻头直径。可按表 10.6.1 选用。

表 10.6.1 常用电锤的选用

设备型号	额定功率 /W	钻孔直径 /mm	最优钻孔直径 /mm	整体重量约 /kg	每分钟全速锤击次数
TE30AVR	1010	4~28	10~20	4.2	4500
TE50AVR	1100	12~40	16~32	6.1	3510

10.6.2.2 钻头

根据设计钢筋直径选取对应的钻头，钻头直径一般为 $D=d+4$mm 为宜（D 为钻头直径，d 为钢筋直径），或按设计文件要求确定。

10.6.3 施工前准备

10.6.3.1 人员配备

力工班组：负责基材排眼、钻眼及清灰工作。

10.6.3.2 材料参数

植筋用的胶粘剂应采用改性环氧类结构胶粘剂或改性乙烯基酯类结构胶粘剂。承重用的结构胶粘剂宜按其基本性能分为 A 级胶和 B 级胶。对重要结构、悬挑结构、承受动力作用的结构构件、植筋直径大于 22mm 时应采用 A 级胶；对一般结构可采用 A 级胶或者 B 级胶。锚固用的胶粘剂的质量和性能应符合如下规定：

①承重结构用的胶粘剂，必须进行粘结抗剪强度检验。检验时，其粘结抗剪强度标准值，应根据置信水平为 0.90、保证率为 95% 的要求确定。

②承重结构加固用的胶粘剂，包括粘贴钢板和纤维复合材，以及种植钢筋和锚栓的用胶，其性能均应符合国家标准《工程结构加固材料安全性鉴定技术规范》GB 50728 的规定。

③承重结构加固工程中严禁使用不饱和聚酯树脂和醇酸树脂作为胶粘剂。

④不同基材温度植筋胶固化时间表，详见补充说明（不同品牌固化时间稍有不同）。

10.6.2.3 安全技术准备

（1）方案编制。项目技术负责人根据图纸要求、相关规范及现场实际情况编制安全技术方案。

（2）方案交底。按照方案内容，项目技术负责人对管理人员及作业人员进行安全技术交底。

（3）其他安全技术准备。项目生产负责人编制材料、机械设备、工具、用具及各技术工种劳力进场计划。

10.6.4　工艺流程及要点

10.6.4.1　工艺流程

植筋施工工艺流程如图 10.6.2 所示。

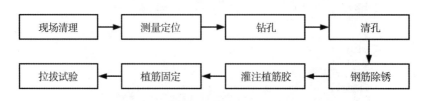

图 10.6.2　植筋施工工艺流程

10.6.4.2　工艺要点

（1）现场清理。根据各个项目的实际情况进行相应的处理，对于混凝土来说，其表面应坚固、密实、平整、不应有起砂、起壳、蜂窝、麻面、油污等影响锚栓承载力的现象，总的原则是清理到原结构层。

（2）测量定位。对需要植筋的地方弹线定位，并标明所植钢筋直径、深度，确定孔径与孔深。

（3）钻孔。根据孔径和孔深要求钻孔，钻孔工具可采电锤钻，也可采用水钻，当基材为空心材料时或材质强度较低时，宜采用旋转钻孔，不应锤击。

图 10.6.3　植筋钻孔

（4）清孔。清孔时用"四吹三刷"法，即先吹清孔浮尘，然后用专用毛刷清刷孔壁，清刷时毛刷或者棉丝蘸丙酮在孔内抽拉转动，如此反复吹刷，清理干净孔内粉尘。严禁用水冲洗孔洞。植筋的孔洞应清理干净，孔内应干燥、无积水。清理完成后用棉丝将植筋孔口封堵，经施工队自检合格并经甲方、监理验收合格后方可进行下道工序施工，如图 10.6.4 所示。

图 10.6.4　清孔

（5）钢筋除锈。钢筋锚固部分要清除表面锈迹及其他污物，一般采用角磨机配钢丝刷除锈，打磨至露出金属光泽为止。要求除锈长度大于锚固长度 50mm 左右。严重锈蚀的钢筋不能作为植筋使用。擦拭完成报请监理验收合格后，方可进行下道工序。

（6）灌注植筋胶。植筋用植筋胶，应使用专门的灌注器或注射器进行灌注，将安装好混合管的料罐置入注射枪中，将混合管插入至孔底，由孔底往外均匀注入胶体，注满孔深的 2/3 即可，灌注的剂量应以植入钢筋后有少许植筋胶溢出为宜，注胶同时均匀外移注射枪。如孔深超过 20cm 时，应使用混合管延长器，保证从孔底开始注胶，以防止内部胶体不实如图 10.6.5 所示。

图 10.6.5　注胶

（7）植筋固定。应在注胶完成后立即进行。为保证孔内胶体饱满，注胶完成后，将加工好的钢筋植入端蘸少许胶液，缓缓插入植筋孔。植筋时边插边沿一定方向转动多次，以使植筋胶与钢筋和孔壁表面粘结密实。植筋插入孔道最深处，保证24小时内不受扰动。植筋胶固化时间与环境温度的关系应按产品说明书确定。

（8）拉拔试验。待植筋胶完全固化后按设计要求进行钢筋拉拔试验，钢筋拉拔试验合格后，报请甲方、监理验收。然后填写隐蔽资料，分项/分部工程质量报验认可单，请总包负责人、监理签字。钢筋拉拔试验如图10.6.6所示。

图 10.6.6　钢筋拉拔试验

10.6.5　工艺质量要点识别与控制

植筋施工工艺质量要点识别与控制见表10.6.2。

表 10.6.2　植筋施工工艺质量要点识别与控制

控制项目	识别要点	控制标准	控制措施
主控项目	钢筋品种和规格	满足图纸要求	植筋之前全数检查，及时进行钢材复试，并将钢筋材质单及复试报告报验监理，审核通过之后方可进行下一道工序。如需现场检验时，进行抽样检验
	植筋胶	满足图纸参数要求	植筋胶进场之前需向监理交付产品质保书，由于植筋胶复试周期较长，需提前做好复试报告，监理审核通过后，方可进行施工
	植筋钻孔孔径允许偏差	+1.0（钻孔直径<14mm）	钻孔时采用标准钻头，并在钻孔前标记好钢筋位置，探好植筋位置周边钢筋，避免植筋过程中损伤原有钢筋，钻孔后全数用尺量好孔径并有效封堵报验监理，审核通过后方可进行下一道工序
		+1.5（钻孔直径14~20mm）	
		+2.0（钻孔直径22~32mm）	
		+2.5（钻孔直径34~40mm）	

表 10.6.2（续）

控制项目	识别要点	控制标准	控制措施
	植筋钻孔深度允许偏差	+200mm（基础）	钻孔前熟悉图纸，认真仔细与现场施工人员交底，确认好植筋深度，并在钻头做好长度记号，钻孔后全数用尺量好，待监理审核通过后方可进行下一道工序
		+100mm（上部构件）	
		+50mm（连接节点）	
	植筋拉拔强度	破坏性试验	施工前，预先确定植筋直径和一定数量，按施工采用的技术，在相类同的基材与位置上，进行植筋，静置后，进行抗拉拔试验，全部达到或超过钢筋理论屈服强度，判为合格，其中 1 根达不到钢筋理论屈服强度判为不合格。 对已施工完毕的植筋钢筋随机抽取 3 根，进行抗拉拔试验，全部达到或超过钢筋理论屈服强度，判为合格，其中 2 根达不到钢筋理论屈服强度，判为不合格。当有 1 根达不到荷载特征值时，另随机抽取 6 根，进行上述试验，其中有 2 根或 2 根以上不合格时，判定此批植筋不合格。 经破坏性试验的植筋不得再投入使用。试验后钢筋数量不足时，应加以补植
	植筋拉拔强度	非破坏性试验	在施工完毕之植筋中，随机抽取每种直径至少一根，并达总数的 2‰，采用上述标准试验方法进行拉拔试验，试验结果全部达到钢筋理论屈服强度，判定此批植筋合格，否则为不合格
一般项目	垂直度	±5%（基础）	施工前将植筋区域情况探明并认真与工人交底，躲开钢筋密集区域，施工人员尽量选用轻质电锤，方便施工
		±3%（上部构件）	
		±1%（连接节点）	
	钻孔位置	±10mm（基础）	
		±5mm（上部构件）	
		±3mm（连接节点）	

10.6.6 工艺安全风险辨识与控制

植筋施工工艺安全风险辨识与控制见表 10.6.3。

表 10.6.3　植筋施工工艺安全风险辨识与控制

事故类型	风险辨识要点	控制措施
触电	手持式电动工具使用时，使用拖线板、接线不规范、电线缺少绝缘保护；且卡钻时易造成操作工人受伤	严禁使用拖线板，必须使用合格的开关箱，严格遵守"一箱一机一闸一漏"； 使用的电钻等手持式用电工具必须符合临时用电安全技术要求；接线必须联系专业电工进行接电，严禁私自接电和私拉乱接； 使用手持式电动工具必须戴绝缘手套，穿绝缘鞋。工人施工时严格按照操作流程施工，高处作业系好安全带
高处坠落	登高作业时，登高设备不符合要求（如人字梯不稳固、没有安全绳等）；高处临边作业时违章作业（不戴安全帽、不系安全带）	遵守施工现场的一般性安全规定：进入施工现场戴好安全帽，扣好帽带；高处临边作业系好安全带；穿防滑鞋，禁止穿拖鞋、赤脚等进入施工现场；酒后严禁进入施工现场。 必须接受安全技术交底等后方可进行作业。 手持式用电工具使用时严禁单手操作，严禁蛮力；遵守手持式电动工具安全使用要求。 施工现场的安全防护设施严禁随意拆除，若因施工需要确实需要拆除，应先联系项目部，项目部同意并采取其他防护措施后方可拆除，并且施工完成后应及时恢复原有的安全防护设施。 作业过程中，涉及到登高作业需要使用马镫或人字梯或靠梯时，马镫必须牢固，人字梯必须有安全绳，靠梯必须有防滑措施。 植筋部位临边，自身必须扣好安全带；植筋部位下方或附近有洞口，必须系好安全带，并挂在牢固可靠的位置

10.6.7　工艺重难点及常见问题处理

植筋施工工艺常见问题处理见表 10.6.4。

表 10.6.4　植筋施工工艺常见问题处理

常见问题	预防措施和处理方法
植筋胶的性能参数控制	对设计使用年限为 30 年的结构胶，应通过耐湿热老化能力的检测； 对设计使用年限为 50 年的结构胶，应通过耐湿热老化能力和耐长期应力作能力的检验；（4MPa 剪应力 210d） 对承受动荷载作用的结构胶，应通过抗疲劳能力检验（最大应力为 4MPa 疲劳荷载 200 万次）检验
既有混凝土基材质量控制	基材孔表面温度应符合胶粘剂使用说明书要求；基材孔表面含水率应符合胶粘剂使用说明书要求。 若有局部缺陷，应先进行补强或加固处理后再植
施工温度控制	长期使用温度不应高于 60℃，植筋焊接应在注胶前进行。若个别钢筋确需后焊时，除应采取断续施焊的降温措施外，尚应要求施焊部位距注胶孔顶面的距离不应小于 15d 且不应小于 200mm；同时必须用冰水浸渍的多层湿巾包裹植筋外露的根部植筋技术中的钢筋